U0389069

西北区页岩气（油）资源调查评价与选区

国土资源部油气资源战略研究中心等/编著

科学出版社
北京

内 容 简 介

本书是我国西北区页岩气（油）资源调查评价与选区研究的第一部专著，系统介绍了西北区主要盆地页岩气（油）发育的层位，页岩气（油）形成的地化、储层和含气（油）性条件，资源潜力和有利区分布等方面的研究成果。

本书共五章。第一章重点介绍西北区塔里木、准噶尔、柴达木、吐哈及酒泉、三塘湖、花海等14个盆地页岩气（油）发育的地质背景；第二章介绍西北区主要泥页岩层段有机地球化学、储层和含气性特征等页岩气富集条件；第三章介绍西北区石炭系、二叠系和白垩系泥页岩有机地球化学、储层和含油性特征等页岩油富集条件；第四章介绍页岩气（油）有利区优选参数确定的方法和优选结果；第五章介绍页岩气（油）资源评价参数的选取和确定、资源潜力评价结果和分布特征。

本书可供从事非常规油气研究的科技人员、石油院校油气专业的师生参考。

图书在版编目(CIP)数据

西北区页岩气（油）资源调查评价与选区 / 国土资源部油气资源战略研究中心等编著. —北京：科学出版社，2016.3
（全国页岩气资源潜力调查评价及有利区优选系列丛书）
ISBN 978-7-03-047632-6

Ⅰ.①西… Ⅱ.①国… Ⅲ.①油页岩资源-资源调查-西北地区
Ⅳ.①TE155

中国版本图书馆CIP数据核字（2016）第047225号

责任编辑：吴凡洁 刘翠娜 / 责任校对：郭瑞芝
责任印制：张 倩 / 封面设计：黄华斌

科学出版社 出版
北京东黄城根北街16号
邮政编码：100717
http://www.sciencep.com

中国科学院印刷厂 印刷

科学出版社发行 各地新华书店经销

*

2016年3月第 一 版 开本：787×1092 1/16
2016年3月第一次印刷 印张：17
字数：384 000

定价：168.00元

（如有印装质量问题，我社负责调换）

参加编写单位

国土资源部油气资源战略研究中心
中国石油大学（北京）
中石化无锡石油地质研究所

指导委员会

赵先良　张大伟　吴裕根

编著者

姜振学　饶　丹　柳广弟　刘洛夫
腾格尔　黄志龙　钟宁宁　姜福杰
高　岗　申宝剑　付小东　于福生
李生杰　仰云峰　高小跃

前言

一、世界及中国页岩气勘探开发现状

美国页岩气勘探开发的巨大成功，引起了世界各国政府和能源公司的高度重视，在世界范围内掀起了页岩气研究、勘探的高潮。据预测，全球页岩气资源量为 $456\times10^{12}m^3$，主要分布在北美、中亚和中国、中东和北非、拉丁美州、苏联等地区（张大伟，2010）。2011 年 4 月，美国能源信息署（Electronic Industries Association，EIA）发布了“世界页岩气资源初步评价报告”，根据 Advanced Resource 国际有限公司负责完成的美国以外 32 个国家的页岩气资源评价及美国页岩气资源评价结果，全球页岩气技术可采资源总量为 $187.6\times10^{12}m^3$（周庆凡，2011）。这次评价没有包括俄罗斯、中亚、中东、东南亚和中非等地区，因为这些地区或有非常丰富的常规资源，或缺乏基础的评价资料。美国是世界上最早发现和生产页岩气的国家，已经实现了页岩气的大规模商业开采，页岩气已成为继致密砂岩气和煤层气之后的第三种重要的非常规天然气资源（David and Tracy，2004；Kent and John，2007）。加拿大、中国和欧洲国家也正积极开展页岩气方面的研究、勘探和开发试验工作。

（一）北美地区

美国目前已在多个盆地中发现并开采出了页岩气，页岩气主要发现于中生界—古生界（D—K）中（李新景等，2009）。勘探开发的主要有阿巴拉契亚盆地的 Ohio 页岩、密执根盆地的 Antrim 页岩、伊利诺斯盆地的 New Albany 页岩（Martini et al.，2003，2008；Dariusz et al.，2010）、威利斯顿盆地的 Bakken 页岩（Shirley，2002；Matt，2003；Bowker，2007；Loucks and Ruppel，2007；Hickey and Henk.，2007；Jarvie et al.，2007；Kinley et al.，2009；Norelis and Paul，2010）、圣胡安盆地的 Lewis 页岩、福特沃斯盆地的 Barnett 页岩及阿纳达科盆地的 Woodford 页岩等（Dawson，2009；Nicholas，2011）。自页岩气勘探开发快速发展阶段（1999 年）以来，逐步形成了页岩油气成藏理论和相应的勘探开发技术，如页岩油气的赋存机理、泥页岩含油气性预测及评价、水平井+分段水力压裂技术、微地震监测技术等（Nicholas，2011），有力促进了页岩气产量的大幅度提高，页岩气的产量由 1999 年的 $112\times10^8m^3$ 左右快速增加到 2012 年的 $2653\times10^8m^3$，13 年间年产量增加近 24 倍。2012 年，美国八大页岩气主力产层中，产量超过 $300\times10^8m^3$ 的为 Haynesville 页岩、Marcellus 页岩和 Barnett 页岩，其中 Marcellus 页岩增幅最快，2012 年比 2011 年增加 $300\times10^8m^3$，增幅达 84.97%。

加拿大的页岩气资源同样很丰富，主要分布在 5 个盆地：不列颠哥伦比亚省（British Columbia，BC）东北部中泥盆统的 Horn River 页岩和三叠系 Montney 页岩（Lu et al.，1995；Ross and Bustin，2007，2008）、阿尔伯达省与萨斯喀彻温省的白垩系 Colorado 群、魁北克省的奥陶系 Utica 页岩、新布伦斯威克省和新斯克舍省的石炭系 Horton Bluff 页岩（赵靖舟等，2011）。加拿大 2009 年页岩气的产量达到 $72\times10^8m^3$，根据加拿大非常规天然气协会资源评价结果，加拿大页岩气的原地资源量大于 $42.5\times10^{12}m^3$（Dawson，2009）。

（二）欧洲

国际能源署（International Energy Agency，IEA）2009 年预测欧洲的非常规天然气储量为 $3500\times10^8m^3$，其中将近一半蕴藏在泥页岩中（Chalmers and Bustin，2008），这个数字远低于美国或者俄罗斯。国际能源署提醒，从全球来看，除了撒哈拉以南的非洲地区，欧洲的页岩气储量可能是最少的（江怀友等，2008）。欧洲自 2007 年启动了由行业资助、德国国家地质实验室协助的为期 6 年的欧洲页岩气项目以来，已经在 5 个盆地发现了富含有机质的黑色页岩，初步估算页岩气资源量至少在 $30\times10^{12}m^3$（Vello and Scott，2009）。

（三）中国

2012 年，国土资源部对我国陆域 5 大区、41 个盆地和地区、87 个评价单元、57 个含气页岩层段的页岩气资源潜力，按照地质单元、地层层系、沉积环境、埋深、地表环境和省份进行评价，优选了有利区（任纪舜等，1980）。评价和优选出的页岩气有利区 180 个，累计面积为 $111.49\times10^4km^2$，评价表明全国页岩气地质资源潜力为 $134.42\times10^{12}m^3$（不含青藏区），可采资源潜力为 $25.08\times10^{12}m^3$（不含青藏区）（张大伟，2012），表明我国页岩气资源潜力大、分布面积广、发育层系多（董大忠等，2012）。作为页岩气资源评价的重点区域之一，在国土资源部的部署下，由中国石油大学（北京）牵头完成了西北区页岩气资源调查评价与选区工作，评价结果为西北区优选出有利区 38 个，占全国总量的 21%；资源潜力为 $19.90\times10^{12}m^3$，占全国总量的 15%；页岩气可采资源潜力为 $3.81\times10^{12}m^3$，占全国总量的 15.19%。研究表明西北区富有机质泥页岩自下古生界寒武系至新生界新近系均有分布，但是在中生界三叠系、侏罗系分布稳定、连续性好、资源潜力大（张抗和谭云冬，2009）。

另据美国能源信息署（EIA）2013 年公布数据，我国页岩油、页岩气可采资源量分别为 43.5×10^{8}t 和 31.6×10^{12}m^{3}，居世界首位。实际上早在 20 世纪 60 年代，我国就已经在松辽、渤海湾、柴达木及四川等盆地的烃源岩层系中发现了油气。1966 年四川 W5 井在寒武系筇竹寺组页岩中获日产气 2.46×10^{4}m^{3}，为中国最早的页岩产气井（李建忠等，2009）；2008 年中石油勘探开发研究院在四川长宁地区钻探的 CX1 井，为中国第 1 口页岩气地质井（王社教等，2009）；2009 年中石油在四川威远—长宁、富顺—永川等地区启动了首批页岩气工业化试验区建设；2010 年中石油在四川盆地钻探的 W201 井在寒武系、志留系页岩中获工业气流，实现了中国页岩气首次工业化突破。2012 年 11 月 JY1 井在四川盆地龙马溪组获高产工业气流，发现了焦石坝页岩气田，目前气田总日产已达 220×10^{4}m^{3}，其中，JY8-2HF 井日产天然气达 54.72×10^{4}m^{3}（陈尚斌等，2010）。

二、西北区页岩气研究的意义

研究成果对于加快我国页岩气的勘探开发、推动能源经济结构的调整、提高页岩气资源量计算的准确性具有重要的地质意义，对于促进清洁能源的利用、改善环境具有十分现实的意义（关德师等，1995；牛嘉玉和洪峰，2002；张金川等，2008）。

（一）我国油气需求增长势头迅猛，非常规油气资源亟需开发利用

天然气资源在我国能源、经济、政治、国家安全等方面处于十分重要的战略地位。预计 2020 年我国石油消费量将达到 5.63×10^{8}t，石油的对外依存度可能达到 57.37%，与目前美国的水平相当（美国的石油对外依存度为 58%），国家能源安全形势日趋严峻（闫存章等，2009；胡文瑞等，2010）。加大天然气资源的利用、以气代油将是缓解石油紧张、保障能源安全的重要途径之一。

（二）加快天然气资源开发对发展低碳经济、改善我们赖以生存的自然环境具有重要意义

全球页岩气勘探进入高速发展阶段，2009 年美国页岩气产量已接近 1000×10^{8}m^{3}（张大伟，2010），成为美国重要的天然气供给来源，占美国天然气总产量的 12%。我国页岩气领域的研究工作相对落后，加强页岩气等非常规天然气的勘探开发，快速提升天然气在国家一次能源消费结构中的比例，可以有效降低 CO_2 排放量，是我国改善和保护生态环境的重要途径。

（三）西北区油气资源丰富，系统开展非常规领域的资源评价和战略选区工作，对拓展油气勘探领域有重要现实意义

中国西北区分布着塔里木、准噶尔两个大型含油气盆地和吐哈、酒泉、三塘湖、花海等近 30 个中小型含油气盆地。常规油气勘探已取得重要进展，形成了以塔里木油田、新疆油田、青海油田、吐哈油田等为主的石油和天然气生产基地。西北区沉积地层丰富，古生界寒武系至新生界新近系普遍发育，但在不同盆地存在较大差异。本书中，对塔里木、准噶尔两个大型盆地和吐哈、柴达木、酒泉、三塘湖盆地等 14 个主要的中小型盆地开展了页岩气（油）调查与评价（李玉喜等，2009）。

三、主要认识总结

（一）划分了西北区有效泥页岩层段，并厘定了其分布特征

西北区有效泥页岩广泛存在，古—新生界均有不同程度的发育，上古生界石炭系、二叠系及中生界三叠系、侏罗系分布稳定，连续性好。其形成环境存在较大差异，下古生界泥页岩以海相沉积为主，上古生界和中生界泥页岩主要为湖泊相沉积，个别盆地泥页岩亦发育潟湖相、沼泽相、泛滥平原相等。从埋藏深度来看，不同层系泥页岩埋藏深度变化较大，从几十米到近万米均有，塔里木盆地和柴达木盆地的古生界地层埋深普遍在 5000m 以下，仅盆地边缘埋藏深度小于 3000m，中生界普遍埋深在 200～8000m，各盆地略有差别，其中，塔里木盆地和柴达木盆地泥页岩埋藏相对较深（康玉柱，1996）。

有效泥页岩层段厚度差别较大，单层厚度在 20～50m，累计厚度 30m 至数百米，岩性组合可分为纯泥岩型、夹层型和互层型等 3 种类型，主要以夹层型为主，在塔里木盆地、准噶尔盆地和柴达木盆地均较常见。有效泥页岩层段厚度呈现拗陷中心相对较厚，向四周减薄的趋势，总体上海相泥页岩厚度较薄，但稳定性较好，陆相泥页岩累计厚度较大，但稳定性相对较差（张林晔等，2009；王步清等，2009）。

（二）明确了西北区有效泥页岩层段的地化特征

西北区有效泥页岩层段 TOC（%）总体较高，平均在 2%～6%，中生界明显高于古生界，侏罗系普遍高于其他层系，但各盆地存在较大差异。R_o（%）变化范围较大，古生界泥页岩演化程度普遍较高，最大可达 2.5%，多处于高-过成熟演化阶段，中生界多在 1%左右，即成熟-高成熟阶段，新生界泥页岩一般在低成熟-成熟阶段。泥页岩有机质类型多样，Ⅰ～Ⅲ型均有发育，但总体以Ⅱ、Ⅲ型为主，在塔里木盆地侏罗系、准噶尔盆地的二叠系、吐哈和三塘湖盆地的石炭系、二叠系及中小盆地的白垩系以Ⅰ、$Ⅱ_1$型为主，是页岩油发育的主力层段（金之钧和张金川，1999；赵文智等，2003）。

（三）查明了西北区有效泥页岩层段的储集特征

西北区有效泥页岩层段孔渗低，孔隙度在0.5%～8%，孔隙半径以中孔为主，渗透率普遍小于$0.5\times10^{-3}\mu m^3$。从层位来看，古生界露头样品孔隙度偏高，平均在6%以上，中生界—新生界泥页岩钻井岩心孔隙度一般在5%以内，渗透率与孔隙度不具明显的相关性，各盆地泥页岩普遍发育裂缝。岩石矿物组成中脆性矿物总体含量较高，黏土矿物含量在30%～70%，以伊蒙混层为主。但页岩气与页岩油层段具有明显差异，其中页岩气层段的脆性矿物以石英、长石为主，储集空间主要为晶间孔、解理缝、微裂隙、泥岩收缩缝等；页岩油层段碳酸盐矿物含量明显增加，相对而言，溶蚀孔发育。

（四）分析了西北区有效泥页岩层段的含气（油）性特征

西北区有效泥页岩层段普遍含气，塔里木、准噶尔、柴达木、吐哈等盆地中，除塔里木盆地古生界由于钻井较少而未见到气测显示外，其他层位均有录井气测异常。等温吸附实验结果表明，西北区富有机质泥页岩最大吸附气量为$1.09\sim15.69m^3/t$，平均分布在$1.85\sim4.25m^3/t$，表明吸附能力较强；现场解析气量普遍较低，一般小于$0.5m^3/t$，为$0.048\sim0.42m^3/t$，恢复后的原地含气量普遍在$0.23\sim2.48m^3/t$。

准噶尔盆地中、下二叠统和三塘湖盆地芦草沟组泥页岩钻井含油显示活跃，油斑、油迹较多，岩心观察可见裂缝处含油，镜下观察可见明显的荧光显示，三塘湖盆地有效泥页岩层段氯仿沥青“A”含量为0.002%～5.694%，平均为0.641%，S_1在0.01～18.25mg/g，平均为1.68mg/g。

（五）优选了西北区页岩气（油）有利区，并评价了页岩气（油）的资源潜力

共优选出西北区页岩气有利区55个，其中塔里木盆地12个、准噶尔盆地3个、柴达木盆地12个、吐哈盆地7个、酒泉盆地10个、中小盆地11个；页岩油有利区16个，其中准噶尔盆地3个，三塘湖盆地5个，柴达木盆地4个，塔里木、吐哈及酒泉盆地各1个，花海盆地2个（张金川等，2004）。

西北区页岩气资源量总计$17.18\times10^{12}m^3$。其中，塔里木盆地页岩气资源量最大，近$8.3\times10^{12}m^3$，占西北区总资源量的48.3%；其次是柴达木盆地，为$4.0\times10^{12}m^3$，占总资源量的23.3%。从层系上看，主要分布在侏罗系，为$8.3\times10^{12}m^3$；从省份来看，主要在新疆自治区，地表条件以戈壁为主；埋藏深度在3000～4500m范围内的资源量为$9.16\times10^{12}m^3$，埋藏深度小于1500m的资源量为$2.0\times10^{12}m^3$（张金川等，2009）。

初步评价西北区页岩油资源量为99.2×10^8t，在准噶尔盆地、吐哈盆地、三塘湖盆地和酒泉盆地分别为77.37×10^8t、3.4×10^8t、3.82×10^8t和1.17×10^8t；层系上主要

分布在二叠系和侏罗系，分别为80.42×10^8t和13.64×10^8t；省份仍然以新疆为主。

四、致谢

“西北区页岩气（油）资源潜力调查评价与有利区优选”子项目的完成和成果的取得是在国土资源部油气资源与战略研究中心领导和专家的指导下完成的，也是项目组全体成员辛勤劳动的结晶，工作中也得到了相关油田领导和专家的大力支持和帮助，作为承担单位的中国石油大学（北京）为项目的实施也提供了多方面的支持，在此我们一并表示衷心的感谢！

感谢项目办公室及各位研究生两年来的辛勤劳动和对课题组的帮助！

目录

第一章

页岩气（油）发育的地质背景

第一节　西北区页岩气（油）发育的盆地

中国西北区分布着塔里木、准噶尔、柴达木 3 个大型含油气盆地和吐哈、酒泉、三塘湖、花海等 30 多个中小型含油气盆地，富有机质泥页岩层段发育的层位多、沉积环境类型多样。本书重点对塔里木、准噶尔、柴达木、吐哈及酒泉、三塘湖、花海等 14 个盆地进行研究。

一、塔里木盆地

（一）区域构造特征

塔里木盆地位于中朝—塔里木地台的西端，北与天山褶皱带为邻，西南以昆仑褶皱带为界，东南以阿尔金断隆与柴达木盆地相隔，基底为太古界与元古界。通常以下古生界“三隆四拗”的构造格局将盆地划分为 7 个一级构造单元：库车拗陷、塔北隆起、北部拗陷、中央隆起、西南拗陷、塔南隆起和东南拗陷（贾承造，1997；杨明慧等，2004）（图 1-1）。

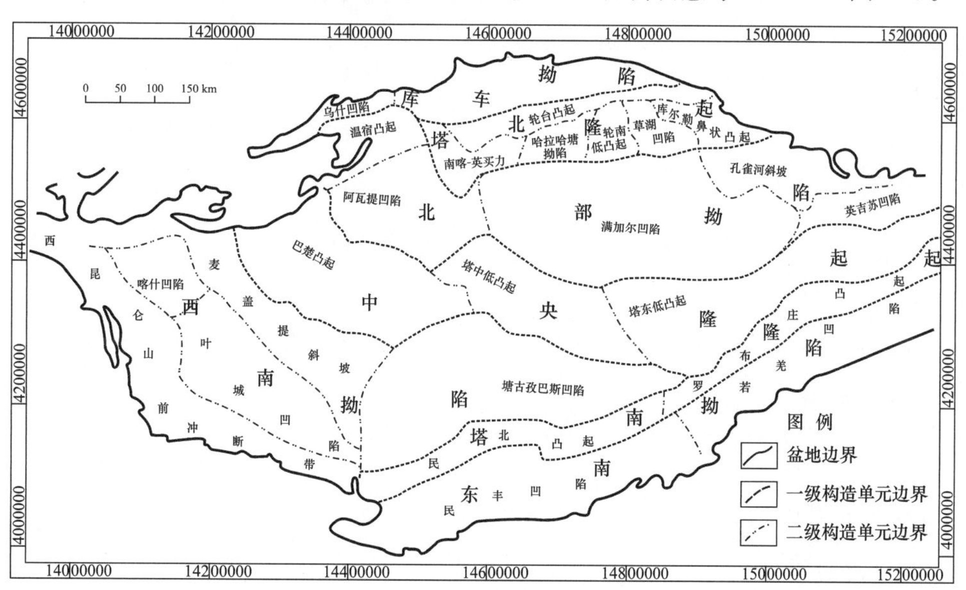

图 1-1　塔里木盆地构造单元划分图

（二）地层发育特征

塔里木盆地经历了 4 个构造演化阶段（旋回），即加里东构造旋回、海西构造旋回、印支-早燕山旋回和晚燕山-喜马拉雅旋回。

自震旦纪到第四纪以来，塔里木盆地发育的岩性组合为碳酸盐岩到碳酸盐岩与碎屑岩互层再到碎屑岩。早古生代、晚古生代、中生代、新生代又各自经历了次一级旋回（徐旭辉等，1998；何登发等，2005）。主要烃源岩层系分布在寒武系—奥陶系、石炭系—二叠系和三叠系—侏罗系（王中良和顾忆，1994；颜仰基等，1999）（图 1-2）。

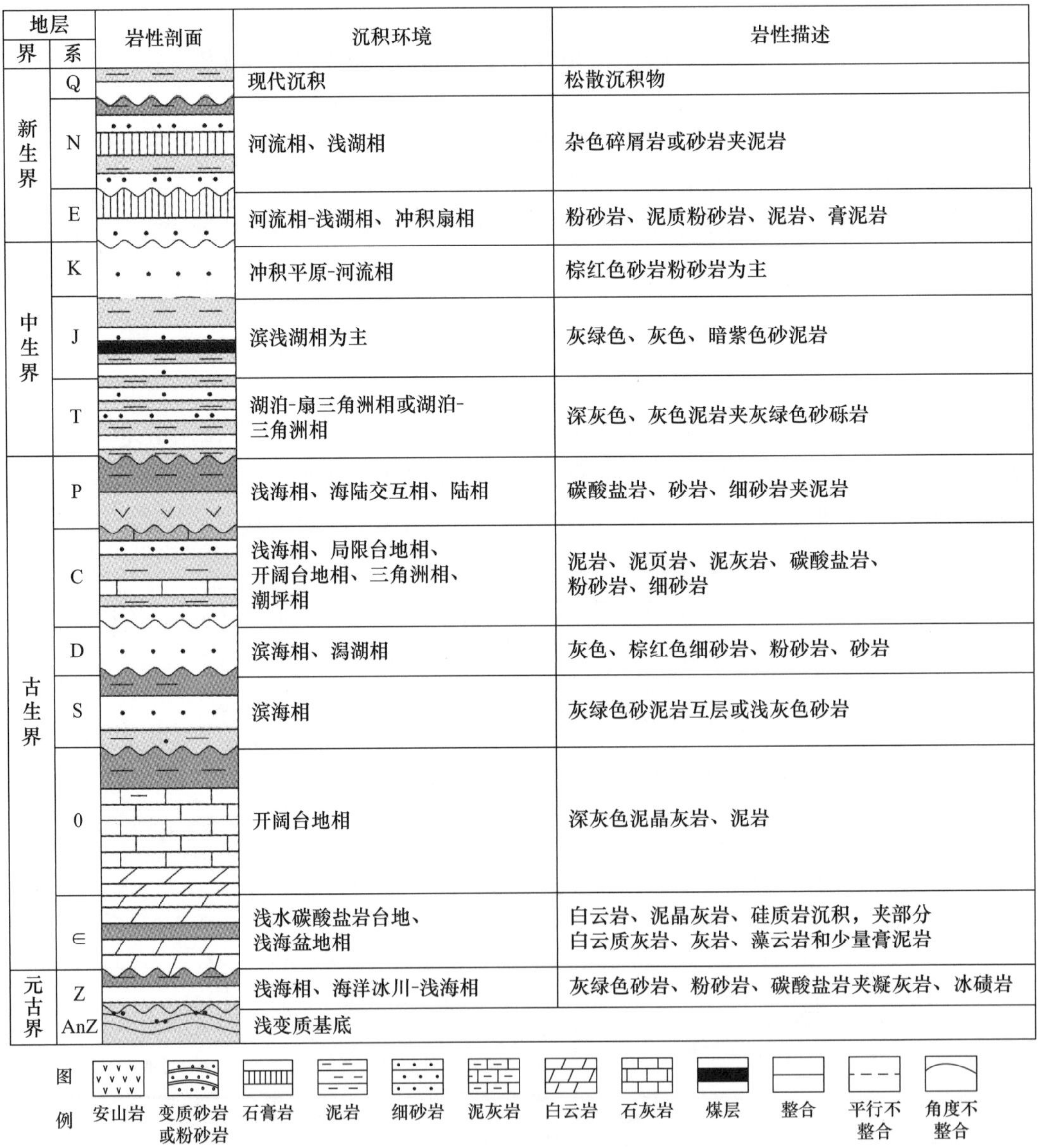

地层		岩性剖面	沉积环境	岩性描述
界	系			
新生界	Q		现代沉积	松散沉积物
	N		河流相、浅湖相	杂色碎屑岩或砂岩夹泥岩
	E		河流相-浅湖相、冲积扇相	粉砂岩、泥质粉砂岩、泥岩、膏泥岩
中生界	K		冲积平原-河流相	棕红色砂岩粉砂岩为主
	J		滨浅湖相为主	灰绿色、灰色、暗紫色砂泥岩
	T		湖泊-扇三角洲相或湖泊-三角洲相	深灰色、灰色泥岩夹灰绿色砂砾岩
古生界	P		浅海相、海陆交互相、陆相	碳酸盐岩、砂岩、细砂岩夹泥岩
	C		浅海相、局限台地相、开阔台地相、三角洲相、潮坪相	泥岩、泥页岩、泥灰岩、碳酸盐岩、粉砂岩、细砂岩
	D		滨海相、潟湖相	灰色、棕红色细砂岩、粉砂岩、砂岩
	S		滨海相	灰绿色砂泥岩互层或浅灰色砂岩
	O		开阔台地相	深灰色泥晶灰岩、泥岩
	∈		浅水碳酸盐岩台地、浅海盆地相	白云岩、泥晶灰岩、硅质岩沉积，夹部分白云质灰岩、灰岩、藻云岩和少量膏泥岩
元古界	Z		浅海相、海洋冰川-浅海相	灰绿色砂岩、粉砂岩、碳酸盐岩夹凝灰岩、冰碛岩
	AnZ		浅变质基底	

图例：安山岩　变质砂岩或粉砂岩　石膏岩　泥岩　细砂岩　泥灰岩　白云岩　石灰岩　煤层　整合　平行不整合　角度不整合

图 1-2　塔里木盆地地层柱状图

二、准噶尔盆地

（一）区域构造特征

准噶尔盆地在区域大地构造上位于准噶尔地块的核心稳定区，处在哈萨克斯坦板块、西伯利亚板块和塔里木板块的交汇部位，隶属哈萨克斯坦古板块；是一个典型的三面被古生代缝合线所包围的晚石炭世到第四纪发展起来的大陆板内沉积盆地。准噶尔盆地包括西部隆起、东部隆起、陆梁隆起、北天山山前冲断带、中央拗陷和乌伦古拗陷，共 6 个一级构造单元（张义杰和柳广弟，2002）（图 1-3）。

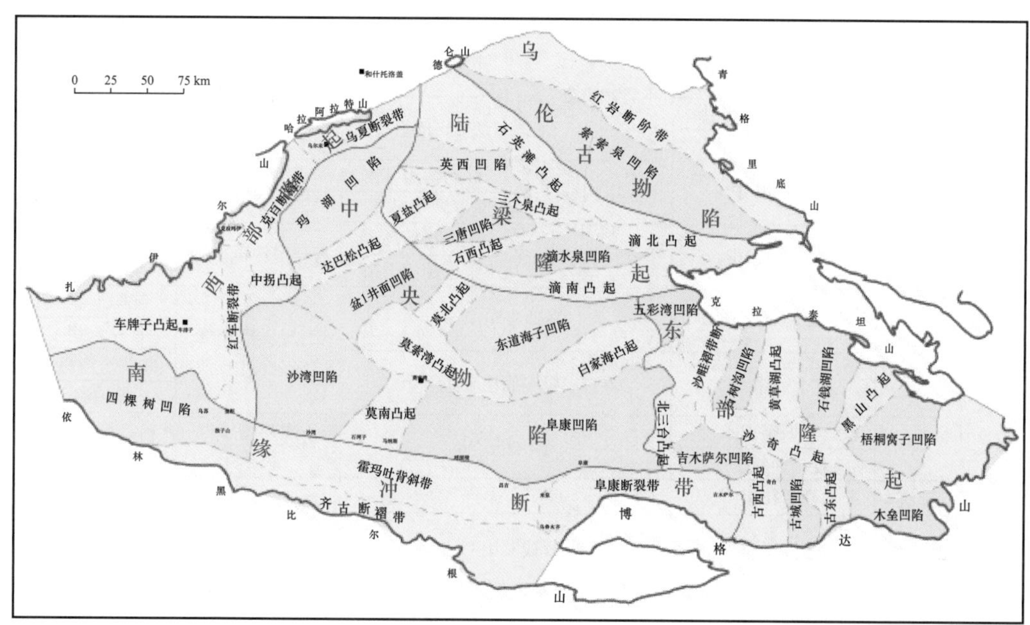

图 1-3 准噶尔盆地构造单元划分图

（二）地层发育特征

准噶尔盆地从老至新沉积了石炭系、二叠系、中生代、新生代（表 1-1）。

表 1-1 准噶尔盆地沉积充填地层表

系	统	西北部	东北部	南部
第四系	更新统			西域组 Q_1x
新近系	上新统	独山子组 N_2d	独山子组 N_2d	独山子组 N_2d
	中新统	塔西河组 N_1t	塔西河组 N_1t	塔西河组 N_1t
		沙湾组 N_1s	沙湾组 N_1s	沙湾组 N_1s
古近系	渐新统—古新统			安集海河组 $E_{2-3}a$
				紫泥泉子组 $E_{1-2}z$

续表

系	统	西北部	东北部		南部	
白垩系	上统	艾里克湖组 K_2a	红沙泉组 K_1h		东沟组 K_2d	
	下统	吐谷鲁群 K_1tg	吐谷鲁群 K_1tg		吐谷鲁群 K_1tg	连木沁组 K_1l
						胜金口组 K_1s
						呼图壁河组 K_1h
						清水河组 K_1q
侏罗系	上统	齐古组 J_3q	石树构群 $J_{2\text{-}3}s$	齐古组 J_3q	喀拉扎组 J_3k	
					齐古组 J_3q	
	中统	头屯河组 J_2t		头屯河组 J_2t	头屯河组 J_2t	
		西山窑组 J_2x	西山窑组 J_2x	西山窑组 J_2x	西山窑组 J_2x	
	下统	三工河组 J_1s	三工河组 J_1s	三工河组 J_1s	三工河组 J_1s	
		八道湾组 J_1b	八道湾组 J_1b	八道湾组 J_1b	八道湾组 J_1b	
三叠系	上统	白碱滩组 T_3b	小泉沟群 $T_{2\text{-}3}xq$	黄山街组 T_3h	小泉沟群 $T_{2\text{-}3}xq$	郝家沟组 T_3hj
						黄山街组 T_3h
	中统	上克拉玛依组 T_2k_2		克拉玛依组 T_2k		克拉玛依组 T_2k
		下克拉玛依组 T_2k_1				
	下统	百口泉组 T_1b	上仓房沟群 T_1ch	烧房沟组 T_1s	上仓房沟群 T_1ch	烧房沟组 T_1s
				韭菜园子组 T_1j		韭菜园子组 T_1j
二叠系	上统	上乌尔禾组 P_3w	下仓房沟群 P_3ch	梧桐沟组 P_3wt	下仓房沟群 P_3ch	梧桐沟组 P_3wt
				泉子街组 P_3q		泉子街组 P_3q
	中统	下乌尔禾组 P_2w	平地泉组 P_2p		上芨芨槽子群 P_2jjc	红雁池组 P_2h
						芦草沟组 P_2l
		夏子街组 P_2x	将军庙组 P_2j			井井子沟组 P_2jj
						乌拉泊组 P_2wl
	下统	风城组 P_1f	金沟组 P_1jg		下芨芨槽子群 P_1jjc	塔什库拉组 P_1t
		佳木河组 P_1j				石人子沟组 P_1s
石炭系	上统	太勒古拉组 C_3t			祁家沟组 C_3q	
	中统	阿蜡德依克赛组 C_2a 哈拉阿拉特组 C_2h	石钱滩组 C_2s		柳树沟组 C_2l	
	下统	包谷图组 C_1b	巴塔玛依内山组 C_2			
		希贝库拉斯组 C_1x	滴水泉组 C_1d			

石炭系下石炭统滴水泉组的沉积范围主要分布于五彩湾凹陷内，上石炭统石钱滩组的沉积范围主要分布于石钱滩凹陷内。

下二叠统佳木河组沉积主要分布于西北缘和中央拗陷大部分（中拐凸起除外）。风城组沉积范围主要分布于玛湖凹陷、P1井西凹陷和昌吉凹陷之内（冯有良等，2011）。夏子街组沉积范围比风城组大，与佳木河组相近。主要分布于西北缘、中央拗陷（中拐凸起除外）和东部隆起内的各凹陷。中二叠统下乌尔禾组（东部为平地泉组）沉积范围与夏子街组沉积范围相当。上乌尔禾组沉积范围超过下乌尔禾组沉积范围，扩大到陆梁隆起及乌伦古拗陷的广大地区。但在石英滩凸起和英西凹陷的局部地区、三个泉凸起和陆南凸起的东部地区缺失此地层。

三叠系的沉积中心主要位于昌吉凹陷内，根据区域大剖面的解释，三叠系内部能够划分出两套地层，即小泉沟群（$T_{2\text{-}3}xq$）和上仓房沟群（T_1ch）。

侏罗系沉积时，盆地处于泛盆阶段，盆地范围进一步扩大，其沉积中心主要位于昌吉凹陷，其次是乌伦古拗陷和四棵树凹陷（鲍志东等，2002）。

白垩系吐谷鲁群的沉积范围进一步扩大，仅车排子凸起和东部隆起区的部分地层缺失，与下伏吐谷鲁群地层在局部地区呈角度不整合接触。

中新统—上新统沙湾组—第四系的沉积范围扩大到整个盆地，与下伏渐新统在局部地区呈角度不整合接触。

三、柴达木盆地

（一）区域构造特征

柴达木盆地位于青藏高原北部，沉积岩总面积约 $12\times10^4km^2$，其平均海拔为 2500～3000m。地貌上，柴达木盆地周缘分别被祁连山、东昆仑山和阿尔金山所限，具有特殊的盆山构造格局和岩石圈板块地球动力学背景。构造上，柴达木盆地的西北边界是左行走滑的阿尔金断裂，东北边界为祁连山-南山逆冲断层带，南界为东昆仑山及其西部的祁漫塔格逆冲断层带。柴达木盆地可分为 3 个一级构造单元，17 个二级构造单元（汤良杰等，2000）（图 1-4）。

（二）地层发育特征

柴达木盆地发育的具有油气勘探意义的沉积地层自下而上有古生界石炭系、中生界侏罗系、白垩系及新生界（图 1-5）。

柴达木盆地南缘石炭系与柴达木盆地北缘、东北缘的地层岩性特征具有较大的差异。特别是上石炭统，在柴达木盆地南缘以灰色灰岩、生物碎屑灰岩为主。而在柴达木盆地东北缘和北缘为暗色泥页岩、碳质页岩和石英砂岩、灰岩的不等厚互层，主要以碎屑岩为主并与灰岩组成不等厚互层（汤良杰和刘池阳，2000）。

侏罗系中下统为河湖相含煤建造，在冷湖和鱼卡、南八仙地区，成为具有工业价值的生油岩系。上侏罗统为红色碎屑岩建造，见于阿尔金山（王明儒和胡文义，1997；马锋等，2007）。

柴达木盆地古近系—新近系极为发育，主要表现为分布范围广、厚度大、层位全。最大沉积厚度可达 15000m 以上。古近系、新近系是盆地内最为发育的地层，自下而上分为路乐河组、下干柴沟组、上干柴沟组、下油砂山组和上油砂山组。

四、吐哈盆地

（一）区域构造特征

吐哈盆地位于哈萨克斯坦板块的东南部，地处哈萨克斯坦板块、西伯利亚板块及塔里木板块结合的三角地带，属准噶尔-吐鲁番地块的一部分。盆地四周环山，西起喀拉乌成山，东至梧桐窝子泉附近，北依博格达山、巴里坤山和哈尔里克山，南抵觉罗塔格山。盆地东西长 660km，南北宽 60～100km，总面积约 $5.35\times10^4km^2$。

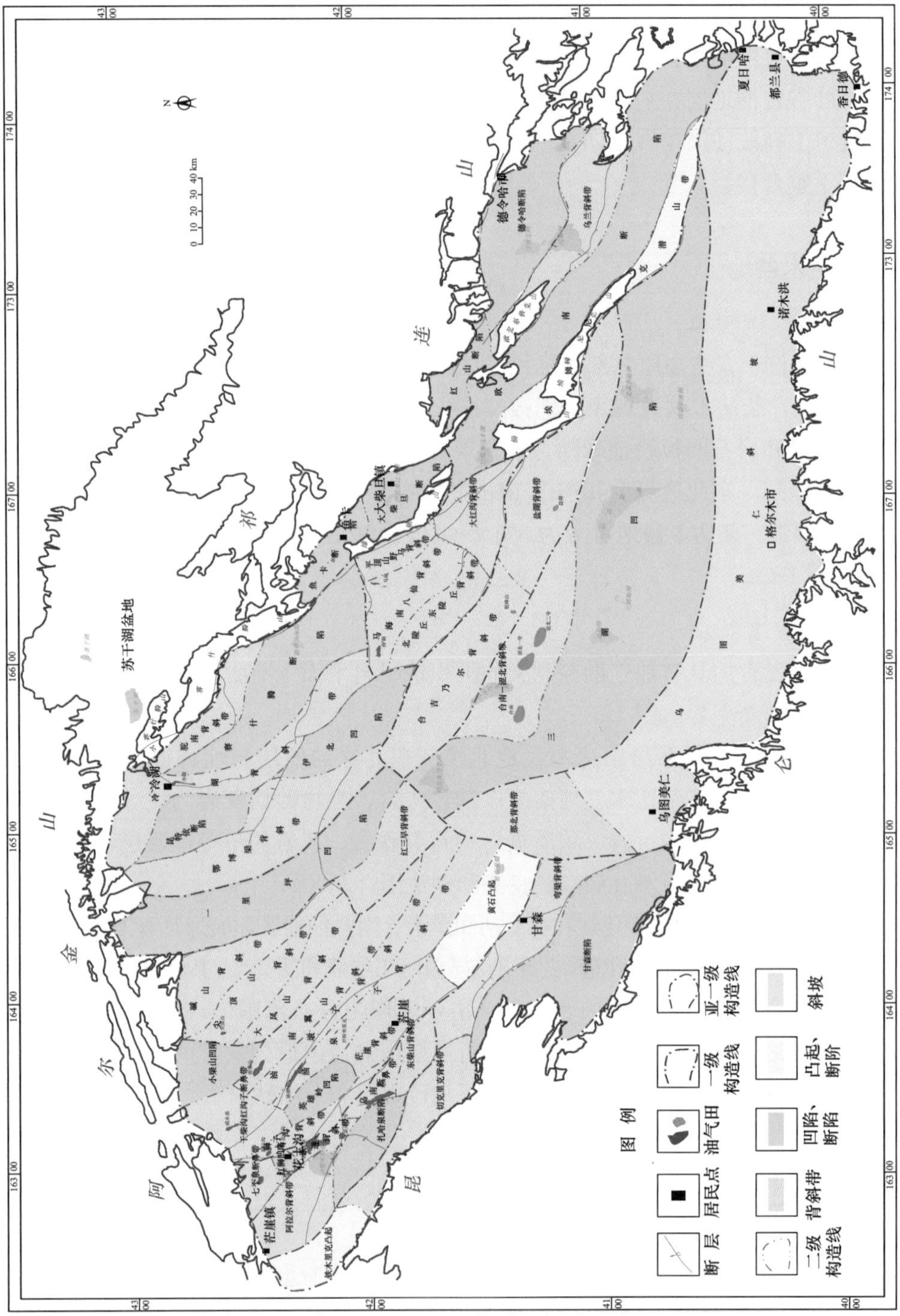

图 1-4　柴达木盆地构造单元划分图（据中国石油青海油田分公司，2009）

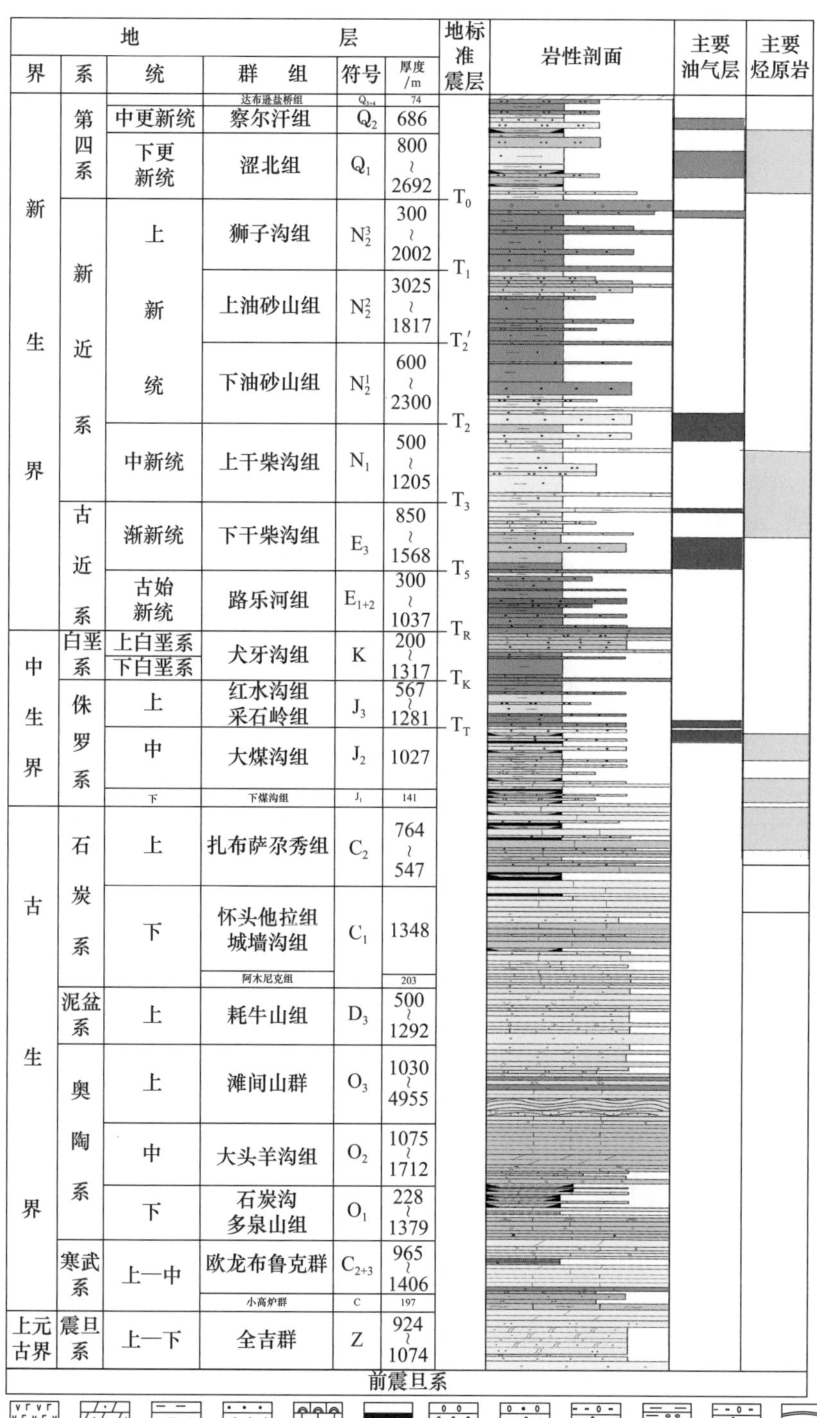

界	系	统	群组	符号	厚度/m	地震标准层
新生界	第四系		达布逊盐桥组	Q_{3+4}	74	
		中更新统	察尔汗组	Q_2	686	
		下更新统	涩北组	Q_1	800~2692	T_0
	新近系	上新统	狮子沟组	N_2^3	300~2002	T_1
			上油砂山组	N_2^2	3025~1817	T_2'
			下油砂山组	N_2^1	600~2300	T_2
		中新统	上干柴沟组	N_1	500~1205	T_3
	古近系	渐新统	下干柴沟组	E_3	850~1568	T_5
		古始新统	路乐河组	E_{1+2}	300~1037	T_R
中生界	白垩系	上白垩系 下白垩系	犬牙沟组	K	200~1317	T_K
	侏罗系	上	红水沟组 采石岭组	J_3	567~1281	T_T
		中	大煤沟组	J_2	1027	
		下	下煤沟组	J_1	141	
古生界	石炭系	上	扎布萨尕秀组	C_2	764~547	
		下	怀头他拉组 城墙沟组	C_1	1348	
			阿木尼克组		203	
	泥盆系	上	耗牛山组	D_3	500~1292	
	奥陶系	上	滩间山群	O_3	1030~4955	
		中	大头羊沟组	O_2	1075~1712	
		下	石炭沟 多泉山组	O_1	228~1379	
	寒武系	上一中	欧龙布鲁克群	C_{2+3}	965~1406	
			小高炉群	C	197	
上元古界	震旦系	上一下	全吉群	Z	924~1074	
前震旦系						

图 1-5 柴达木盆地地层划分图

依据吐哈盆地复杂的周边地质条件、多旋回的盆地发展阶段，结合区域构造、基底、沉积、盖层及重力、航磁、地震和钻井、地面地质资料等，将盆地划分为中西部的吐鲁番坳陷、中东部的了墩隆起和东部的哈密坳陷三个一级构造单元（袁明生等，2002）（图 1-6）。

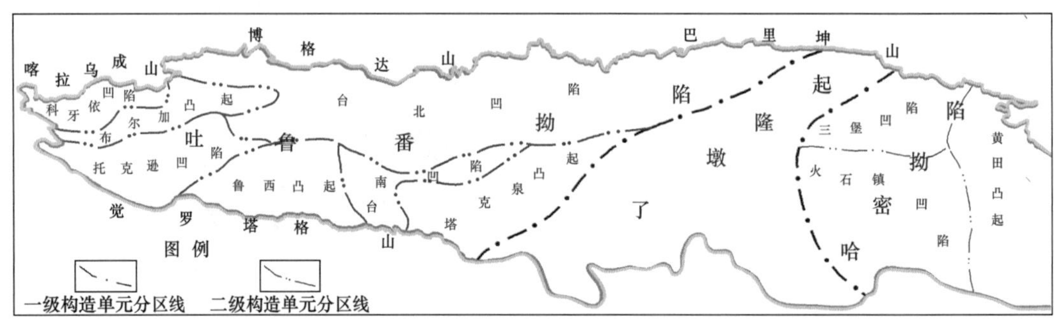

图 1-6　吐哈盆地构造分区图（据中国石油吐哈油田分公司，2009）

（二）地层发育特征

吐哈盆地直接基底是一套变质、变形的以泥盆系—石炭系为主的上古生界褶皱基底。在该基底上，从二叠纪开始至今，沉积了一套厚约 8000m 的陆相碎屑岩（表 1-2）。

表 1-2　吐哈盆地地层划分系统表

界	系	统	地方性地层名称及代号		厚度/m
新生界	第四系		西域组（Qx）		50～765
	古近系—新近系	中、上新统	葡萄沟组（Np）		190～944
		渐新统	桃树园组（E_3t）		210～1079
		渐、始新统	鄯善群（K_2-Esh）	巴坎组（$E_{2-3}b$）	250～968
		古新统		台子村组（E_1t）	
中生界	白垩系	上统		苏巴什组（K_2s）	
				库穆塔克组（K_2k）	
		下统	吐谷鲁群（K_1tg）	连木沁组（K_1l）	330～976
				胜金口组（K_1sh ）	
				三十里大墩组（K_1s）	
	侏罗系	上统	喀拉扎组（J_3k）		170～606
			齐古组（J_3q）		360～910
		中统	七克台组（J_2q）		110～496
			三间房组（J_2s）		290～1127
			西山窑组（J_2x）		250～1064
		下统	水西沟群（$J_{1-2}sh$）	三工河组（J_1s）	20～216
				八道湾组（J_1b）	40～1195
	三叠系	上、中统	小泉沟群（$T_{2-3}xq$）	郝家沟组（T_3h）	370～646
				黄山街组（T_3hs）	
				克拉玛依组（$T_{2-3}k$）	
		下统	上苍房沟群（T_1sh）	烧房沟组（T_1sh）	不详
				韭菜园组（T_1j）	

续表

界	系	统	地方性地层名称及代号		厚度/m
古生界	二叠系	上统		锅底坑组（P_3g）	不详
				梧桐沟组（P_3w）	
				泉子街组（P_3q）	
		中统	桃东沟群（P_2td）	塔尔朗组（P_2t）	
				大河沿组（P_2d）	
		下统	依尔希土组（P_1y）	艾丁湖组（P_1ai）	

（据中国石油吐哈油田分公司，2009，修改）

这套沉积盖层的发育具有一定的规律性，即二叠系—三叠系沉积物分布于盆地南、北各凹陷内，从侏罗纪开始向四周超覆，逐渐扩大并相互连通。在晚侏罗世至白垩纪，表现为一个退覆沉积阶段，沉积范围缩至盆地腹地一带。古近纪—新近纪为盆地沉积最广泛的时期，第四纪时又收缩变小。

五、三塘湖盆地

（一）区域构造特征

三塘湖盆地主要受海西晚期与燕山晚期两期主要构造运动改造，形成了二叠系残留盆地与中生界拗陷盆地的叠加，使得盆地成为小型复合盆地。平面上，三塘湖盆地南北缘均发育向盆内推覆的冲断褶皱系，中部为一呈北西—南东向展布的长条状拗陷。盆地内主要发育三个方向的构造线，一组为北西向，一组为北东向，另一组为近东西向，组成这三个方向构造线的构造主要为呈带状展布的断裂和褶皱。其中，北西向及近东西向构造控制着盆地总体构造格局，北东向构造表现出一定的压扭性质（图 1-7）。

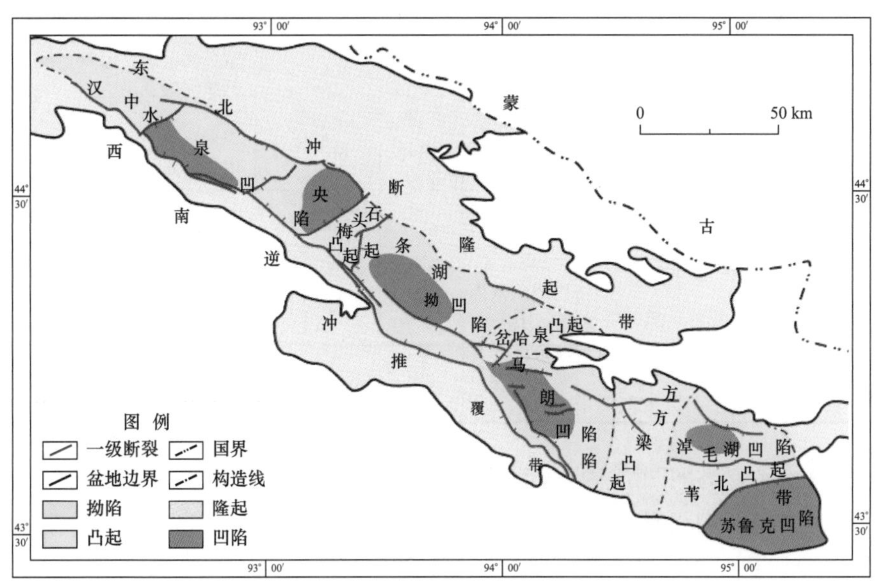

图 1-7 三塘湖盆地构造特征

（二）地层发育特征

三塘湖盆地自石炭纪形成盆地雏形，除缺失下二叠统、下三叠统、上白垩统外，其余地层发育齐全，各层系地层间大都以不整合接触（表 1-3）。

表 1-3　三塘湖盆地地层划分

地层						厚度/m	岩性简述
界	系	统	群	组	代号		
新生界	第四系				Q	40～60	黄色含砾黏土与砂砾岩
	古近系—新近系				E	35～161	棕红色泥岩与中厚层砂砾岩不等厚互层
中生界	白垩系	下统	吐谷鲁群		K_1tg	736～1052	棕褐色泥岩、砂质泥岩夹灰色细粉砂岩及深灰色砾岩
	侏罗系	上统	石树沟群	齐古组	J_3q	176～274	紫红色泥岩与灰绿色细、粉砂岩不等厚互层
		中统		头屯河组	J_2t	200～341	灰绿色凝灰质砾岩夹棕褐色凝灰质砾岩
			水西沟群	西山窑组	J_2x	115～246	上部煤岩，中上部灰色泥岩，中下部砂岩，下部泥岩
		下统		三工河—八道湾组	J_1	30～200	灰色砂岩、粉砂岩夹深灰色泥岩薄层
	三叠系	上中统	小泉沟群	克拉玛依组	T_2k^2	43～230	紫红色泥岩与粉砂岩、细砂岩呈不等厚互层
上古生界	二叠系	上统		条湖组	P_2t	0～772	上部深灰色泥岩，中下部灰色安山岩、玄武岩及灰绿色辉绿岩互层
				芦草沟组	P_2l	0～508	灰色白云岩、深灰色凝灰质泥岩、钙质泥岩互层
	石炭系	上统		卡拉岗组	C_2k	540～1027	棕褐色玄武岩、安山岩与灰色火山角砾岩互层
				哈尔加乌组	C_2h	400～654	上部灰、灰黑色泥岩与凝灰质砂岩，下部灰色玄武、安山岩互层
				巴塔玛依内山组	C_2b	1000～2150	以灰、灰绿色玄武岩、安山岩为主，夹薄层灰色砂岩、泥岩
		下统		姜巴斯套组	C_1j	600～1900	灰黑色泥岩与灰色、灰绿色粉砂岩、砂岩不等厚互层

目前钻井揭示，马朗凹陷主要发育了下白垩统、中上侏罗统、中上三叠统、中二叠统及上石炭统。芦草沟组在条湖与马朗凹陷分布广泛，厚度在 150～500m，南厚北薄，最厚可达 1000m 左右，是盆地内主要的烃源岩层。

六、酒泉盆地

（一）区域构造特征

酒泉盆地位于甘肃省酒泉地区，东起榆木山，西至红柳峡，北达宽台山、黑山、合黎山，南抵祁连山麓，面积约 11230km^2。以文殊山为主的嘉峪关隆起位于盆地中部，把盆地分隔成东、西两部分，分别称为酒东拗陷和酒西拗陷（图 1-8）。

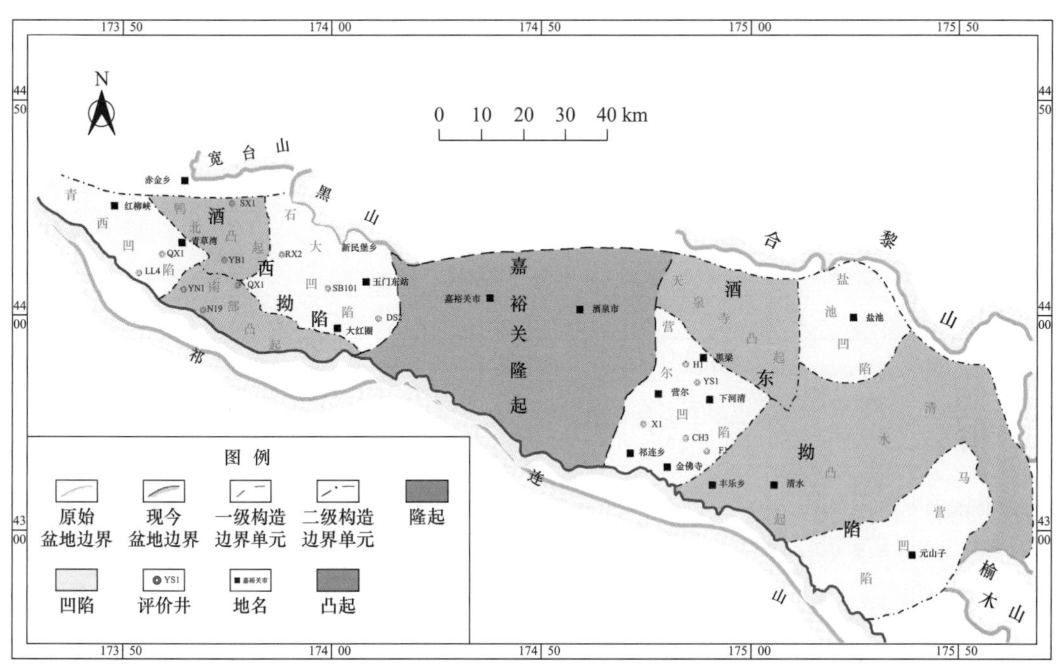

图 1-8 酒泉盆地构造单元划分图

酒泉盆地是在古生界褶皱基底之上发展起来的中、新生代内陆沉积盆地；盆地所处大地构造位置比较特殊，位于阿尔金地块、阿拉善地块与北祁连造山带的结合部位。盆地内构造活动比较复杂、多样，中、新生界沉积盖层具有断拗叠置的双层结构。在中生代，盆地具有东西分块、凹凸相间的地质特点。酒东拗陷自西向东依次发育营尔凹陷、天泉寺凸起、盐池凹陷、清水凸起和马营凹陷，其主要沉积凹陷为营尔、盐池和马营三个凹陷；酒西拗陷自西向东依次发育青西凹陷、鸭北凸起、石大凹陷和南部凸起，其主要沉积凹陷为青西和石大两个凹陷。在新生代，盆地为典型的挠曲型盆地（单冲式压陷盆地），古近系—新近系构造层具有南北分带的地质特征，由南向北依次为南部隆起区（冲断褶皱区）、中央拗陷区和北部斜坡区。

（二）地层发育特征

酒泉盆地发育前震旦系结晶基底、震旦系—下古生界浅变质基底、上古生界—三叠系盖层、中生界断陷沉积和新生界拗陷沉积五大构造层。

白垩系仅发育下统，广泛分布于酒泉盆地中生代沉积凹陷中，是区内主要生油岩系和勘探目的层系，受早白垩世发育的北东向张性断层控制，张性正断层一侧厚度较大，往低凸起上超覆减薄、尖灭。由下而上发育赤金堡组、下沟组、中沟组三套地层（表 1-4）。

表 1-4　酒泉盆地中生代构造单元划分表

<table>
<tr><th rowspan="2">一级构造单元</th><th rowspan="2">二级构造单元</th><th rowspan="2">三级构造单元</th><th colspan="2">面积/km²</th><th rowspan="2">下白垩系厚度/m</th></tr>
<tr><th>主体面积</th><th>总面积（主体＋推覆体）</th></tr>
<tr><td rowspan="5">酒东拗陷</td><td>营尔凹陷</td><td></td><td>840</td><td>840</td><td>3400</td></tr>
<tr><td>清水凸起</td><td></td><td>2500</td><td>2500</td><td>0</td></tr>
<tr><td>马营凹陷</td><td></td><td>940</td><td>940</td><td>2400</td></tr>
<tr><td>天泉寺凸起</td><td></td><td>670</td><td>670</td><td>0</td></tr>
<tr><td>盐池凹陷</td><td></td><td>230</td><td>230</td><td>2800</td></tr>
<tr><td>嘉峪关隆起</td><td></td><td></td><td>2800</td><td>2800</td><td>0</td></tr>
<tr><td rowspan="8">酒西拗陷</td><td rowspan="3">青西凹陷</td><td>红南次凹</td><td>250</td><td>320</td><td>4000</td></tr>
<tr><td>青西低凸起</td><td>110</td><td>110</td><td>1000</td></tr>
<tr><td>青南次凹</td><td>115</td><td>270</td><td>4800</td></tr>
<tr><td>鸭北凸起</td><td></td><td>370</td><td>370</td><td>800</td></tr>
<tr><td>南部凸起</td><td></td><td>400</td><td>560</td><td>500</td></tr>
<tr><td rowspan="3">石大凹陷</td><td>石北次凹</td><td>360</td><td>430</td><td>1600</td></tr>
<tr><td>石北低凸起</td><td>90</td><td>120</td><td>200</td></tr>
<tr><td>大红圈次凹</td><td>340</td><td>580</td><td>3200</td></tr>
</table>

七、六盘山盆地

（一）区域构造特征

六盘山盆地可以划分为两大构造单元和 10 个次级构造单元：①中央拗陷：兴仁堡凹陷、梨花坪凸起、贺家口子凹陷、海原凹陷、固原凹陷和沙沟断阶；②东部斜坡带：桃山-石峡口断片、同心凹陷、窑山凸起和炭山断阶（韩长金，1992）（图 1-9）。

（二）地层发育特征

六盘山盆地地层包括了下元古界（海原群）、中上元古界（蓟县系和震旦系）、古生界（寒武系、奥陶系、石炭系和二叠系）、中生界（延长组、富县组、延安组、直罗组、三桥组、和尚铺组、李洼峡组、马东山组和乃家河组）、新生界（寺口子组、清水营组和甘肃组）（殷占华等，2004；汤济广等，2009）（表 1-5）。

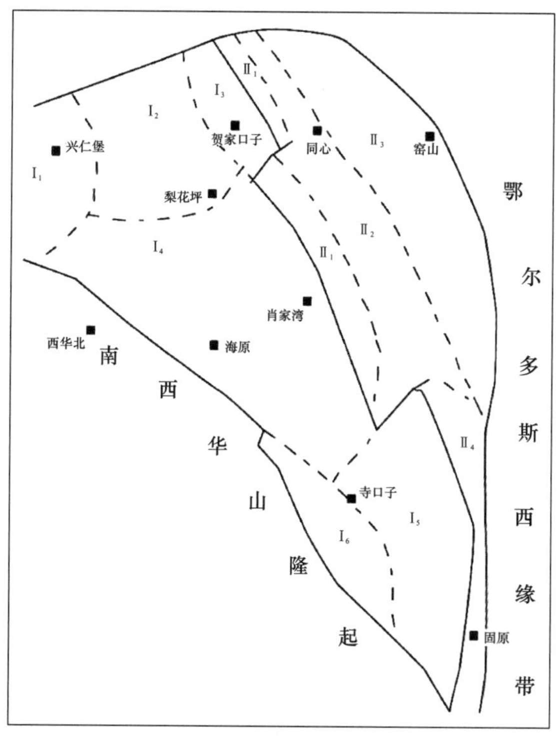

图 1-9 六盘山盆地构造单元划分图

Ⅰ-中央拗陷；I_1-兴仁堡凹陷；I_2-梨花坪凸起；I_3-贺家口子凹陷；I_4-海原凹陷；I_5-固原凹陷；I_6-沙沟断阶；Ⅱ-东部斜坡；II_1-桃山-石峡口断片；II_2-同心凹陷；II_3-窑山凸起；II_4-炭山断阶

表 1-5 六盘山盆地地层表

地层					厚度/m	岩性特征
界	系	统	群、组	代号		
新生界	第四系					黄土
	新近系		甘肃组	N_2g	300～740	土黄色、棕红色砂质泥岩，盆地西部发育厚层含砾砂岩及砾岩
	古近系		清水营组	E_3	614～1444	棕红色砂质泥岩、泥岩及块状石英砂岩
			寺口子组	E_2s	70～152	棕红色块状疏松石英砂岩
中生界	白垩系	下统	乃家河组	K_1n	317～620	深灰色灰质泥岩夹泥岩及少量薄层灰白色细砂岩，局部夹石膏层
			马东山组	K_1m	752～1246	深灰色泥岩，灰质泥岩及泥灰岩，局部夹油页岩，富含鱼化石，并有软沥青
			李洼峡组	K_1l	400～930	棕色夹深灰色泥岩、泥灰岩、局部含石膏
			和尚铺组	K_1h	260～728	紫红色砂质泥岩夹灰绿色砂质泥岩，底部夹有棕紫色粉砂岩，边部为砂岩或砾岩
			三桥组	K_1s	90～155	黄灰色粉砂岩夹细砾岩
	侏罗系	中统	直罗组	J_2c	160～330	紫红、灰绿色砂岩、泥岩互层
		中下统	延安组—富县组	$J_{1-2}y$	350～1000	灰黑、深灰色泥岩、砂岩互层夹煤线
	三叠系	上统	延长组	T_3y	大于 706	灰黑、深灰色泥岩煤线与绿灰色、灰白色砂岩

续表

地层					厚度/m	岩性特征
界	系	统	群、组	代号		
古生界	二叠系—石炭系			C—P	470～1500	二叠系为正常碎屑岩夹火山碎屑岩，化石甚少，下部有灰黑色泥质岩。石炭系为灰、灰白色泥岩夹灰黑色泥页岩，碳质页岩、泥岩夹煤
	奥陶系—寒武系			€—O	200～1000	灰岩、白云岩、长石石英砂岩、板岩及泥页岩沉积
上中元古界	震旦系		镇木关组	Pt_3zh	35	下部为冰碛砾，上部为板岩
	蓟县系		王全口群	Pt_2w	255～1215	下部有少许变质细碎屑岩，上部为大套硅质条带白云岩
下元古界			海原群	Pt_1h	6777	片岩、片麻岩、大理岩

八、民和盆地

（一）区域构造特征

民和盆地可以分为十个二级构造单元，包括5个凹陷和5个凸起。其中，永登凹陷和巴州凹陷是主要的沉降带，也是生油中心和油气勘探的目标区（图1-10）。

盆地基底由中祁连隆起带的前寒武系变质岩及加里东褶皱带的花岗岩组成。下元古界岩性主要为各种混合岩、片麻岩、片岩、石英岩、大理岩及变质火山岩等；古生界岩性主要为硅质板岩夹结晶灰岩、玄武岩、安山岩夹凝灰岩等。

民和盆地古生界至三叠系大量地层缺失，表明民和盆地早侏罗世才开始沉降形成盆地，构造演化由燕山、喜马拉雅两个成盆旋回和三期改造组成。成盆旋回具有一定连续性和稳定性，改造过程具有一定的灾变性和间断性，侏罗系及以上地层在某些地区缺失。改造作用通过局部构造应力调整使成盆过程具有阶段性和多旋回性，将连续的成盆过程自然划分出若干个成盆旋回和相应的改造阶段。

（二）地层发育特征

民和盆地发育元古界马衔山群、湟源群、长城系兴隆山群、长城系皋兰群和蓟县系花山群，主要为变质岩。古生界主要分布于盆地周缘，出露地层有寒武系、奥陶系、志留系和泥盆系，缺失石炭系和二叠系。中生界为盆地形成后第一套沉积盖层，自下而上发育上三叠统、侏罗系和白垩系（表1-6）。上三叠统仅在盆地西北缘有出露，侏罗系和白垩系在盆地内广泛分布，为盆地主要勘探目的层。侏罗系出露完整、层序齐全，全盆地均有分布。自下而上发育下侏罗统炭洞沟组（兰州阿干镇地区称大西沟组），中侏罗统窑街组、红沟组和上侏罗统享堂组。白垩系出露完整，层序齐全，露头广布。盆地内白垩系沉积极其广泛，全盆地均有分布。白垩系自下而上发育下白垩统大通河组、河口群，上白垩统民和组。古近系西宁群为河流相、浅湖相红色碎屑岩及石膏沉积。新近系贵德群岩性主要为砂质泥岩、细砂岩夹石膏质砂岩，与上覆第四系角度不整合接触。第四系下部为白色底砾岩，上部为疏松的风成黄土，与下伏地层角度不整合接触。

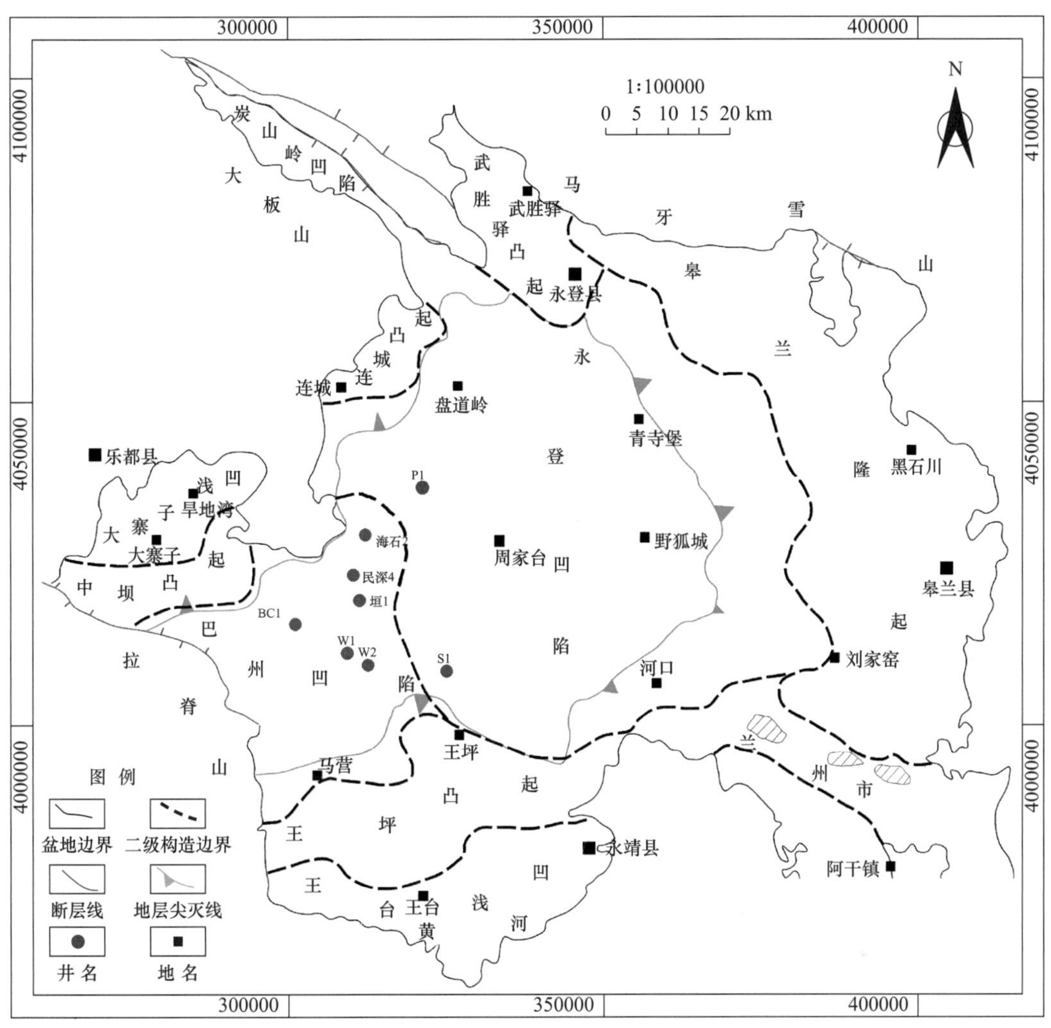

图 1-10 民和盆地构造单元划分

表 1-6 民和盆地地层系统简表

界	系	统	组	接触关系	构造运动
新生界（Kz）	第四系（Q）				
	古近系和新近系	上统（N）	贵德群（Ng）	角度不整合	喜马拉雅运动Ⅱ幕
		下统（E）	西宁群（Ex）	整合或平行不整合	喜马拉雅运动Ⅰ幕
中生界（Mz）	白垩系（K）	上统（K_2）	民和组（K_2m）	整合	燕山运动Ⅴ幕
		下统（K_1）	河口群（K_1h）	角度不整合	燕山运动Ⅳ幕
			大通河组（K_1d）	整合	
	侏罗系（J）	上统（J_3）	享堂组（J_3x）	平行不整合	燕山运动Ⅲ幕
		中统（J_2）	红沟组（J_2h）	平行或角度不整合	燕山运动Ⅱ幕
			窑街组（J_2y）	平行不整合	印支运动
		下统（J_1）	炭洞沟组（J_1t）	角度或平行不整合	燕山运动Ⅰ幕
	三叠系（T）	上统（T_3）	南营尔群（T_3n）		

续表

地层系统					接触关系	构造运动
界		系	统	组		
古生界（Pz）		泥盆系（D）	上统（D_3）	沙流水群（D_3sh）		
		志留系（S）	下统（S_1）	马营沟群（S_1m）		
		奥陶系（O）	上统（O_3）	雾宿山群（O_3w）		
			中统（O_2）	中堡群（O_2z）		
			下统（O_1）	阴沟群（O_1y）		
		寒武系（Є）	上统（Є$_3$）	六道沟群（Є$_3$l）		
			下统（Є$_2$）	泥旦山群（Є$_2$n）/黑刺沟群（Є$_2$h）		
元古界（Pt）	中	蓟县系		花山群（Jxh）		
		长城系		兴隆山群（Chx）/皋兰群（Chg）		
	下	滹沱系		马衔山群（Pt_1m）/湟源群（Pt_1h）		

九、潮水盆地

（一）区域构造特征

潮水盆地位于甘肃省中北部和内蒙古自治区西南部。该盆地受龙首山—阿拉古山北西近东西向构造和北大山弧形构造及东邻巴彦乌拉山北东向构造线的共同控制，形成断裂和拗陷相间、总体呈东西向展布的构造格架（李雄，2010）（图 1-11）。

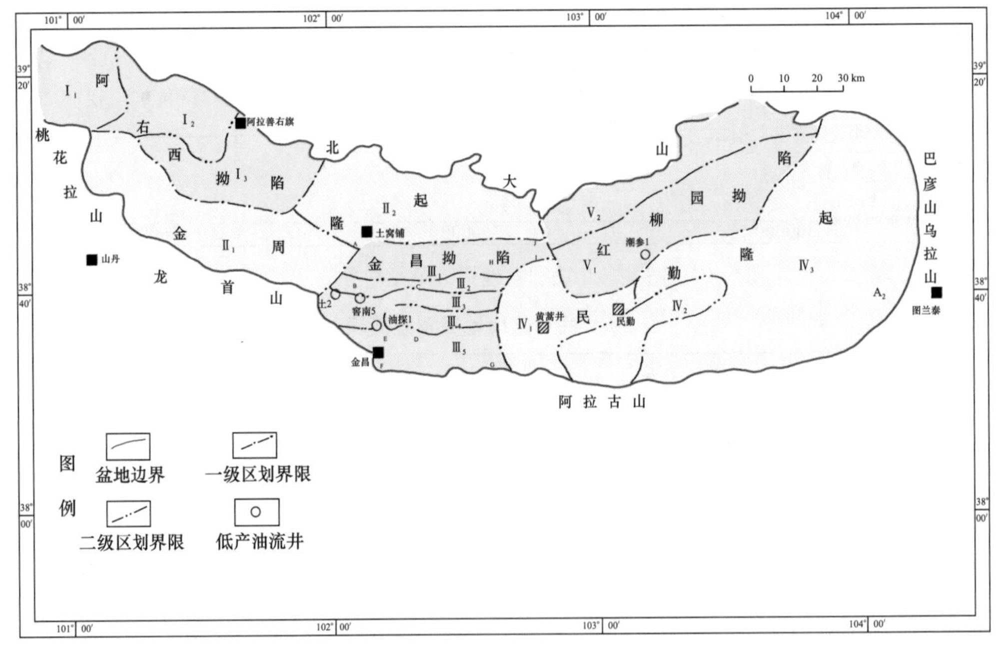

图 1-11　潮水盆地构造单元划分图

Ⅰ$_1$-陈家新井凹陷；Ⅰ$_2$-保家井凸起；Ⅰ$_3$-庙北凹陷；Ⅱ$_1$-金刚泉凸起；Ⅱ$_2$-周家井浅凹陷；Ⅲ$_1$-盐井子凹陷；Ⅲ$_2$-窨水斜坡；Ⅲ$_3$-窨南凹陷；Ⅲ$_4$-黄毛石墩凸起；Ⅲ$_5$-黄南凹陷；Ⅳ$_1$-黄蒿井低凸起；Ⅳ$_2$-苏武庙凹陷；Ⅳ$_3$-民东斜坡；Ⅴ$_1$-西渠凹陷；Ⅴ$_2$-莱菔山斜坡

（二）地层发育特征

盆地基底在桃花拉山以东为前震旦系和震旦系结晶岩系，在桃花拉山以西为古生代变质岩系。盆地在中新生代沉积充填了侏罗系、白垩系、古近系、新近系和第四系。

中下侏罗统青土井群和上侏罗统沙枣河群。青土井群一段，上部是一套深灰色泥岩、灰白色、杂色砂岩近等厚互层；中部较上部夹多层煤岩及碳质泥岩；下部为厚层灰白色、杂色、灰绿色砾岩夹粉、细砂岩层，偶夹有黑灰色泥岩及煤线。青土井群二段，上部是以深灰色泥岩、粉砂质泥岩及厚层深灰色油页岩为主，夹薄层碳质泥岩、灰色泥质粉砂岩及粉砂岩。下部以灰白色、杂色砂岩为主，夹薄层深灰色泥页岩。青土井群三段是一套以深灰色泥岩、粉砂质泥岩为主的与深灰色泥质粉砂岩、浅灰色粉砂岩不等厚互层状间夹薄层碳质泥岩及油页岩层，底部为杂色砂岩夹紫红色、棕红色泥岩。

上侏罗统沙枣河群岩性特征南北不同，北部是一套底粗上细的正韵律沉积，南部是一套底细上粗的反韵律沉积。

白垩系以沉积间断为界，下部为庙沟群，上部为金刚泉群。下白垩统庙沟群在盆地内广泛分布，岩性下部为暗红色角砾岩，暗红、灰白色砾岩夹砾状砂岩及灰绿色泥砂岩。上部为棕红色、灰白色砾岩、砂岩、砂质泥岩。岩性下部为棕红色、灰白色砾岩、砂岩与砂质泥岩不等厚互层，成分以变质岩屑为主（张磊等，2009）。

十、雅布赖盆地

（一）区域构造特征

雅布赖盆地位于内蒙古阿拉善地区，大地构造位置处于阿拉善地块的北部活化带，南部以北大山北缘推覆断裂为界，北以雅布赖-阿拉善右旗北-羊圈沟断裂为界。可以划分为西部拗陷和东部隆起两个大的构造单元。其中，西部拗陷包括红杉湖凹陷、黑茨湾低凸起和萨尔台凹陷；东部凸起包括陶北凸起和巴音布尔都凸起。雅布赖中生代盆地的演化历史复杂，经历了早中侏罗世的断陷成盆期，晚侏罗世中早期的拗陷期，晚侏罗世末到白垩纪的隆升萎缩期和新生代的消亡期四个阶段，为伸展盆地（吴茂炳等，2007）（图 1-12）。

（二）地层发育特征

雅布赖盆地在中新生代沉积充填了侏罗系、白垩系、古近系—新近系和第四系。

早侏罗世初，在南北向拉张应力的作用下，盆地南部北大山前断裂活动加剧，盆地南部下沉较快，并在北大山前形成沉积中心，接受了数百米填平补充式粗碎屑沉积建造。中侏罗世，断裂活动加剧，北大山前正断裂和早期雅布赖山前正断层急剧下沉，在萨尔台凹陷形成沉积中心，形成南北双断、中央隆起的构造格局。盆地接受巨厚的青土井群沉积，形成主要烃源岩系。

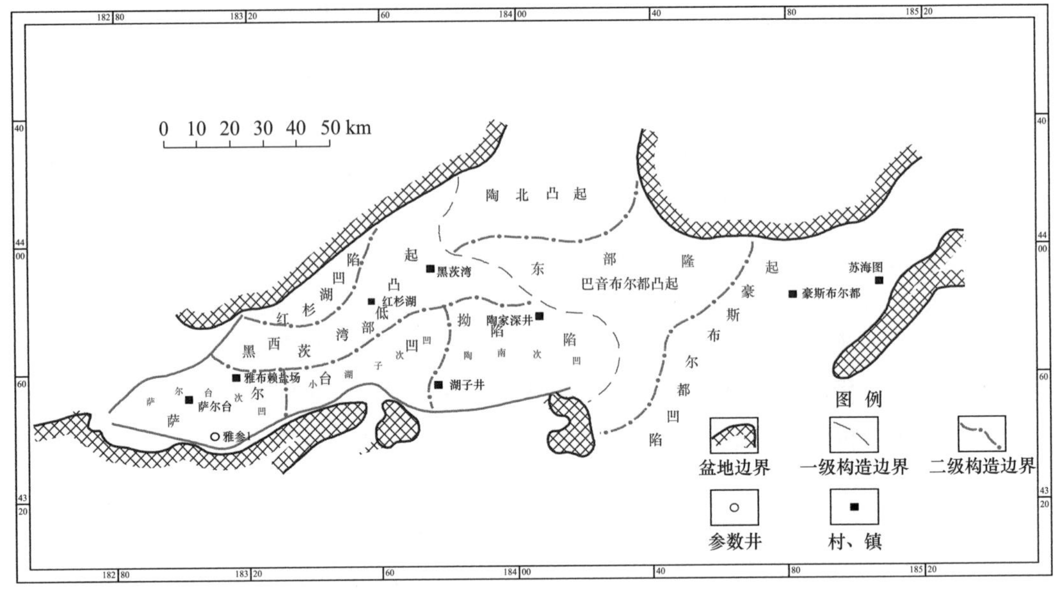

图 1-12 雅布赖盆地构造单元划分图

晚侏罗世早中期，雅布赖盆地水体变浅，气候干燥，湖盆拗陷扩大，在两盆地中形成较浅湖相沙枣河群，即该期盆地以拗陷为主。晚侏罗世末，盆地北部急剧隆起并遭受剥蚀。早白垩世初，盆地再次下沉，接受稳定河湖相沉积。古近纪初，盆地普遍抬升而遭受剥蚀，到新近纪，盆地缓慢下沉接受河流相冲（洪）积扇相沉积。

十一、银根-额济纳旗盆地

（一）区域构造特征

银根-额济纳旗盆地（以下简称银-额盆地）位于古亚洲与特提斯构造的交汇部位，处于中朝克拉通、塔里木克拉通、天山-兴安造山系与秦岭-祁连山-昆仑造山系的交切、复合地带（吕锡敏等，2006）。盆地可以分为 12 个一级构造单元，包括 7 个拗陷和 5 个隆起（李文厚，1997；陈启林等，2006；徐会永等，2008）（图 1-13）。

（二）地层发育特征

银-额盆地地层发育较全，从太古界至第四系均有分布。下中生界为海相沉积构成盆地基底，中新生界均为陆相沉积，构成盆地的沉积盖层。银-额盆地东、西部地层发育很不均衡（吴少波和白玉宝，2003）。盆地东部银根地区地层较全，从上太古界到第四系均有分布。盆地西部额济纳旗地区北部与南部的地层有较大差别，北部地层厚度大，且发育较全；南部地层厚度较小，且缺失较多（曾庆全，1987；卫平生等，2005）（表 1-7）。

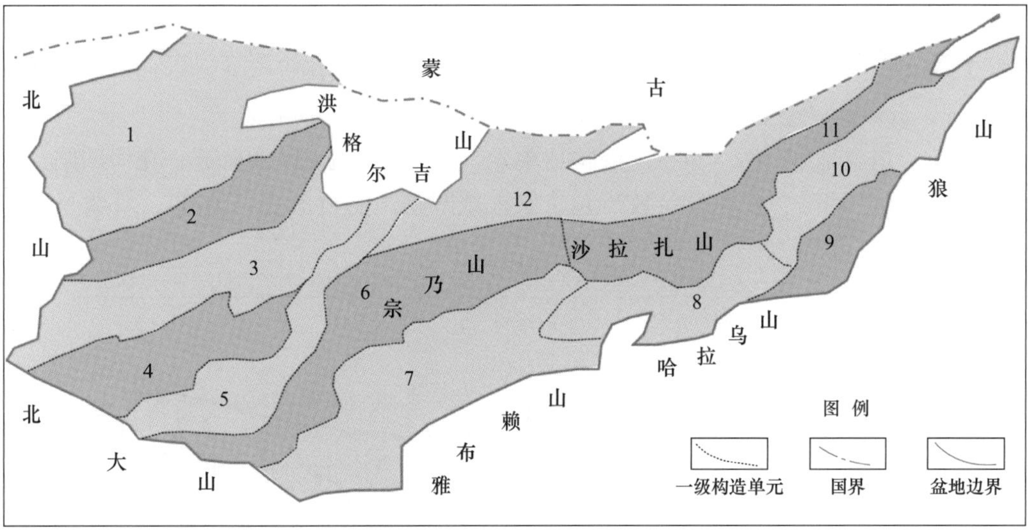

图 1-13　银-额盆地构造区划图

1-居延海坳陷；2-绿园隆起；3-务桃核坳陷；4-特罗西滩隆起；5-达古坳陷；6-宗乃山隆起；7-苏亥图坳陷；8-尚丹坳陷；9-本巴图隆起；10-查干德勒苏坳陷；11-楚鲁隆起；12-苏红图坳陷

表 1-7　银-额盆地西部地层系统简表

地层系统							接触关系	厚度/m	备注
界	系	统	群	组	段	代号			
新生界	第四系	全新统				Q_4	假整合	30	侏罗系仅限于居东凹陷和苏亥图坳陷
		更新统				$Q_{1\text{-}3}$	不整合	282	
	古近系—新近系	上新统		苦泉组		N_2k	不整合	278	
中生界	白垩系	上统		乌兰苏海组		K_2w	不整合	277.5	
		下统		银根组		K_1y	不整合	768	
				苏红图组	苏二段	K_1s_2		589	
					苏一段	K_1s_1	整合	816	
				巴音戈壁组	巴二段	K_1b_2		712	
					巴一段	K_1b_1	整合		
	侏罗系	上统	沙枣河群			J_3sh		1676	
		中统	青土井群			J_2q		1613	
		下统	大山口群			J_1d	不整合	125.5	
	三叠系	上统			上岩段	T_3b		799	
					下岩段	T_3a	不整合	1178	
古生界	二叠系	上统		上岩组		P_2b	整合	2265	
				下岩组		P_2a	未见接触	831	
		下统		阿其德组		P_1a	整合	2662	
				埋汉哈达组		P_1m		1131	

十二、花海-金塔盆地

（一）区域构造特征

花海-金塔盆地划分为8个次一级构造单元，由西往东为天津卫隆起、花海凹陷、营盘凸起、生地湾凹陷、金塔旧寺墩凸起、双古城凹陷、鼎新-沙井子凸起、双数子凹陷（图1-14）。

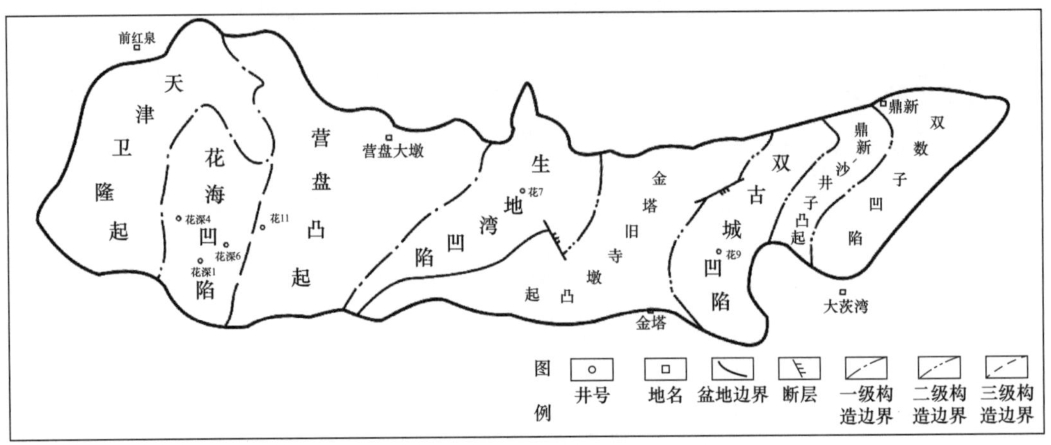

图1-14　花海-金塔盆地构造单元划分图

加里东和海西构造运动时盆地南部下古生界和北部上古生界褶皱回返，在北部伴随着大量火成岩出现，构成了盆地的基底。印支期盆地基底整体抬升，遭受剥蚀，仅在旧寺墩西北部北山区发育晚三叠世沉积。燕山期是盆地断陷发育期，喜马拉雅期盆地进入拗陷发育阶段。第四纪，盆地再度沉降，接受更新世和全新世洪积-河流相沉积，形成了盆地现在的面貌（谢恭俭，1983）。

（二）地层发育特征

花海-金塔盆地基底由分布广泛的前寒武系、古生界和加里东期、海西期岩浆岩组成，以前震旦系为主。花海-金塔盆地的地层由中新生界侏罗系、白垩系、古近系、新近系和第四系组成，下白垩统是凹陷内主要的泥页岩层和勘探目的层（图1-15）。

十三、焉耆盆地

（一）区域构造特征

焉耆地区经受了塔里木板块北缘陆缘增生、板块碰撞和天山造山运动后，进入了中新生代盆地演化阶段。该区构造线的走向和规模基本上与板块北缘陆缘效应有关，主要有两组：①近东西向（北西西向）构造；②北西向构造。焉耆盆地具两拗一隆的构造格局，自南而北划分为博湖拗陷（$5400km^2$）、焉耆隆起（$2000km^2$）与和静拗陷（$5600km^2$）三个一级构造单元（陈文学等，2001）（图1-16）。

图 1-15 花海-金塔盆地综合柱状剖面图（据新疆油气区石油地质志编写组，1989，修改）

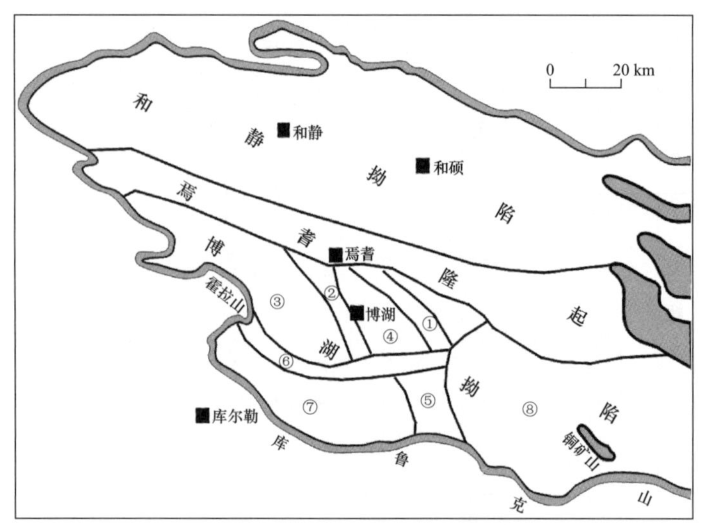

图 1-16　焉耆盆地构造单元划分图

①本布图构造带；②宝浪苏木构造带；③四十里城构造带；④七里铺向斜带；⑤库代力克构造带；⑥种马场构造带；⑦包头湖构造带；⑧盐场构造带

（二）地层发育特征

盆地基底由前中生界构成，包括石炭系灰岩、碎屑岩，志留系—泥盆系的区域动力变质岩系和前志留系变质岩系。盆地沉积盖层由中生界三叠系、侏罗系，新生界古近系—新近系和第四系四套地层组成（表 1-8）。

表 1-8　焉耆盆地地层层序表

地层单位					厚度/m	接触关系
界	系	统	群	组		
新生界	第四系	全新统—更新统			150～300	Q
	新近系	上新统		葡萄沟组	0～1000	N_2p
		中新统		桃树园组	400～600	$E_{1-2}N_1t$
	古近系	渐新统				
		始新统	鄯善群		300～400	$E_{1-2}sh$
		古新统				
中生界	侏罗系	上统	石树沟群	齐古组	0～1400	J_3q
		中统		七克台组		J_2q
				三间房组		J_2s
			水西沟群	西山窑组	0～300	J_2x
		下统		三工河组	0～600	J_1s
				八道湾组	83～500	J_1b
	三叠系	中上统	小泉沟群		0～150	$T_{2+3}q$
前中生界			基底			

中上三叠统小泉沟群为一套内陆河流-沼泽-湖泊相沉积的碎屑岩系。主要为灰黑、深灰色泥岩与深灰色泥质粉砂岩和浅灰色含砾砂岩不等厚互层，夹煤线及碳质泥岩。与上覆侏罗系呈不整合接触关系。

侏罗系由八道湾组、三工河组和西山窑组构成。为一套冲积扇-辫状河三角洲（扇三角洲）-湖泊相沉积的含煤碎屑岩系（王华等，2007）。

古近系—新近系为一套干旱气候条件下、冲积河流相沉积的紫红色碎屑岩系。

十四、伊犁盆地

（一）区域地质特征

伊犁盆地包括两拗一隆三个一级构造单元：即北部拗陷带(I$_1$)、中央隆起带(I$_2$）和南部拗陷带(I$_3$)。其中两个拗陷带具有相似的构造特征，均可划分为三凹一凸四个二级构造单元（张国伟等，1999）(图 1-17)。

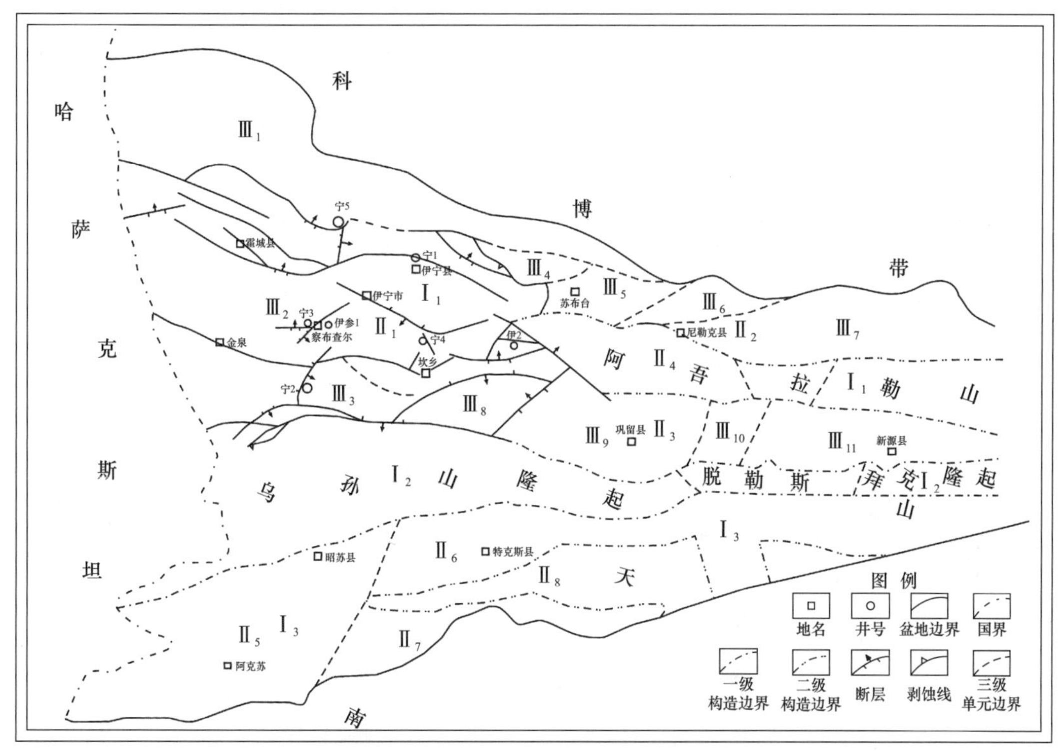

图 1-17 伊犁盆地构造单元划分图

I$_1$-北部拗陷带；Ⅲ$_4$-苏布台斜坡 300km^2；Ⅲ$_9$-巩留洼陷 1450km^2；I$_3$-南部拗陷带；Ⅱ$_1$-伊宁凹陷 10690km^2；Ⅲ$_5$-加勒库勒洼陷 600km^2；Ⅲ$_{10}$-哈拉布拉鞍状构造 200km^2；Ⅱ$_5$-昭苏凹陷 2400km^2；Ⅲ$_1$-北部断隆带 4625km^2；Ⅲ$_6$-也列莫顿次凸 200km^2；Ⅲ$_{11}$-新源洼陷 1180km^2；Ⅱ$_6$-特克斯凹陷 2000km^2；Ⅲ$_2$-中央洼陷带 3976km^2；Ⅲ$_7$-乌拉斯台洼陷 2100km^2；Ⅱ$_4$-阿吾拉勒凸起 3270km^2；Ⅱ$_7$-阿克塔拉凹陷 800km^2；Ⅲ$_3$-南部斜坡带 2090km^2；Ⅱ$_3$-巩乃斯凹陷 3560km^2；I$_2$-中央隆起带乌孙山—脱勒斯拜克隆起 5625km^2；Ⅱ$_8$-阿登套—大哈拉军凸起 2025km^2；Ⅱ$_2$-尼勒克凹陷 3200km^2；Ⅲ$_8$-白石墩次凸 730km^2

（二）地层发育特征

伊犁盆地自二叠系以来发育了三套大的沉积旋回，即二叠系陆相火山碎屑岩沉积旋回，由陆上火山喷发岩（P_1q）、陆相火山碎屑岩（P_1d）、正常湖泊相（P_2x—P_2t）沉积、河流湖泊相粗碎屑岩（P_2b）组成，其中铁木里克组（P_2t）深湖-半深湖相沉积是该旋回发育的主要泥页岩系；第二沉积旋回是中生代含煤碎屑岩沉积旋回，由三叠系下统（T_1ch）棕红色粗碎屑岩（磨拉石建造），中上三叠统（$T_{2-3}xq$），中下侏罗统（$J_{1-2}sh$）河沼、湖沼相和滨、浅湖相交互共生的煤系地层，中上侏罗统（$J_{2-3}aw$）以砂岩为主的沉积组成，其中中上三叠统（$T_{2-3}xq$）湖泊沉积和中下侏罗统（$J_{1-2}sh$）河沼、湖沼相和滨、浅湖相交互共生的煤系地层为该旋回发育的泥页岩系；新生代进入山间盆地发育阶段，以河流、山麓洪积相棕红色粗碎屑沉积为主组成第三大沉积旋回（表 1-9）。

表 1-9　伊犁盆地地层划分表

界	系	统	群、组		厚度/m	主要岩性	沉积相
新生界	第四系		西域组			灰褐色块状砾岩	山麓洪积相
	新近纪		独山子组（N_2d）		130～450	黄色、黄褐色泥岩夹砂岩	冲积扇及河流相
			塔西河组（N_1t）		290～400		
			沙湾组（N_1s）		230～600	砂岩、砾岩夹红色泥岩	
	古近纪		红色岩组（Eh）		350～800	棕红、褐色泥岩夹砂、砾岩	
中生界	白垩系	上统	东沟组（K_2d）		130～350	灰白色石英砂岩砾岩褐色泥岩	冲积扇及河流相
	侏罗系	中上统	艾维尔沟群（$J_{2-3}a$）	齐古组（J_3q）	330	上部红色泥岩砂岩，下部灰绿色泥砂岩	河流相、滨浅湖相
				头屯河（J_2t）			
		中下统	水西沟群（$J_{1-2}sh$）	西山窑组（J_2x）	220～400	灰绿色泥岩、粉砂岩、煤层	河沼相、湖沼相
				三工河组（J_1s）	130～200	灰色块状砂砾岩与泥岩互层夹煤线	
				八道湾组（J_1b）	600～900	灰色、深灰色泥岩、砂岩与煤岩	
	三叠系	中上统	小泉沟群（$T_{2-3}xq$）		300～500	灰色泥岩、粉细砂岩夹砂砾岩	湖泊及扇三角洲相
		下统	上苍房沟群（T_1ch）		150～650	黄褐色砾岩、砂砾岩、砂岩	冲积扇相
上古生界	二叠系	上统	巴卡勒河组（P_2b）		130～600	块状砾岩夹褐灰色泥岩	河、湖相
			铁木里克组（P_2t）		320～850	深灰色钙质泥岩、泥灰岩夹砂岩	深湖-半深湖亚相
			哈米斯特组（P_2h）		350	中基性火山岩、火山碎屑岩夹角砾岩	火山喷发相
			晓山萨依组（P_2x）		420	厚层状灰岩夹砂砾岩	湖泊、扇三角洲相
		下统	乌朗群	道列提汗组（P_1d）	600	黄褐色砂岩、玄武岩、砾岩、灰岩	水下扇相
				恰勒德河组（P_1q）	1500～2500	中基性火山岩、火山碎屑岩夹角砾岩	火山喷发相
	石炭系	上统	东图津河组（C_2d）		800	厚层状灰岩夹砂、砾岩	浅海相及火山喷发相
			也列莫顿组（$C_{1-2}y$）		250	灰岩、泥灰岩和砂岩	
		下统	阿克沙克组（C_1a）		730	生物灰岩、鲕状灰岩、凝灰质砂岩	
			洪纳海组（C_1h）		1000	紫红、灰绿色凝灰岩	
			大哈拉军山组（C_1d）		1050	中酸性火山岩、凝灰岩	
上元古	青白口系		克克苏群			厚层状白云岩	

第二节 富有机质页岩的发育层系

西北区富有机质泥页岩从古生界至新生界均有不同程度的发育，上古生界石炭系、二叠系及中生界三叠系、侏罗系泥页岩分布稳定，连续性好，遍布塔里木、准噶尔、柴达木、吐哈等大中型及几个小型盆地，其他层系分布相对局限（表 1-10）。

表 1-10 西北区各盆地富有机质泥页岩发育层系

	塔里木	准噶尔	柴达木	吐哈	三塘湖	酒泉	六盘山	潮水-雅布赖	银根-额济纳	花海-金塔	焉耆	伊犁
新近系												
古近系												
白垩系												
侏罗系												
三叠系												
二叠系												
石炭系												
泥盆系												
志留系												
奥陶系												
寒武系												

一、古生界

（一）寒武系

西北区寒武系富有机质泥页岩仅在塔里木盆地中下寒武统发育。该套富有机质泥页岩主要分布在满加尔拗陷东部地区，具有厚度大、分布广、丰度高的特点，但总体埋深较大（张光亚等，2002）。

（二）奥陶系

塔里木盆地中下奥陶统黑土凹组和中上奥陶统萨尔干组发育两套富有机质泥页岩。其中黑土凹组富有机质泥页岩主要分布在塔东地区，萨尔干组富有机质泥页岩主要分布在盆地西部地区柯坪隆起—阿瓦提断陷（张水昌，1994）。

（三）石炭系

西北区石炭系富有机质泥页岩分布在塔里木盆地、柴达木盆地和三塘湖盆地，共存在四套富有机质泥页岩。

塔里木盆地下石炭统和什拉甫组与上石炭统卡拉沙依组分布在山前带的中南部地

区。和什拉甫组在达木斯乡一带剖面暗色泥岩出露厚度可达 287m，最大层厚 52.2m，棋盘剖面可达 290m。

柴达木盆地上石炭统克鲁克组发育一套富有机质泥页岩。克鲁克组含气泥页岩尕丘凹陷、欧南凹陷、德令哈断陷厚度较大，多在 30～90m，欧南凹陷可达 100m 以上（陈琰等，2008）。

三塘湖盆地上石炭统哈尔加乌组发育两套富有机质泥页岩，分别在该组的上段和下段。三塘湖盆地石炭系哈尔加乌组下段富有机质泥页岩层段厚度在 30～100m；哈尔加乌组上段富有机质泥页岩厚度比下段稍大，在 30～120m。哈尔加乌组两套富有机质泥页岩层段分布均具有横向分布不稳定、厚度中心分布较小的特征，厚度高值区均主要位于马朗凹陷马中构造带和牛圈湖构造带及条湖凹陷西南部。

（四）二叠系

二叠系富有机质泥页岩主要发育在塔里木盆地、准噶尔盆地、吐哈盆地、三塘湖盆地、银-额盆地和伊犁盆地。

塔里木盆地下二叠统富有机质泥页岩主要分布在塔西南拗陷，厚度在 100～200m，其次是阿瓦提拗陷和满西地区，厚度在 0～100m（何治亮等，2007）。此外，在巴楚隆起地区也有 20～50m 厚的暗色泥岩（刘得光等，1997）。

准噶尔盆地二叠系富有机质泥页岩主要分布在下二叠统风城组、中二叠统芦草沟组（平地泉组）。其中下二叠统风城组富有机质泥页岩岩石类型多样，泥岩类包括纯泥岩、云质泥岩和粉砂质泥岩等；泥质白云岩、白云岩等碳酸盐岩大量出现，砂质含量高；中二叠统芦草沟组（平地泉组）两套富有机质泥页岩岩性组合上表现为大套泥岩夹薄层砂岩。

吐哈盆地二叠系富有机质泥页岩主要在中二叠统桃东沟群。岩性组合主要为湖泊相的灰黑色泥页岩和砂岩的互层，是盆地内重要的生油岩层系。

三塘湖盆地二叠系富有机质泥页岩主要分布在上二叠统芦草沟组，可划分为 4 种岩性组合类型：①暗色泥岩夹白云质泥岩、泥质白云岩；②暗色泥岩夹凝灰质泥岩；③凝灰质泥岩与灰质泥岩、云质泥岩互层；④暗色碳质泥岩夹凝灰岩和凝灰质泥岩。

银-额盆地二叠系富有机质泥页岩主要分布在下二叠统阿木山组，由多个下粗（粉-细砂岩夹薄层灰岩）上细（暗色泥页岩）的正旋回构成，夹薄层灰岩。

伊犁盆地二叠系富有机质泥页岩主要分布在上二叠统铁木里克组，厚度在 15～80m。

二、中生界

（一）三叠系

西北区三叠系富有机质泥页岩主要在塔里木盆地、准噶尔盆地和伊犁盆地，且集中发育在中上三叠统。

塔里木盆地中生界上三叠统黄山街组和中上三叠统克拉玛依组是富有机质泥页岩发育的主要层段。黄山街组发育湖相泥岩，厚度较大，是较好的泥页岩；克拉玛依组富有机质泥页岩发育在该层位的顶部，浅湖相黑色泥岩，厚约 40m，为优质烃源岩层（贾承造，1999；贾承造等，2005）。

准噶尔盆地三叠系富有机质泥页岩主要在上三叠统白碱滩组，整体上发育上下两段泥页岩层系。

伊犁盆地三叠系富有机质泥页岩发育在中上三叠统小泉沟群，是一套河沼、湖沼相和滨、浅湖相交互共生的煤系地层，为该旋回发育的泥页岩系。

（二）侏罗系

西北区侏罗系发育多套富有机质泥页岩，主要分布在下侏罗统，其次是中侏罗统。分布在塔里木、准噶尔、柴达木、吐哈、民和、潮水、雅布赖和焉耆等 8 个盆地。

塔里木盆地侏罗系发育中侏罗统和下侏罗统两套富有机质泥页岩。中、下侏罗统富有机质泥页岩均主要分布于库车坳陷、塔北和塔西南地区。

准噶尔盆地侏罗系富有机质泥页岩主要在下侏罗统八道湾组中部，该套泥页岩单层厚度大，分布稳定。

柴达木盆地中侏罗统大煤沟组和下侏罗统湖西山组发育两套富有机质泥页岩。中侏罗统大煤沟组暗色泥页岩累计厚度主要在 50～300m。下侏罗统湖西山组在冷湖四号、五号构造暗色泥页岩累计厚度可达近千米。南八仙、鄂博梁地区，由于沉积相的控制，暗色泥页岩累计厚度相对要小，多在 500m 以下（杨永泰等，2001）。

吐哈盆地中侏罗统七克台组、下侏罗统西山窑组和下侏罗统八道湾组发育三套富有机质泥页岩。中侏罗统七克台组中部为湖相灰黑色泥岩，底部夹煤层；下部为滨浅湖相的厚层状灰白色砂岩及薄层状灰黑色泥岩、泥质粉砂岩。下侏罗统西山窑组为含煤碎屑岩建造，该组岩性自下而上可以分为两段（西一段、西二段），主要岩性为深灰色砂岩、浅灰色砂岩、含砾砂岩、灰黑色泥岩、碳质泥岩及煤岩。下侏罗统八道湾组可分为上下两段，其中，下段主要为辫状河三角洲平原相含煤碎屑岩建造，上段主要为辫状河三角洲前缘相碎屑岩沉积。

民和盆地中侏罗统窑街组发育一套富有机质泥页岩，岩性主要为深灰色泥岩、泥灰岩及油页岩。

潮水盆地中下侏罗统青土井群发育一套富有机质泥页岩，以深灰色泥岩、粉砂质泥岩及厚层深灰色油页岩为主，夹薄层碳质泥岩、灰色泥质粉砂岩及粉砂岩（葛立刚等，1998）。

雅布赖盆地中侏罗统新河组发育一套富有机质泥页岩，岩性主要是深灰色泥岩、灰黑色泥岩夹浅灰色粉砂质泥岩和浅灰色粉砂岩。

焉耆盆地发育下侏罗统八道湾组、三工河组和中侏罗统西山窑组三套富有机质泥页岩。八道湾组为一套含煤岩系，其岩性为深灰色泥岩和灰黑色碳质泥岩不等厚互层，夹煤层（姜在兴等，1999）。三工河组根据岩性可分为上下两段：下段含少量薄层灰色泥岩；上段为深灰色泥岩。西山窑组为一套含煤地层，主要为灰色泥岩、粉砂质泥岩与灰色、灰白色含砾砂岩、粉砂岩和煤层及碳质泥岩不等厚互层（肖自歉等，2008）。

（三）白垩系

西北区白垩系的富有机质泥页岩发育在酒泉盆地、六盘山盆地和花海-金塔盆地，均发育在下白垩统。

酒泉盆地发育下白垩统赤金堡组、下沟组和中沟组三套富有机质泥页岩。赤金堡组泥页岩厚度中心主要分布在各凹陷中心，红南次凹和青南次凹泥页岩厚度均达到2200m，大红圈次凹达到了2000m，石北次凹厚度较小，仅有600m，酒东营尔凹陷最大厚度为1200m；下沟组泥页岩厚度中心较赤金堡组基本没发生迁移，但分布范围明显增大，厚度减小；中沟组沉积时期为拗陷发育阶段，湖盆水深达到最大，沉积稳定，中沟组原始沉积范围比下沟组大，在整个盆地范围内均有分布。

六盘山盆地下白垩统发育马东山组顶部和乃家河组两套富有机质泥页岩。岩性以灰色-深灰色泥岩、灰色泥灰岩、紫红色泥岩和紫红色灰质泥岩为主（范小林和高尚海，2003）。

花海盆地花海凹陷发育下白垩统中沟组和下沟组两套富有机质泥页岩。下沟组上段为灰绿色、灰黑色泥岩和砂质泥岩夹砂岩；中沟组下段为巨厚层砖红色和棕红色砾岩夹砂泥岩透镜体。主要的含油泥页岩层段分布在下白垩统下沟组上段和中沟组的中上段。

三、新生界

（一）古近系

西北区古近系富有机质泥页岩主要发育在柴达木盆地，集中分布在路乐河组和下干柴沟组。

路乐河组暗色泥页岩主要分布于昆仑山前构造带、红柳泉-尕斯-东柴山构造带、狮子沟-油砂山-南北乌斯构造带、油泉子-开特米里克构造带、南翼山-碱石山构造带和尖顶山-大风山构造带，厚度最大可超过800m，主要分布于狮子沟、南翼山、油泉子和油砂山地区。

下干柴沟组暗色泥页岩主要分布于昆仑山前构造带、红柳泉-尕斯-东柴山构造带、狮子沟-油砂山-南北乌斯构造带、油泉子-开特米里克构造带、南翼山-碱石山构造带和鄂博梁-葫芦山构造带，茫崖西部拗陷地区厚度可达800m。

（二）新近系

西北区新近系富有机质泥页岩发育在柴达木盆地，包括上干柴沟组、下油砂山组和上油砂山组。

上干柴沟组富有机质泥页岩主要分布于昆仑山前构造带、红柳泉-尕斯-东柴山构造带、狮子沟-油砂山-南北乌斯构造带、油泉子-开特米里克构造带、南翼山-碱石山构造带，最大厚度可达 800m，主要分布在油泉子和油砂山地区。

下油砂山组富有机质泥页岩主要分布在狮子沟-油砂山-南北乌斯构造带的东部、阿尔金斜坡带、油泉子-开特米里克构造带、南翼山-碱石山构造带、尖顶山-大风山构造带、鄂博梁-葫芦山构造带、台南构造带和涩北构造带，厚度最大可达 400m，主要分布在大风山地区。

上油砂山组富有机质泥页岩主要分布于油泉子-开特米里克构造带、南翼山-碱石山构造带、尖顶山-大风山构造带、鄂博梁-葫芦山构造带、台南构造带和涩北构造带，厚度最大可超过 300m，主要分布在大风山、红三旱四号和落雁山地区。

第三节 富有机质页岩的形成环境

西北区富有机质泥页岩形成环境存在较大差异，古生界以海相沉积为主，包括塔里木盆地寒武系、奥陶系和准噶尔盆地的石炭系，可分为深海盆地相和斜坡相，晚古生界和中生界主要为湖泊相沉积，其中二叠系、三叠系、侏罗系在塔里木盆地、准噶尔盆地为湖泊相沉积，个别盆地发育沼泽化潟湖相、沼泽相、泛滥平原相等（表 1-11）。

表 1-11 西北区各盆地富有机质泥页岩的主要沉积环境

层系	塔里木	准噶尔	柴达木	吐哈	三塘湖	酒泉	六盘山	潮水-雅布赖	银根-额济纳	花海-金塔	焉耆	伊犁
新近系			湖相									
古近系			湖相									
白垩系						湖相	湖相			湖相		
侏罗系	湖相-沼泽	湖相-沼泽	湖相	湖相-沼泽	湖相-沼泽			湖相	湖相-沼泽		湖相-沼泽	
三叠系	湖相	深湖相										半深湖-深湖相
二叠系	海陆交互相	湖相		湖相	湖相				浅海			
石炭系	海相	海陆交互、湖相	浅海陆棚相		海陆交互和湖相				浅海			
泥盆系	滨海潟湖											
志留系	海相											
奥陶系	海相											
寒武系	海相											

一、古生界

（一）寒武系

塔里木盆地中下寒武统富有机质泥页岩，发育于东部的盆地相和斜坡相两大沉积体系

（于炳松等，2002；陈践发等，2004）。

（二）奥陶系

塔里木盆地中黑土凹组富有机质泥页岩形成于盆地相和斜坡相沉积环境中（张传禄等，2001）；萨尔干组富有机质泥页岩发育在超补偿盆地相和斜坡相环境中（张水昌，2000；于炳松和周立峰，2005；张水昌等，2006）。

（三）石炭系

西北区石炭系富有机质泥页岩形成环境主要有潮坪、开阔台地、局限台地、沼泽化潟湖和深水陆棚等。

塔里木盆地下石炭统和什拉甫组富有机质泥页岩主要形成于深水陆棚环境中；塔中地区上石炭统卡拉沙依组富有机质泥页岩形成于潮坪相，而塔西南则为开阔台地相（李宇平等，2000）。柴达木盆地上石炭统克鲁克组富有机质泥页岩主要发育在开阔碳酸盐台地和滨岸浅滩沉积环境中（张建良等，2008）。三塘湖盆地上石炭统哈尔加乌组下段和上段富有机质泥页岩形成于沼泽化潟湖环境中。

（四）二叠系

西北区二叠系富有机质泥页岩主要形成于滨浅海和半深湖环境中，少数形成于三角洲前缘和浅海陆棚环境中。

塔里木盆地下二叠统富有机质泥页岩形成于浅海陆棚相环境中。准噶尔盆地下二叠统风城组富有机质泥页岩主要发育在山前扇三角洲沉积环境中（陈发景等，1996）。中二叠统芦草沟组/平地泉组富有机质泥页岩主要发育在山前扇三角洲扇根沉积环境中，在滨浅湖和三角洲前缘环境也有发育。吐哈盆地二叠系桃东沟群富有机质泥页岩发育在深湖-半深湖环境中。三塘湖盆地二叠系芦草沟组富有机质泥页岩的沉积环境有滨湖、浅湖、半深湖及深湖 4 个亚相类型，以深湖-半深湖环境为主。银根-额济纳盆地下二叠统阿木山组富有机质泥页岩形成于浅海环境中（郭彦如等，2000）。伊犁盆地上二叠统铁木里克组富有机质泥页岩主要形成于半深湖-深湖环境中。

二、中生界

（一）三叠系

西北区三叠系富有机质泥页岩主要形成于浅湖、半深湖、滨湖和沼泽环境中。

塔里木盆地三叠系富有机质泥页岩主要发育在浅湖-半深湖相、滨湖相及泛滥平原相沉积环境中。准噶尔盆地上三叠统白碱滩组富有机质泥页岩主要发育在浅湖-半深湖沉积环境中，滨浅湖环境中也有富有机质泥页岩发育。伊犁盆地中上三叠统小泉沟群富有机质泥页岩主要形成于湖沼环境中。

（二）侏罗系

西北区侏罗系富有机质泥岩发育层系较多。其中，下侏罗统富有机质泥页岩主要形成于浅湖、半深湖和沼泽环境中，中侏罗统富有机质泥页岩主要形成于浅湖和半深湖环境中。

塔里木盆地下侏罗统富有机质泥页岩的沉积环境大体上可以分为滨浅湖相、三角洲相、冲积扇相和三角洲平原相，呈东西条带状分布。中侏罗统富有机质泥页岩主要形成于北部靠近山前为浅湖相、中部为浅湖-半深湖相、西南部推测为滨湖相（丁道桂，1999）。

准噶尔盆地下侏罗统八道湾组富有机质泥页岩主要发育在滨浅湖沉积环境中，盆地中心有小面积的半深湖相泥页岩发育。柴达木盆地中侏罗统大煤沟组富有机质泥页岩形成于浅湖亚相和深-半深湖相环境中。下侏罗统湖西山组富有机质泥页岩形成于半深湖-浅湖相沉积环境中（陈中红等，2006）。

吐哈盆地中侏罗统七克台组和下侏罗统西山窑组富有机质泥页岩沉积于环境较温暖、潮湿的滨浅湖、沼泽、河流、三角洲环境。下侏罗统八道湾组富有机质泥页岩沉积于湖相、河流、湖沼、三角洲等环境中。

中小型盆地中民和盆地中侏罗统窑街组富有机质泥页岩发育在滨浅湖-半深湖环境中，盆地西部边缘发育湖沼相泥岩。潮水盆地中下侏罗统青土井群富有机质泥页岩主要发育在浅湖环境中。雅布赖盆地中侏罗统新河组富有机质泥页岩发育在半深湖-深湖环境中。焉耆盆地下侏罗统八道湾组富有机质泥页岩发育于滨浅湖、浅湖和沼泽环境中；三工河组富有机质泥页岩主要发育在滨浅湖环境中；中侏罗统西山窑组富有机质泥页岩以三角洲和滨湖沉积环境为主（赵追等，2001）。

（三）白垩系

西北区白垩系富有机质泥页岩主要形成于浅湖、半深湖和深湖环境中。

酒泉盆地发育下白垩统赤金堡组、下沟组和中沟组三套富有机质泥页岩主要发育在半深湖-深湖环境中。六盘身盆地下白垩统马东山组富有机质泥页岩形成于半深湖环境中。乃家河组富有机质泥页岩主要发育在浅湖-半深湖环境中。花海盆地下白垩统中沟组和下沟组富有机质泥页岩发育在滨浅湖-半深湖环境中。

三、新生界

（一）古近系

柴达木盆地古近系路乐河组富有机质泥页岩形成于滨浅湖-深湖沉积环境中。下干柴沟组富有机质泥页岩沉积环境以滨浅湖为主，在盆地西部发育小面积的半深湖-深湖泥页岩。

（二）新近系

柴达木盆地上干柴沟组富有机质泥页岩主要发育在深湖-半深湖沉积环境中，此时期湖盆面积很广；下油砂山组富有机质泥页岩主要发育在浅湖-深湖沉积环境中；上油砂山组富有机质泥页岩主要发育在浅湖-深湖沉积环境中。

第二章

页岩气富集地质条件

第一节　页岩气层段划分与分布

页岩气层段的划分是页岩气资源调查与评价工作开展的基本前提，也是首要的研究对象。目前国土资源部关于页岩气有效泥页岩层段的划分标准为：①岩性为暗色泥岩或页岩；②单层泥页岩厚度不小于 6m，且泥页岩层之间的非泥页岩夹层厚度小于 2m；③泥地比不小于 60％，且岩性组合厚度不小于 30m。

一、下古生界页岩气层段划分与分布

西北区下古生界泥页气层段主要分布在塔里木盆地的中、下寒武统玉尔吐斯组，中、上奥陶统萨尔干组及中、下奥陶统黑土凹组（胡民和张寄良，1995）。

（一）中、下寒武统

中、下寒武统泥页岩主要发育在塔里木盆地西部的玉尔吐斯组和盆地东部的西山布拉克组。下寒武统主要发育一套泥页岩组合（图 2-1、图 2-2）。

西山布拉克组泥页岩分布范围较广，泥页岩累积厚度最大超过 150m。玉尔吐斯组仅分布在塔里木盆地西南缘，泥页岩累积厚度 50～100m（张宝民等，2000）。

（二）奥陶系

奥陶系泥页岩主要发育在塔里木盆地塔东中、下奥陶统黑土凹组（$O_{1+2}ht$）及盆地西部地区柯坪隆起—阿瓦提断陷的中、上奥陶统萨尔干组（$O_{2+3}s$）。中、下奥陶统黑土凹组泥页岩主要分布于满加尔拗陷东部，最大厚度为 150m；中、上奥陶统萨尔干组页岩厚度一般小于 100m（李宇平等，2000）（图 2-3）。

二、上古生界页岩气层段划分与分布

（一）石炭系

上古生界泥页岩层段主要分布在塔里木盆地下石炭统和什拉甫组与卡拉沙依组和柴达木盆地上石炭统克鲁克组（李守军和张洪，2000）。

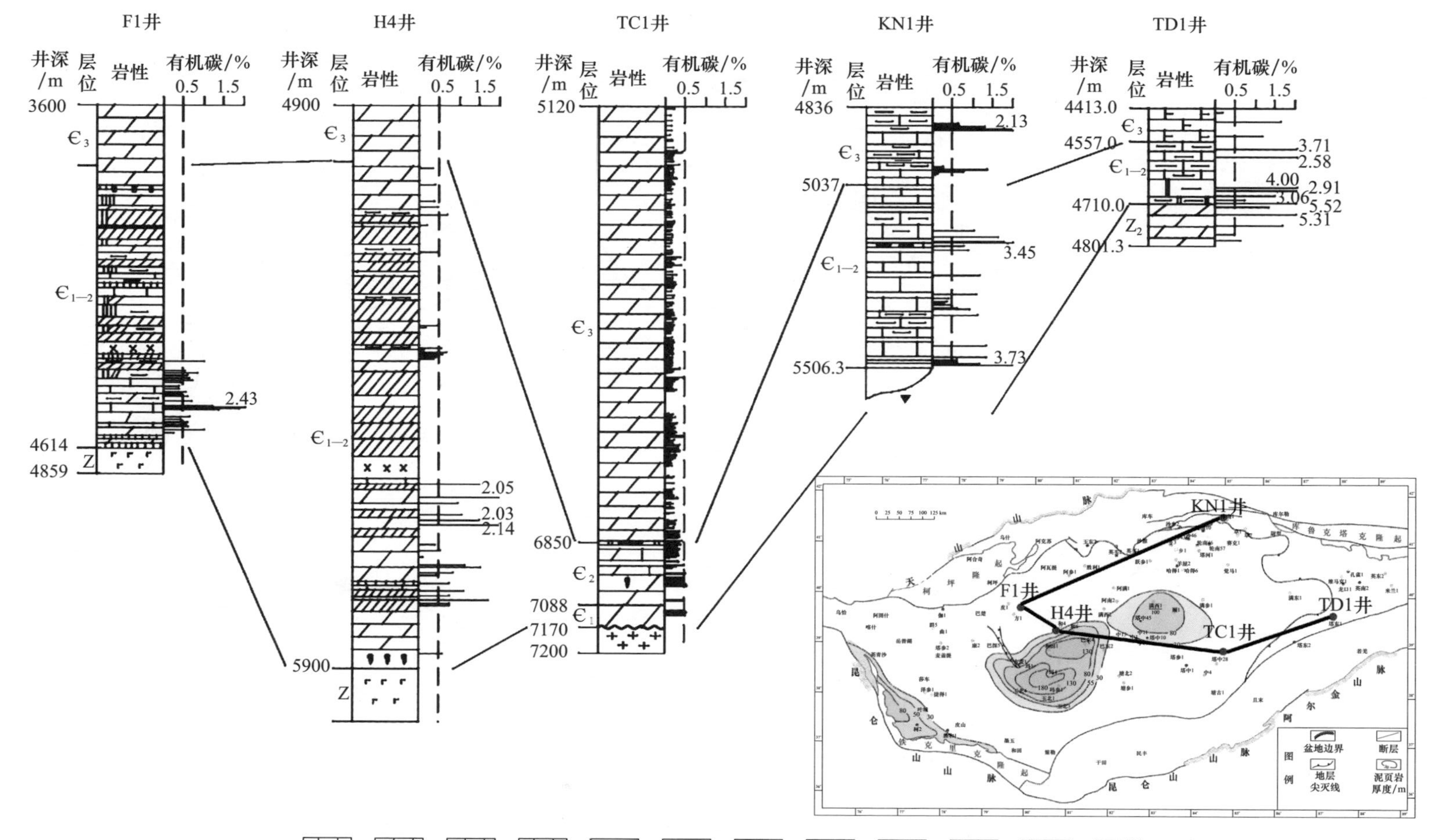

图2-1 塔里木盆地寒武系F1井-TD1井连井剖面

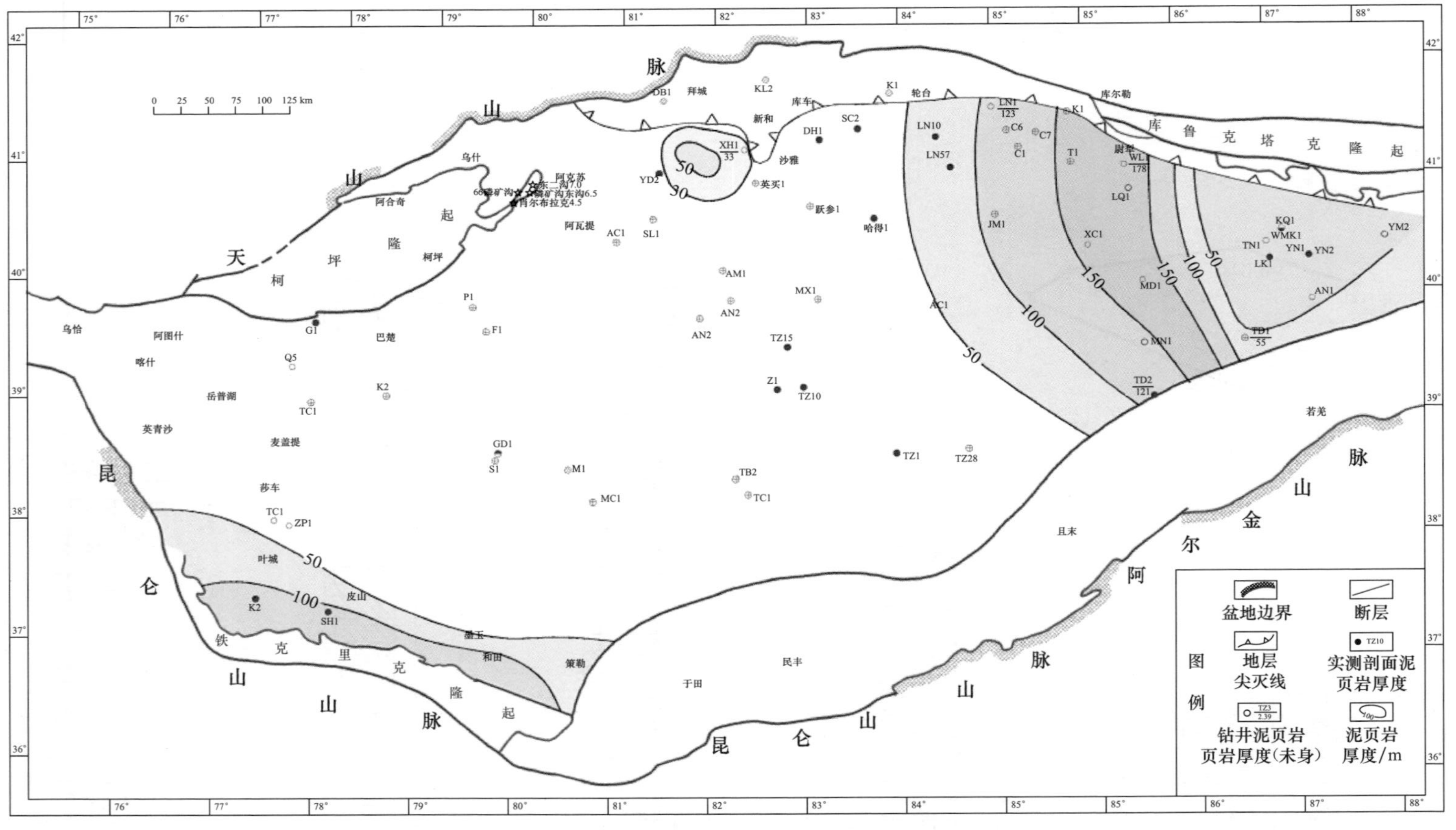

图2-2 塔里木盆地中、下寒武统富有机质泥页岩累计厚度等值线图

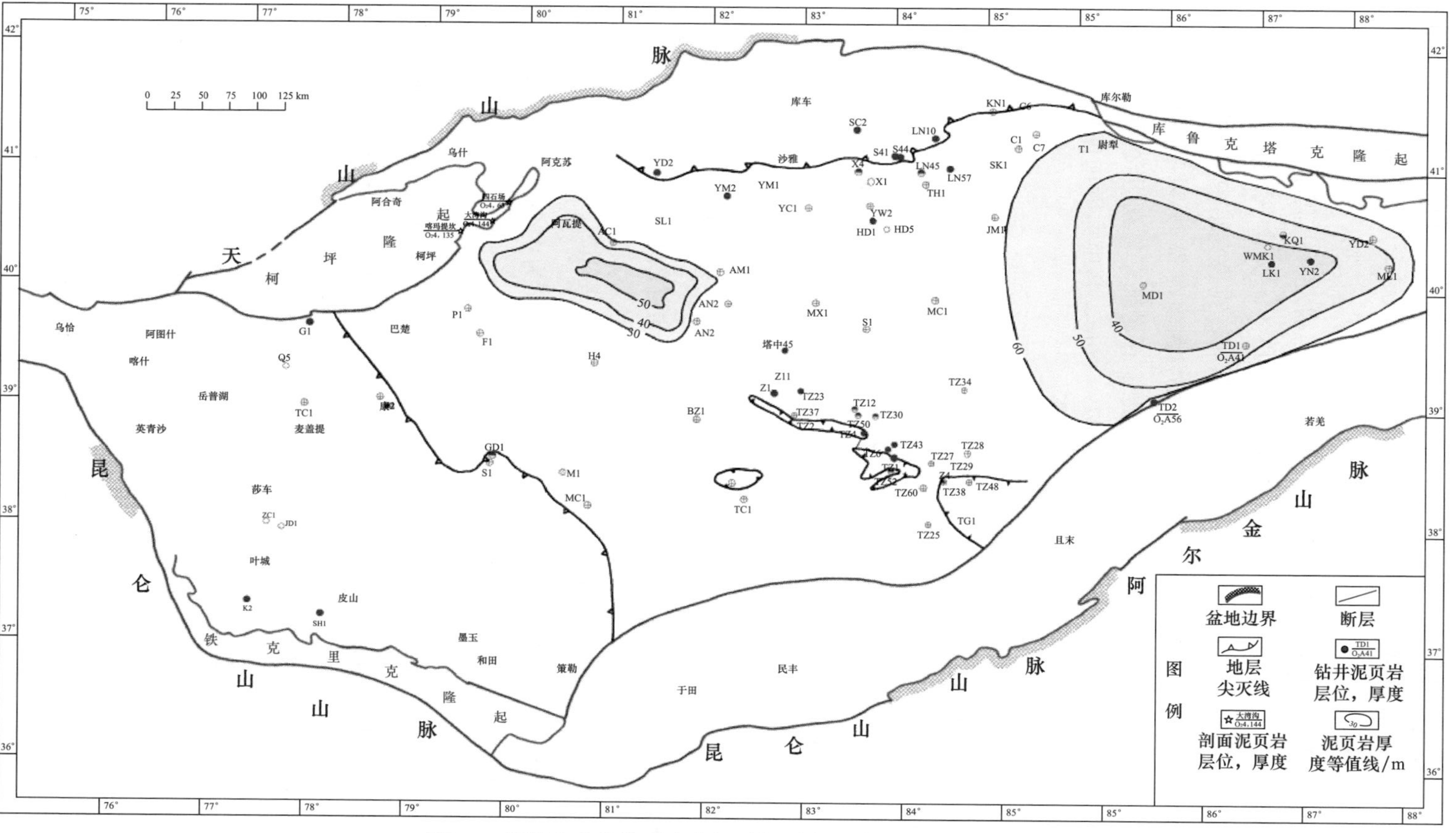

图2-3 塔里木盆奥陶系富有机质泥页岩累计厚度等值线图

塔里木盆地西部地区下石炭统卡拉沙依组泥页岩横向分布稳定（图 2-4）；和什拉甫组在达木斯乡一带剖面暗色泥岩出露厚度可达 287m，最大层厚 52m，棋盘剖面可达 290m（梁狄刚和张水昌，1998，2000）（图 2-5）。

柴达木盆地上石炭统克鲁克组上部和中、下部分别发育一套厚层深灰色碳质页岩，夹薄层砂岩或灰岩，泥地比高，TOC 多在 1.5%以上，为含气泥页岩层段，厚度约 150m（李陈等，2011）（图 2-6）。德令哈旺尕秀剖面，克鲁克组中、下部主要为深灰色页岩、碳质页岩夹薄层生屑灰岩，暗色页岩 TOC 含量多在 2.0%以上，为含气泥页岩层段，厚度约 65m（图 2-6）。区域上，柴达木盆地上石炭统克鲁克组含气泥页岩在尕丘凹陷、欧南凹陷、德令哈断陷厚度较大，多在 30～90m，其中在欧南凹陷沉积厚度可达 100m 以上（于会娟等，2001）（图 2-7）。

（二）二叠系

二叠系泥页岩层段主要分布在准噶尔盆地、吐哈-三塘湖盆地、银-额盆地及伊宁凹陷，其中准噶尔盆地中、下二叠统泥页岩以生油为主。银-额盆地下二叠统阿木山组、吐哈盆地中二叠统桃东沟群及伊宁凹陷中二叠统铁木里克组泥页岩以生气为主（宋志瑞等，2005；赵省民等，2010）。

1. 吐哈盆地

吐哈盆地二叠系埋深较大，二叠系桃东沟群含气（油）泥页岩层段厚度中心位于台北凹陷胜北次洼，最大为 120m；丘东次洼山前带地区也有小面积区域厚度达到 120m；小草湖次洼、托克逊凹陷和哈密拗陷含气（油）泥页岩层段不发育（图 2-8）。

2. 银-额盆地

银-额盆地下二叠统阿木山组上段是主要含气泥页岩层段。阿木山组上部泥页岩最大厚度出现在塔木素附近，达 300m。泥页岩厚度以塔木素为中心向周围减薄。整体呈现出东部较高的特点（吴茂炳和王新民，2003）（图 2-8）。

3. 伊宁凹陷

伊宁凹陷中二叠统铁木里克组泥页岩厚度在 12～78m，凹陷东北部厚度最大可达 80m，凹陷中西部厚度可达 60m，凹陷的南部和西北部厚度在 50m 以下（图 2-8）。

三、中生界页岩气层段划分与分布

（一）三叠系

中生界三叠系泥页岩主要分布在塔里木盆地上三叠统黄山街组、准噶尔盆地上三叠统白碱滩组及伊宁盆地中、上三叠统小泉沟群（崔智林和梅志超，1997）。

1. 塔里木盆地

塔里木盆地中生界泥页岩层段主要发育在上三叠统的黄山街组，泥页岩厚度较大，横向连续性较好（图 2-9）。有效泥页岩主要分布于库车拗陷和塔北—塔中地区，最大厚度位于库车拗陷拜城凹陷—阳霞凹陷一带及北部拗陷满加尔凹陷西部，最大厚度超过 70m，向拗陷周边泥页岩厚度逐渐减薄（王振华，2001）（图 2-10）。

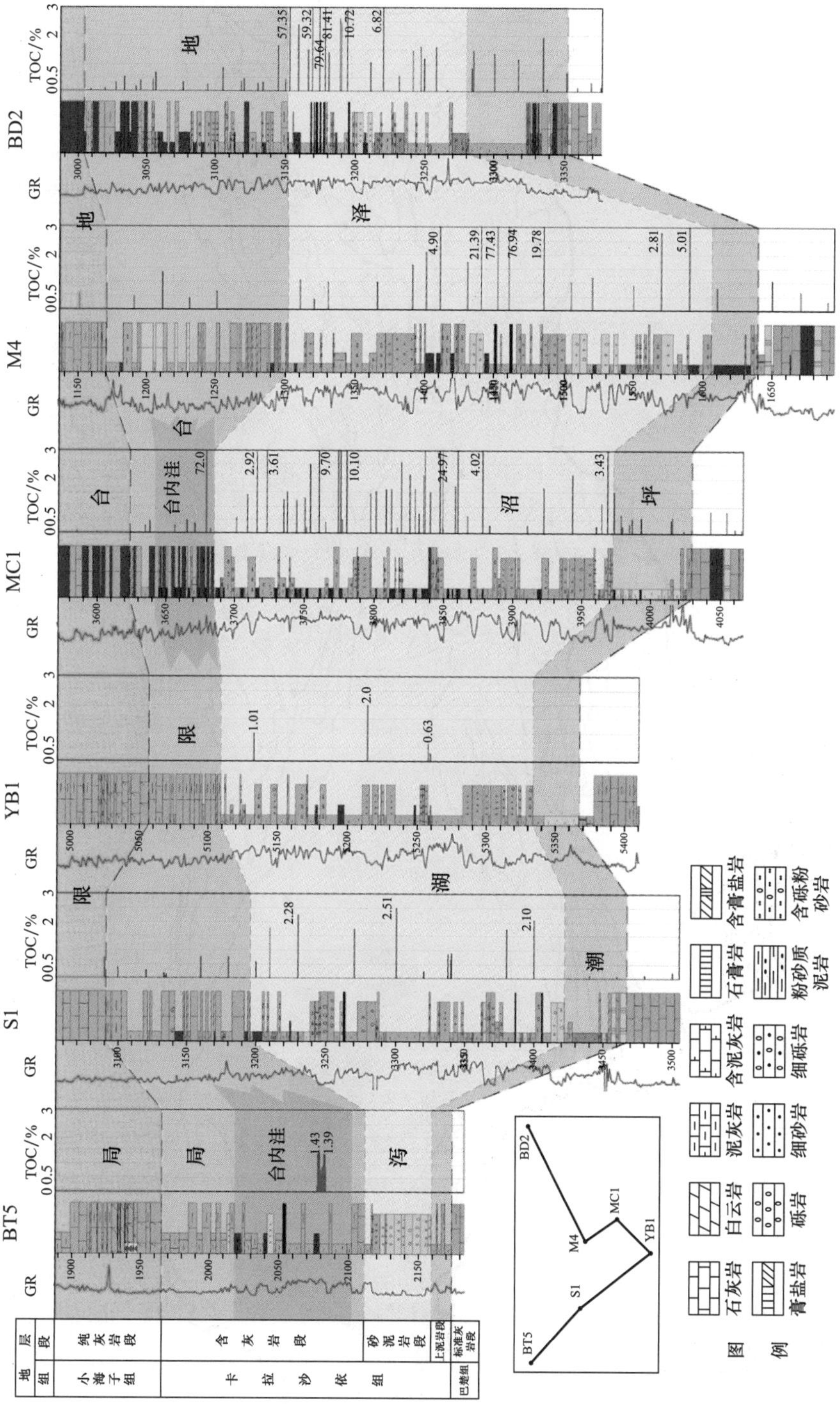

图2-4 塔里木盆地下石炭统卡拉沙依组BT5-BD2井泥页岩连井剖面

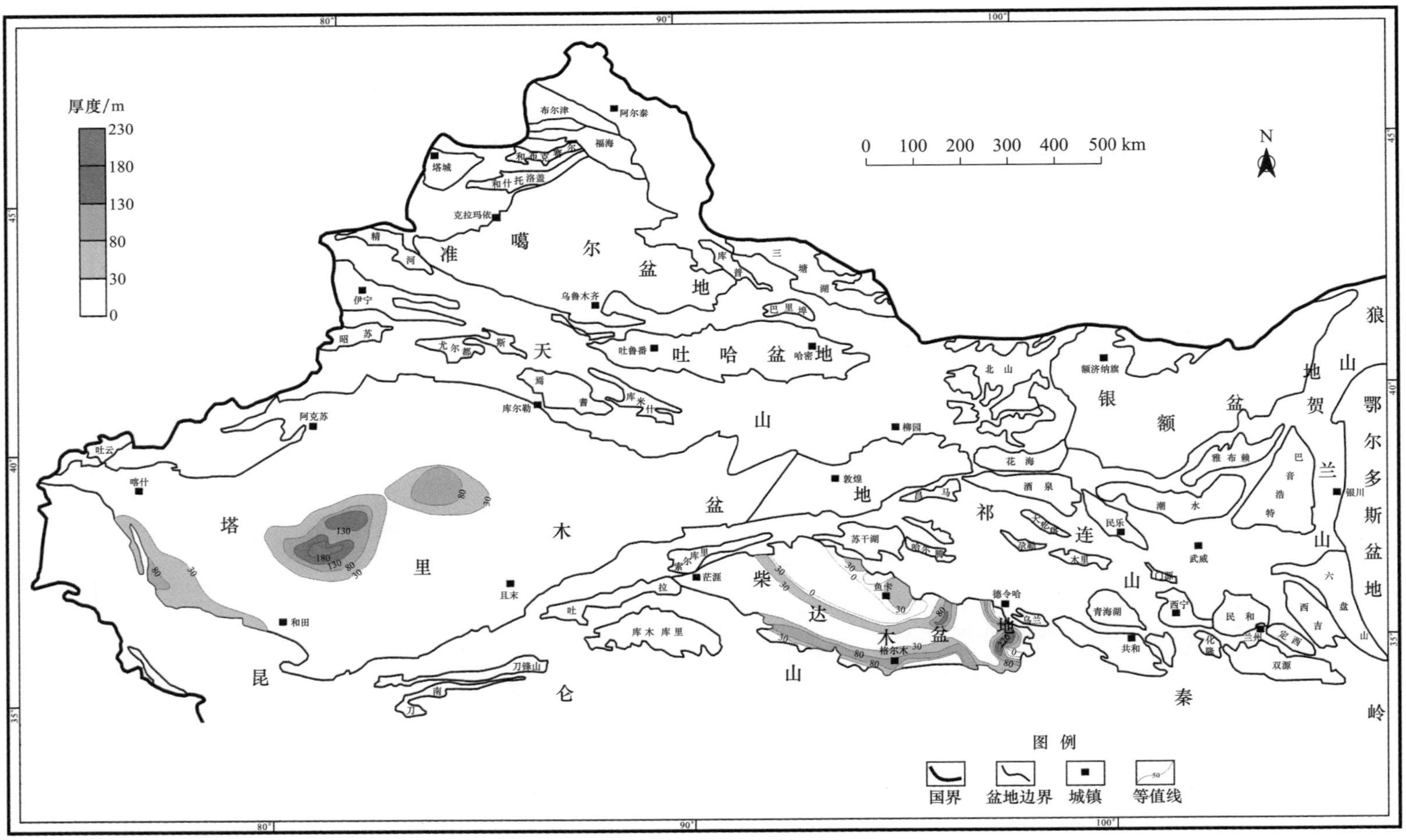

图2-5 西北区下石炭统富有机质泥页岩等厚图

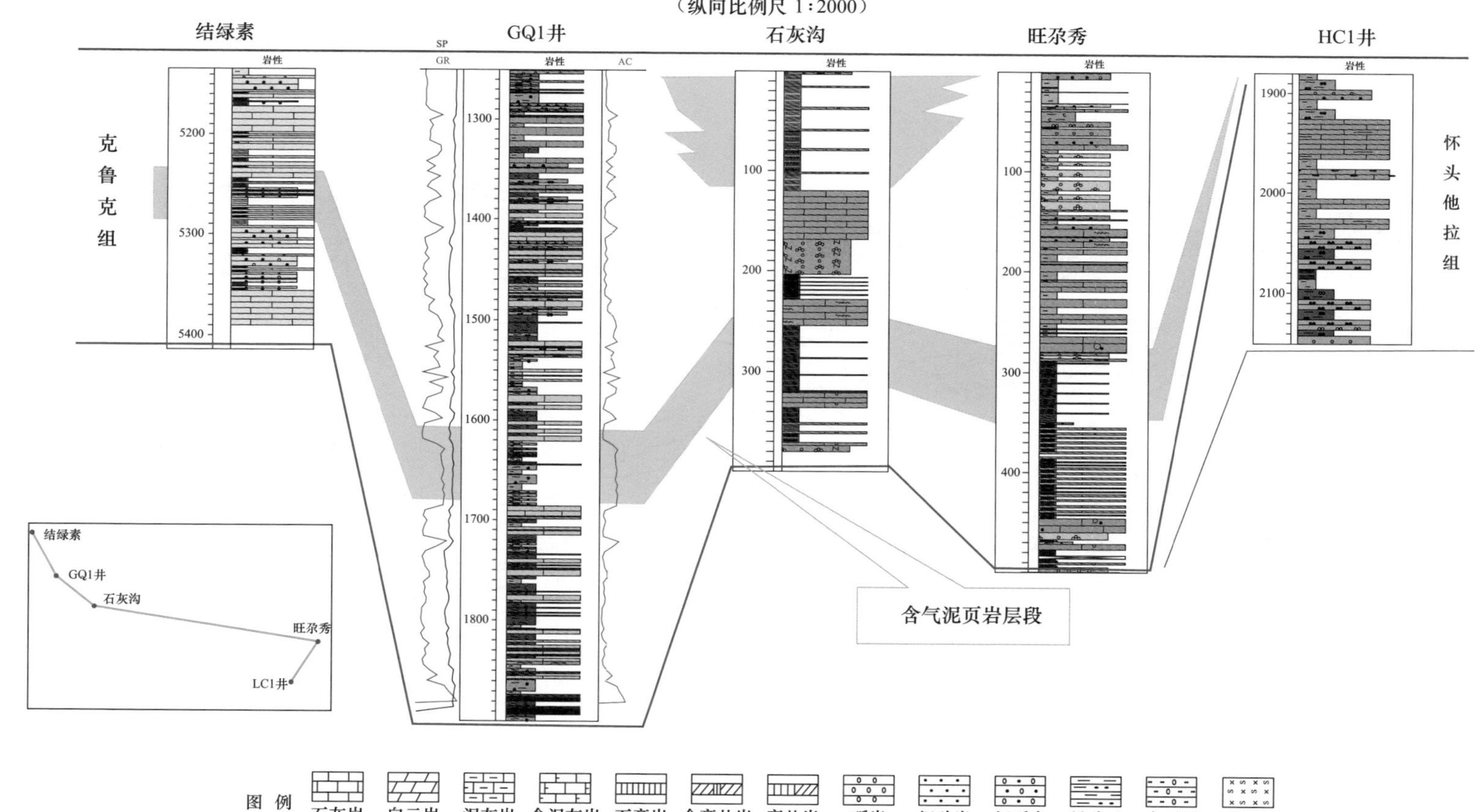

图2-6 柴达木盆地上石炭统克鲁克组结绿素-HC1井泥页岩连井剖面

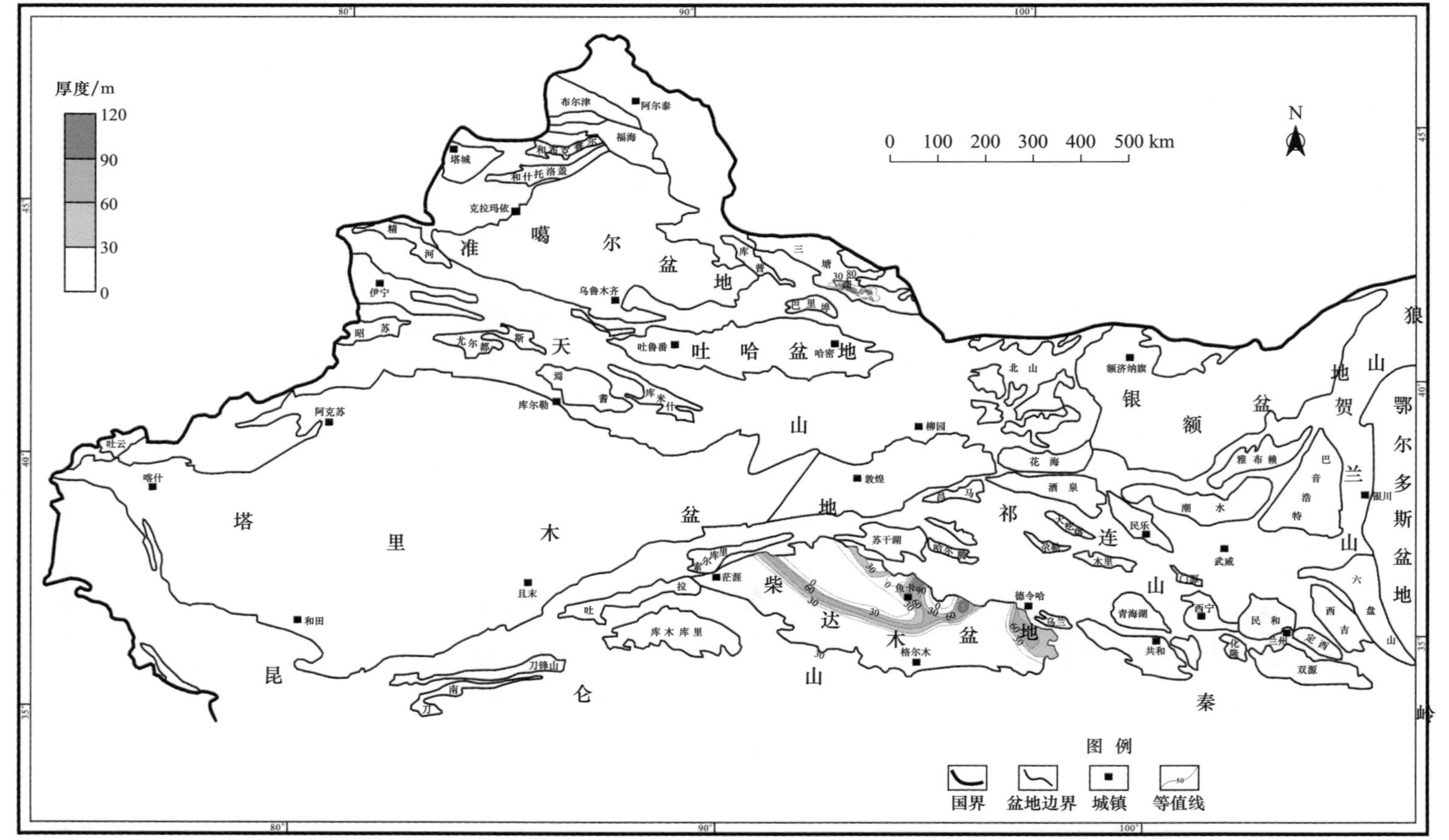

图2-7 西北区上石炭统富有机质泥页岩等厚图

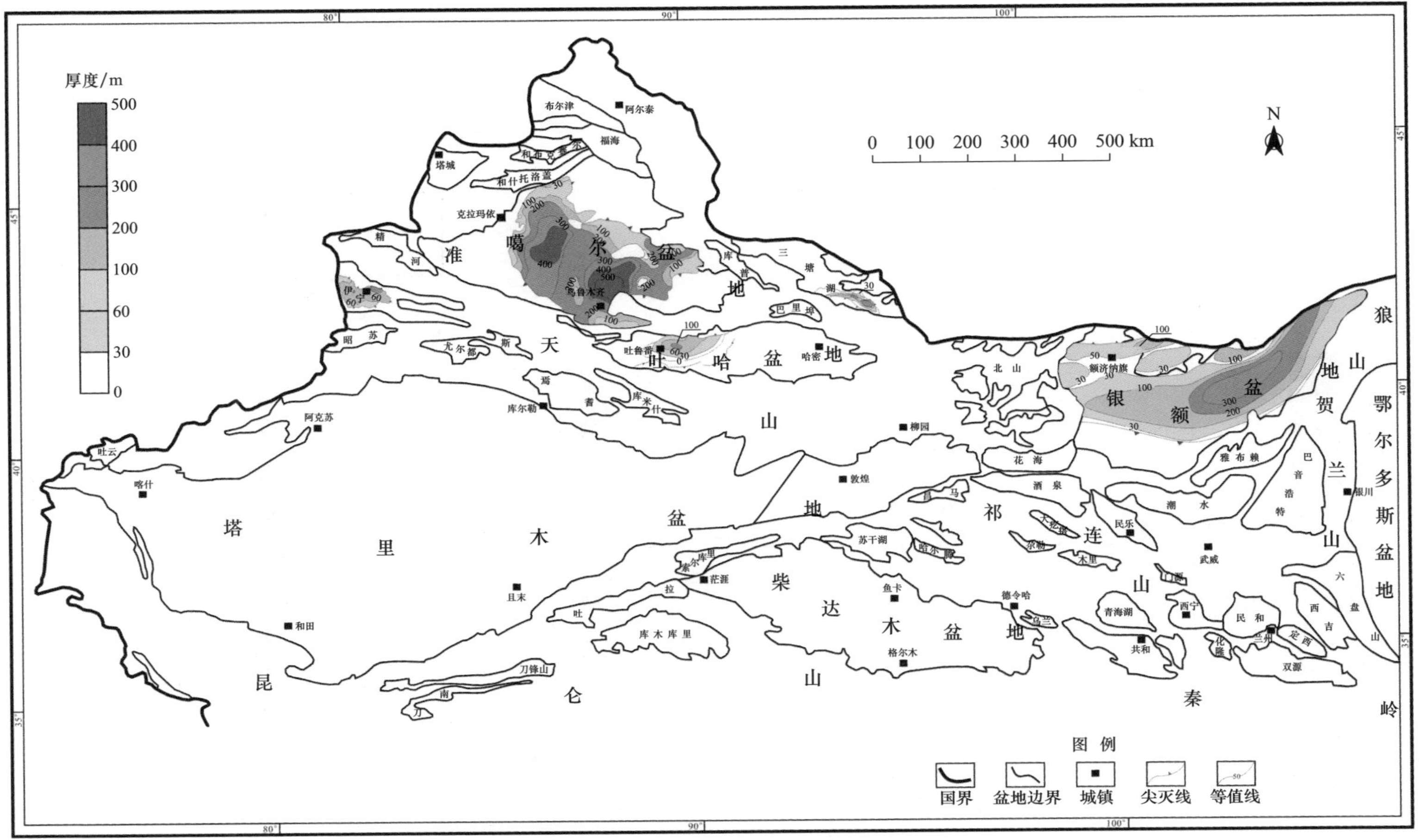

图2-8 西北区二叠系富有机质泥页岩等厚图

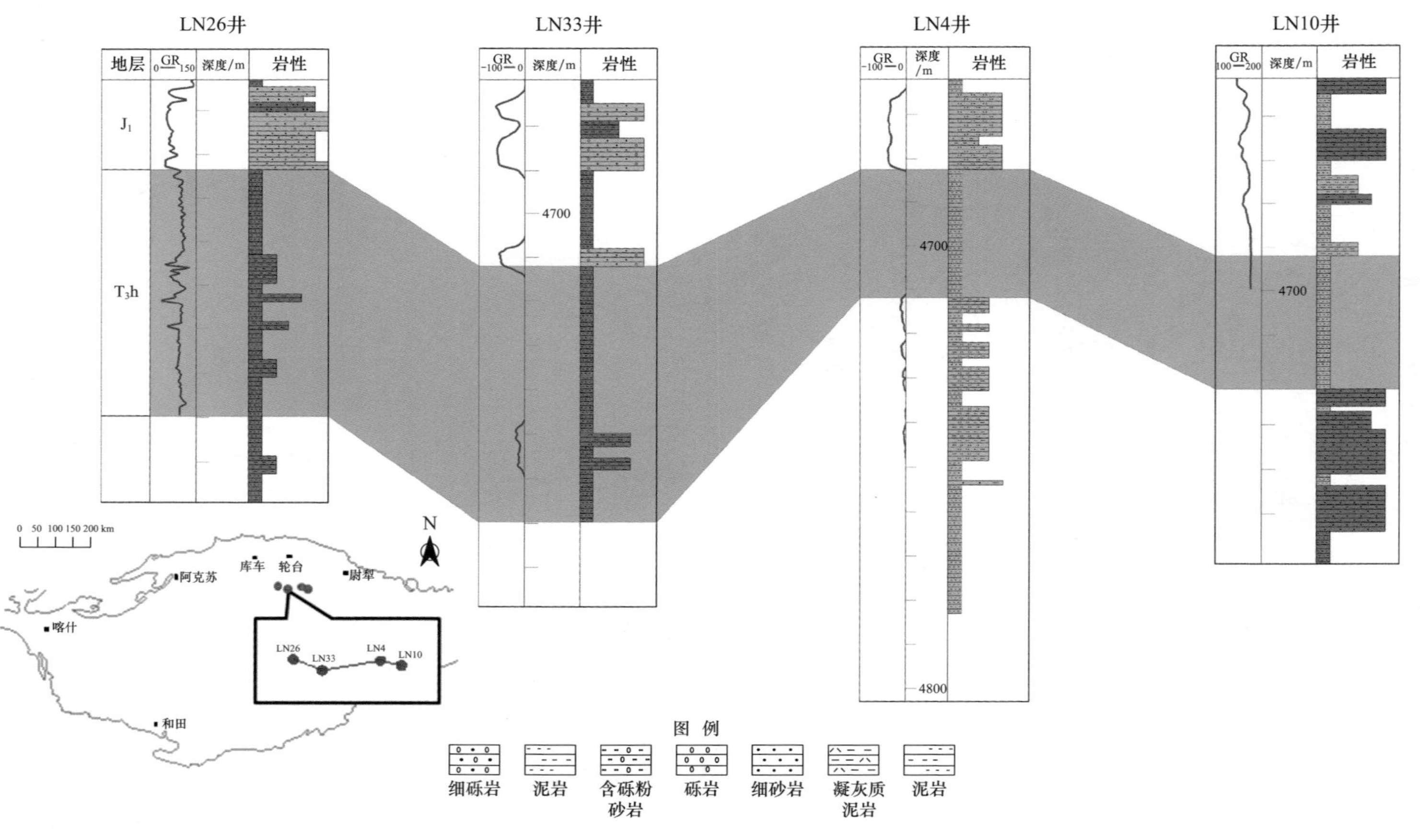

图2-9 塔北隆起上三叠统黄山街组LN26井-LN10井连井剖面

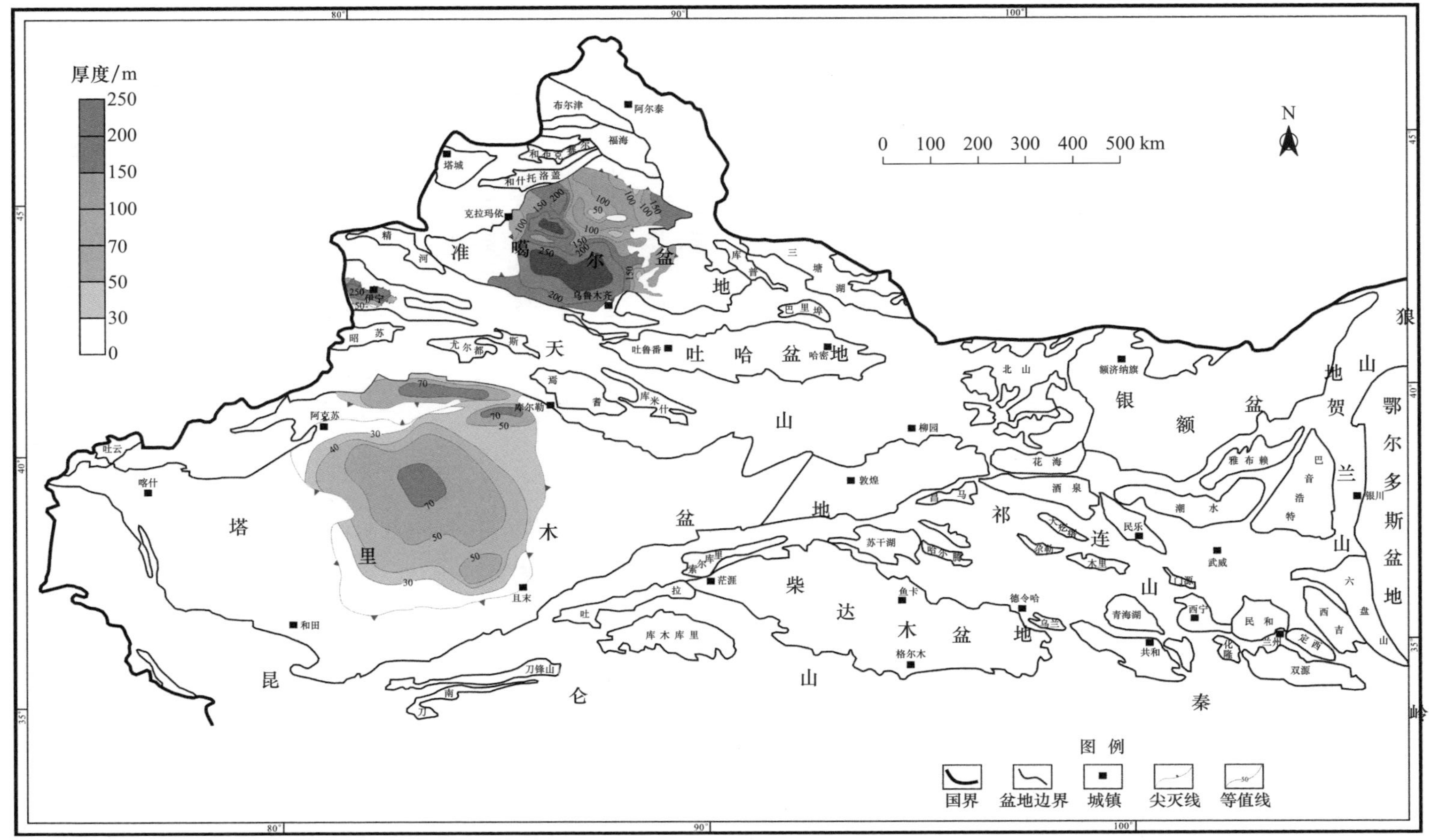

图2-10 西北区三叠系富有机质泥页岩等厚图

2. 准噶尔盆地

准噶尔盆地晚三叠世是中生界泥页岩最发育的时期。盆地西北缘玛湖、达巴松及沙湾地区滨浅湖-半深湖相发育厚层的暗色泥页岩，整体上可分为两段（图 2-11）。

西北缘百口泉地区、玛湖及夏子街地区滨浅湖相发育多段泥页岩组合，累计厚度超过100m，向东至五彩湾地区有效泥页岩厚度逐渐变薄（图 2-10）。整体上泥质含量较高，超过 80%，砂岩、粉砂岩夹层较薄，仅在盆地西北缘三角洲相及东部的滨湖相有一定发育。

（二）侏罗系

侏罗纪时，西北区以陆相地层为主，盆地轮廓大体和三叠纪相同。西北区侏罗系中、下统为含煤湖湘沉积，岩性组合为砾岩、砂岩、碳质页岩夹煤层，上统为红层。侏罗系泥页岩层段发育面积最广，厚度较大，主要集中在塔里木盆地下侏罗统阳霞组和中侏罗统克孜勒尔组、准噶尔盆地下侏罗统八道湾组、柴达木盆地下侏罗统湖西山组和中侏罗统大煤沟组、吐哈盆地下侏罗统八道湾组和中侏罗统西山窑组、民和盆地中侏罗统窑街组、潮水盆地中侏罗统青土井群、雅布赖盆地清河组及焉耆盆地下侏罗统八道湾组和中侏罗统西山窑组（陈建平等，1998）。

1. 塔里木盆地

塔里木盆地下侏罗统有效泥页岩组合单层厚度多介于 10～80m，单层最大厚度可达76.7m，累计厚度多介于 30～200m（图 2-12）。中侏罗统有效泥页岩发育的单层厚度多介于 10～80m，最大可达 499.51m。累计厚度多介于 30～100m（图 2-13）。

塔里木盆地下侏罗统有效泥页岩主要分布于库车拗陷、塔西南地区及塔东地区，其中，库车拗陷和塔西南地区下侏罗统泥页岩相对较厚，厚度中心位于库车拗陷阳霞凹陷和喀什凹陷—叶城凹陷，最大厚度分别达到 300m 和 150m，自凹陷中心向四周厚度逐渐减薄，直至尖灭（图 2-14）。中侏罗统有效泥页岩主要分布于库车拗陷、塔西南及塔东地区，最大累计厚度位于库车拗陷阳霞凹陷，超过 300m，其次为喀什凹陷—叶城凹陷，厚度超过 150m，塔东地区相对较薄，最厚仅为 50 余米（图 2-15）。

2. 准噶尔盆地

准噶尔盆地八道湾组分布范围广，厚度大，有利泥页岩组合主要集中在八道湾组二段。岩性组合以厚层的暗色泥页岩夹薄层砂岩为主，累计有效厚度达到 200m，向东至滴西地区，泥页岩沉积逐渐减薄（图 2-16）。

准噶尔盆地下侏罗统八道湾组有效泥页岩组合主要发育在盆地西北缘沙湾、玛湖地区及盆地南缘（图 2-14）。在五彩湾、滴水泉、乌伦古东部厚度 30～100m，盆地东部大井地区主要以曲流河、三角洲沉积为主，岩性以砂岩及砂质含量较高的砂泥互层为主。

3. 吐哈盆地

吐哈盆地西山窑组富有机质泥页岩层段发育的面积、厚度及分布稳定性均较差。小草湖凹陷西山窑组顶部和中部发育两套稳定泥页岩层段，其岩性组合主要为泥页岩夹碳质泥岩或薄煤层，底部泥页岩层段发育不稳定（图 2-17）。

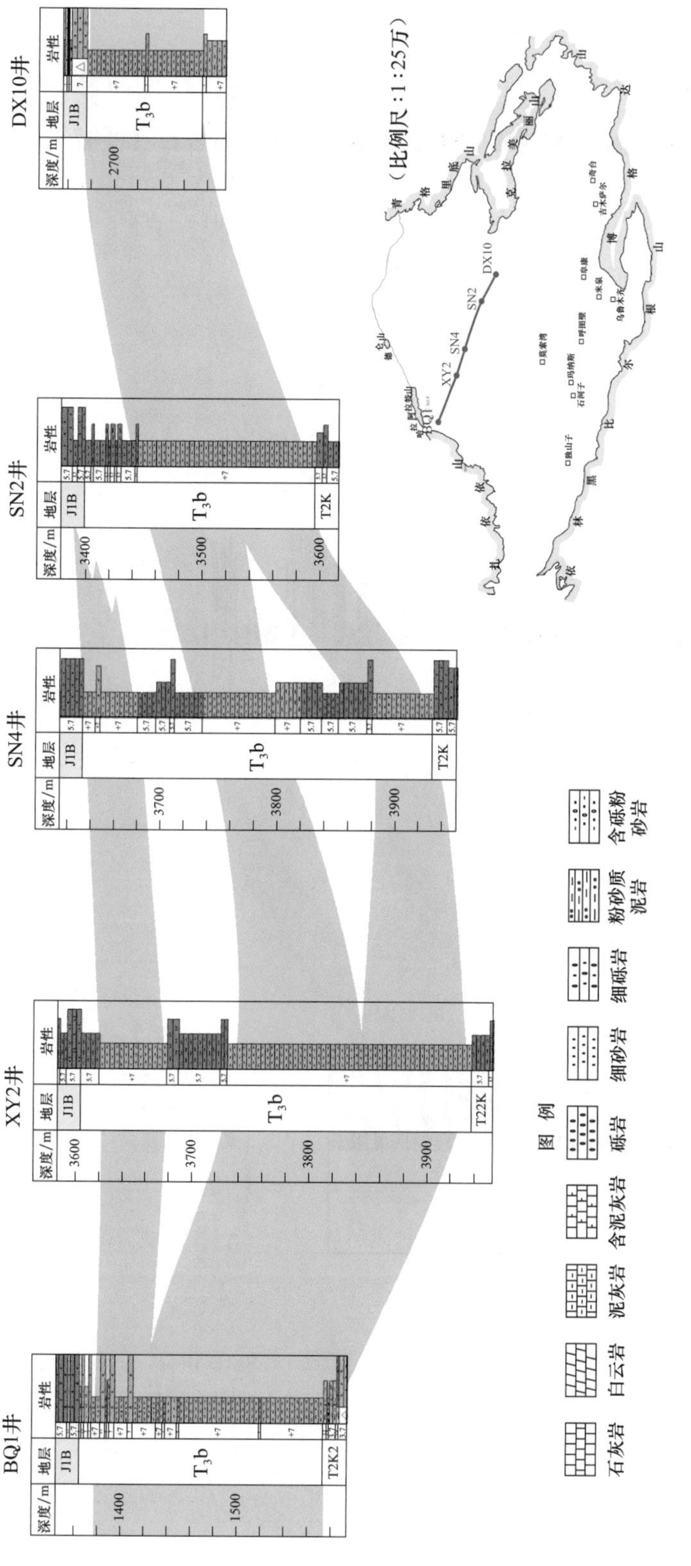

图2-11 准噶尔盆地上三叠统白碱滩组BQ1井-DX10井连井剖面

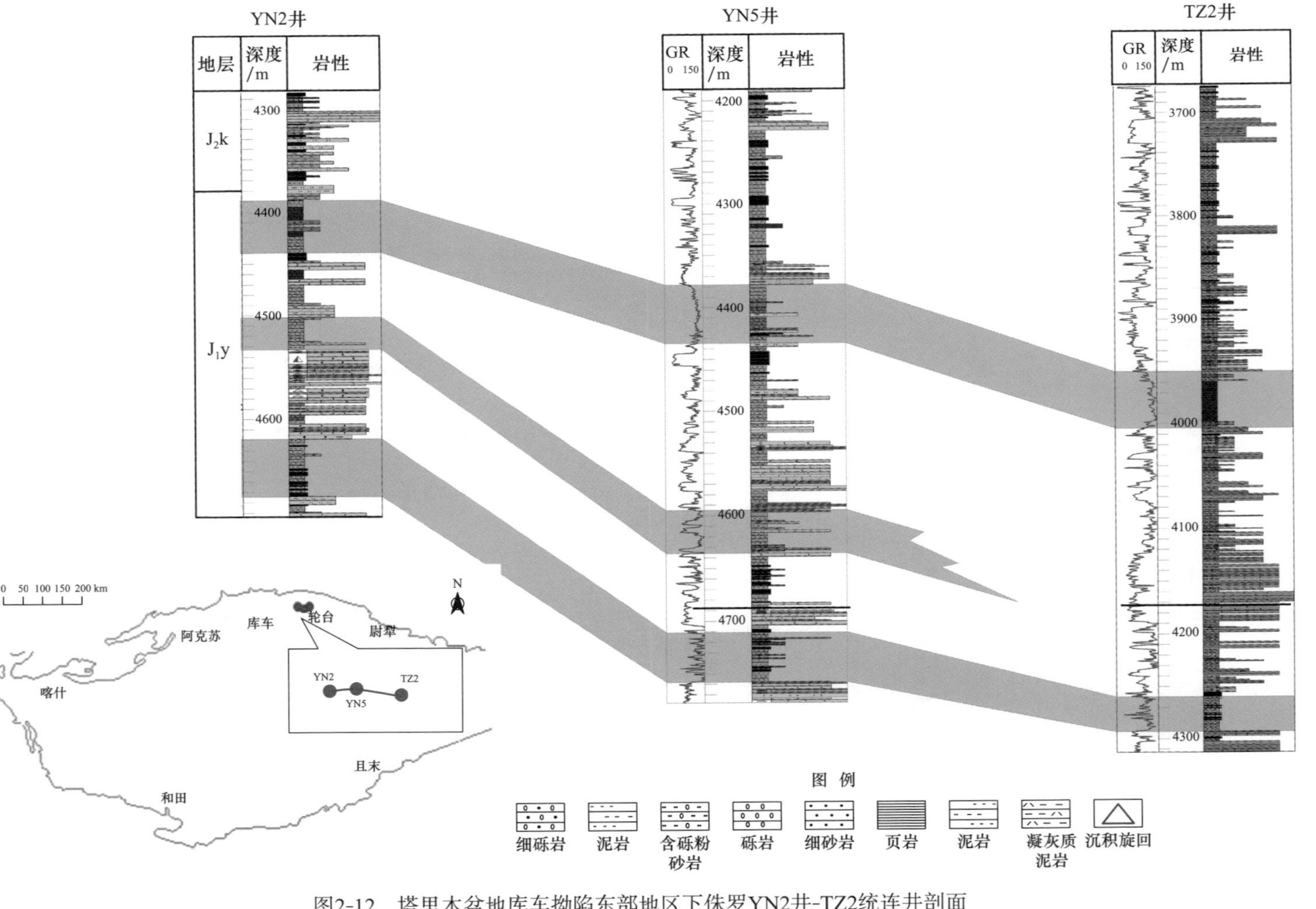

图2-12 塔里木盆地库车坳陷东部地区下侏罗YN2井-TZ2统连井剖面

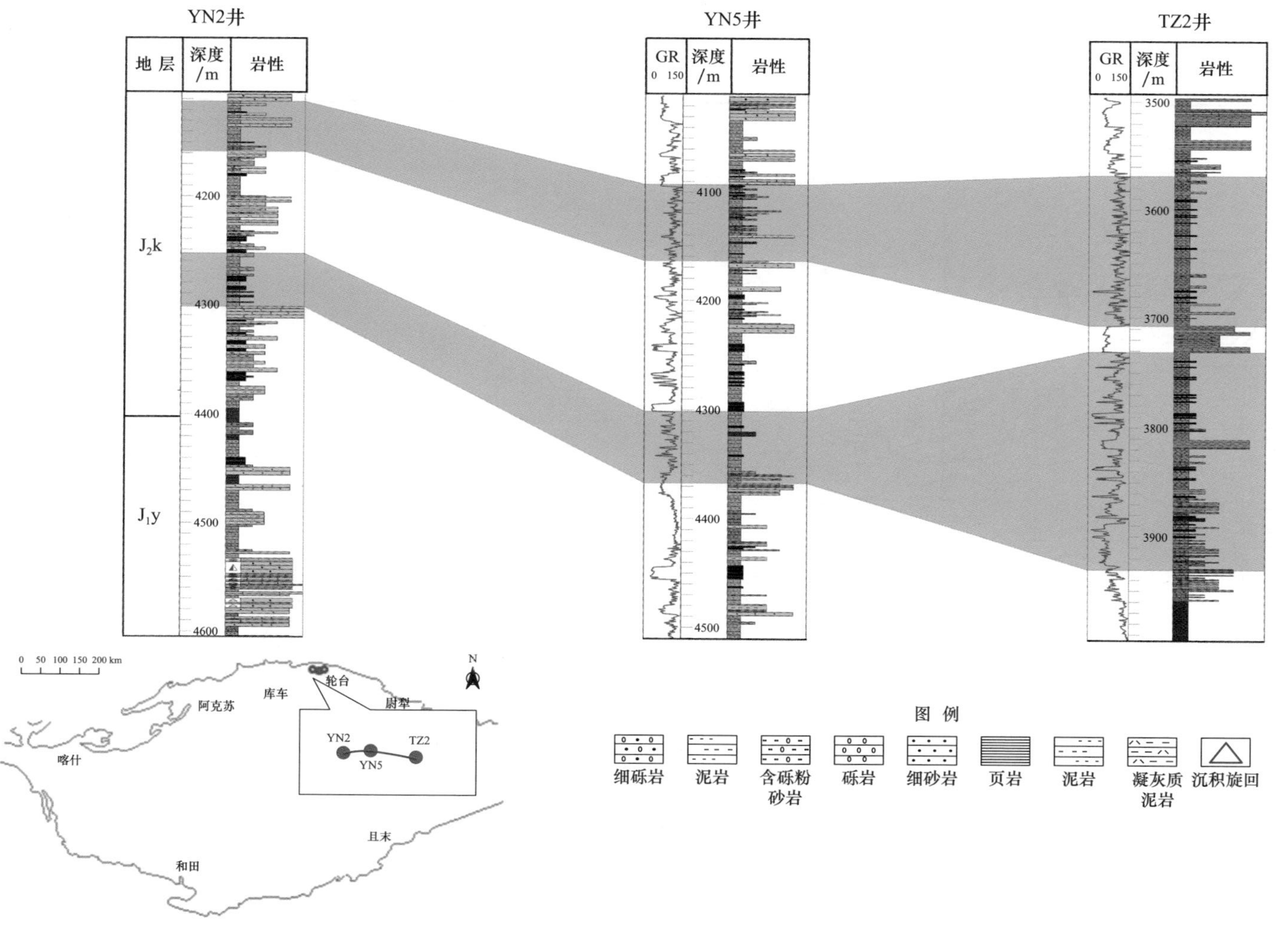

图2-13 塔里木盆地库车拗陷东部地区中侏罗统YN2井-TZ2井连井剖面

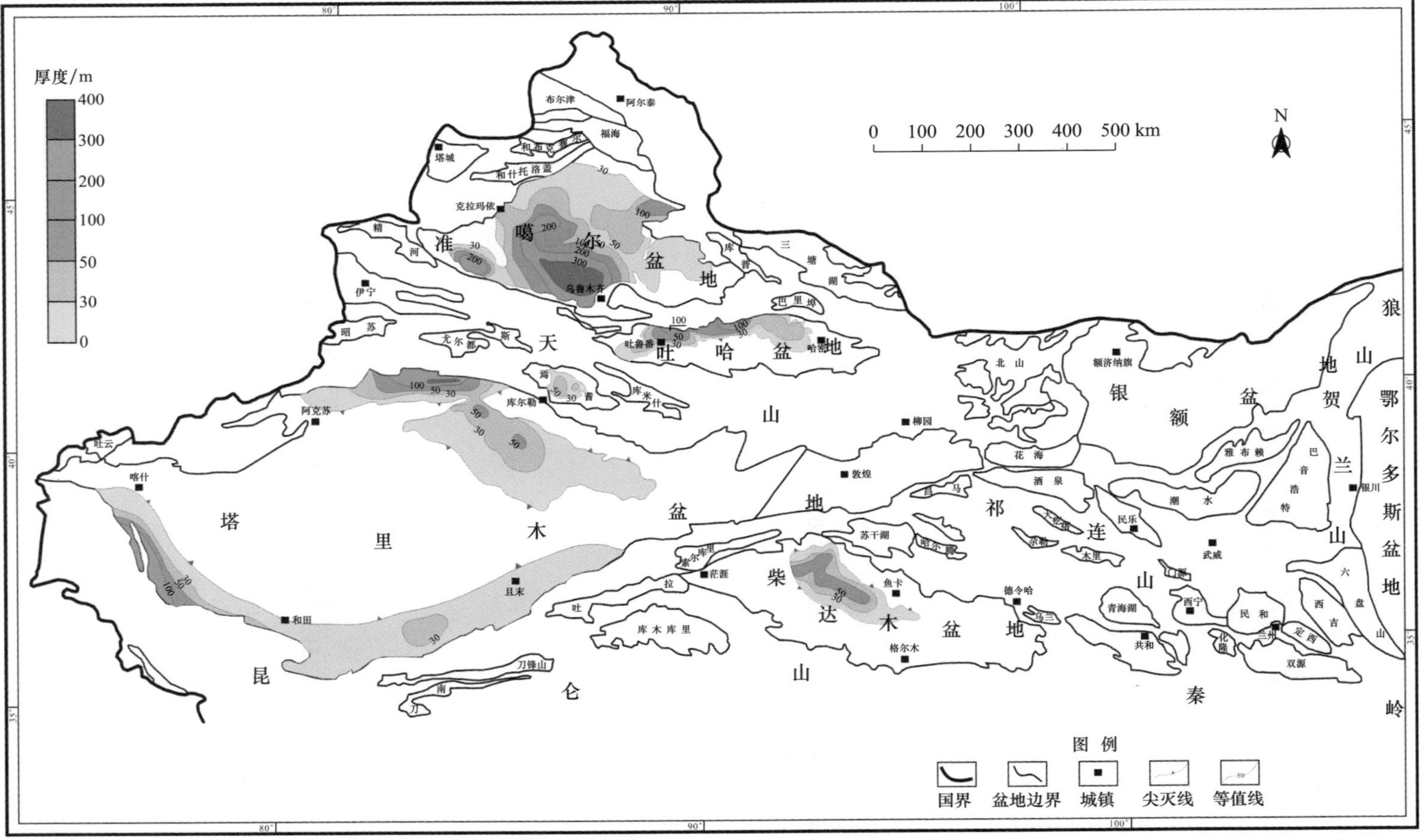

图2-14 西北区下侏罗统富有机质泥页岩等厚图

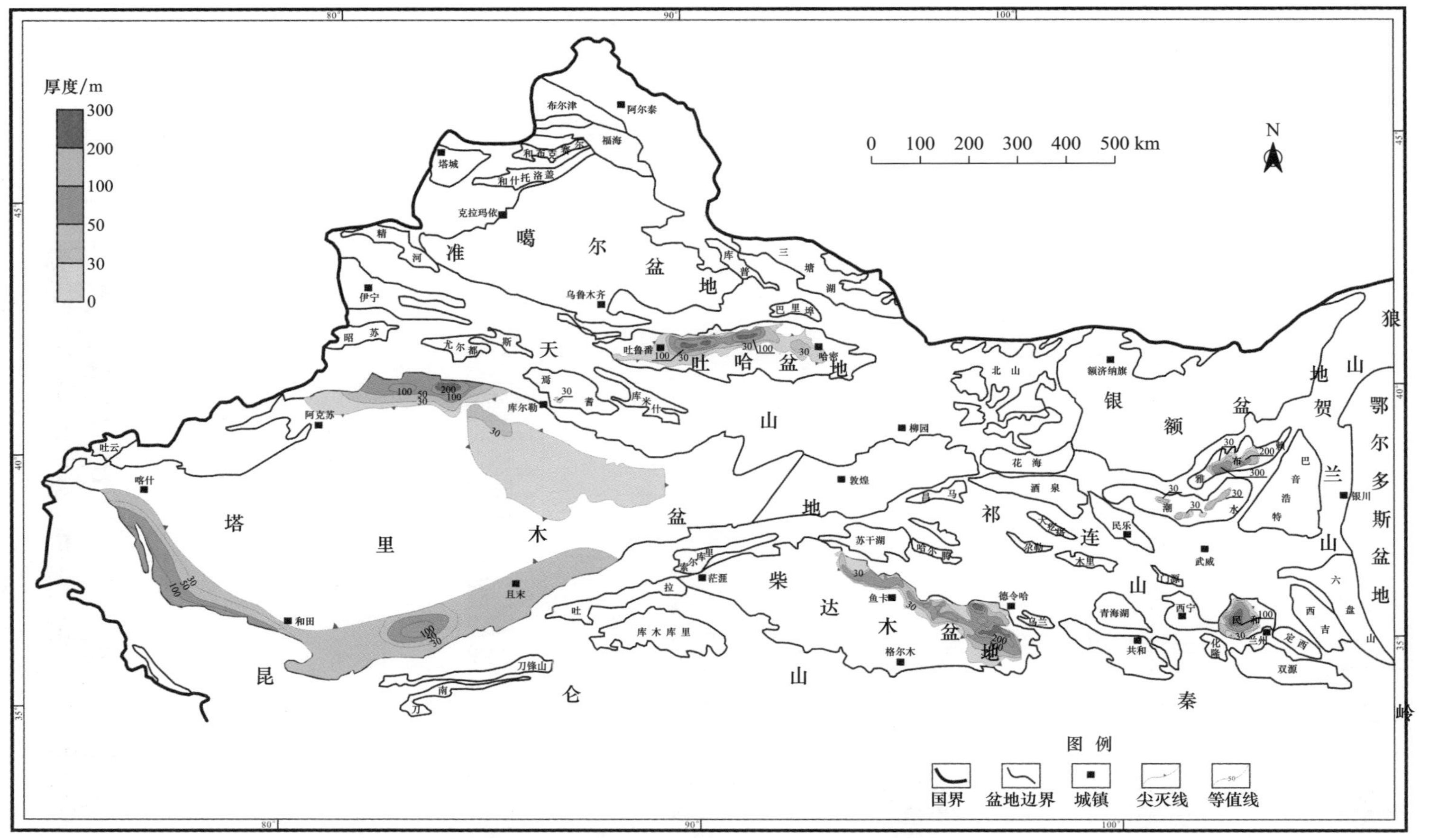

图2-15 西北区中侏罗统富有机质泥页岩等厚图

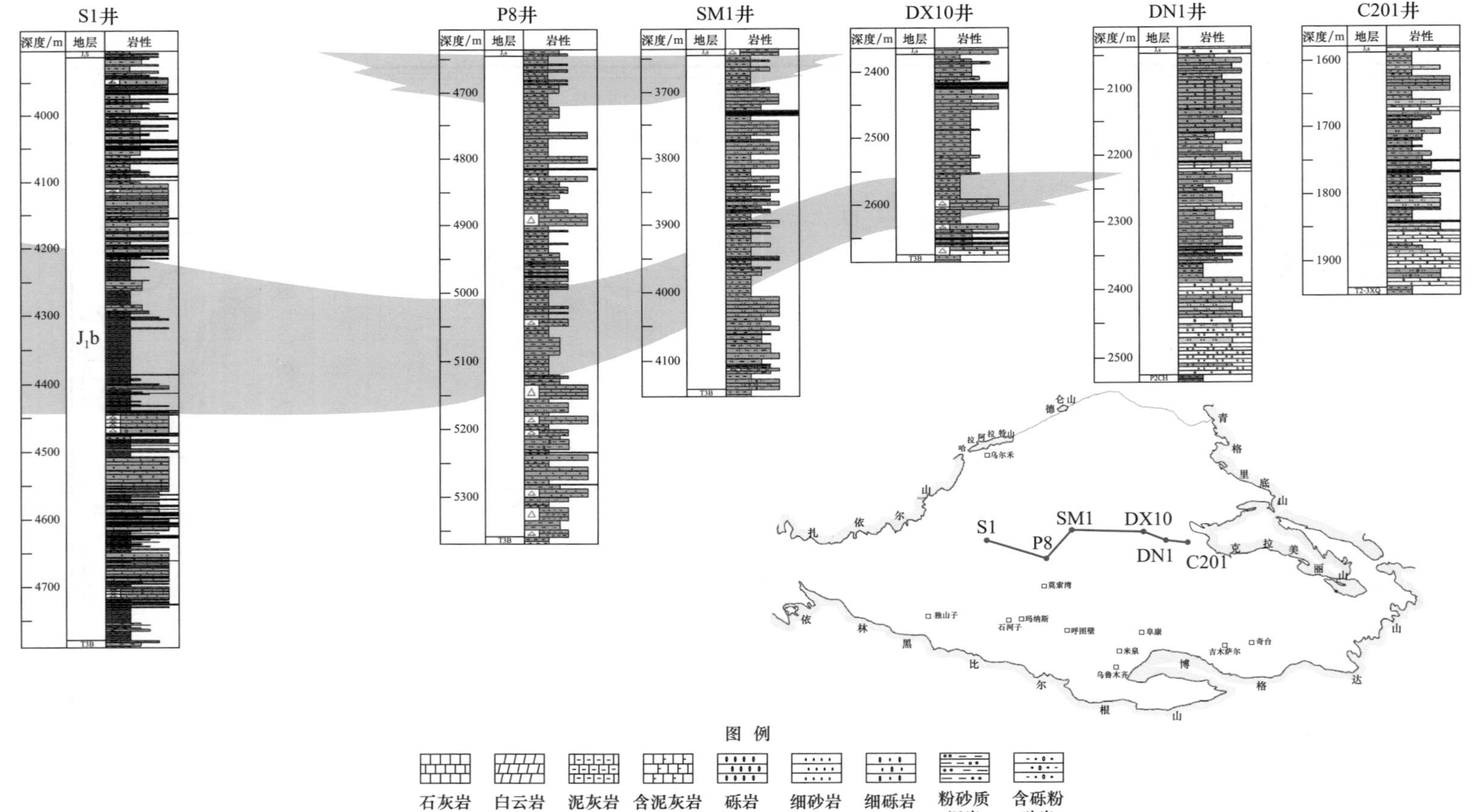

图2-16 准噶尔盆地下侏罗统八道湾组S1井-C201井连井剖面图

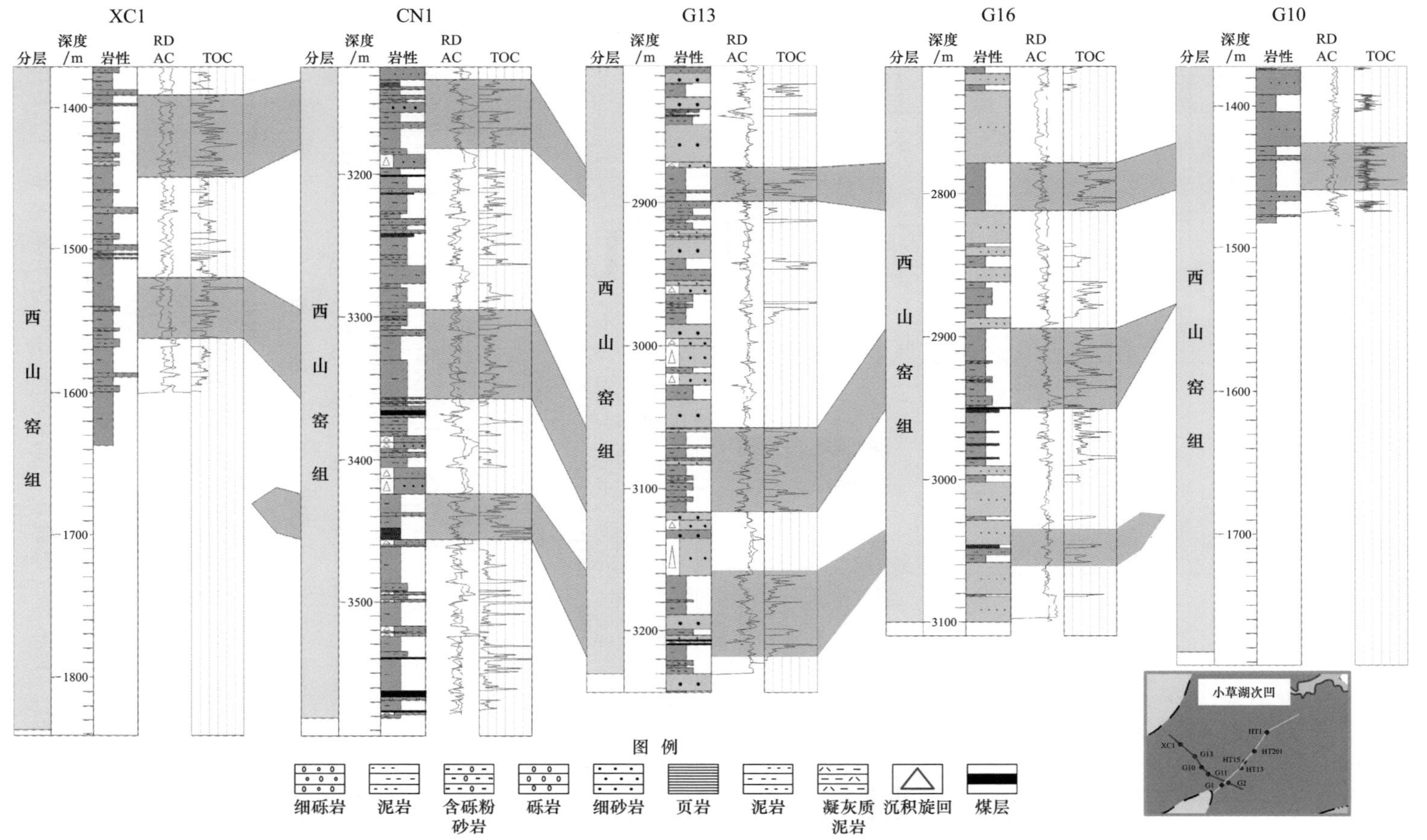

图2-17 小草湖次洼西山窑组西北-东南向连井剖面图

吐哈盆地八道湾组埋深较大，发育两套富有机质泥页岩层段，分别位于其顶部和中部（图 2-18）。

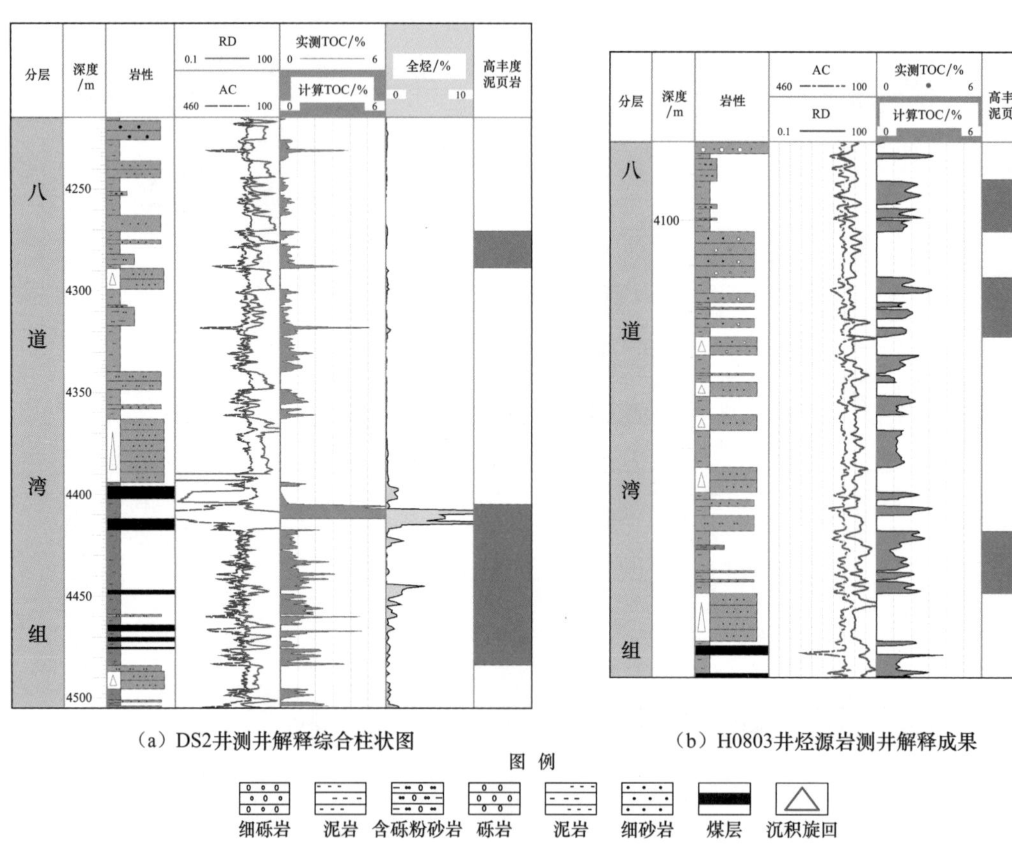

图 2-18　吐哈盆地八道湾组富有机质泥页岩层段综合柱状图

吐哈盆地侏罗系有利泥页岩层段，除八道湾组在托克逊凹陷和哈密拗陷有分布外，其余各组主要分布在台北凹陷。页岩层段累计厚度介于 30～120m；台北凹陷小草湖次洼泥页岩层段厚度达到最大，约为 120m；胜北次洼北部和丘东次洼北部泥页岩层段厚度达到 100m；托克逊凹陷和哈密拗陷泥页岩层段厚度较台北凹陷偏薄（图 2-14）。

西山窑组泥页岩主要分布在台北凹陷。在胜北次洼和小草湖次洼泥页岩层段厚度达到最大，小草湖次洼泥页岩层段累计厚度最大达到 80m，胜北次洼为 60m，丘东次洼泥页岩层段累计厚度相对较小，约为 40m，托克逊凹陷和哈密拗陷泥页岩层段厚度偏薄（图 2-15）。

4. 柴达木盆地

柴达木盆地下侏罗统湖西山组有利泥页岩层段主要分布在柴北缘西段，可大致划分出两个含气泥页岩段。上部含气层段在冷湖构造带多口钻井有揭示，LK1 井最厚可达 190m 左右，S85 井、S86 井在 60～70m（图 2-19），预测在一里坪拗陷和昆特伊凹陷内，该含气泥页岩段厚度主要分布在 30～90m（于会娟和妥进才，2000）（图 2-14）。

柴达木盆地中侏罗统大煤沟组五段含气泥页岩段主要分布在苏干湖拗陷、鱼卡断陷、红山断陷、欧南凹陷和德令哈断陷（图 2-20）。厚度主要介于 30～70m；苏干湖拗陷中侏罗统页岩气有效层段厚度较大，可达 100m 以上，分布面积较小（陈迎宾和张寿庭，2011）（图 2-15）。

5. 中小盆地

1）民和盆地

民和盆地中侏罗统窑街组中、下部的富有机质泥页岩段主要为黑色泥岩，连续性好。有效泥页岩层段在永登凹陷的东部较好，向西有减薄的趋势。从东向西有效泥页岩厚度有变厚的趋势，最厚可达 148m（图 2-21）。永登凹陷周家台附近富有机质泥页岩厚度最大可达 140m，从凹陷中心向四周减薄，巴州凹陷厚度较小在 40m 左右（图 2-14）。

2）潮水盆地

潮水盆地中侏罗统青土井群含气泥页岩层段以厚层深灰色泥岩、厚层深灰色油页岩为主，夹薄层深灰色粉砂质泥岩。该区富有机质泥页岩层段组合主要为深灰色泥岩夹黑色页岩夹浅灰色粉砂质泥岩，含气泥页岩层在 Y5 井厚 60m、YN5 井厚 60m、YT1 井厚 80m（王贞等，2007）（图 2-22）。

潮水盆地中侏罗统青土井群含气泥页岩层段在红柳园拗陷和金昌拗陷较厚，最大厚度为 90m，阿右西拗陷最大厚度为 60m。在红柳园拗陷和金昌拗陷内分别存在两个厚度分布高值区（门相勇等，2001）（图 2-14）。

3）雅布赖盆地

雅布赖盆地主要富有机质页岩层段为中侏罗统新河组的下部。YT4 井的含气泥页岩层段主要为深灰色泥岩，YT4 井泥页岩累计厚度近 400m，分布在 350～710m。雅布赖盆地侏罗系有利泥页岩存在两个沉积中心，分别为 YT4 井和萨尔台拗陷中心，最大厚度达 350m，向四周依次减薄。萨尔台拗陷西部不发育富有机质泥岩（图 2-23）。

雅布赖盆地含气泥页岩层段为新河组下段，存在两个沉积中心，分别为 YT4 井和萨尔台拗陷中心，最大厚度达 350m，向四周依次减薄。萨尔台拗陷西部不发育富有机质泥岩（图 2-14）。

4）焉耆盆地

焉耆盆地中侏罗统西山窑组富有机质泥页岩在马井附近最厚，近 50m，向四周减薄；三工河组富有机质页岩主要分布在该组底部，在 YC1 井和 M2 井附近沉积较厚，最厚超过 40m；西山窑组富有机质页岩仅在 YC1 井和 BN1 井附近有少许沉积，沉积厚度约 20m（图 2-24）。

八道湾组含气泥页岩最大厚度在 M2 井附近，达 50m（图 2-24）。三工河组含气泥页岩最大厚度在七里铺、种马场连和包头湖附近，达 45m。沿着七里铺、种马场连和包头湖厚度中心向四周减薄（图 2-14）。西山窑组含气泥页岩最大厚度在七里铺、种马场连和包头湖附近，达 30m。沿着七里铺、种马场连和包头湖厚度中心向四周减薄（图 2-15）。

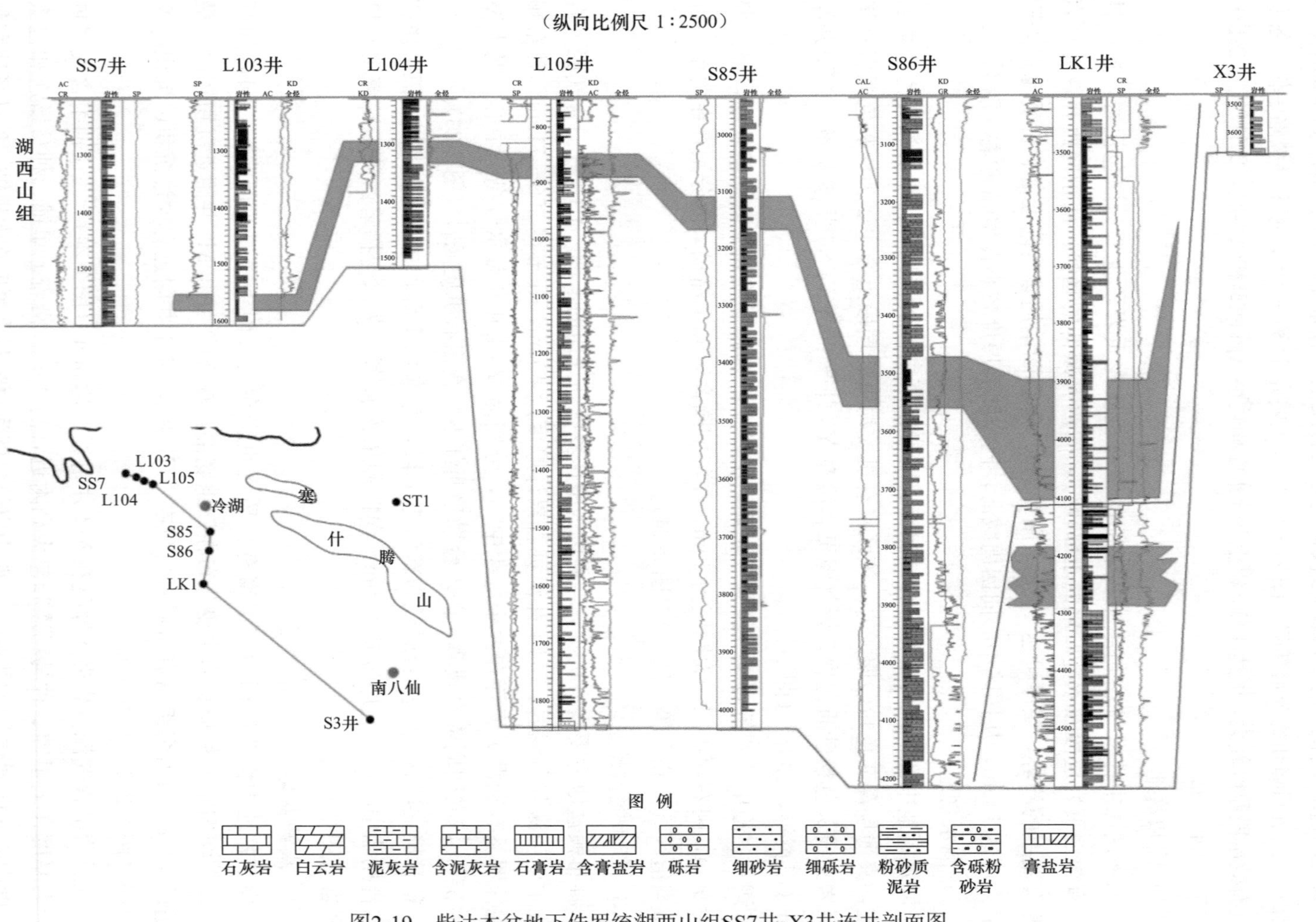

图2-19 柴达木盆地下侏罗统湖西山组SS7井-X3井连井剖面图

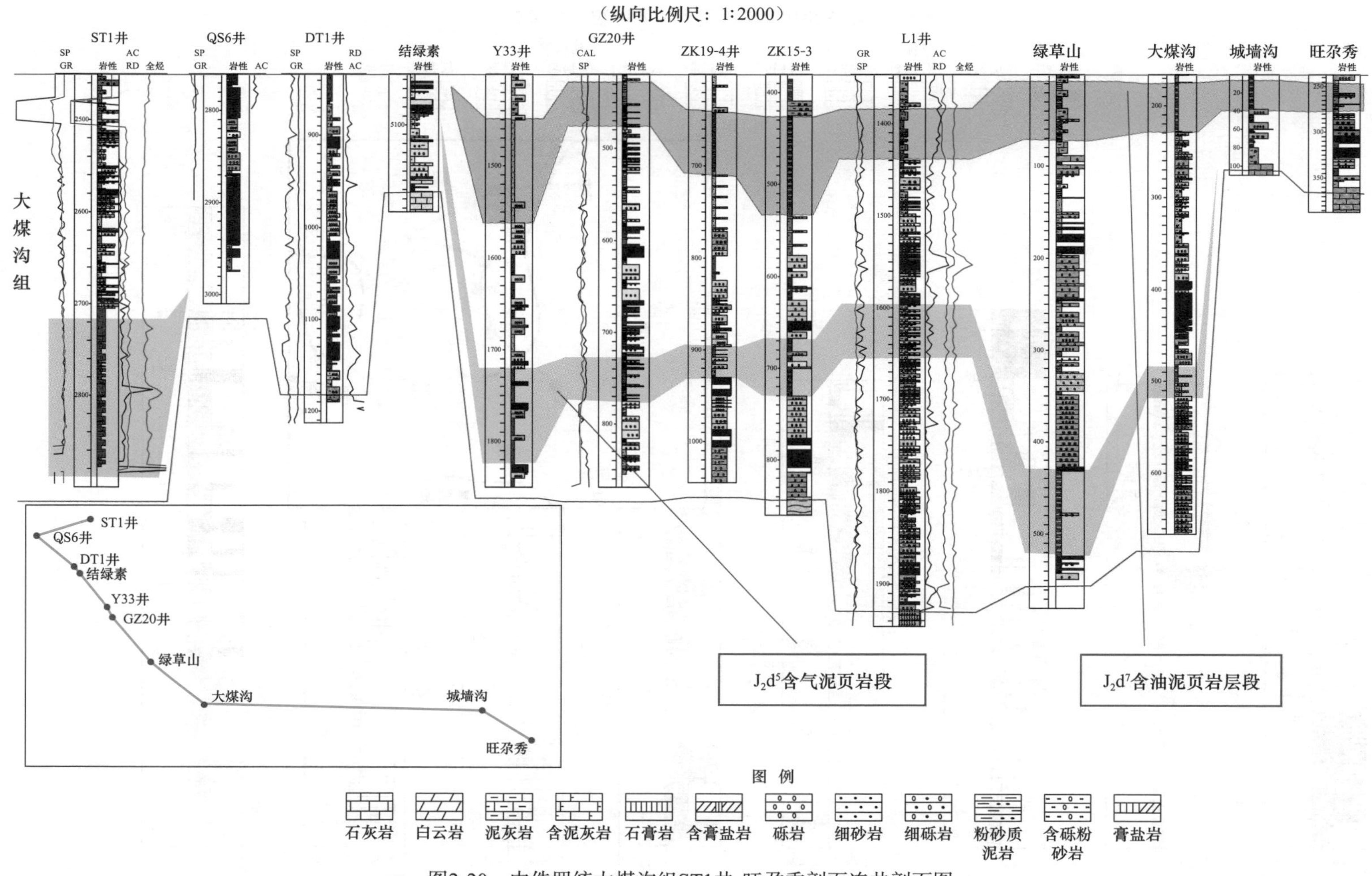

图2-20 中侏罗统大煤沟组ST1井-旺尕秀剖面连井剖面图

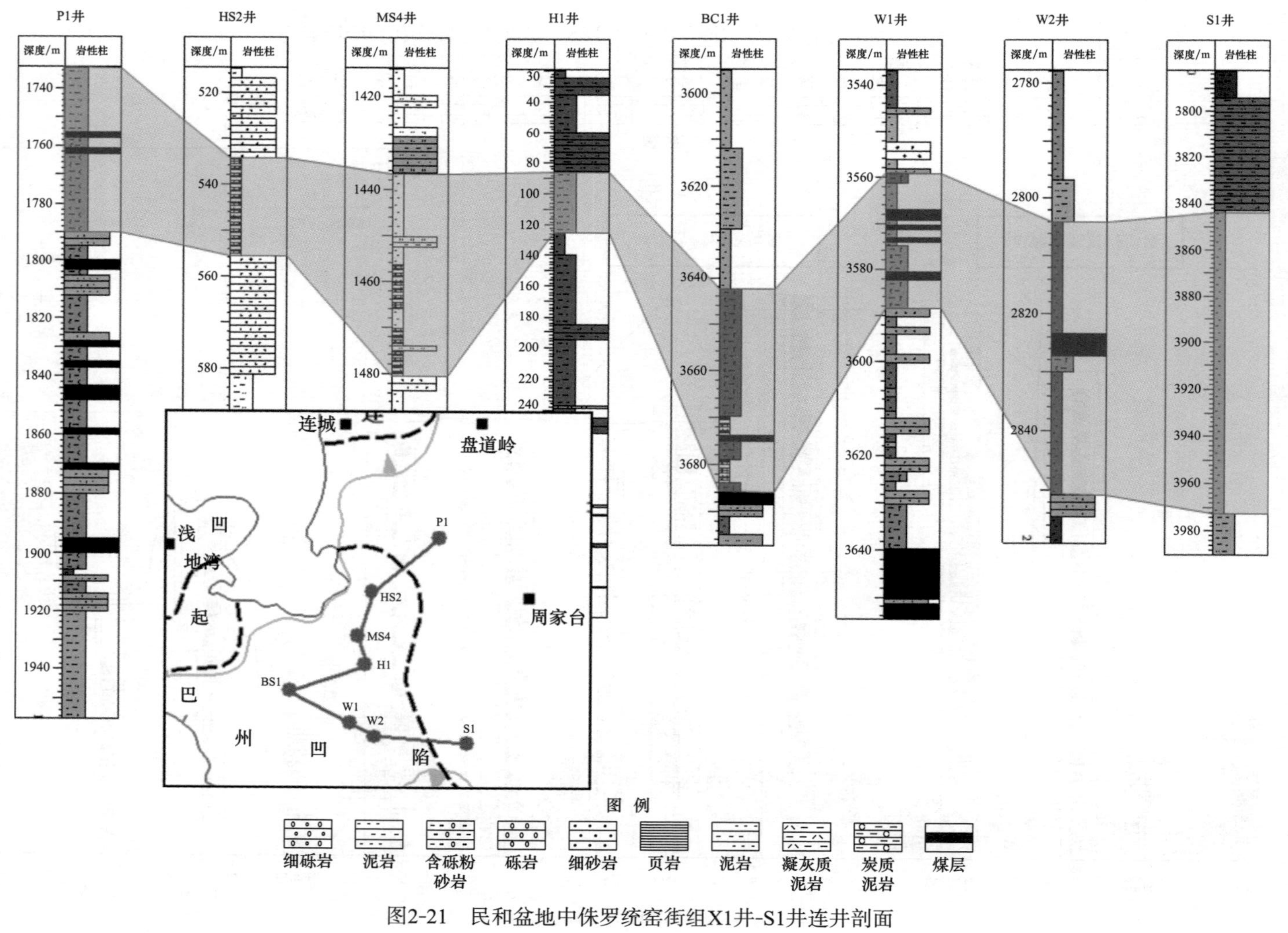

图2-21　民和盆地中侏罗统窑街组X1井-S1井连井剖面

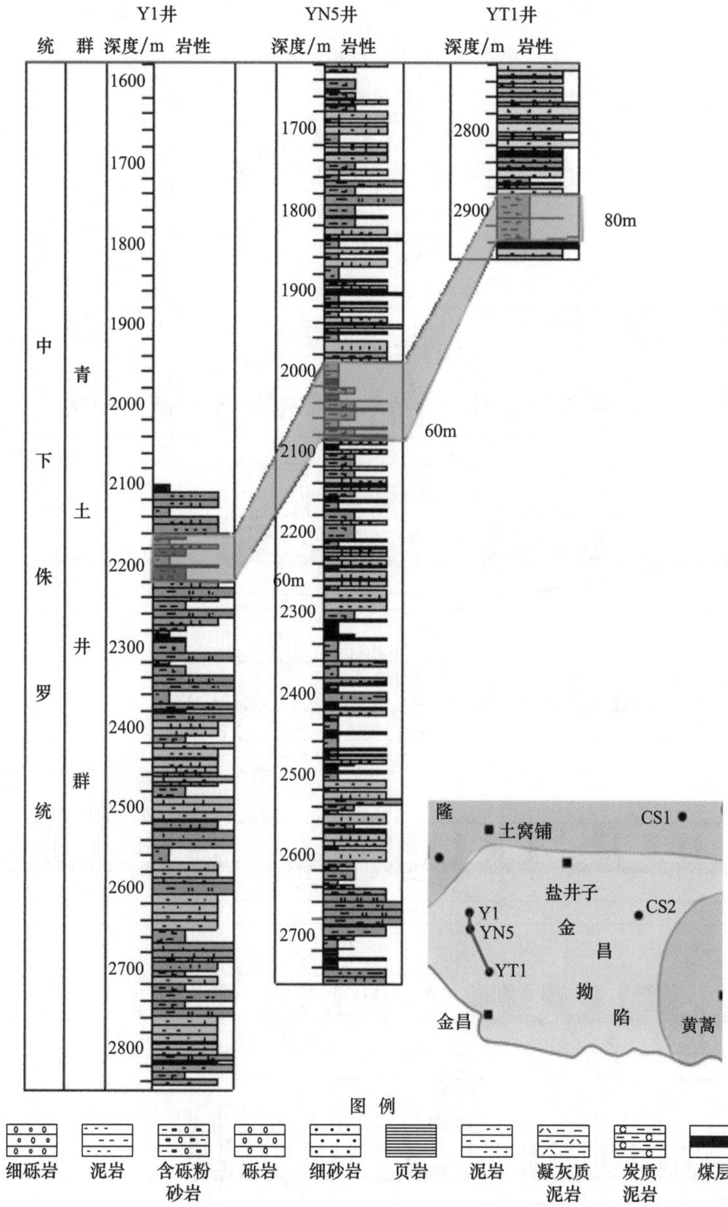

图 2-22 潮水盆地金昌拗陷中侏罗统青土井群 Y1 井-YT1 井连井剖面

（三）白垩系

白垩系有利泥页岩层段分布非常有限，仅分布在六盘山盆地下白垩统马东山组顶部和乃家河组顶部（刘俊伟，2010）。

六盘山盆地泥页岩层段马东山组和乃家河组顶部泥岩在海原凹陷的肖家湾附近厚度最大，肖家湾向北泥岩厚度逐渐减薄，厚度呈现出北低南高的特点（杨福忠和刘三军，1997；杨福忠和胡社荣，2001）（图 2-25、图 2-26）。

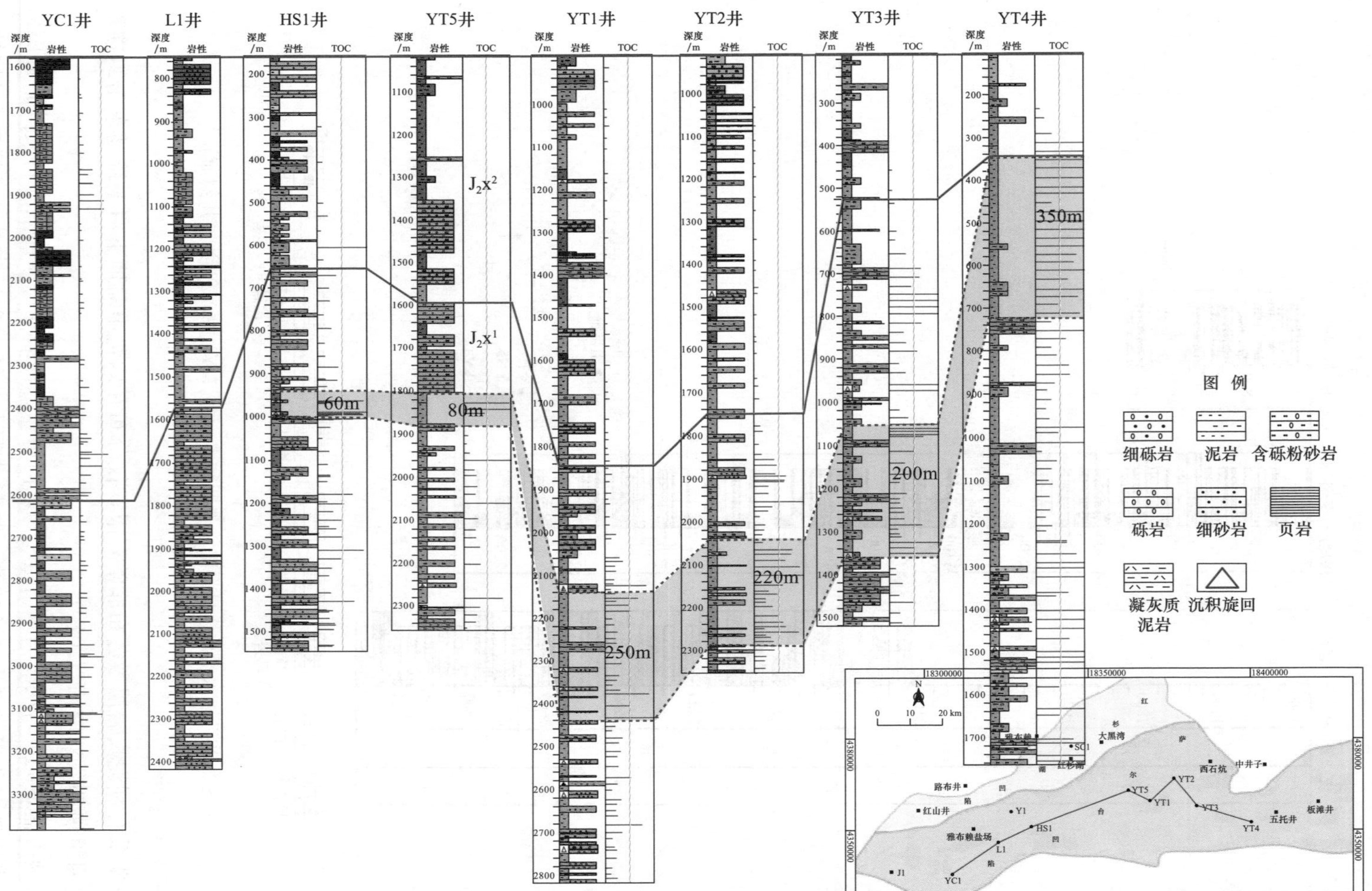

图2-23 雅布赖盆地侏罗系新河组YC1井-YC4井连井剖面图

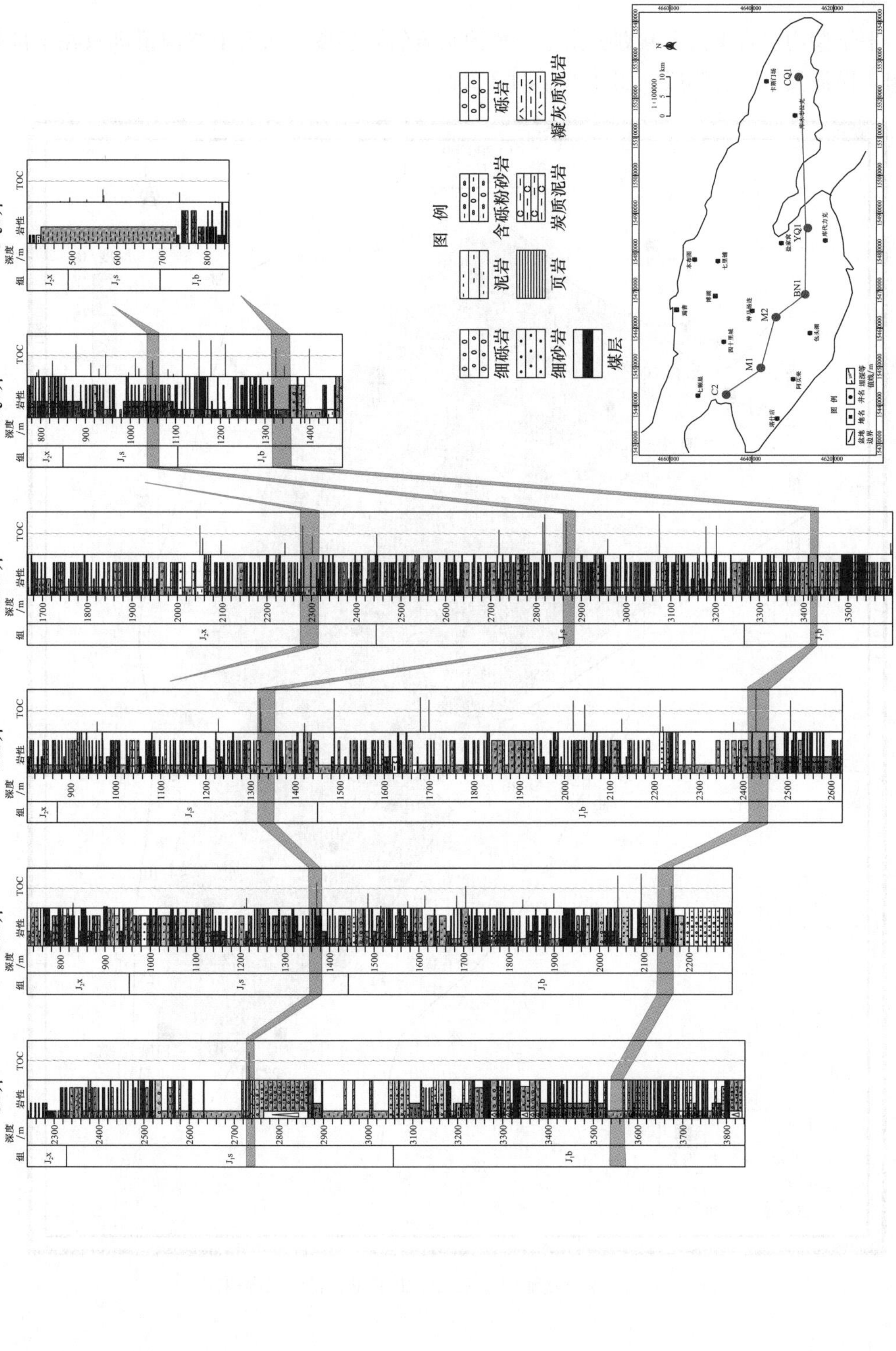

图2-24 焉耆盆地中侏罗统西山窑组C2井-CQ1井连井剖面

四、新生界页岩气层段划分与分布

新生界有效泥页岩层段仅分布在柴达木盆地新近系渐新统下干柴沟组和中新统上干柴沟组。

下干柴沟组自下而上共划分出了3段泥页岩组合层段，而上干柴沟组则只在下部划分出1段泥页岩组合层段（图2-27、图2-28）。

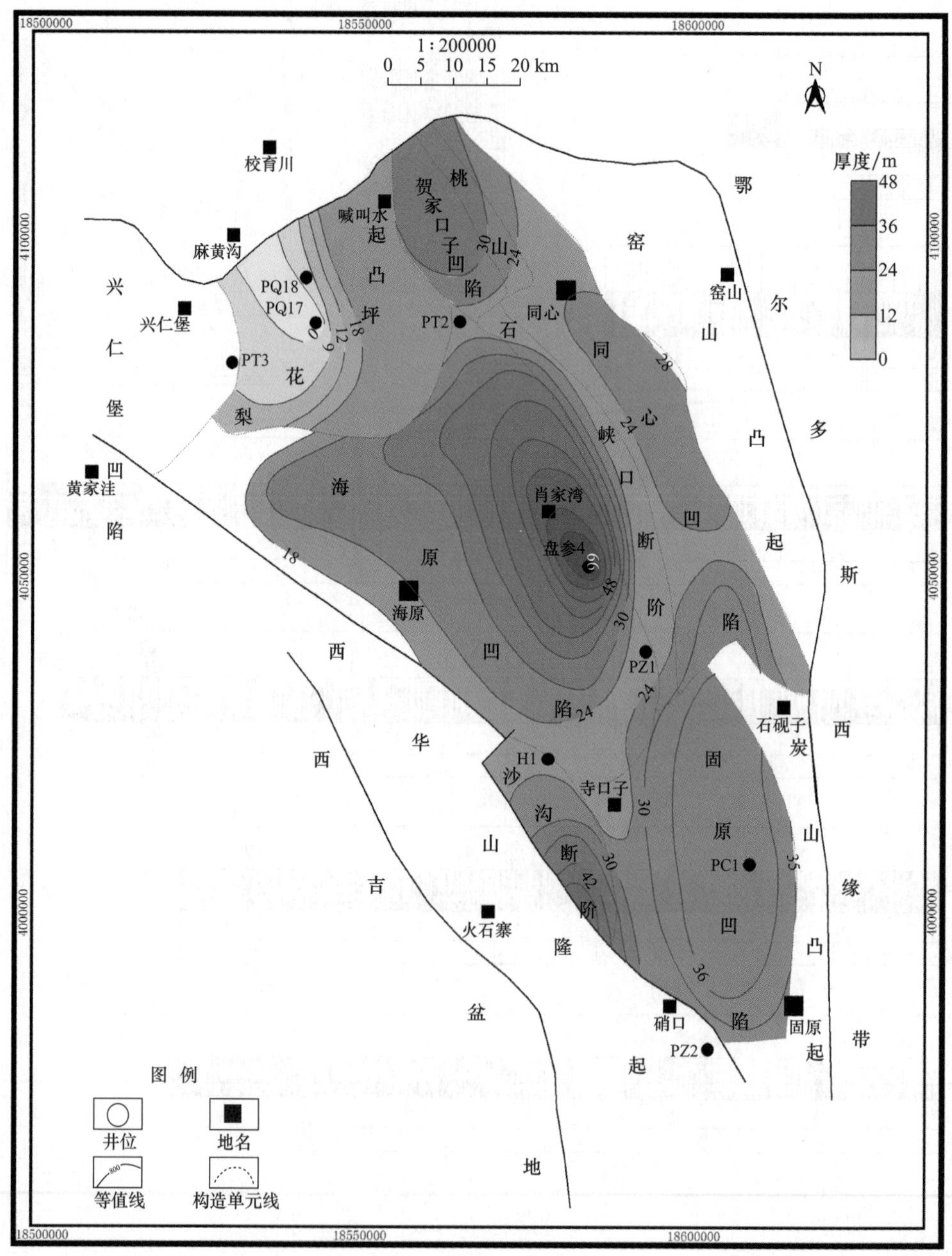

图2-25 六盘山盆地白垩系马东山组泥页岩层段等厚图

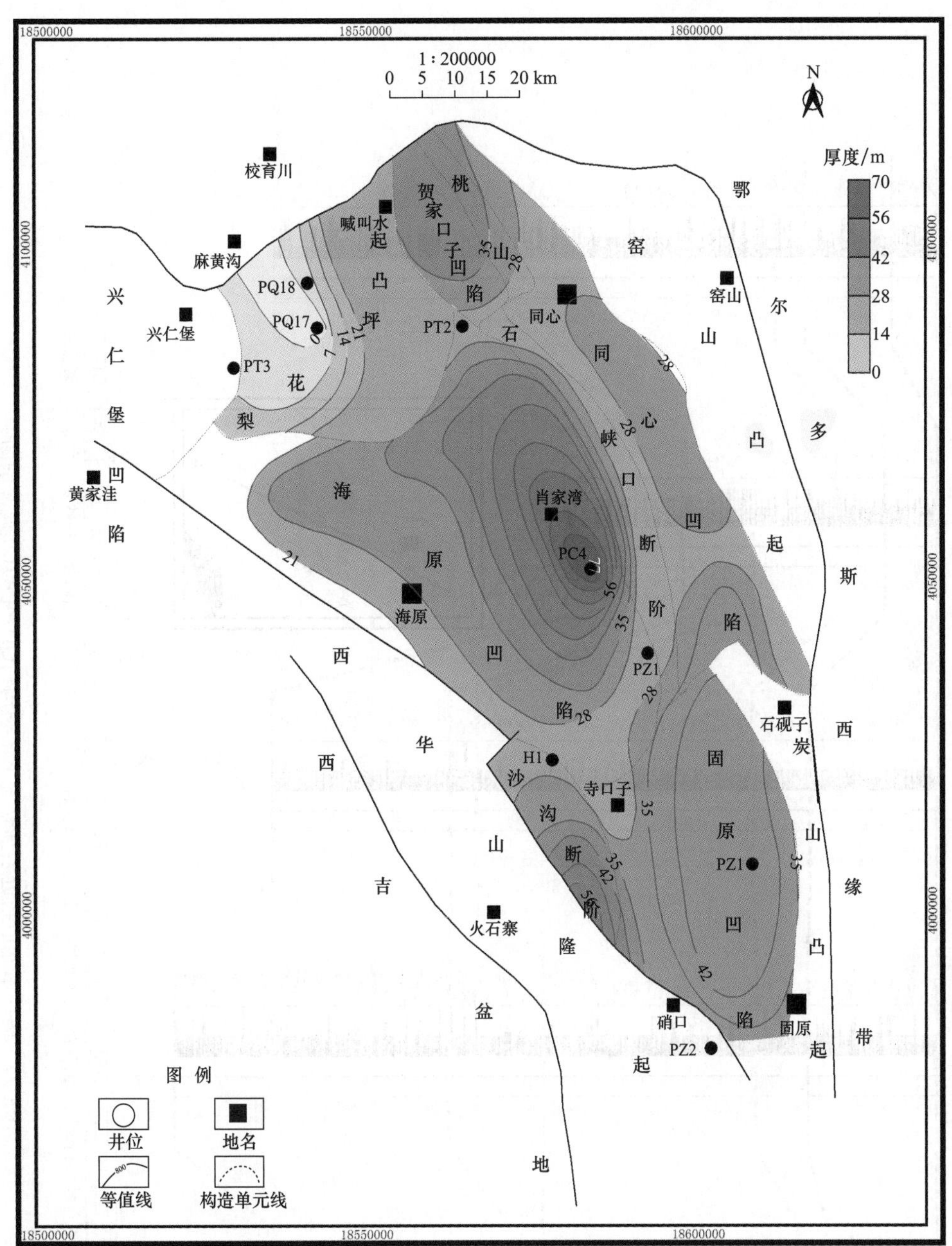

图 2-26　六盘山盆地白垩系乃家河组泥页岩层段等厚图

下干柴沟组有效泥页岩层段 1 主要分布在狮子沟和油砂山地区，最厚可达 70m（图 2-29）。下干柴沟组有效泥页岩层段 2 主要分布在狮子沟、油泉子和油砂山地区，最厚可达 110m，主要集中在油砂山地区（图 2-30）；下干柴沟组有效泥页岩层段 3 主要分布在油泉子和油砂山地区，最厚可达 90m（图 2-31）。上干柴沟组有效泥页岩层段 4 主要分布在狮子沟—油砂山地区，厚度最大可达 150m（图 2-32）。

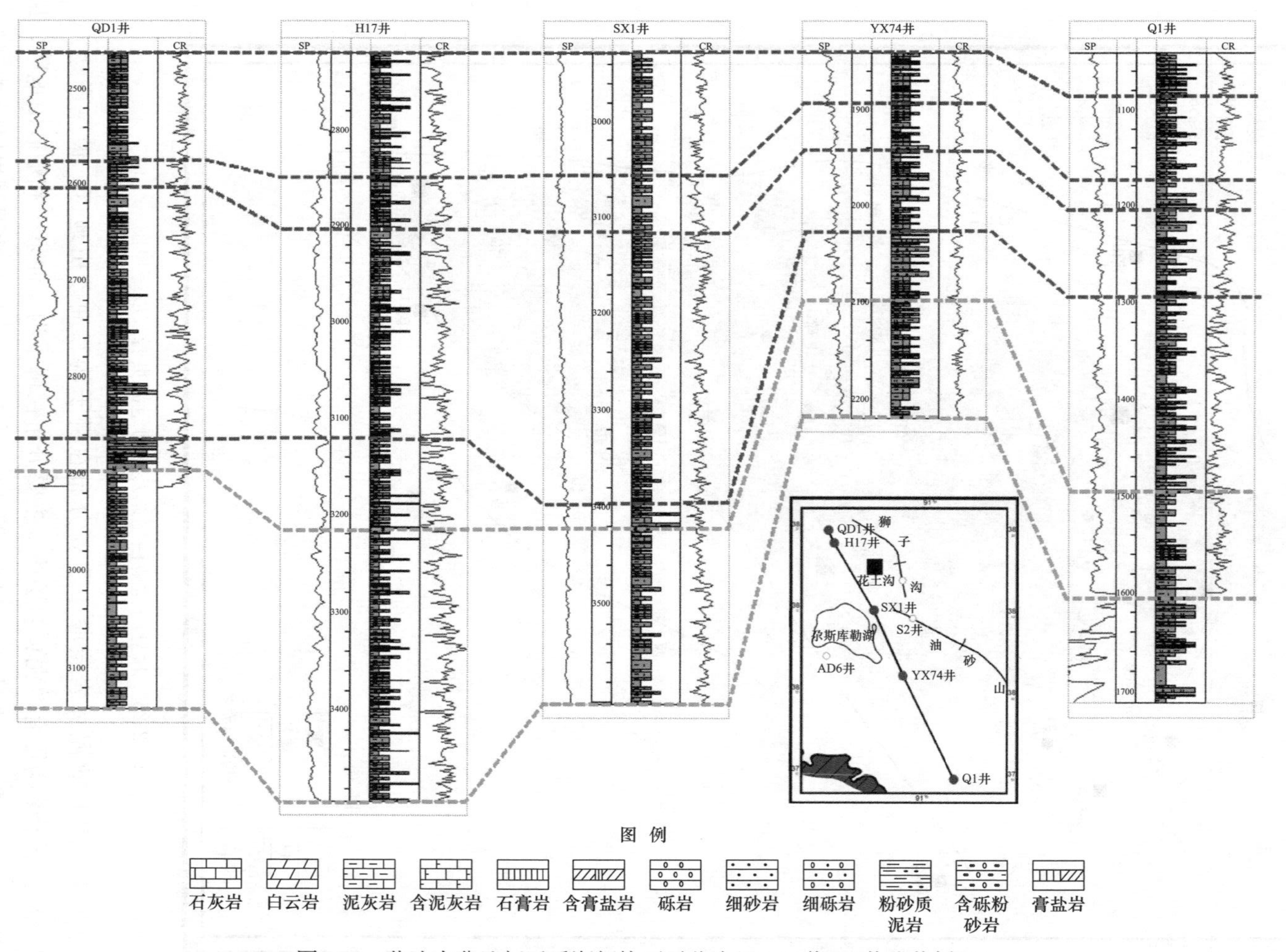

图2-27　柴达木盆地新近系渐新统下干柴沟组QD1井-Q1井连井剖面

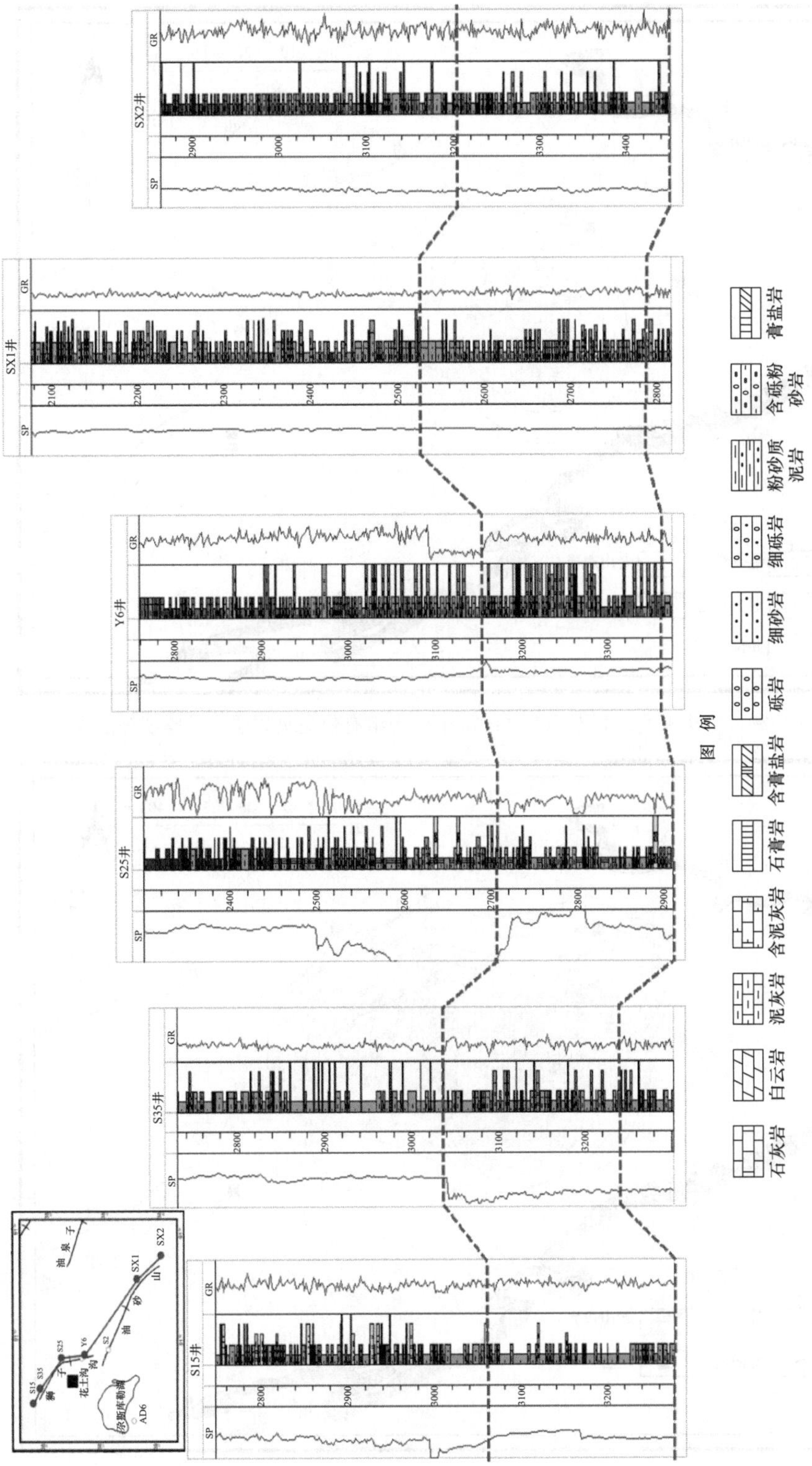
S15井
S35井
S25井
Y6井
SX1井
SX2井
SP
GR
图例
石灰岩
白云岩
泥灰岩
含泥灰岩
石膏岩
含膏盐岩
砾岩
细砂岩
细砾岩
粉砂质泥岩
含砾粉砂岩
膏盐岩

图2-28 柴达木盆地新近系中新统上干柴沟组S15井-SX2井连井剖面

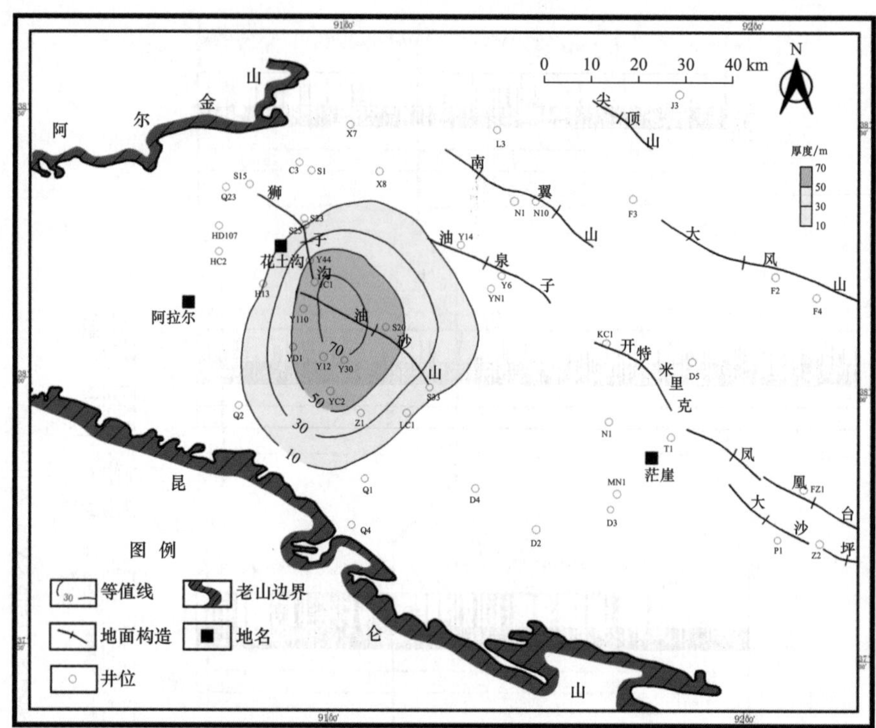

图 2-29 柴达木盆地新近系渐新统下干柴沟组有效泥页岩层段 1 厚度等值线图

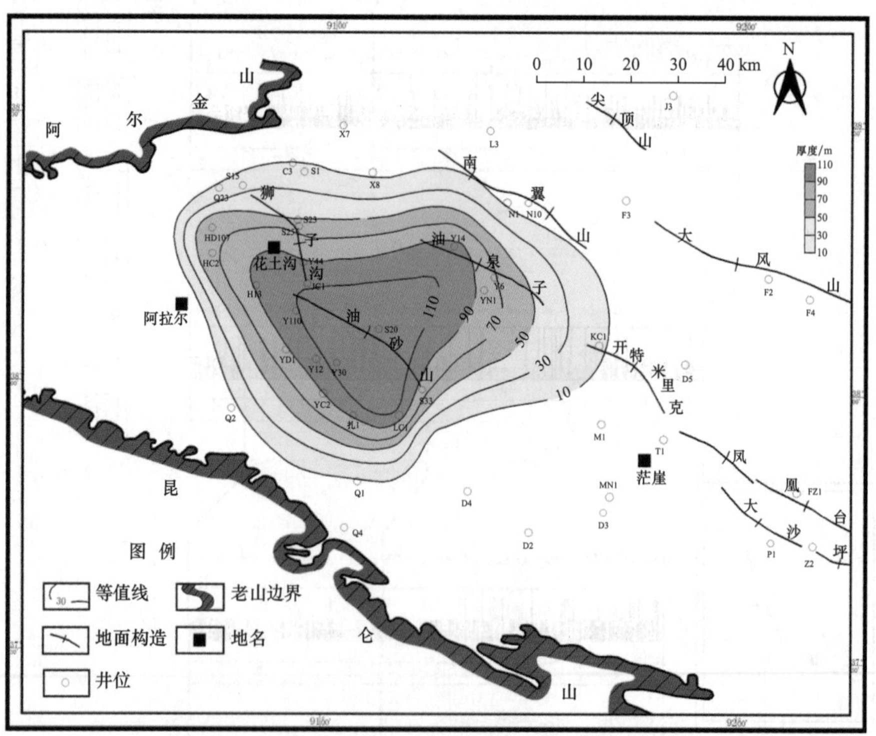

图 2-30 柴达木盆地新近系渐新统下干柴沟组有效泥页岩层段 2 厚度等值线图

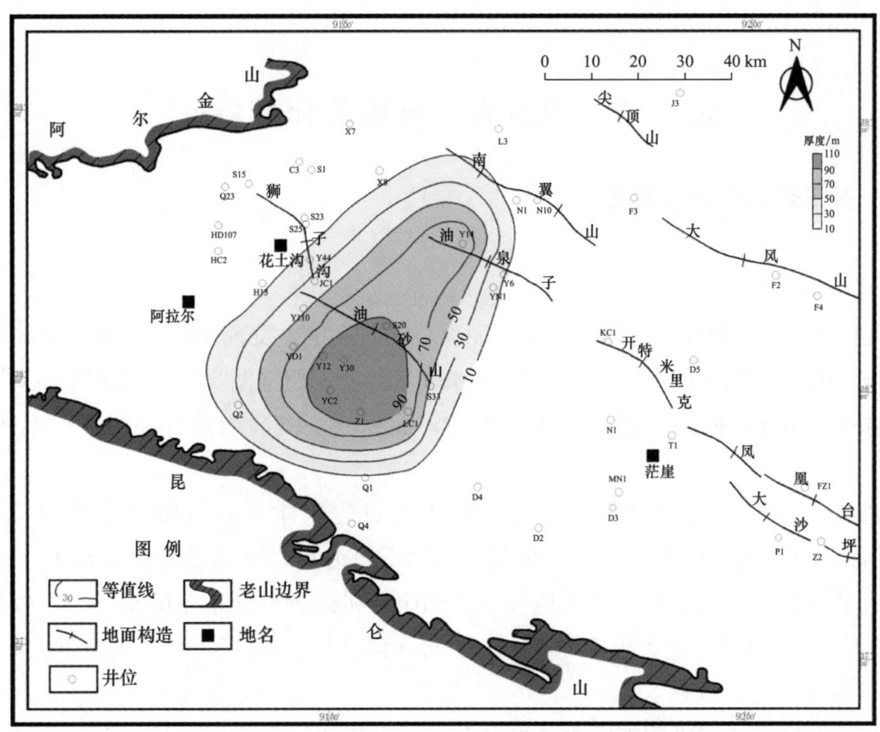

图 2-31 柴达木盆地西部地区下干柴沟组有效泥页岩层段 3 厚度等值线图

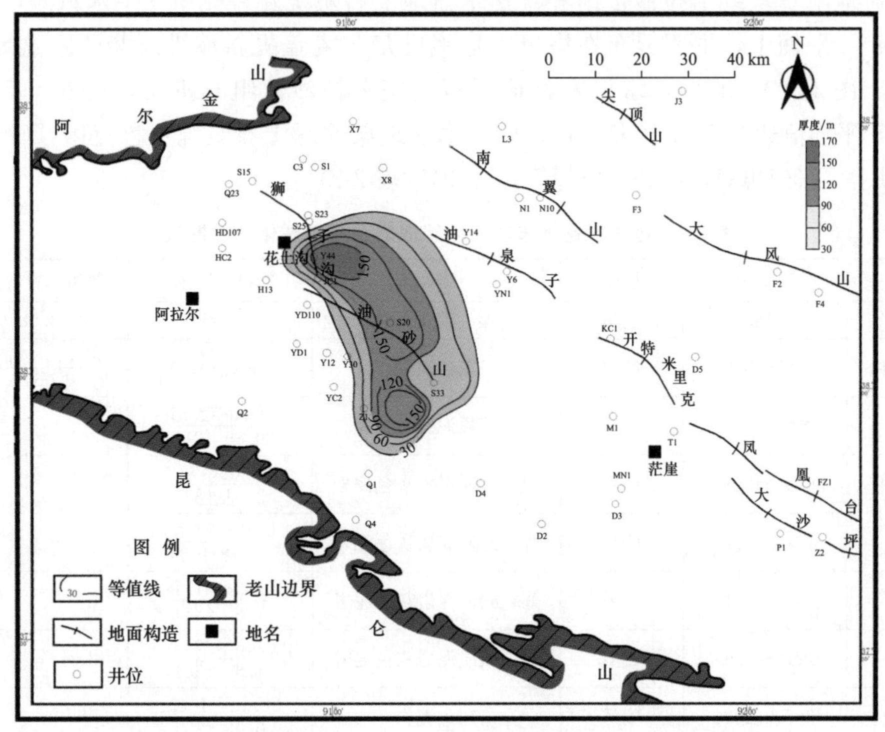

图 2-32 柴达木盆地西部地区上干柴沟组有效泥页岩层段 4 厚度等值线图

第二节　泥页岩有机地球化学特征

一、有机碳含量及其变化

（一）古生界

1. 寒武系—奥陶系

西北区寒武系—奥陶系高有机质丰度泥页岩纵向上主要发育在塔里木盆地下寒武统玉尔吐斯组，中、上奥陶统萨尔干组和中、下奥陶统黑土凹组（图 2-33）。平面上主要分布在塔里木盆地的东部，西部仅以萨尔干组为主，面积较小（高志前等，2006）（图 2-34、图 2-35）。

下寒武统玉尔吐斯组泥页岩主要以碳质泥页岩为主，有机质丰度介于 1.0%～22.39%，平均值为 7.63%；中、上奥陶统萨尔干组泥页岩有机碳含量分布于 0.70%～4.65%，平均为 1.98%；中、下奥陶统黑土凹组有机碳含量分布在 0.35%～7.62%，平均为 2.84%，有机质丰度大于 2%的样品占 65.6%（赵靖舟，2001）（图 2-36）。

2. 石炭系

西北区石炭系高有机质丰度泥页岩在上、下石炭统均有发育。纵向上，主要发育在塔里木盆地下石炭统卡拉沙依组和柴达木盆地上石炭统克鲁克组（牛永斌等，2010）（图 2-37）；平面上，主要分布在塔里木盆地巴楚与麦盖提斜坡带及柴达木盆地北缘（图 2-38、图 2-39）。其中，塔里木盆地下石炭统卡拉沙依组有机质丰度在 0.51%～5.77%，平均值达 2.77%（表 2-1）；柴达木盆地柴北缘上石炭统克鲁克组 TOC 都在 1.5%以上（张建忠等，2006；杨超等，2010）（表 2-2）。

表 2-1　塔里木盆地卡拉沙依组泥岩有机地球化学数据表

井	深度/m	层位	岩性	有机碳/%	氯仿沥青含量/%
S1 井	4218.3	C_1kl	煤、碳质泥岩	5.77	0.0895
YB1 井	4895～5506	C_1kl	灰色泥岩	0.51～3.22 1.52（7）	0.015～0.1765 0.064（7）
S1 井	3090～3460	C_1kl	煤、碳质泥岩灰色泥岩	0.06～2.51 0.89（21）	
MC1 井	3635～4653.5	C_1kl	煤、碳质泥岩灰色泥岩	0.02～72 3.04（68）	
M4 井	1310～1610	C_1kl	煤、碳质泥岩灰色泥岩	0.39～77.43 12.28（18）	
BD2 井	3076～3317	C_1kl	煤、碳质泥岩灰色泥岩	0.05～81.41 7.85（32）	
H4 井	1216～1395	C_1kl	煤、碳质泥岩灰色泥岩	0.16～27.82 1.83（35）	
BT5 井	2077～2084	C_1kl	灰色泥岩	0.19～1.42 0.92（18）	

注：表中横线上面的数值为 TOC 值的范围，横线下面的数据为 TOC 的平均值，括号中的数据为测试的样品数量。

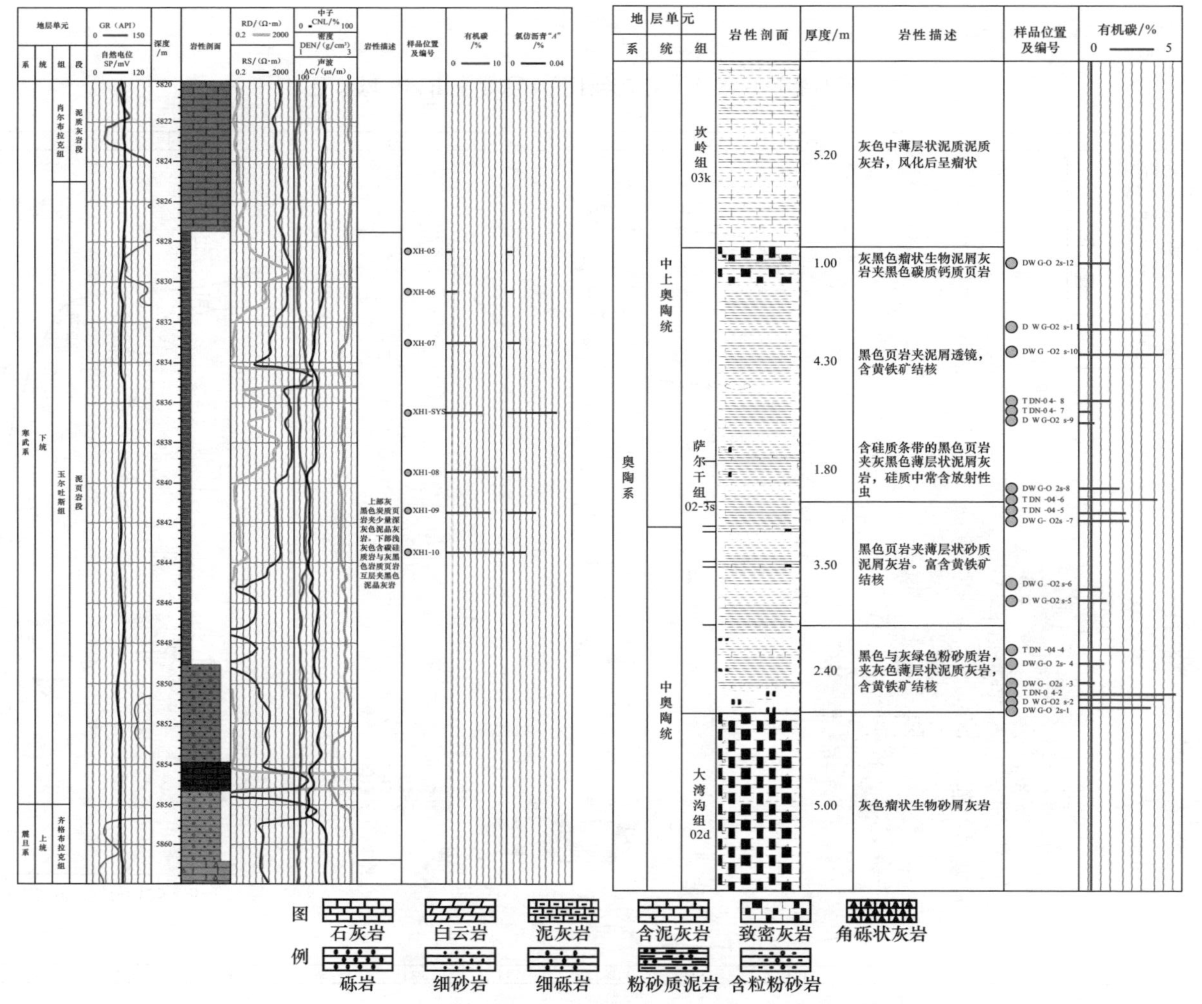

图2-33 塔里木盆地XH1井$\epsilon_1 y$与柯坪大湾沟剖面$O_{2-3}s$地化剖面图

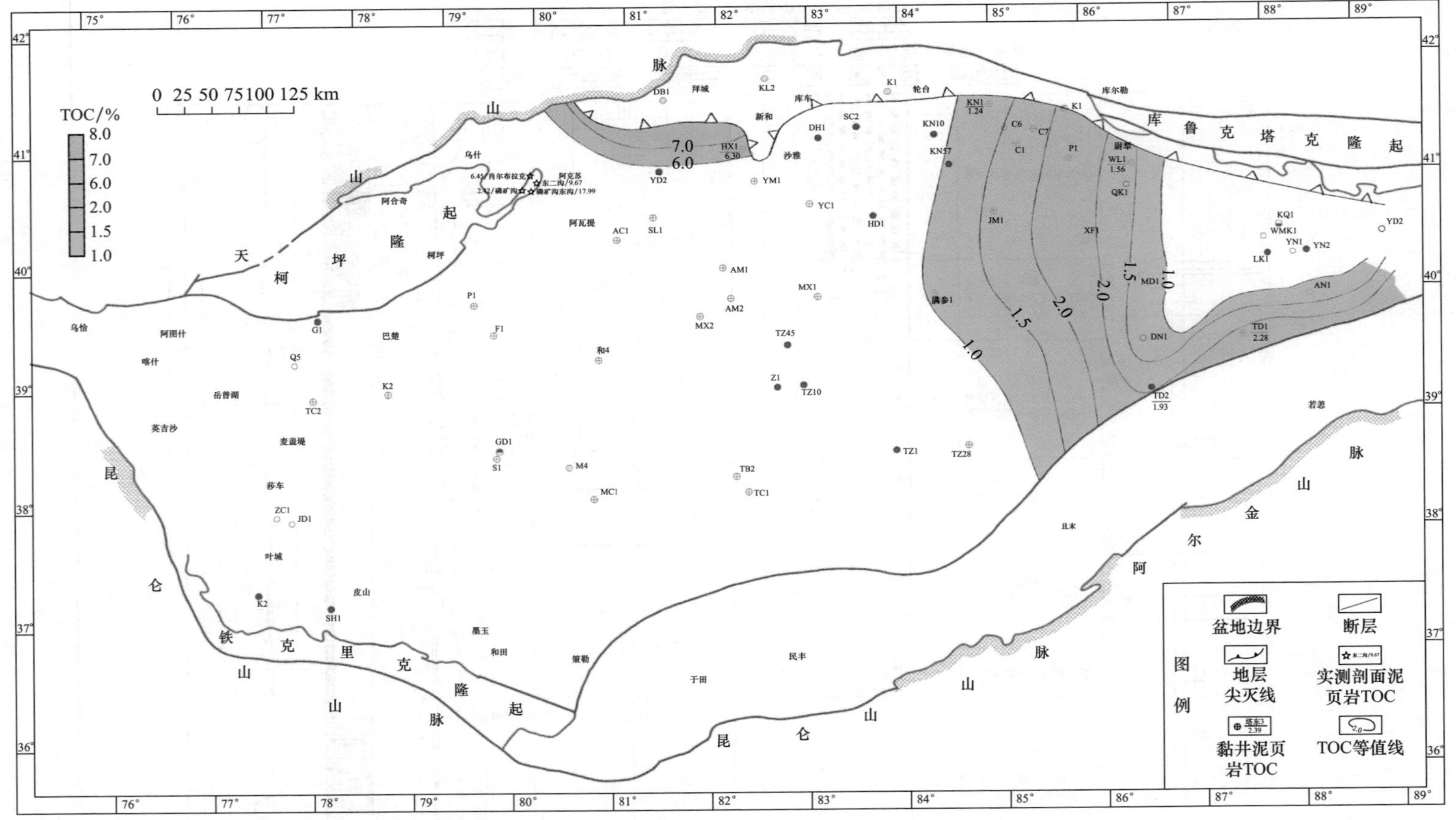

图2-34 塔里木盆地中、下寒武统泥页岩有机碳等值线图

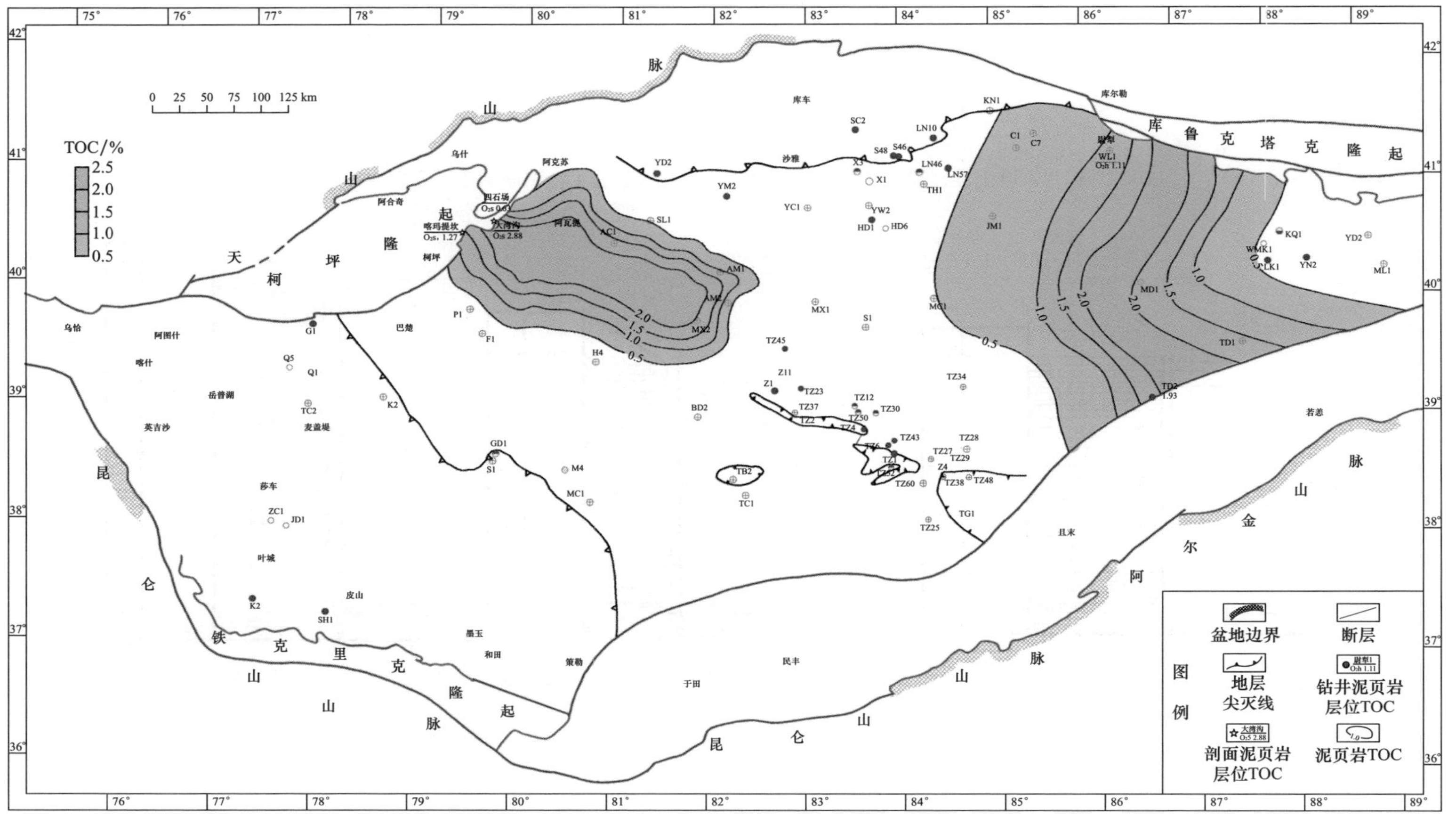

图2-35 塔里木盆地奥陶系泥页岩有机碳等值线图

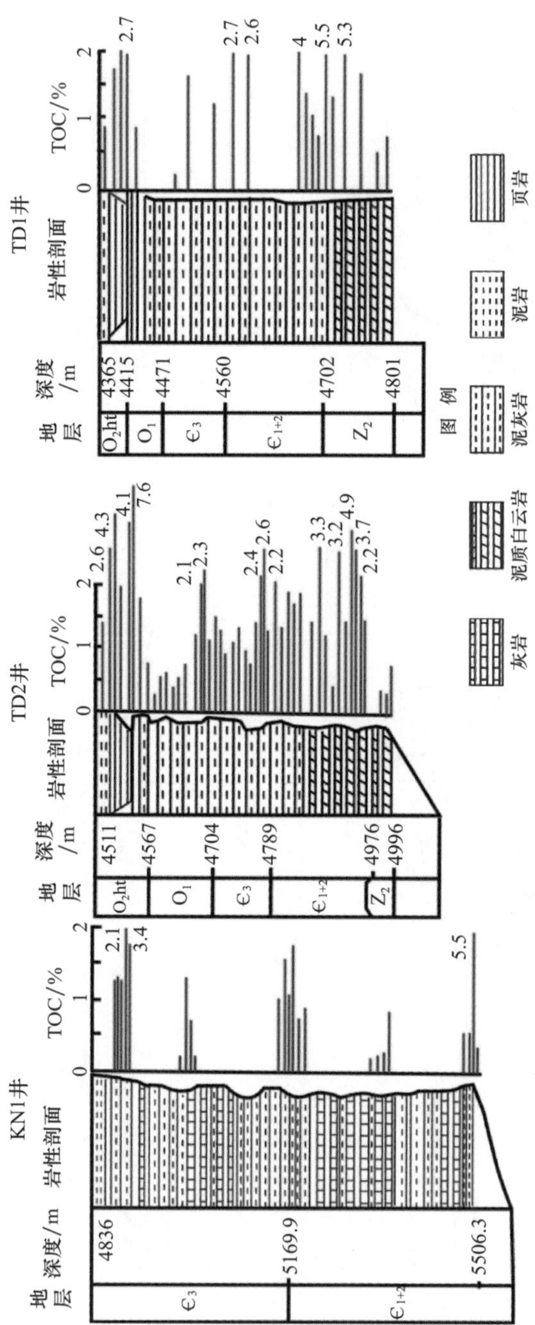

图2-36 塔东地区中、下奥陶统黑土凹组钻井垂向有机碳分布特征（据赵孟军和张宝民，2002）

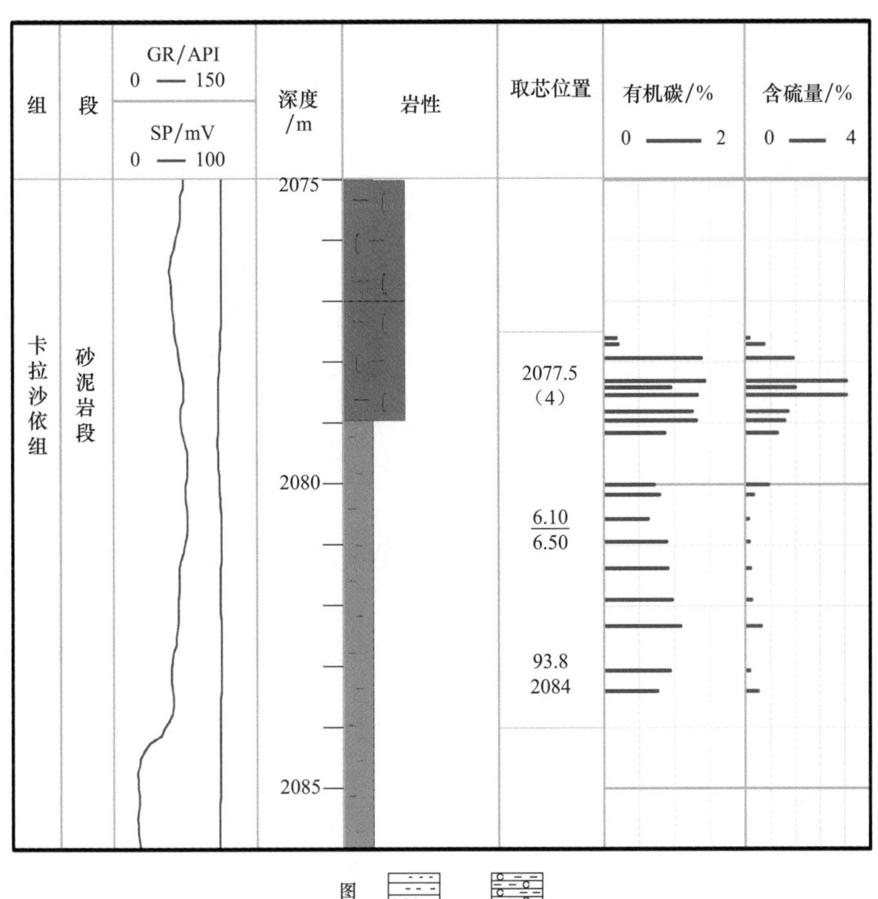

图 2-37 塔里木盆地 BT5 井卡拉沙依组地化剖面图

表 2-2 柴达木盆地克鲁克组暗色泥页岩有机地球化学数据表

剖面	层位	残余有机质丰度			
		TOC/%	S_1+S_2/(mg/g)	沥青“A”/%	总烃/ppm
德令哈旺尕秀东剖面	C_2k	0.28～11.93	0.14～0.28	0.0034～0.0138	10.9～58.8
		2.54 (23)	0.22 (3)	0.0082 (3)	29.5 (3)
大柴旦石灰沟剖面	C_2k	0.43～9.29	0.01～2.44	0.0049～0.0918	14.13～358.90
		2.27 (18)	0.42 (18)	0.006 (18)	66.90 (18)

注：括号中的数据为测试的样品数量。

3. 二叠系

西北区二叠系泥页岩主要发育在中、下二叠统，中二叠统泥页岩有机碳含量高(图 2-40)。中二叠统高丰度泥页岩主要发育在吐哈盆地桃东沟群和伊宁凹陷铁木里克组，有机质丰度大于 1%的样品均超过 40%。下二叠统泥页岩主要发育在银-额盆地阿木山组，其有机质丰度较低，经风化校正后（赵省民等，2010），93%的露头样品有机质丰度小于 1.0%（图 2-41、图 2-42）。

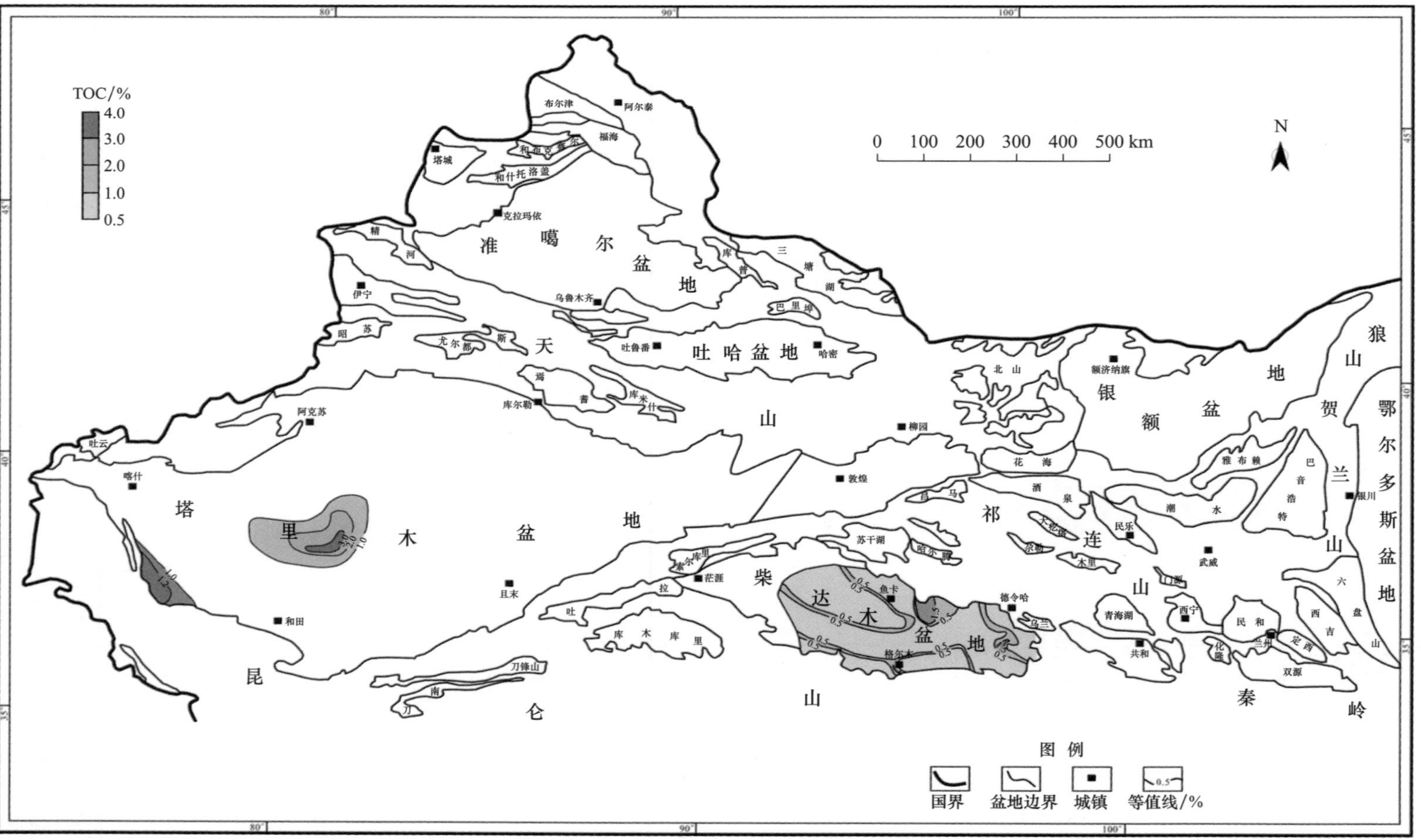

图2-38 西北区下石炭统富有机质泥页岩TOC等值线图

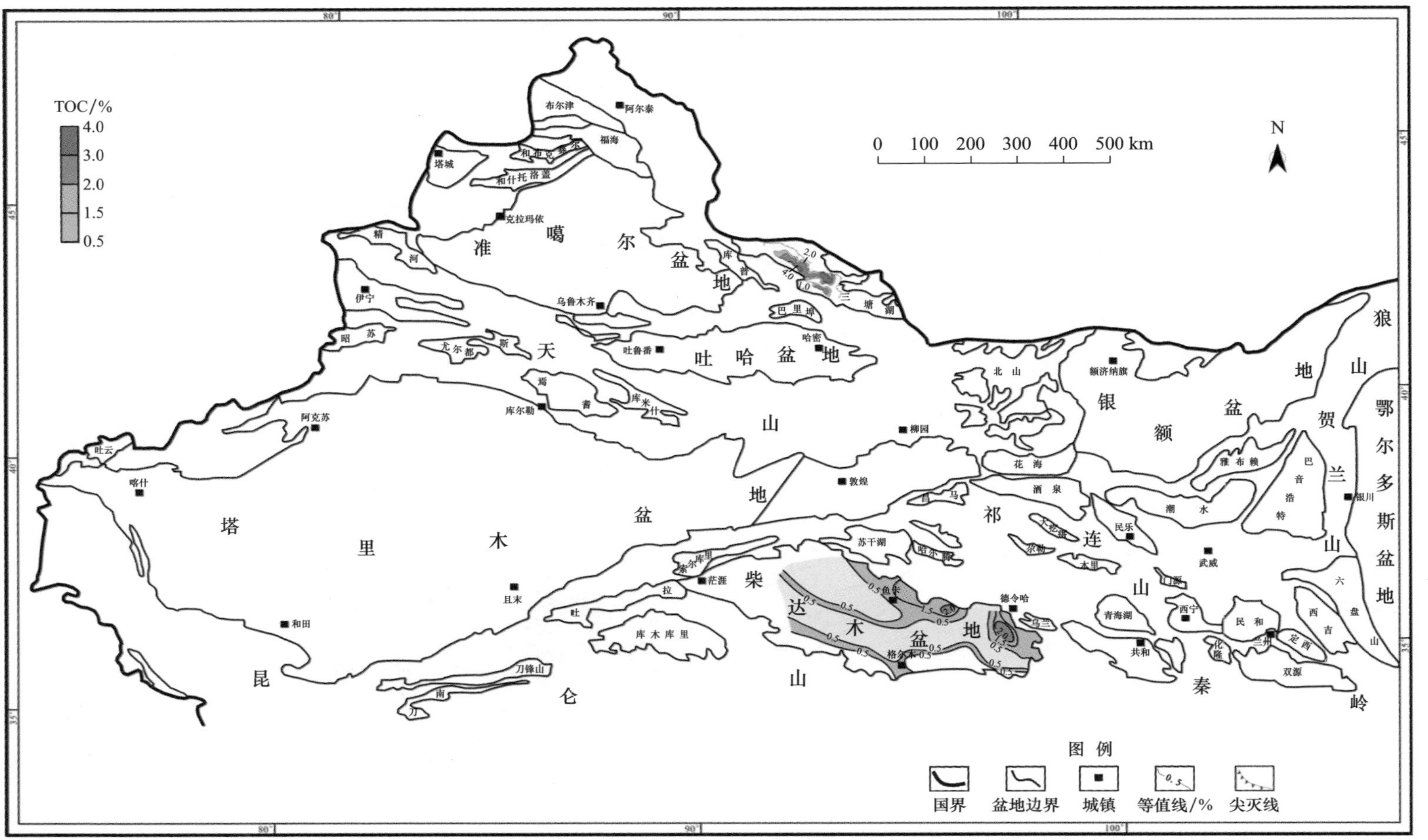

图2-39 西北区上石炭统富有机质泥页岩TOC等值线图

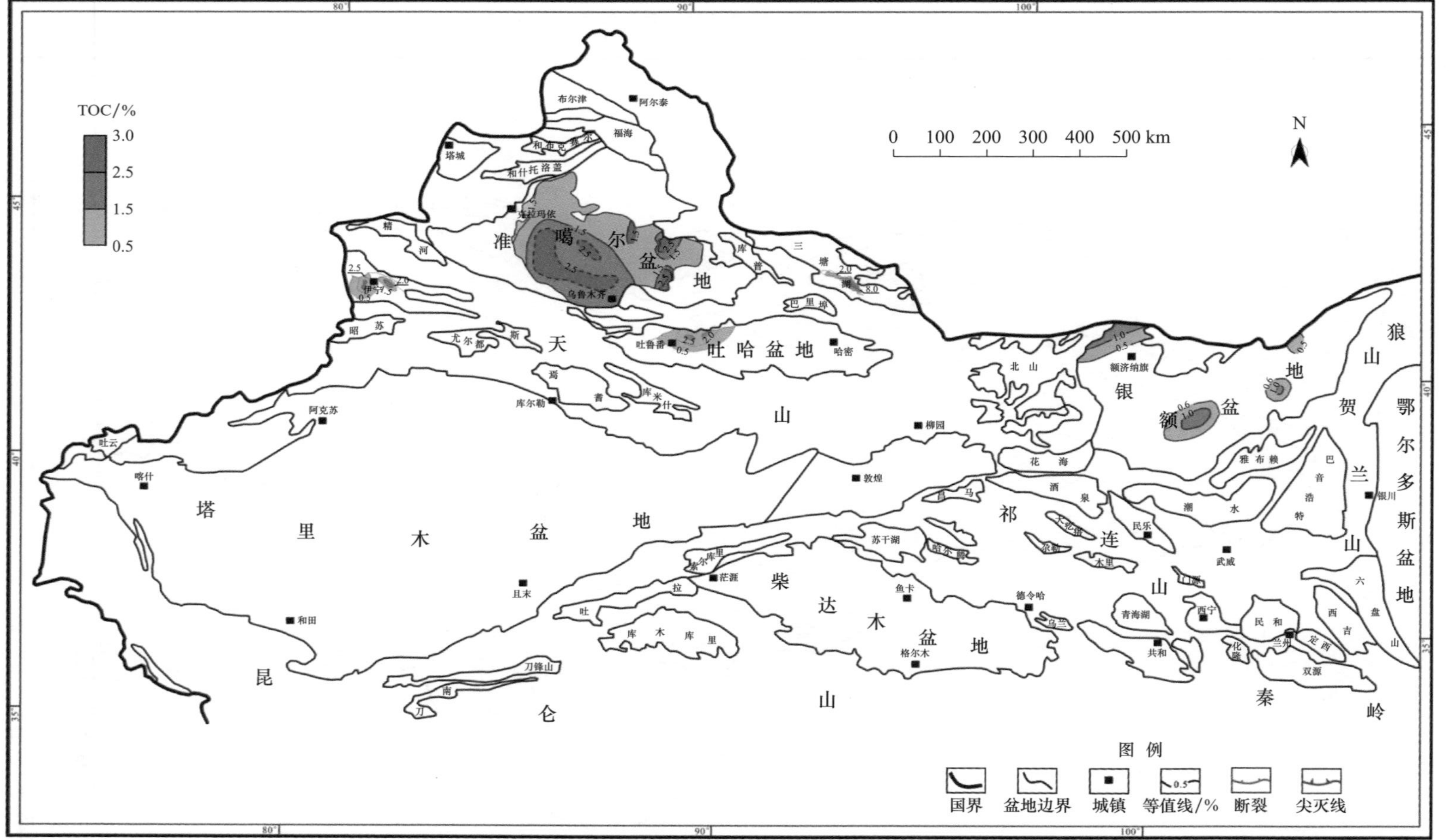

图2-40 西北区二叠系富有机质泥页岩TOC等值线图

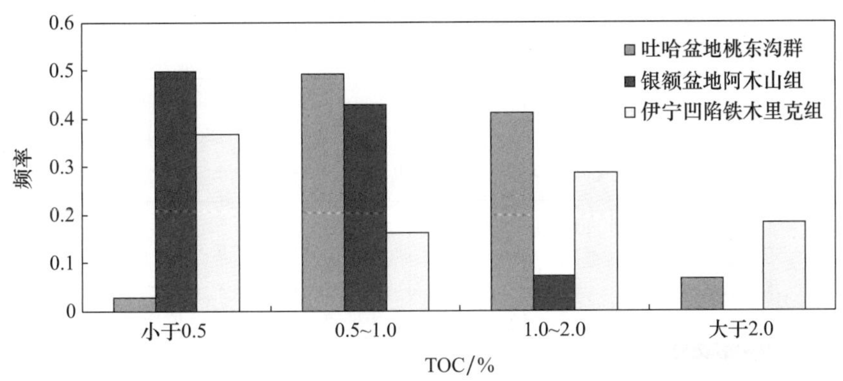

图 2-41 西北区二叠系页岩气层段 TOC 分布频率直方图

（二）中生界

1. 三叠系

西北区三叠系泥页岩主要在塔里木盆地、准噶尔盆地和伊宁凹陷中、上三叠统发育（图 2-43）。其中，高有机质丰度泥页岩主要发育在准噶尔盆地上三叠统白碱滩组和伊宁凹陷中、上三叠统小泉沟群，有机碳含量大于 1%的样品近 70%，大于 2%的超过 40%。塔里木盆地上三叠统黄山街组，有机质含量总体偏低（高岗等，1995）（图 2-44、图 2-45）。

2. 侏罗系

侏罗系泥页岩在西北区多个盆地都有分布，泥页岩主要发育在中、下侏罗统。其中，下侏罗统高丰度泥页岩主要发育在塔里木盆地阳霞组、柴达木盆地湖西山组、准噶尔盆地八道湾组、吐哈盆地八道湾组、焉耆盆地八道湾组和三工河组（图 2-46）。其中，柴达木盆地湖西山组和准噶尔盆地、焉耆盆地八道湾组泥页岩有机质丰度最高，平均值均超过 2.0%（焦贵浩等，2005）；塔里木盆地阳霞组和吐哈盆地八道湾组泥页岩有机质丰度相对较低，平均值为 1.35%左右，但是有机质丰度大于 2.0%的样品出现频率大于 20%，仍具有良好的生气潜力（邵文斌等，2006）（表 2-3、图 2-47）。

表 2-3 西北区中、下侏罗统页岩气层段 TOC 统计表

层位	塔里木	准噶尔	柴达木	吐哈	民和	潮水	雅布赖	焉耆
中侏罗统	0.05～7.78 1.36（18）		0.07～9.08 1.84（284）	0.5～2.45 1.1（98）	0.3～9.97 3.67（18）	0.72～3.16 1.159（8）	0.46～6.8 1.77（14）	0.23～5.86 1.77（41）
下侏罗统	0.06～6.17 1.34（50）	0.04～10.08 2.09（175）	0.07～10.29 2.65（264）	0.5～3.05 1.35（36）			0.12～5.95 2.2（267）	

注：表中横线上面的数据为 TOC 值的范围，横线下面的数据为 TOC 的平均值，括号中的数据为测试的样品数量。

中侏罗统泥页岩较下侏罗统泥页岩分布范围更广泛，但是有机质丰度相对较低。中侏罗统泥页岩主要发育在塔里木盆地克孜勒努尔组和恰克马克组、柴达木盆地大煤沟组、吐哈盆地西山窑组、民和盆地窑街组、潮水盆地青土井群、雅布赖盆地新河组和焉耆盆地西山窑组（图 2-48）。其中，民和盆地中侏罗统泥页岩有机质丰度平均值为 3.67%，其他盆地中侏罗统泥页岩有机质丰度平均值均小于 2.0%（付玲等，2010）（表 2-3、图 2-49）。

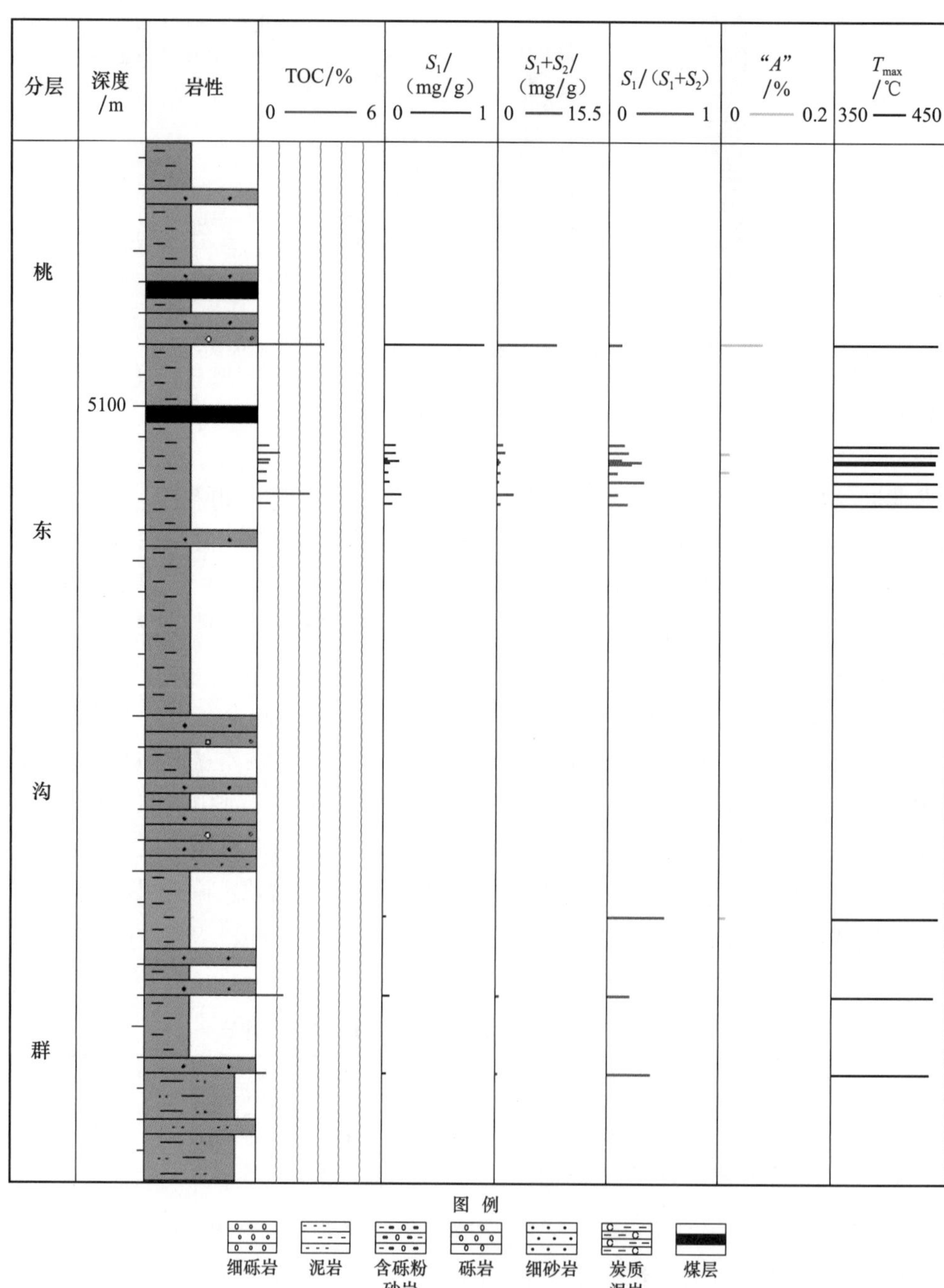

图 2-42　吐哈盆地 SK1 井中二叠统桃东沟群地化剖面图

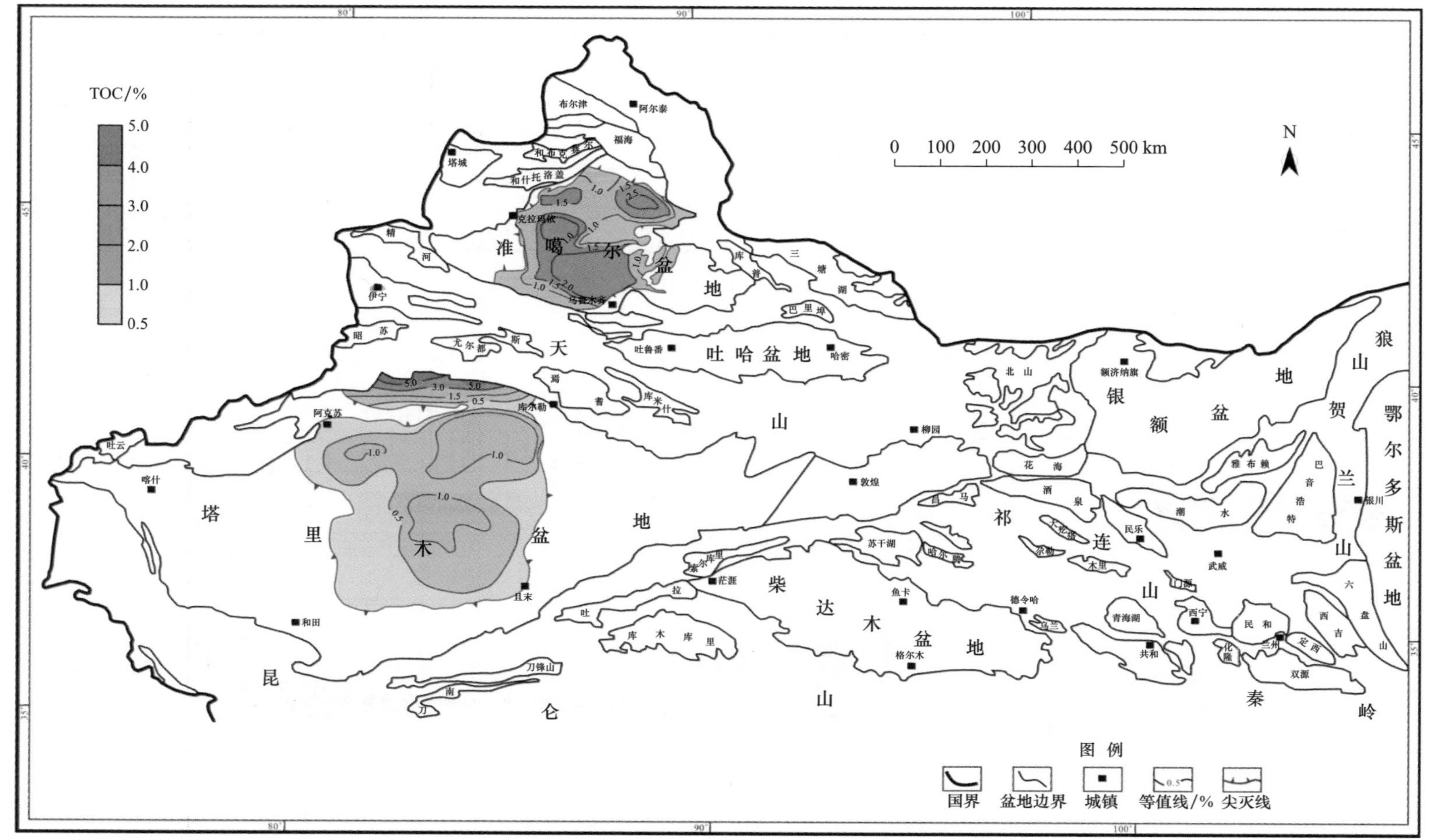

图2-43 西北区三叠系富有机质泥页岩TOC等值线图

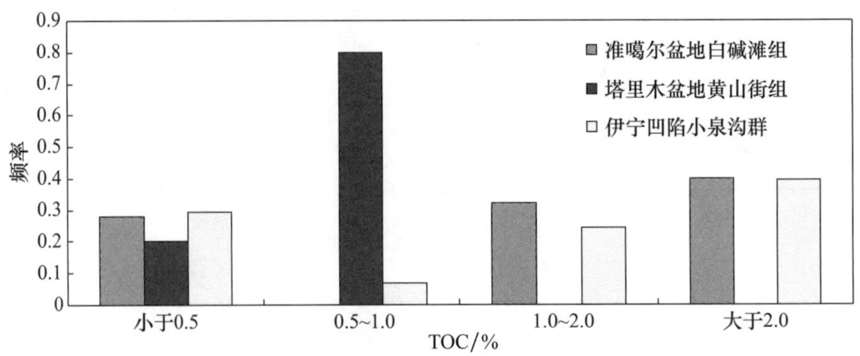

图 2-44　西北区三叠系泥页岩 TOC 分布频率直方图

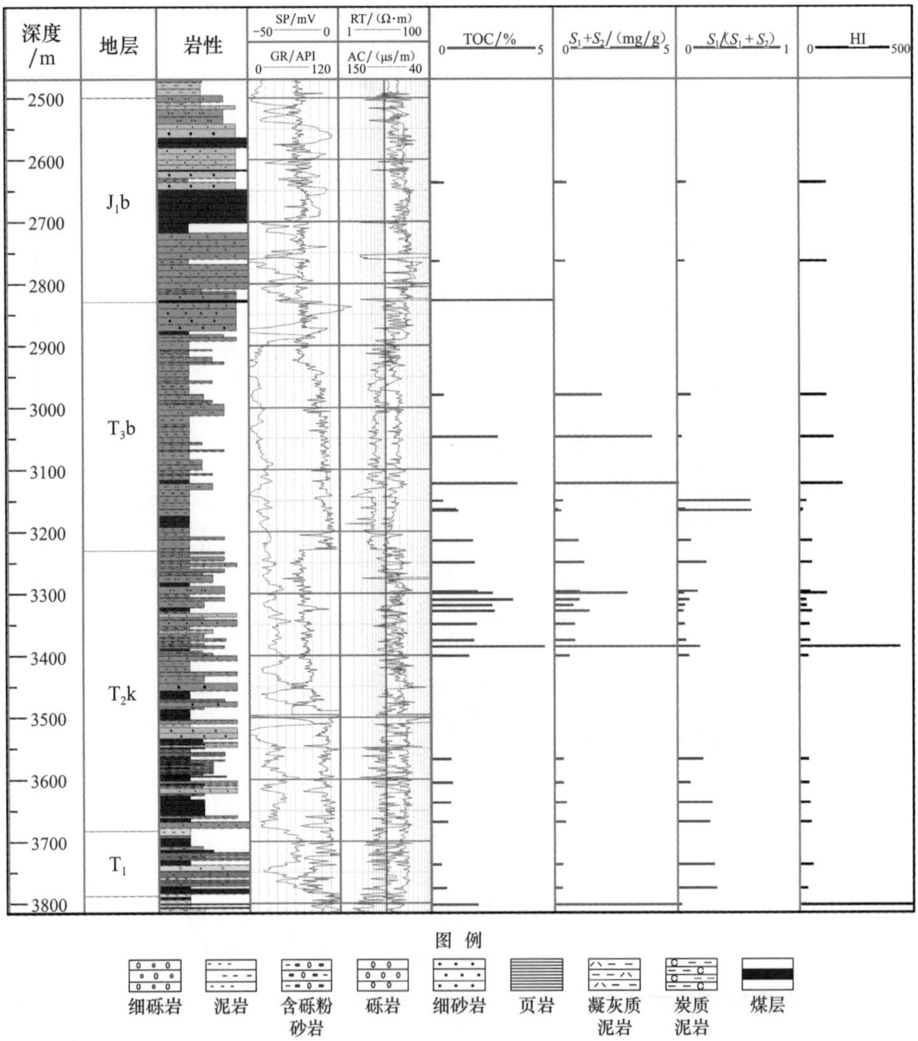

图 2-45　准噶尔盆地 AC1 井三叠系泥页岩有机地化剖面

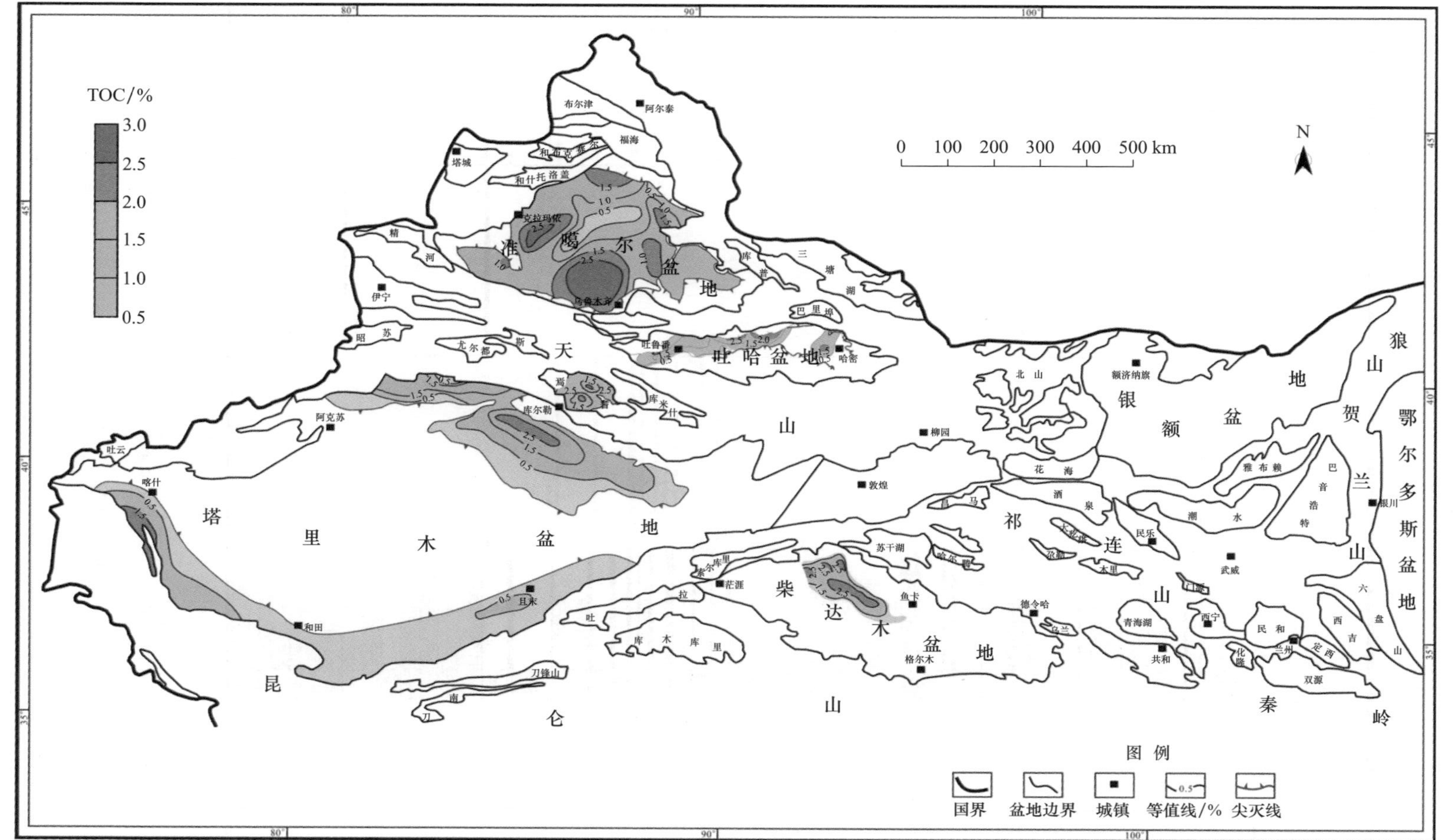

图2-46 西北区下侏罗统富有机质泥页岩TOC等值线图

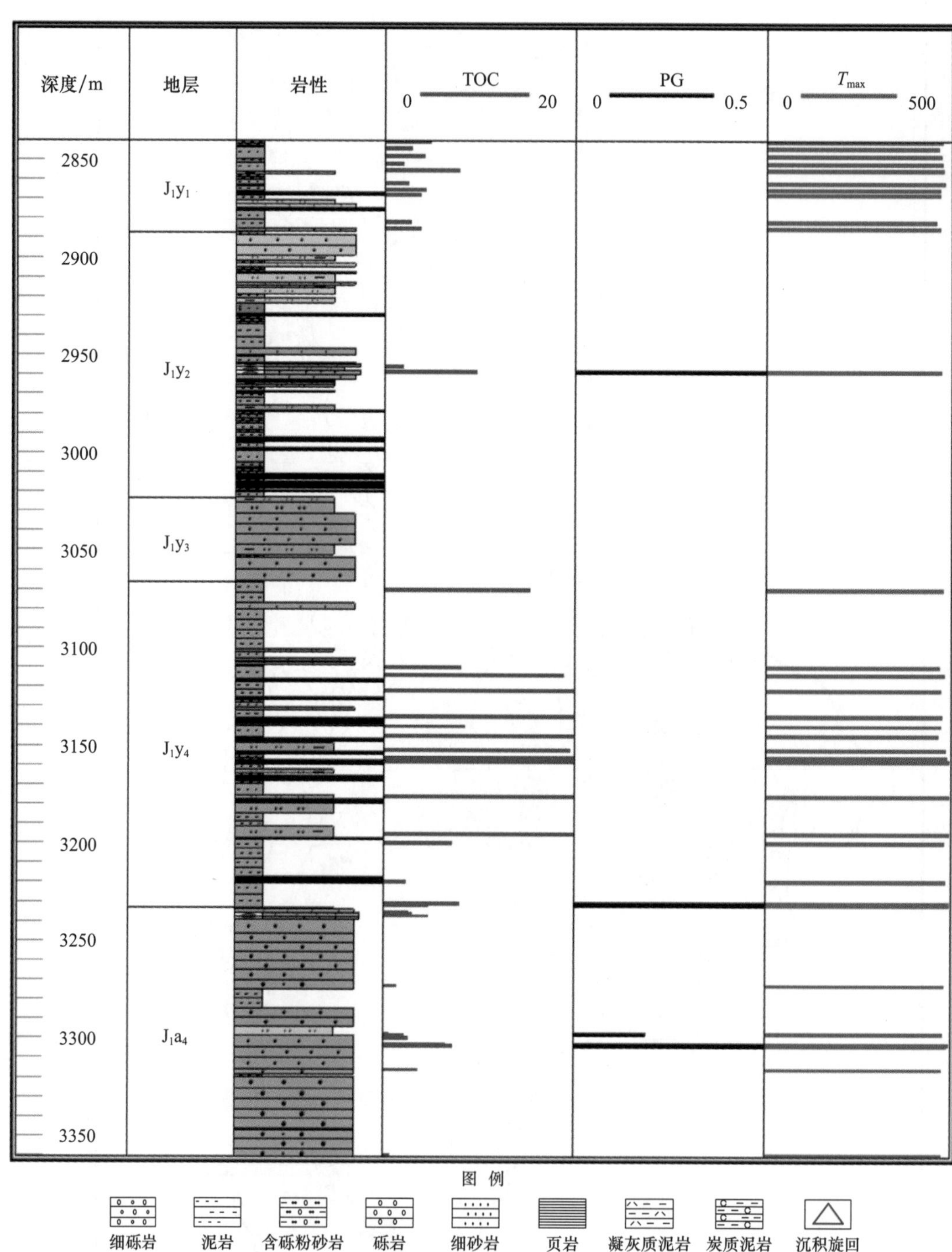

图 2-47　塔里木盆地 KZ1 井、YX1 井下侏罗统泥页岩地化剖面

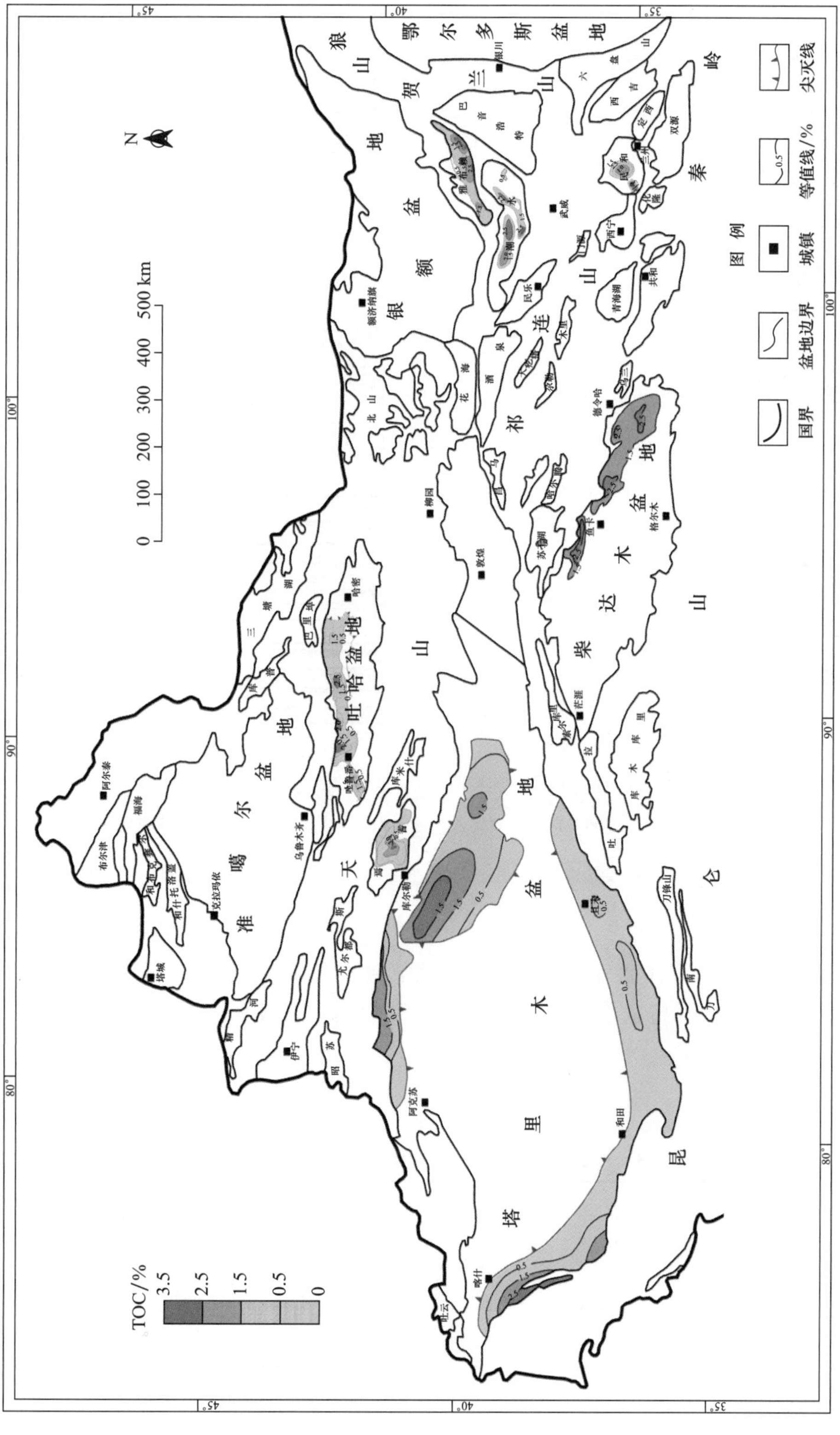

图 2-48 西北区中侏罗统富有机质泥页岩TOC等值线图

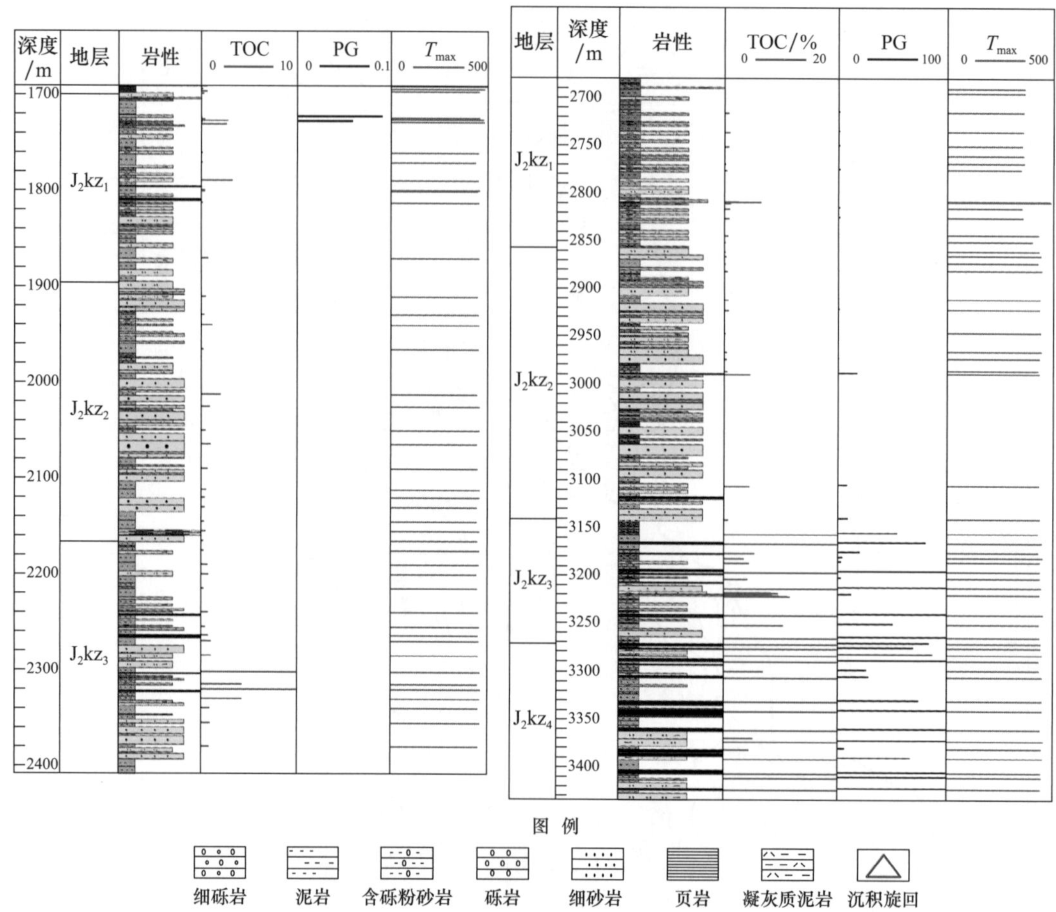

图 2-49　塔里木盆地 KZ1 井、YN4 井中侏罗统泥页岩地化剖面

3. 白垩系

西北区白垩系泥页岩主要发育在六盘山盆地下白垩统马东山组和乃家河组（陈孝雄等，2007）。六盘山盆地马东山组与乃家河组泥页岩有机质丰度分布范围为 0.20%～3.55%，平均值为 1.46%；S_1+S_2 分布范围为 0.20～29.35mg/g，平均值为 7.58mg/g（李昌鸿，2009）（表 2-4、图 2-50、图 2-51）。

表 2-4　六盘山盆地中生界泥页岩有机质丰度分布

地层	TOC/%	S_1+S_2/（mg/g）
	分布特征	分布特征
K_1n	0.20～3.09 1.28（45）	0.20～29.35 8.90（56）
K_1m	0.66～3.55 1.64（26）	0.22～20.29 6.25（33）

注：表中横线上面的数据为 TOC 值的范围，横线下面的数据为 TOC 的平均值，括号中的数据为测试的样品数量。

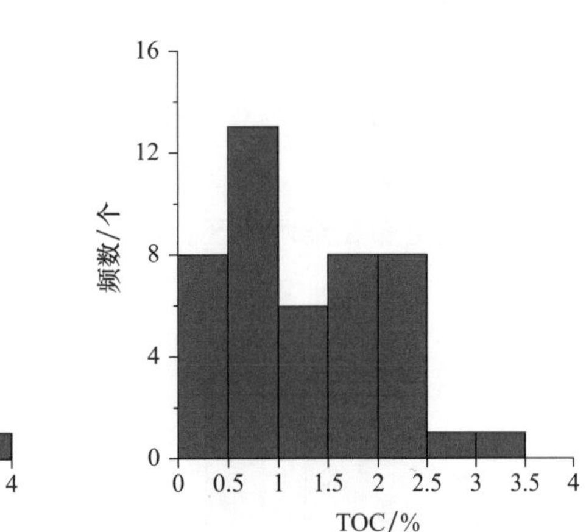

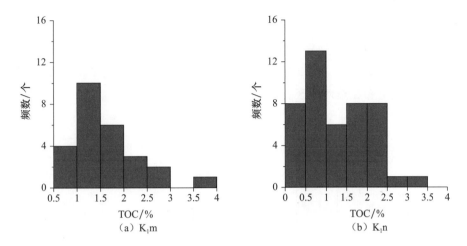

图 2-50 六盘山盆地马东山组—乃家河组泥页岩总有机碳分布直方图

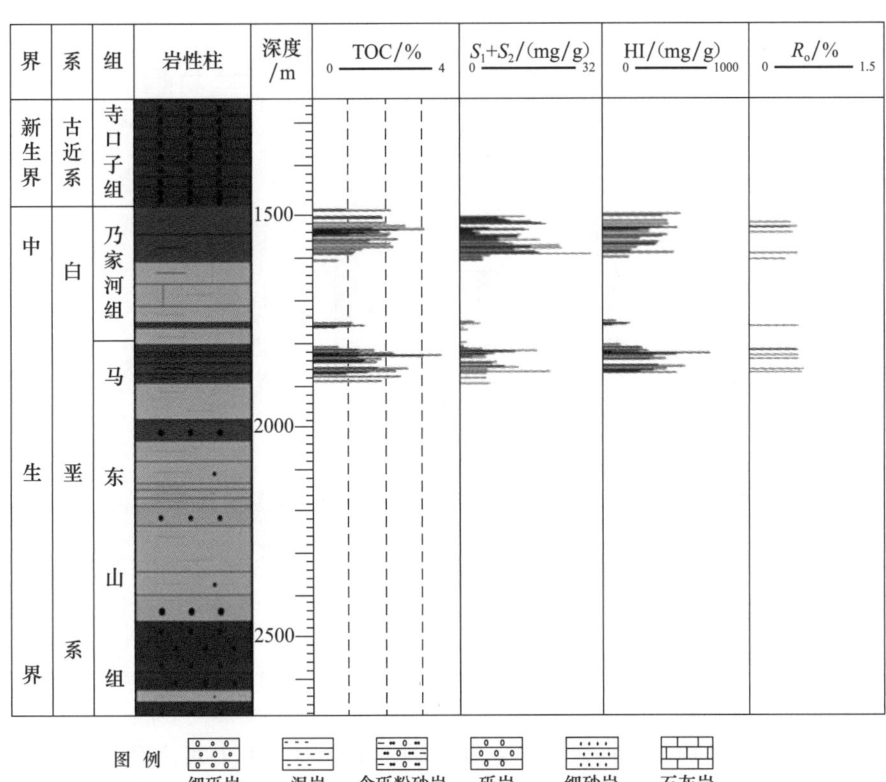

图 2-51 六盘山盆地白垩系泥页岩地球化学综合柱状图

（三）新生界

西北区新生界泥页岩主要分布在柴达木盆地上、下干柴沟组，有机质丰度相对较低，总体小于2%（图2-52、图2-53）。有机碳平面分布特征如图2-54、图2-55所示，高丰度泥页岩主要分布在柴西地区。

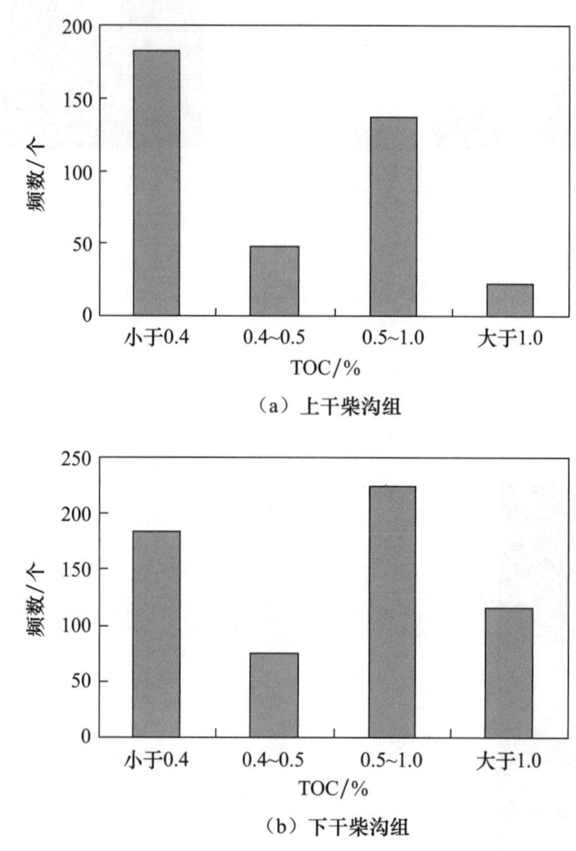

图2-52　柴达木盆地上、下干柴沟组有机碳含量统计直方图

二、有机质类型

（一）古生界

1. 寒武系—奥陶系

西北区寒武系—奥陶系泥页岩主要发育在塔里木盆地。由于寒武系—奥陶系泥页岩在盆地内埋深较大，缺乏井下岩心样品，分析测试样品主要来自野外露头。结合已有研究成果（刘光祥，2005），认为位于塔里木盆地东部的下寒武统泥页岩生烃母质以浮游藻类为主，为Ⅰ型干酪根；位于塔里木盆地西部的奥陶系泥灰岩干酪根类型主要为Ⅱ～Ⅲ型（黄第藩和梁狄刚，1995）（表2-5）。

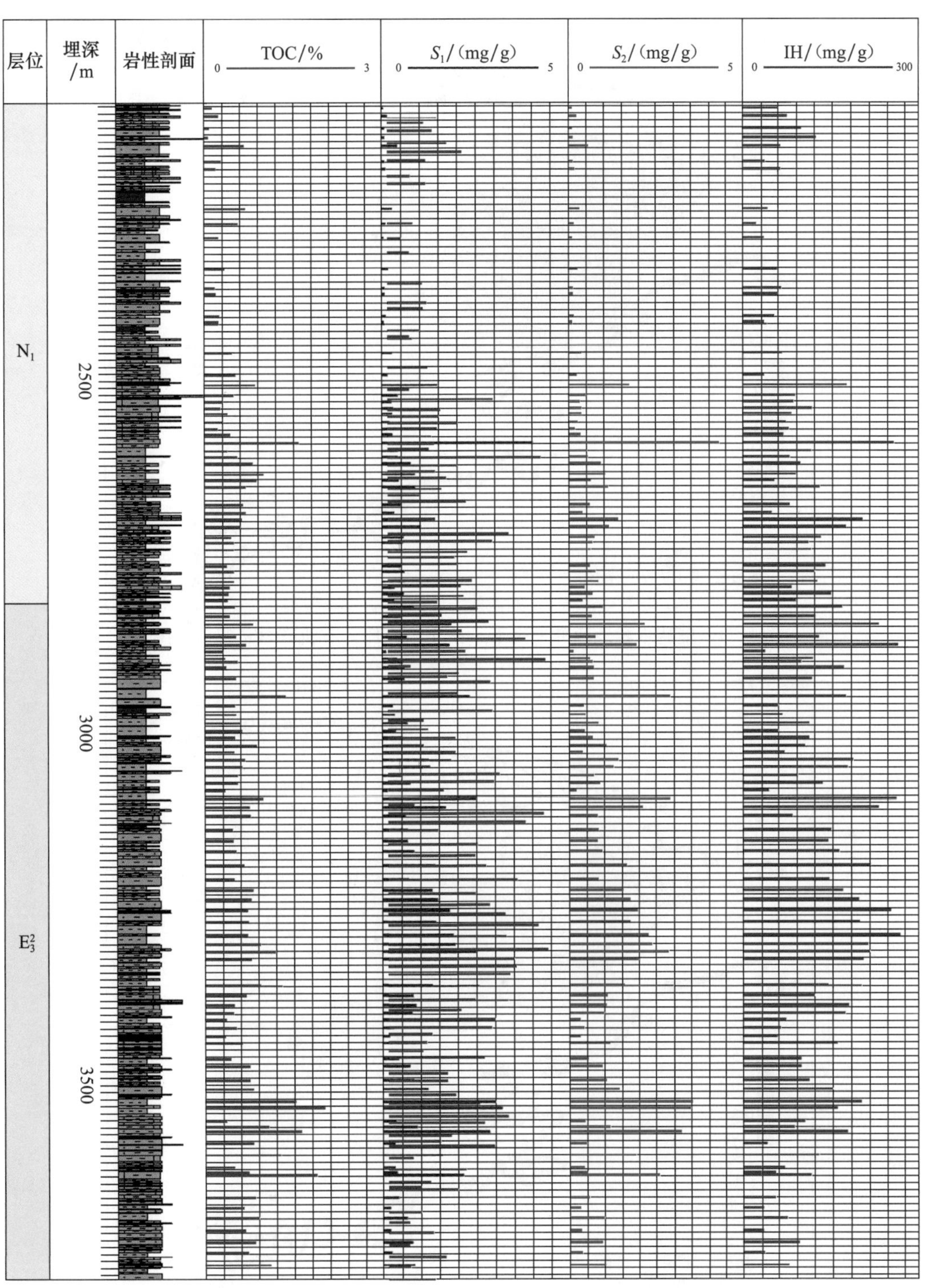

图 2-53 柴达木盆地 SX1 井新生界上、下干柴沟组地化剖面图

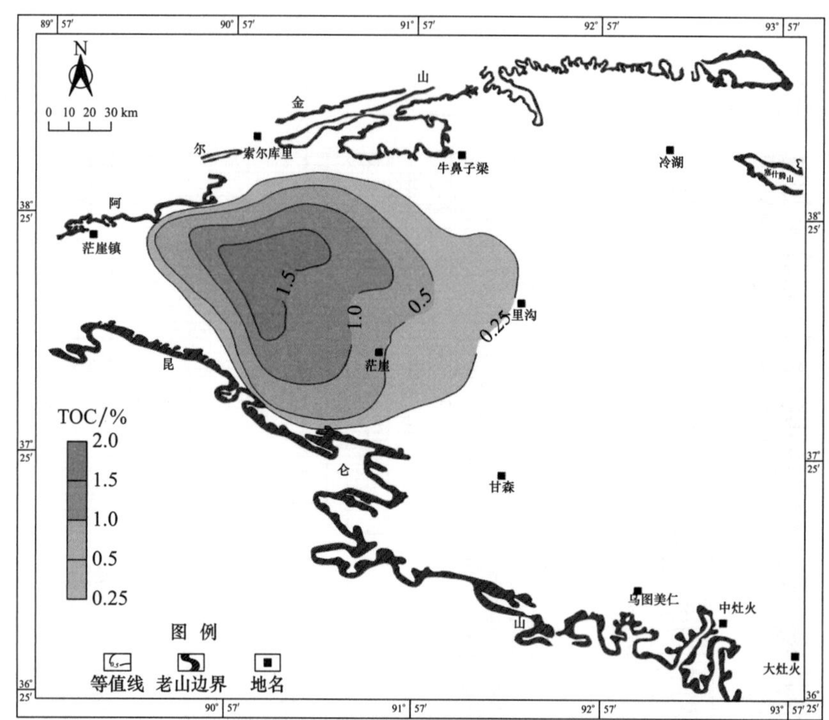

图 2-54　柴达木盆地西部地区下干柴沟组（E_3）有机碳含量等值线图

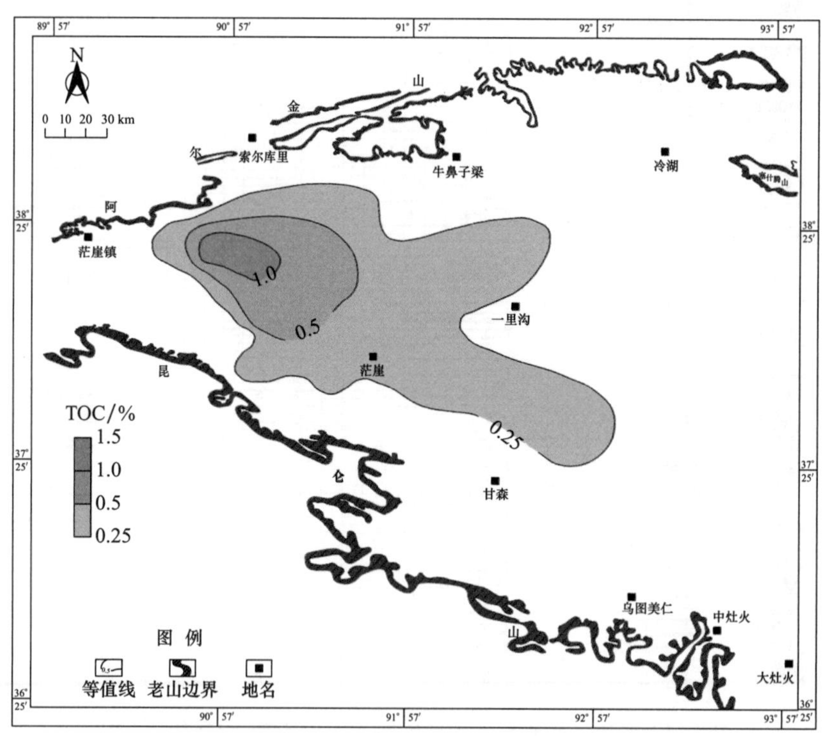

图 2-55　柴达木盆地西部地区上干柴沟组（N_1）有机碳含量等值线图

表 2-5 塔里木盆地奥陶系有机组分组成简表

层位	样品数/件	占样品总数/%	有机组分含量/%	碳沥青/%	动物有机组/%	腐泥组/%	藻类组/%	微粒体/%
O_3	37	64	0.38	5.7～69.3 29.2	1.6～18.5 9.1	10.1～67.4 30.5	5.9～45.8 24.6	1.4～28.8 6.6
$O_{2\sim3}$	3	75	0.40	19.4～56.8 37.3	2.7～4.8 3.7	13.5～31.1 24.1	10.8～41.9 22.7	6.5～16.2 12.2
O_2	12	50	0.80	1.8～53.1 28.1	1.3～5.9 3.4	20.0～80.4 38.1	9.6～43.9 23.3	2.9～21.2 7.1
O_1	4	27	0.72	4.2～12.0 8.8	5.3～16.9 11.5	28.8～50.9 38.0	29.6～40.8 34.3	4.1～10.2 7.4

注：分式上部为范围，下部为平均数。

2. 石炭系

塔里木盆地石炭系泥质岩有机质类型多为Ⅱ～Ⅲ型（表 2-6）；柴达木盆地石炭系各层位泥页岩有机质类型总体为Ⅲ型和$Ⅱ_2$型，上石炭统克鲁克组泥页岩主要以Ⅲ型为主（赵孟军等，2005）（表 2-7）。

表 2-6 塔里木盆地下石炭统烃源岩有机质类型

构造单元	剖面井位	TOC/%	成熟度/%	有机显微组分	类型
西南拗陷	阿尔塔什	1.0～1.4	1.3～2.7	镜质组为主	Ⅱ～Ⅲ
中央隆起	巴 4、小海子、和深 1、和深 2、塔中 1		0.32～0.86		Ⅱ～Ⅲ
东北拗陷	沙雅、满西	0.4～0.8			Ⅱ～Ⅲ

表 2-7 柴西地区石炭系泥页岩有机岩石学分析表

采样位置	序号	岩性	层位	有机显微组成/%				R_o/%	有机质类型
				镜质组	壳质组	腐泥组	惰质组		
石灰沟	7	泥岩	C_2k	40	50		10	1.1	Ⅲ
	8	页岩	C_2k	38	54		8	1.17	Ⅲ
	9	碳质泥岩	C_2k	38	55		7	0.98	Ⅲ
	10	泥岩	C_2k	63	19		18	1.12	Ⅲ
	11	碳质泥岩	C_2k	34	46		20	1.06	Ⅲ
	12	泥岩	C_2k	40	40		20	1.17	Ⅲ
	13	泥岩	C_2k	6	55		39	1.21	Ⅲ
	14	泥岩	C_2k	20	75		5	1.09	$Ⅱ_2$

3. 二叠系

吐哈盆地桃东沟群有机质类型较好，以Ⅱ型为主；银额盆地阿木山组、伊宁凹陷铁木里克组泥页岩有机质类型均以Ⅲ型为主，倾气特征明显（图 2-56、图 2-57）。

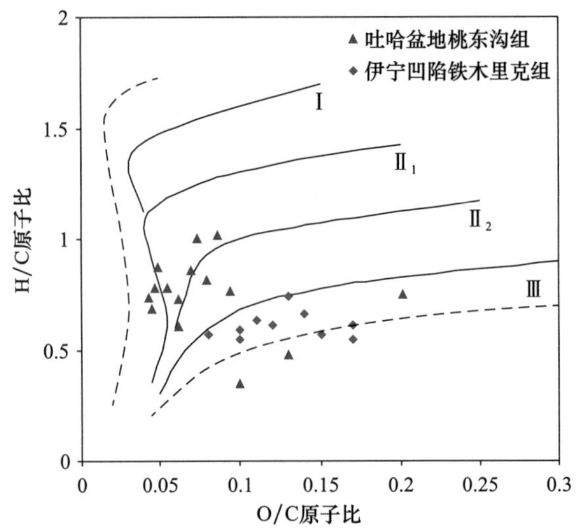

图 2-56　吐哈盆地和伊宁凹陷中二叠统泥页岩干酪根元素组成图

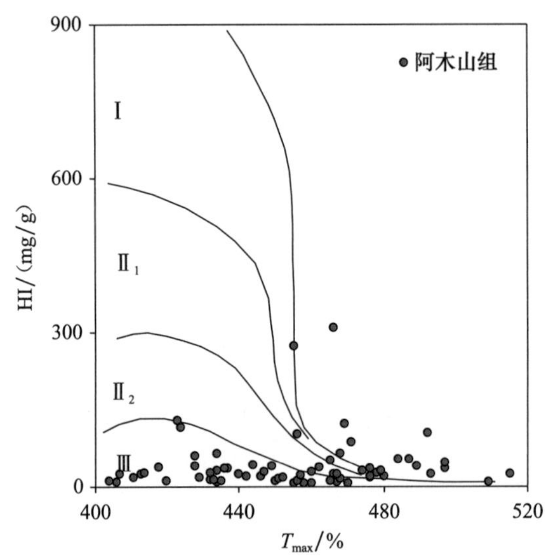

图 2-57　银额盆地下二叠统阿木山组泥页岩 HI-T_{max}关系图

（二）中生界

1. 三叠系

塔里木盆地和准噶尔盆地三叠系泥页岩有机质类型多为Ⅱ～Ⅲ型，伊宁凹陷三叠系泥页岩的有机质类型则主要为$Ⅱ_2$型（图 2-58）。

2. 侏罗系

塔里木盆地侏罗系泥页岩干酪根类型以$Ⅱ_1$型和Ⅲ型为主；柴达木盆地与吐哈盆地侏罗系泥页岩有机质类型均以Ⅱ型为主；准噶尔盆地侏罗系泥页岩干酪根类型主要集中在$Ⅱ_2$型和Ⅲ型（李剑等，2009）（图 2-59）。

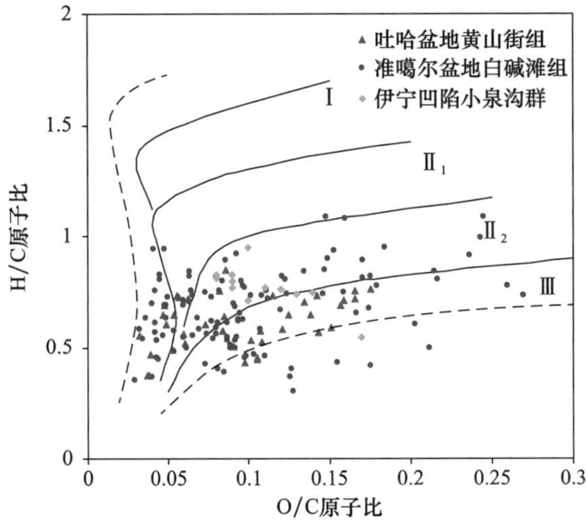

图 2-58　西北区三叠系页岩气层段干酪根类型划分图

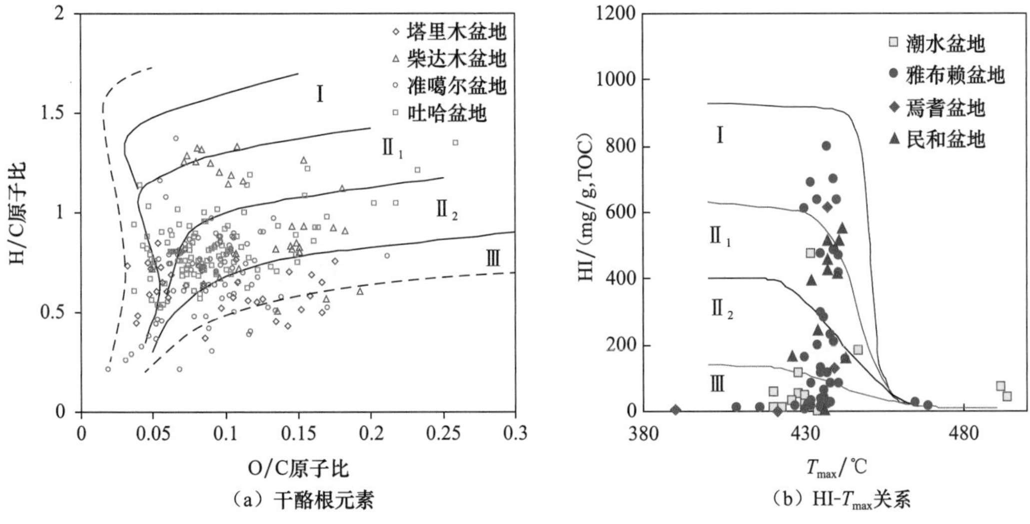

图 2-59　西北区侏罗系泥页岩干酪根特征图

中小型盆地中潮水盆地和焉耆盆地侏罗系泥页岩有机质类型均以Ⅲ型为主；雅布赖盆地侏罗系泥页岩有机质类型较多，Ⅰ、$Ⅱ_2$ 和Ⅲ型干酪根均有发育；民和盆地侏罗系泥页岩有机质类型总体以Ⅱ型为主，部分油页岩的有机质类型为Ⅰ型（张晓军，2010）（图 2-59）。

3. 白垩系

六盘山盆地白垩系泥页岩有机质类型总体以Ⅱ型和Ⅲ型为主。干酪根元素分析显示，干酪根类型以 $Ⅱ_1$ 型为主（图 2-60）。

（三）新生界

古近系下干柴沟组泥页岩有机质类型主要以Ⅱ型为主，新近系上干柴沟组泥页岩有机质类型以 $Ⅱ_2$ 型及Ⅲ型为主（图 2-61）。

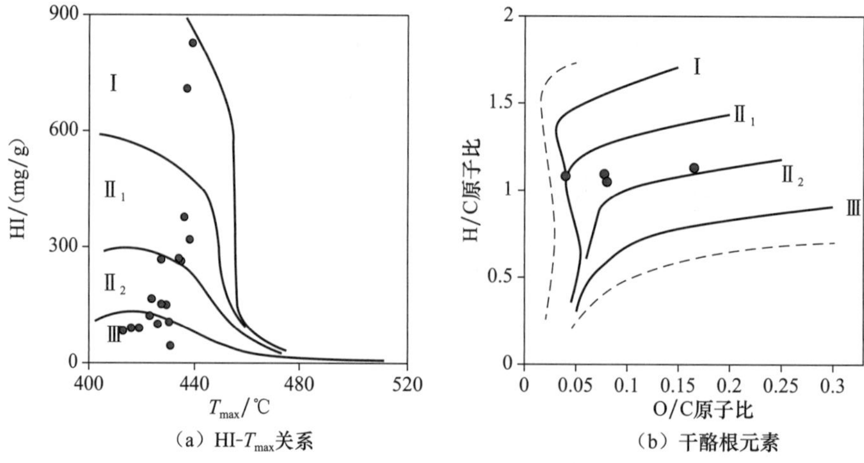

图 2-60　六盘山盆地乃家河组泥页岩干酪根类型特征图

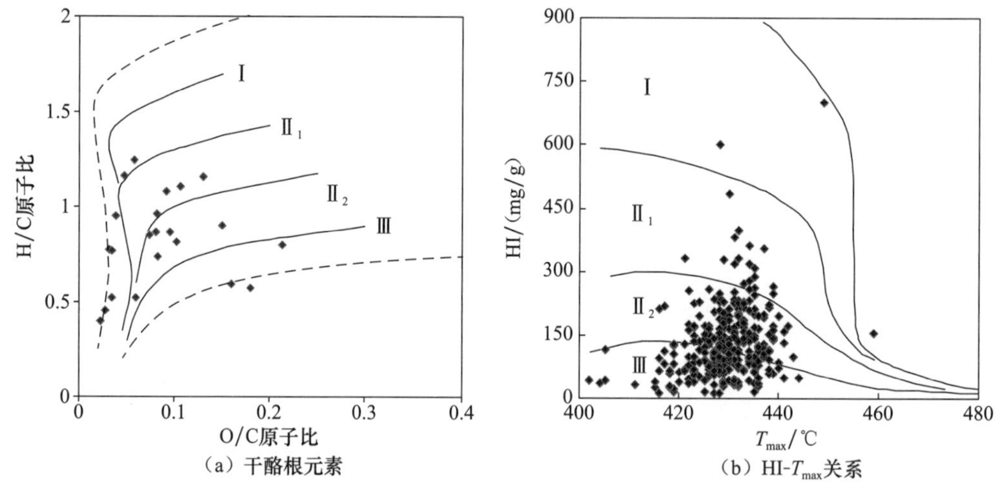

图 2-61　柴达木盆地下干柴沟组干酪根类型特征图

三、热演化程度分析

（一）古生界

1. 寒武系—奥陶系

镜质体反射率 R_o 是应用最广泛、唯一具有可比性的国际通用的有机质成熟度指标。而前泥盆系缺乏镜质组分，则以海相镜质组（或称镜状体等）反射率的等效镜质体反射率 VR_o 作为表征其有机质成熟度的替代指标。下寒武统与中、下奥陶统泥页岩，除盆地周缘地区外，VR_o 值均在 1.3%以上，处于高-过成熟阶段（翟晓先等，2007）（图 2-62、图 2-63）。

2. 石炭系

西北区石炭系泥页岩在塔里木盆地和柴达木盆地均处于成熟-高成熟阶段。塔里木盆地下石炭统卡拉沙依组主要分布在塔西南地区，最大埋深超过 4500m，镜质体反射率分布范围较大，主要为 0.8%～3.0%（段宏亮等，2006）；柴达木盆地上石炭统克鲁克组

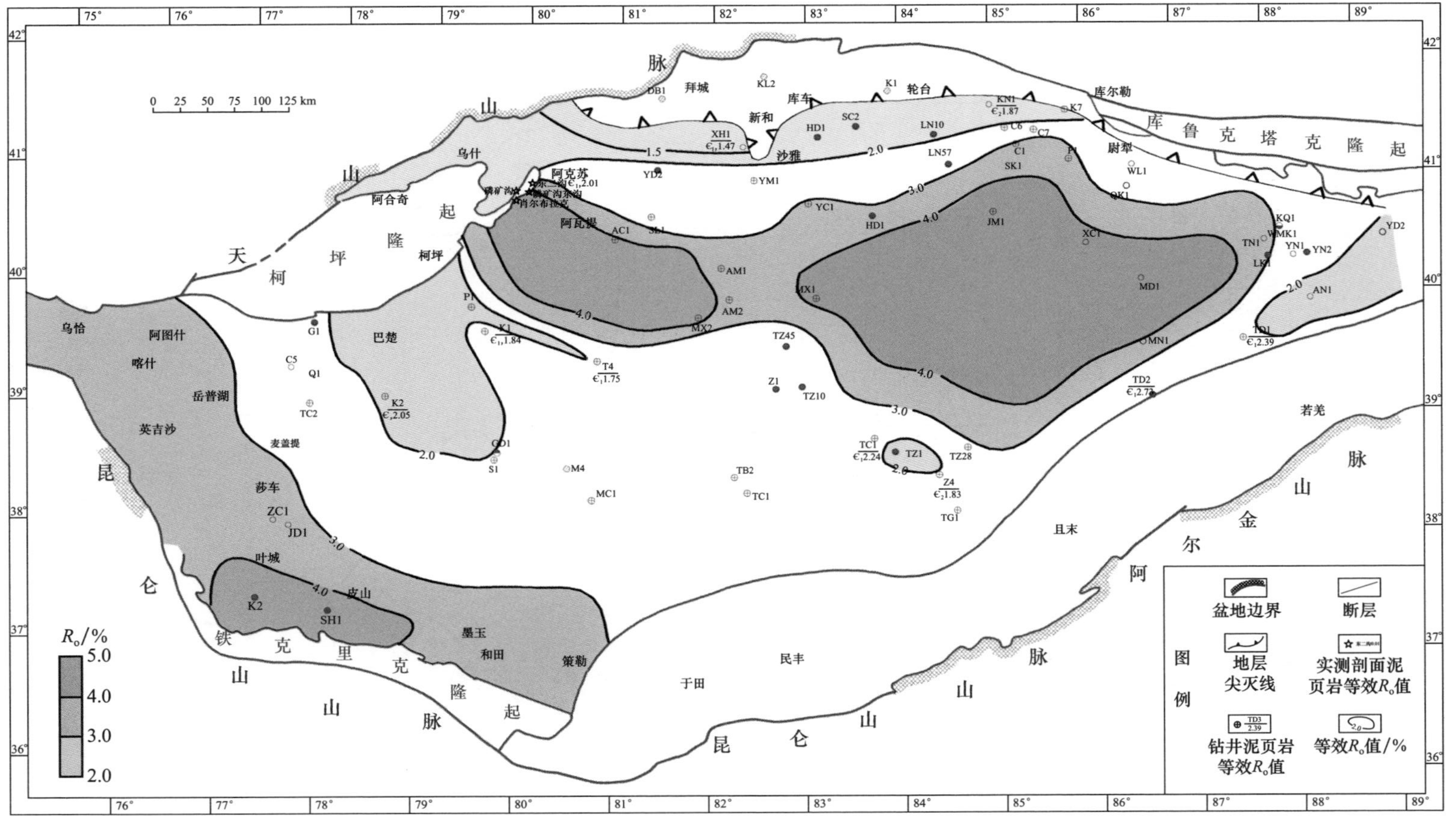

图 2-62 塔里木盆地中、下寒武统富有机质泥页岩R_o等值线图

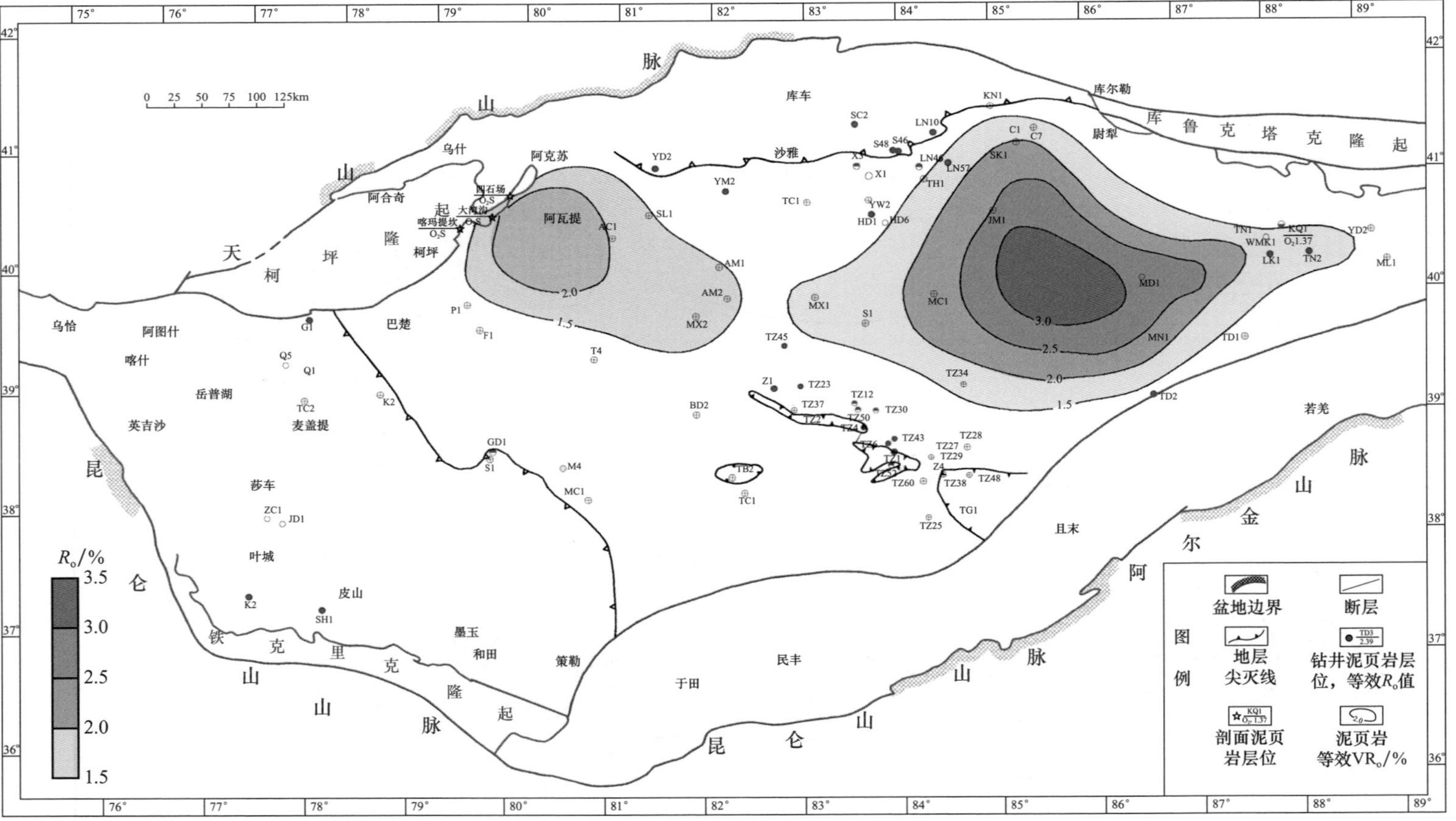

图 2-63 塔里木盆地奥陶系富有机质泥页岩R_o等值线图

暗色泥页岩露头样品镜质体反射率主要分布在 0.74%～2.98%，平均值为 1.53%（林腊梅和金强，2004）（图 2-64、图 2-65）。

3. 二叠系

吐哈盆地台北凹陷胜北次洼二叠系桃东沟群泥页岩镜质体反射率最高，在 1.2%～2.0%；银额盆地阿木山组泥岩镜质体反射率分布范围为 2.48%～3.77%，平均值为 3.27%，表明阿木山组泥页岩处于高成熟-过成熟生烃演化阶段；伊宁凹陷铁木里克组的镜质体反射率主要分布在 0.6%～1.5%，呈现出北部成熟度高，南部成熟度低的趋势，总体处于成熟阶段（图 2-66）。

（二）中生界

1. 三叠系

西北区三叠系泥页岩在塔里木盆地和准噶尔盆地成熟度较高，伊宁凹陷成熟度较低。塔里木盆地三叠系泥页岩镜质体反射率主要分布于 0.5%～2.1%，高成熟区主要在库车拗陷，镜质体反射率最高超过 2%；准噶尔盆地三叠系泥页岩层段埋深区间较大（1000～5000m），盆地主体部位主要处于成熟-高成熟-过成熟阶段，阜康凹陷南部泥页岩镜质体反射率已超过 3%，以生气为主；伊宁凹陷三叠系泥岩的镜质体反射率主要分布在 0.4%～1.2%，处于未成熟-成熟阶段，西北部为相对高值区（图 2-67）。

2. 侏罗系

西北区下侏罗统泥页岩在准噶尔盆地和柴达木盆地埋藏较深，在塔里木盆地、吐哈盆地和焉耆盆地埋藏相对较浅。准噶尔盆地下侏罗统八道湾组泥页岩埋深整体从北向南逐渐变大，北部乌伦古地区湖相泥页岩埋深范围在 1500～2500m，处于低成熟-成熟阶段，南缘腹部发育较好的湖相页岩埋深均超过 4500m，最深达 9000m，主要处于高成熟-过成熟生气阶段（蔚远江等，2006）；柴达木盆地湖西山组泥页岩埋深总体在 8000～10000m，镜质体反射率主要在 0.8%～3.0%（刘洛夫和妥进才，2000）；塔里木盆地下侏罗统泥页岩埋深总体在 3000～5000m，相应的镜质体反射率主要分布在 0.5%～2.5%，处于成熟-高过成熟阶段；焉耆盆地下侏罗统泥页岩埋深总体小于 4000m（蔡佳等，2008），R_o 分布范围为 0.57%～1.86%，总体处于成熟-高成熟生烃演化阶段（柳广弟等，2002）（图 2-68）。

西北区中侏罗统泥页岩仅在柴达木盆地埋深较大（大于 4000m），镜质体反射率总体大于 0.8%。吐哈盆地和塔里木盆地中侏罗统泥页岩埋深小于 4000m，镜质体反射率总体小于 1.0%，主要处于成熟阶段，塔里木盆地部分区域泥页岩处于高成熟阶段，镜质体反射率达到 2.0%。中小型盆地除了民和盆地中侏罗统泥页岩埋深较大，其他盆地中侏罗统泥页岩埋深均较浅。民和盆地窑街组总体埋深在 3500m 以上，最深可达 5500m 以上，镜质体反射率变化于 0.7%～2.0%，处于成熟-过成熟阶段。潮水盆地青土井群、雅布赖盆地新河组和焉耆盆地西山窑组泥页岩层段最大埋深均为 2800m（高先志等，2003），镜质体反射率总体小于 1.0%，主要处于低成熟阶段（图 2-69）。

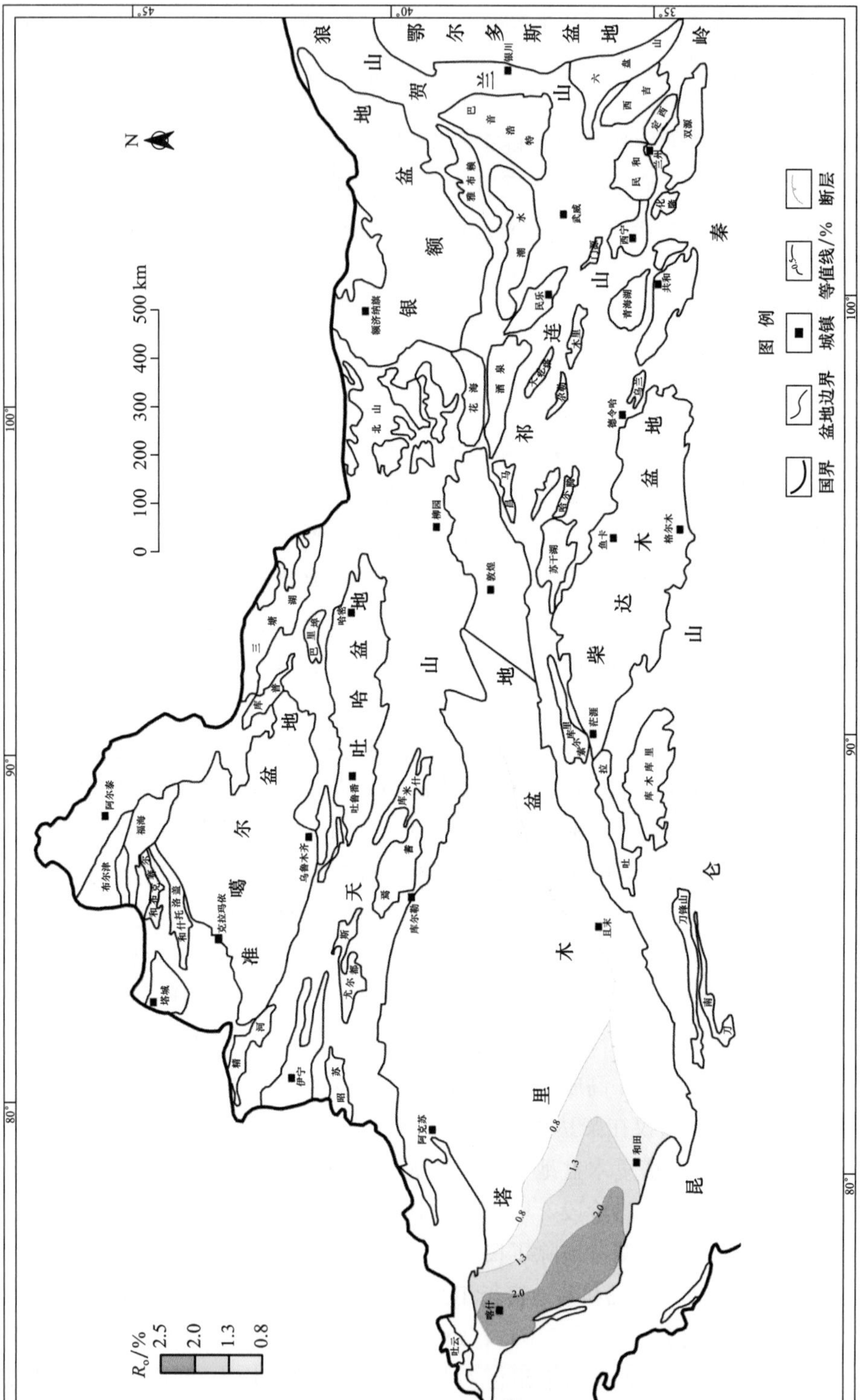

图 2-64　西北区下石炭统富有机质泥页岩R_o等值线图

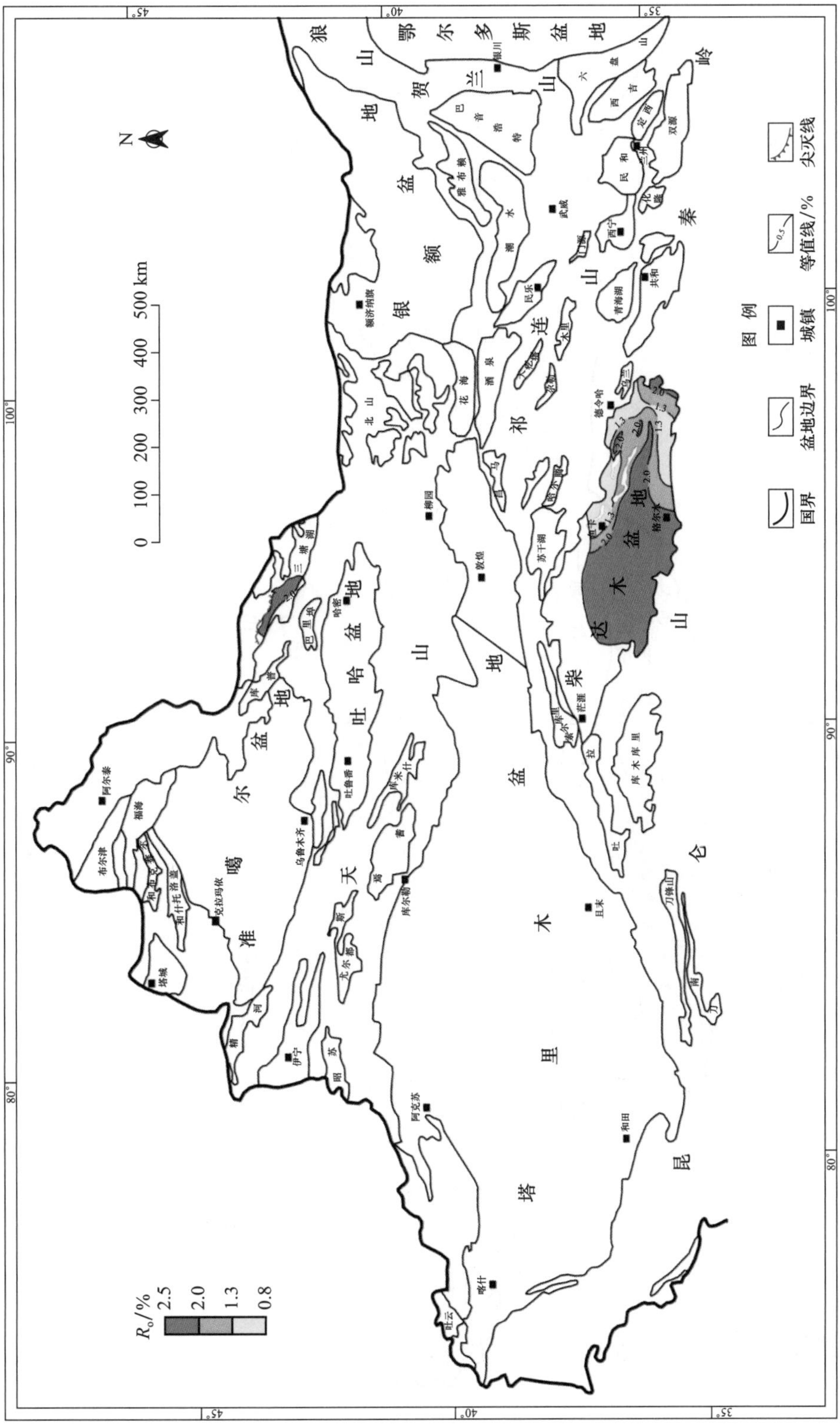

图 2-65　西北区上石炭统富有机质泥页岩R_o等值线图

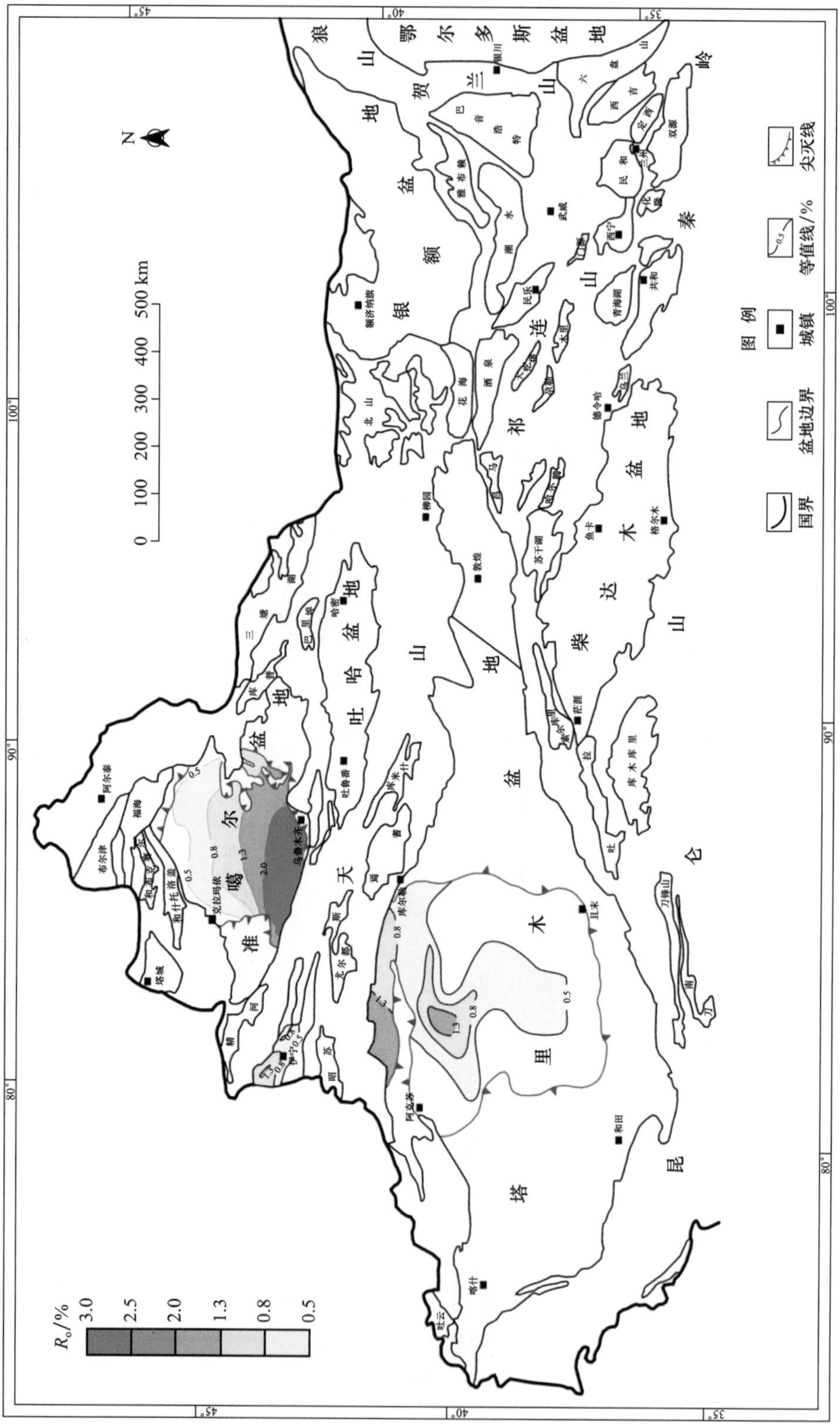

图 2-66 西北区二叠系富有机质泥页岩R_o等值线图

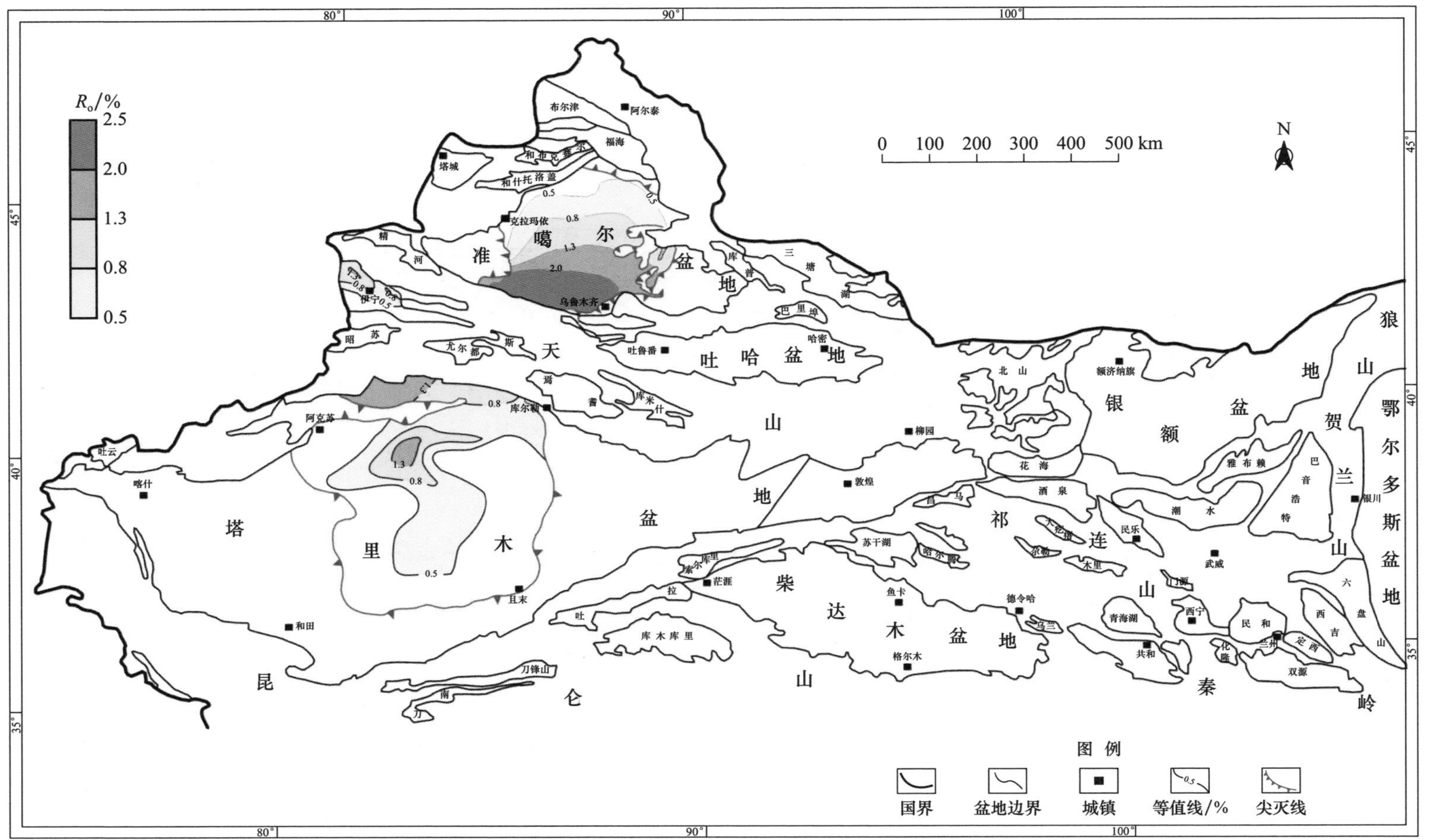

图 2-67　西北区三叠系富有机质泥页岩R_o等值线图

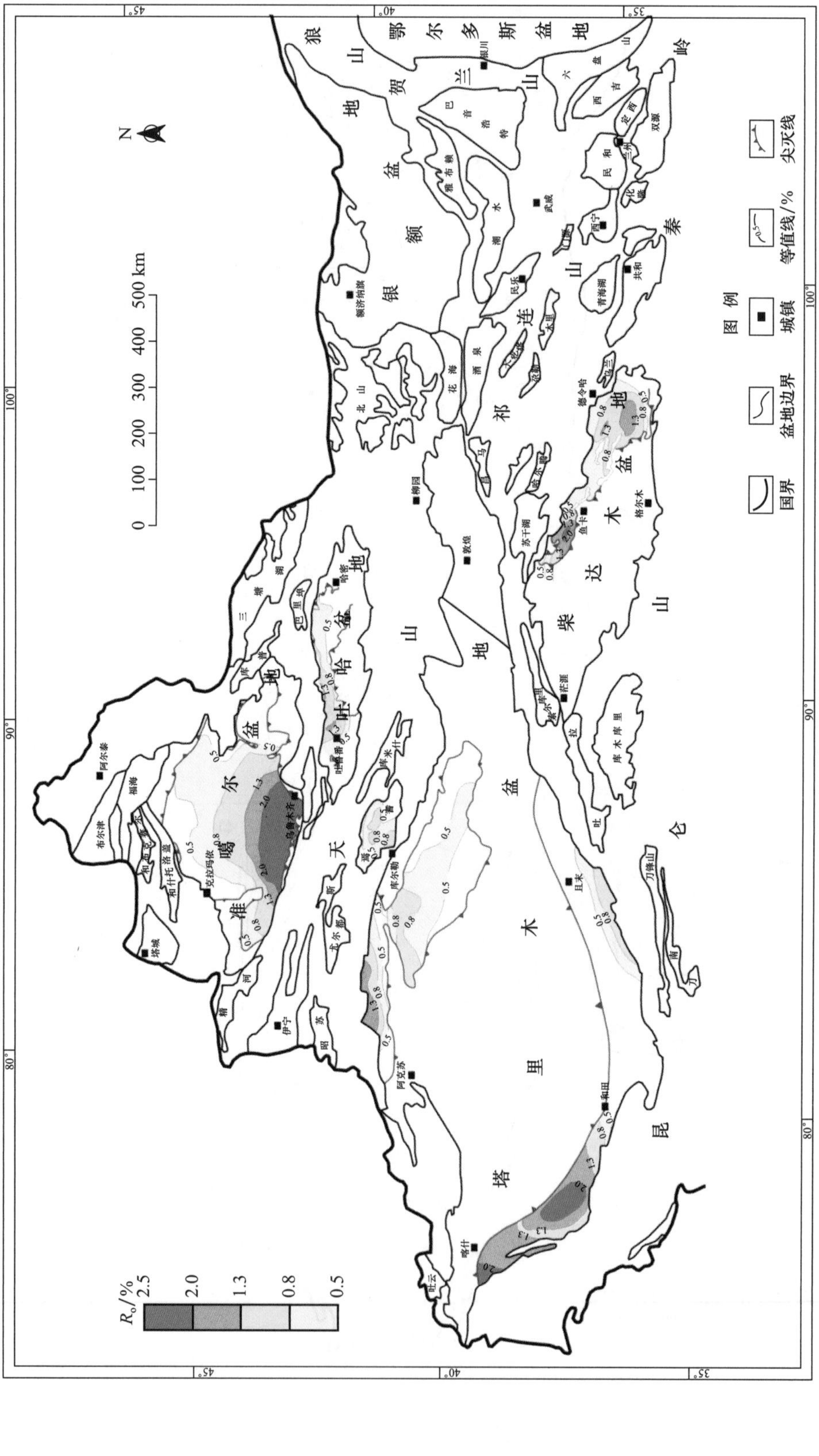

图 2-68 西北区下侏罗统富有机质泥页岩R_o等值线图

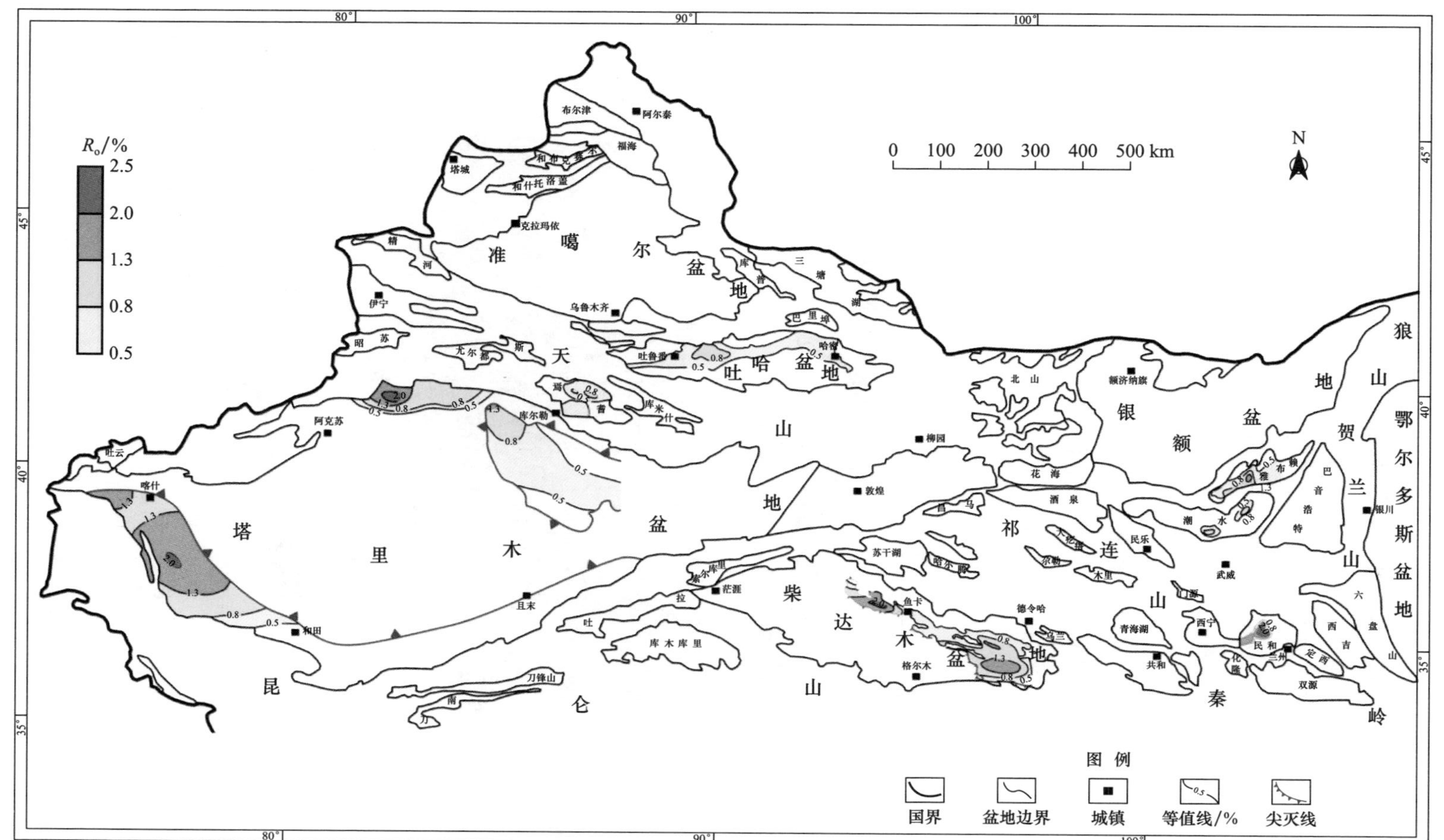

图 2-69 西北区中侏罗统富有机质泥页岩R_o等值线图

3. 白垩系

六盘山盆地白垩系泥页岩总体处于未熟-低熟生烃演化阶段。马东山组泥页岩埋深主要在1800～1900m，镜质体反射率分布范围为0.51%～0.59%，表明马东山组泥页岩处于低熟生烃演化阶段；乃家河组烃源岩埋深主要在1500～1620m，镜质体反射率分布范围为0.41%～0.53%，表明乃家河组泥页岩主要处于未熟阶段。由于样品限制，可能认识与实际情况有一定偏差（舒志国，2007）。

（三）新生界

西北区柴达木盆地新生界泥页岩埋深小于3500m，成熟度基本都小于1.0%。下干柴沟组在柴西地区成熟度相对较高，狮子沟、油砂山、油泉子、南翼山地区镜质体反射率大于1.0%；上干柴沟组仅在狮子沟、油砂山、油泉子、南翼山地区镜质体反射率大于0.7%（图2-70、图2-71）。

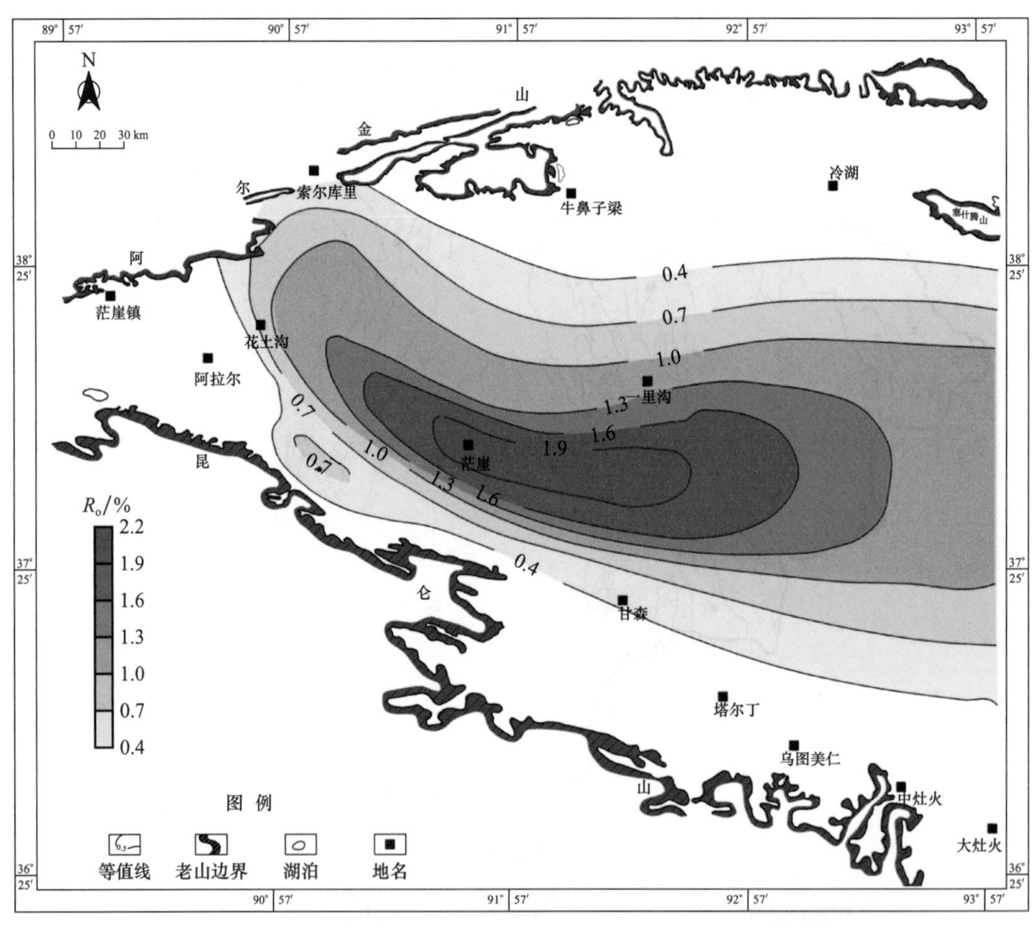

图2-70 柴达木盆地西部地区下干柴沟组（E_3）R_o等值线图

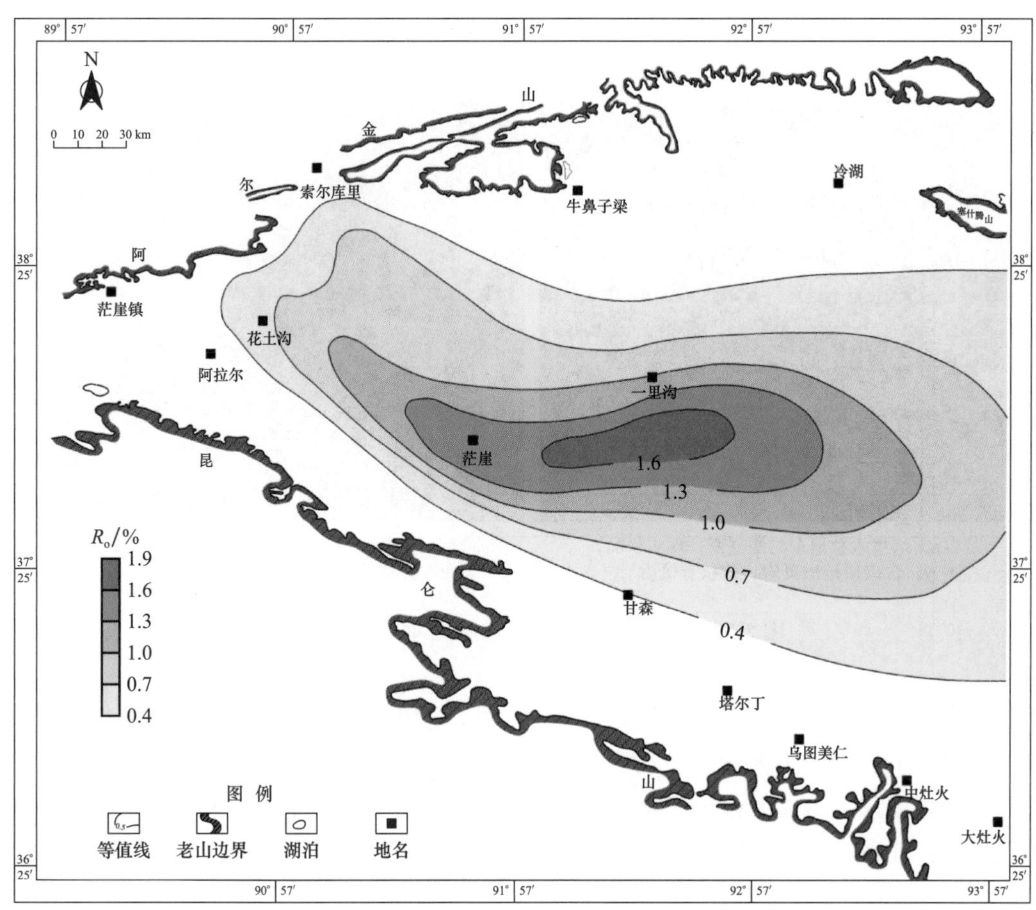

图 2-71 柴达木盆地西部地区上干柴沟组（N_1）R_o 等值线图

第三节 页岩气层储集特征

一、岩石类型

（一）古生界

寒武系—奥陶系泥页岩主要分布在塔里木盆地，岩石类型主要以硅质泥岩为主（图 2-72）。塔里木盆地中、下寒武统泥页岩主要发育在柯坪地区下寒武统玉尔吐斯组，为一套灰绿色、灰黑色含磷硅质岩、黑色页岩、碳质页岩。塔里木盆地奥陶系泥页岩主要发育在塔东中、下奥陶统黑土凹组及盆地西部地区柯坪隆起—阿瓦提断陷的中、上奥陶统萨尔干组（黄继文和陈正辅，2005）。黑土凹组下部为页岩夹灰岩，中部为黑色碳质页岩，上部为黑色硅质岩，属欠补偿盆地相沉积。萨尔干组以黑色页岩夹薄层灰岩及灰岩透镜体为主，属陆棚边缘盆地相沉积，分布稳定。

（a）塔里木盆地东二沟剖面，露头样品，ϵ_1y，含碳质硅质页岩，块状有机质

（b）塔里木盆地东二沟剖面，露头样品，ϵ_1y，含碳质硅质泥岩

图 2-72 塔里木盆地寒武系硅质页岩扫描电镜特征

石炭系—二叠系泥页岩层段主要分布在柴达木盆地和塔里木盆地。柴达木盆地上石炭统克鲁克组，岩性主要为暗色粉砂岩、碳质页岩、煤层及煤线，属潮坪潟湖相沉积（图 2-73）。塔里木盆地下石炭统卡拉沙依组中段泥页岩有机质富集，泥岩以深灰色、灰黑色为主，并夹有煤层，属潟湖相或湖泊相沉积（图 2-74）。

（二）中生界

中生界三叠系—侏罗系泥页岩在西北区各盆地广泛发育。准噶尔盆地中生界下侏罗统、上三叠统岩性组成比较单一，主要为成分较纯的黑、灰色泥岩、粉砂质泥岩、泥质粉砂岩与砂岩，偶有薄煤层出现（图 2-75）。塔里木盆地三叠系—侏罗系主体上为滨浅湖相、河沼相，含气层系的岩性总体上以灰黑色泥岩、黑色碳质泥岩、粉砂质泥岩及粉砂岩等夹层的岩性组合为主（图 2-76）。柴达木盆地下侏罗统湖西山组和中侏罗统大煤沟组，岩性主要为富有机质暗色泥页岩，夹有煤层，分布在盆地北缘，属河湖相含煤建造（图 2-77）。吐哈盆地中、下侏罗统为含煤碎屑岩建造，主要岩性为灰黑色泥岩、粉砂质泥岩、泥质粉砂岩，夹薄层细砂岩、碳质泥岩及煤岩（阎存凤等，2011）（图 2-78）。

（三）新生界

西北区新生界主要发育泥岩、灰质泥岩、砂质泥岩、含盐泥岩等，同时也发育一些灰质粉砂岩、泥质粉砂岩夹层（图 2-79）。

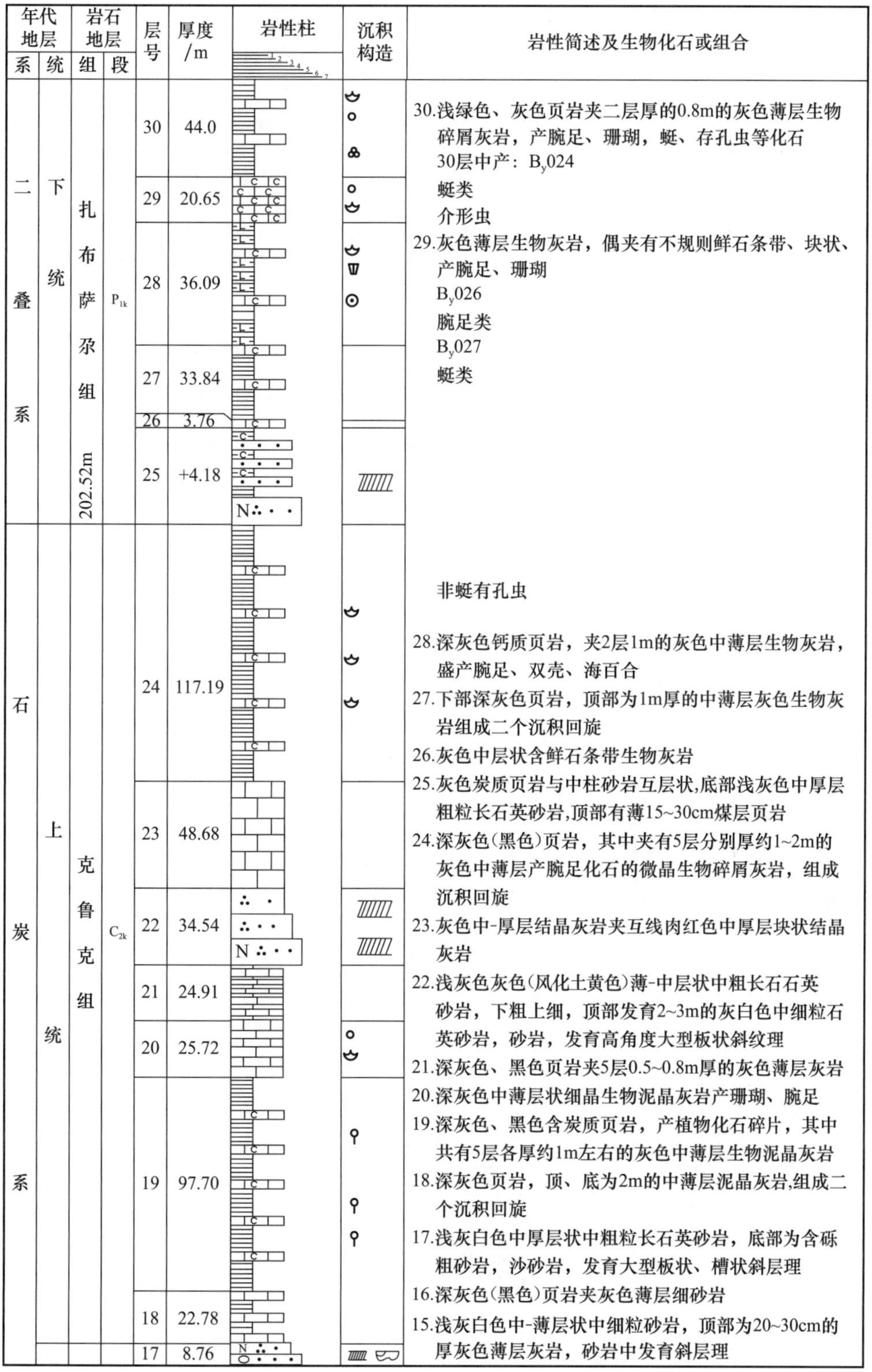

年代地层 系	年代地层 统	岩石地层 组	岩石地层 段	层号	厚度/m	沉积构造
二叠系	下统	扎布萨尕组 202.52m	P_{1k}	30	44.0	
				29	20.65	
				28	36.09	
				27	33.84	
				26	3.76	
				25	+4.18	
石炭系	上统	克鲁克组	C_{2k}	24	117.19	
				23	48.68	
				22	34.54	
				21	24.91	
				20	25.72	
				19	97.70	
				18	22.78	
				17	8.76	

岩性简述及生物化石或组合

30.浅绿色、灰色页岩夹二层厚的0.8m的灰色薄层生物碎屑灰岩，产腕足、珊瑚，蜓、存孔虫等化石
30层中产：B_y024
蜓类
介形虫

29.灰色薄层生物灰岩，偶夹有不规则鲜石条带、块状、产腕足、珊瑚
B_y026
腕足类
B_y027
蜓类

非蜓有孔虫

28.深灰色钙质页岩，夹2层1m的灰色中薄层生物灰岩，盛产腕足、双壳、海百合

27.下部深灰色页岩，顶部为1m厚的中薄层灰色生物灰岩组成二个沉积回旋

26.灰色中层状含鲜石条带生物灰岩

25.灰色炭质页岩与中柱砂岩互层状,底部浅灰色中厚层粗粒长石英砂岩,顶部有薄15~30cm煤层页岩

24.深灰色(黑色)页岩，其中夹有5层分别厚约1~2m的灰色中薄层产腕足化石的微晶生物碎屑灰岩，组成沉积回旋

23.灰色中-厚层结晶灰岩夹互线肉红色中厚层块状结晶灰岩

22.浅灰色灰色(风化土黄色)薄-中层状中粗长石石英砂岩，下粗上细，顶部发育2~3m的灰白色中细粒石英砂岩，砂岩，发育高角度大型板状斜纹理

21.深灰色、黑色页岩夹5层0.5~0.8m厚的灰色薄层灰岩

20.深灰色中薄层状细晶生物泥晶灰岩产珊瑚、腕足

19.深灰色、黑色含炭质页岩，产植物化石碎片，其中共有5层各厚约1m左右的灰色中薄层生物泥晶灰岩

18.深灰色页岩，顶、底为2m的中薄层泥晶灰岩,组成二个沉积回旋

17.浅灰白色中厚层状中粗粒长石英砂岩，底部为含砾粗砂岩，沙砂岩，发育大型板状、槽状斜层理

16.深灰色(黑色)页岩夹灰色薄层细砂岩

15.浅灰白色中-薄层状中细粒砂岩，顶部为20~30cm的厚灰色薄层灰岩，砂岩中发育斜层理

图 2-73 塔里木盆地上石炭统克鲁克组岩性剖面柱状图

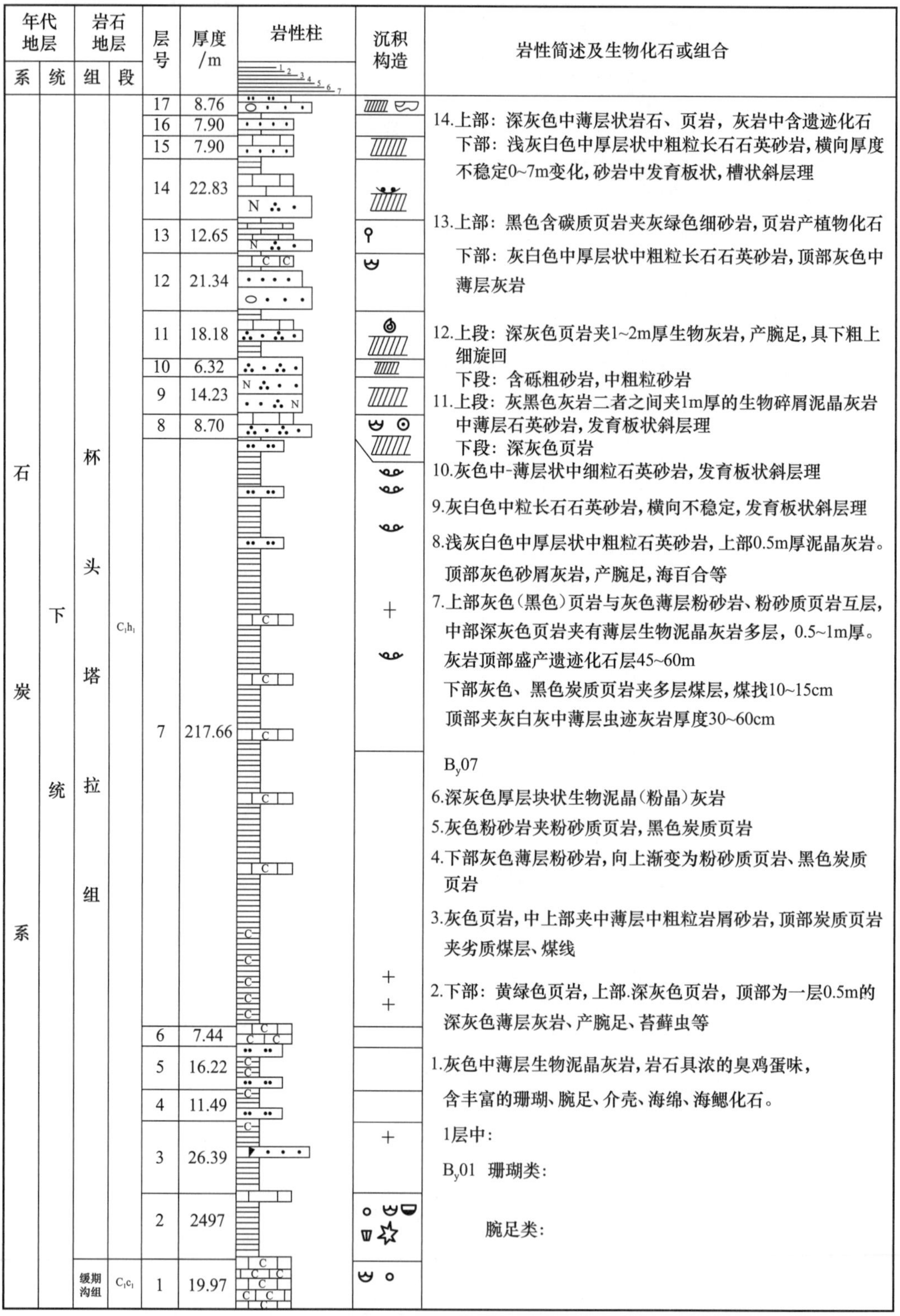

系	统	组	段	层号	厚度/m
石炭系	下统	杯头塔拉组	C_1h_1	17	8.76
				16	7.90
				15	7.90
				14	22.83
				13	12.65
				12	21.34
				11	18.18
				10	6.32
				9	14.23
				8	8.70
				7	217.66
				6	7.44
				5	16.22
				4	11.49
				3	26.39
				2	2497
		缓期沟组	C_1c_1	1	19.97

岩性简述及生物化石或组合

14.上部：深灰色中薄层状岩石、页岩，灰岩中含遗迹化石
下部：浅灰白色中厚层状中粗粒长石石英砂岩，横向厚度不稳定0~7m变化，砂岩中发育板状，槽状斜层理

13.上部：黑色含碳质页岩夹灰绿色细砂岩，页岩产植物化石
下部：灰白色中厚层状中粗粒长石石英砂岩，顶部灰色中薄层灰岩

12.上段：深灰色页岩夹1~2m厚生物灰岩，产腕足，具下粗上细旋回
下段：含砾粗砂岩，中粗粒砂岩

11.上段：灰黑色灰岩二者之间夹1m厚的生物碎屑泥晶灰岩中薄层石英砂岩，发育板状斜层理
下段：深灰色页岩

10.灰色中-薄层状中细粒石英砂岩，发育板状斜层理

9.灰白色中粒长石石英砂岩，横向不稳定，发育板状斜层理

8.浅灰白色中厚层状中粗粒石英砂岩，上部0.5m厚泥晶灰岩。顶部灰色砂屑灰岩，产腕足，海百合等

7.上部灰色（黑色）页岩与灰色薄层粉砂岩、粉砂质页岩互层，中部深灰色页岩夹有薄层生物泥晶灰岩多层，0.5~1m厚。灰岩顶部盛产遗迹化石层45~60m
下部灰色、黑色炭质页岩夹多层煤层，煤找10~15cm
顶部夹灰白灰中薄层虫迹灰岩厚度30~60cm

B_y07

6.深灰色厚层块状生物泥晶（粉晶）灰岩

5.灰色粉砂岩夹粉砂质页岩，黑色炭质页岩

4.下部灰色薄层粉砂岩，向上渐变为粉砂质页岩、黑色炭质页岩

3.灰色页岩，中上部夹中薄层中粗粒岩屑砂岩，顶部炭质页岩夹劣质煤层、煤线

2.下部：黄绿色页岩，上部.深灰色页岩，顶部为一层0.5m的深灰色薄层灰岩、产腕足、苔藓虫等

1.灰色中薄层生物泥晶灰岩，岩石具浓的臭鸡蛋味，含丰富的珊瑚、腕足、介壳、海绵、海鳃化石。

1层中：

B_y01 珊瑚类：

腕足类：

图 2-74 塔里木盆地下石炭统怀头他拉组岩性剖面柱状图

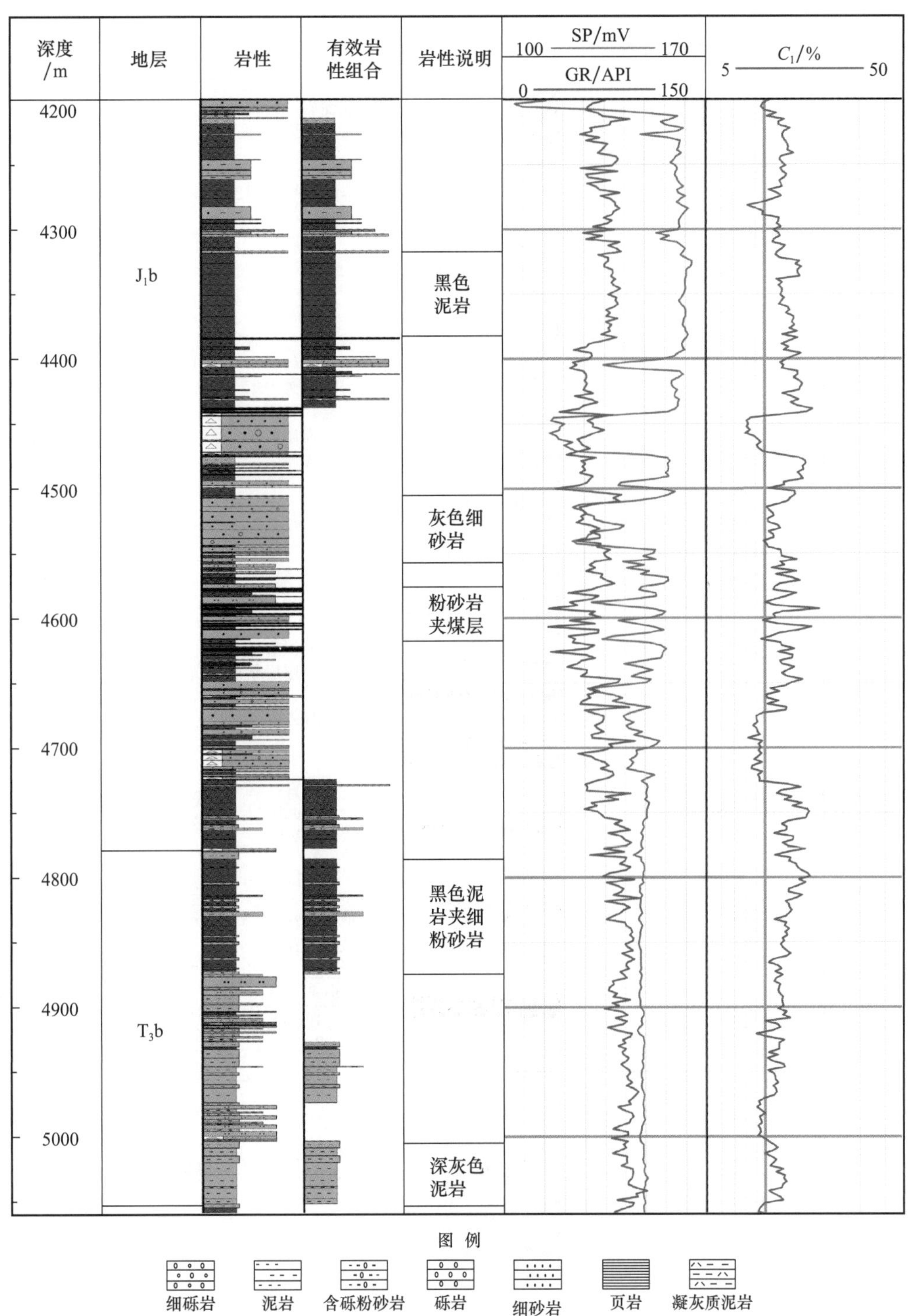

图 2-75　准噶尔盆地中生界岩性剖面

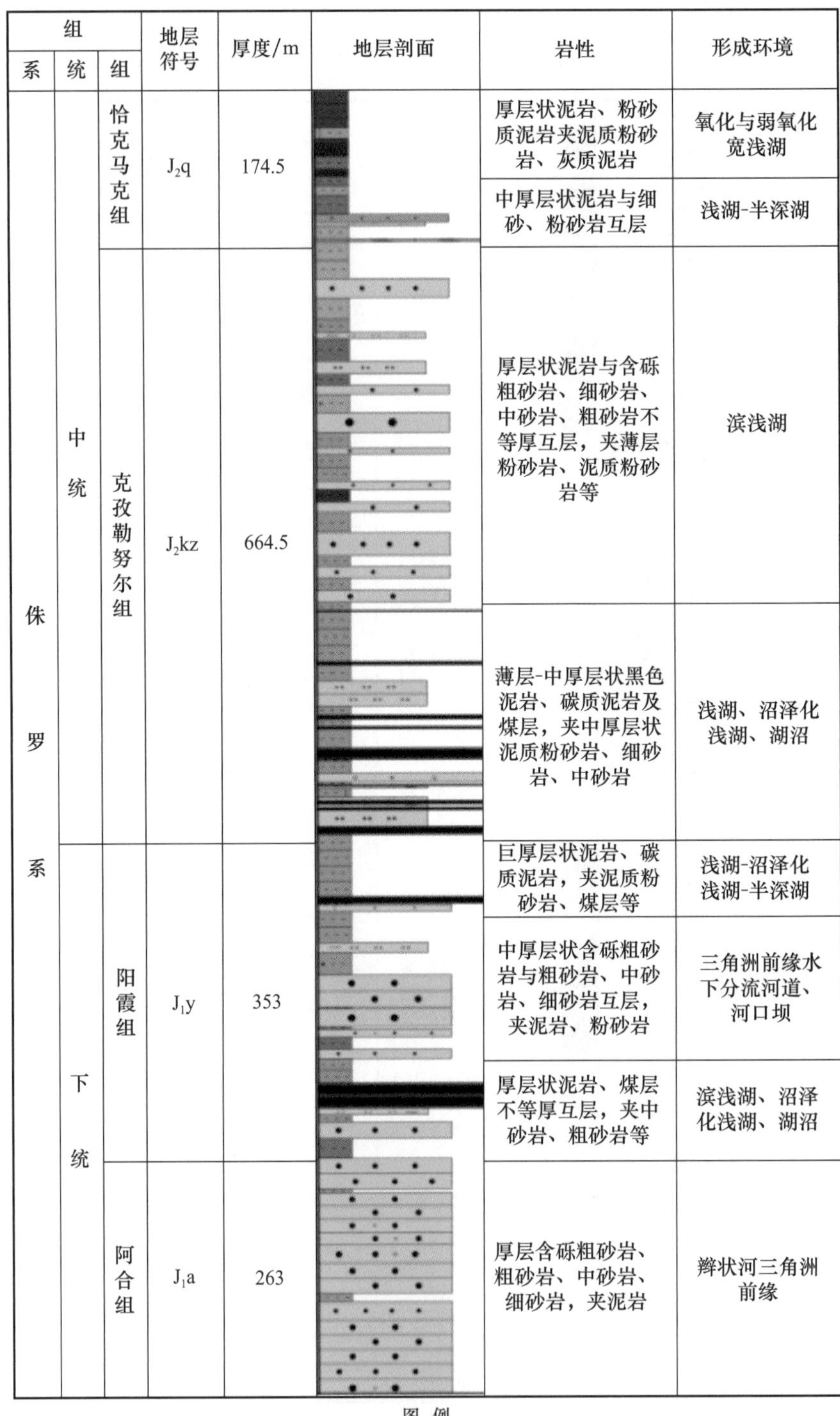

组
系
统
组
地层符号
厚度/m
地层剖面
岩性
形成环境
侏罗系
中统
恰克马克组
J2q
174.5
厚层状泥岩、粉砂质泥岩夹泥质粉砂岩、灰质泥岩
氧化与弱氧化宽浅湖
中厚层状泥岩与细砂、粉砂岩互层
浅湖-半深湖
克孜勒努尔组
J2kz
664.5
厚层状泥岩与含砾粗砂岩、细砂岩、中砂岩、粗砂岩不等厚互层，夹薄层粉砂岩、泥质粉砂岩等
滨浅湖
薄层-中厚层状黑色泥岩、碳质泥岩及煤层，夹中厚层状泥质粉砂岩、细砂岩、中砂岩
浅湖、沼泽化浅湖、湖沼
下统
阳霞组
J1y
353
巨厚层状泥岩、碳质泥岩，夹泥质粉砂岩、煤层等
浅湖-沼泽化浅湖-半深湖
中厚层状含砾粗砂岩与粗砂岩、中砂岩、细砂岩互层，夹泥岩、粉砂岩
三角洲前缘水下分流河道、河口坝
厚层状泥岩、煤层不等厚互层，夹中砂岩、粗砂岩等
滨浅湖、沼泽化浅湖、湖沼
阿合组
J1a
263
厚层含砾粗砂岩、粗砂岩、中砂岩、细砂岩，夹泥岩
辫状河三角洲前缘

图 例

含砾粉砂岩 砾岩 细砂岩 细砾岩 粉砂质泥岩 煤层或煤夹层

图 2-76 塔里木盆地侏罗系岩性剖面

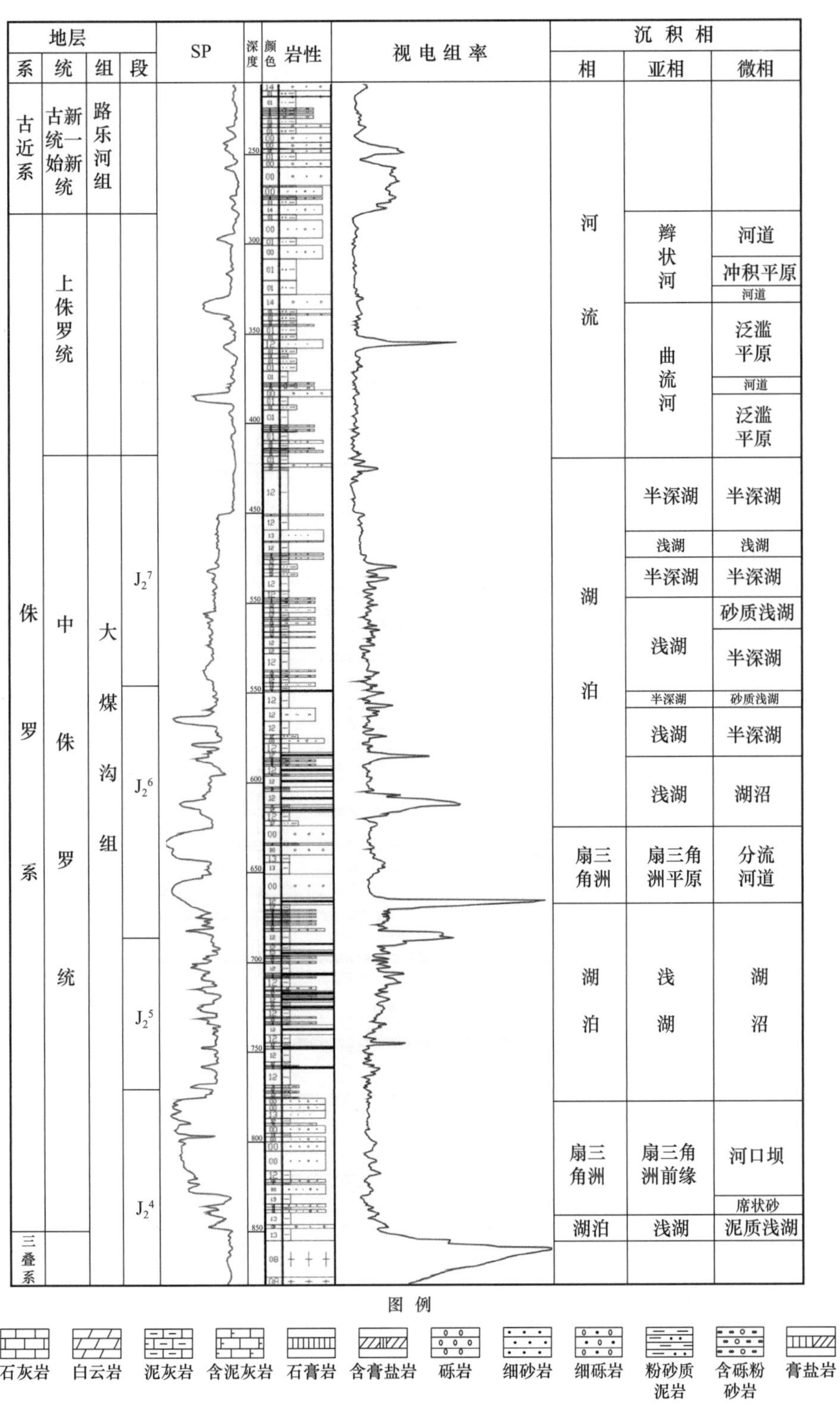

图 2-77 柴达木盆地侏罗系岩性剖面

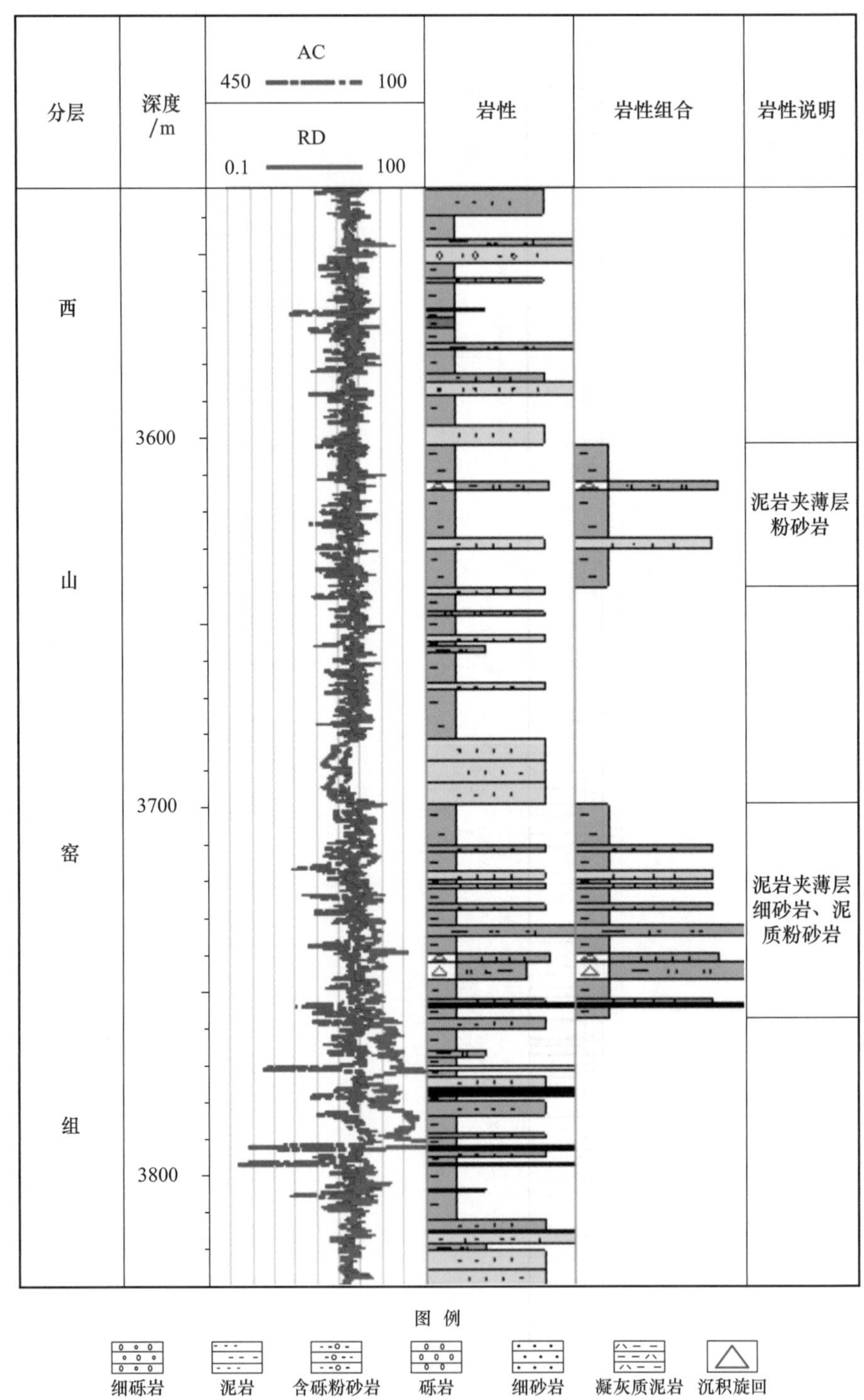

图 2-78 吐哈盆地侏罗系岩性剖面

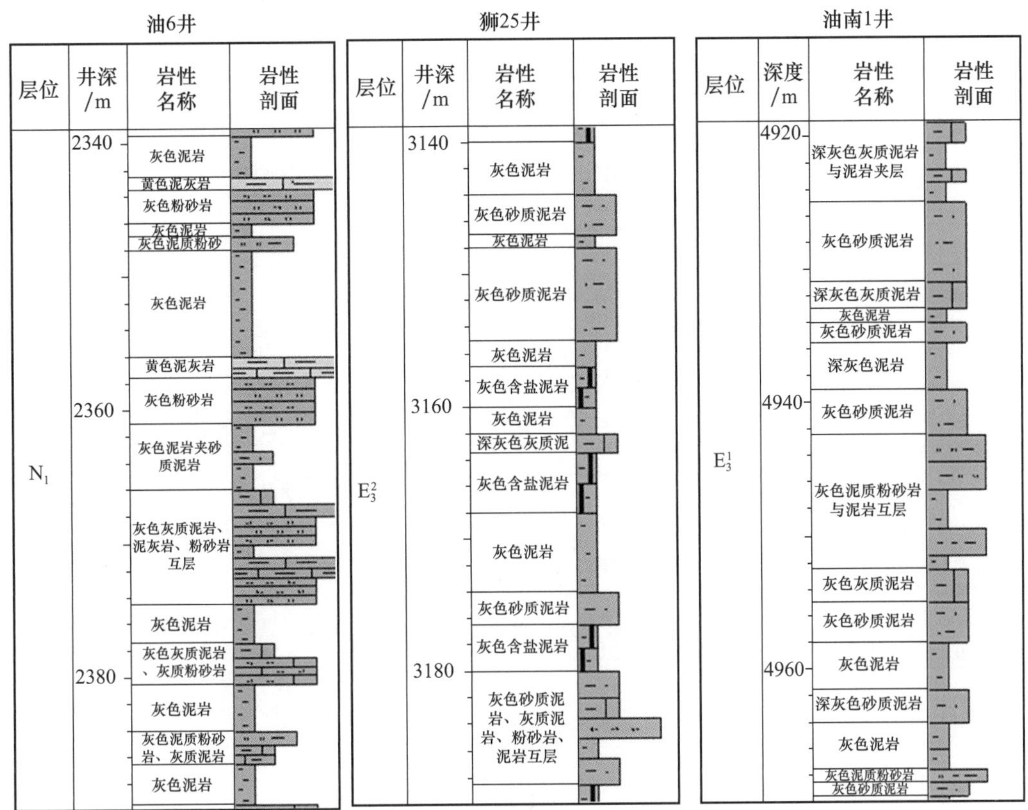

图 2-79 柴达木盆地新生界岩性剖面柱状图

二、矿物组分特征

矿物组成是泥页岩含气性与开发技术选择的关键影响因素，不同的黏土矿物含量及石英、长石等脆性矿物含量将对泥页岩吸附气量和游离气量造成影响（Crosdale，1998；Cheng and Huang，2004）。利用全岩及黏土 X 射线衍射，可以很好地分析泥页岩矿物组成（蒋裕强等，2010）。

（一）下古生界

塔里木盆地下寒武统玉尔吐斯组泥页岩矿物组成以石英为主，其次为碳酸盐矿物，黏土矿物含量小于 30%，含少量黏土、钾长石及斜长石（图 2-80）。奥陶系页岩岩矿成分主要以石英为主，含量 62%～83%，黏土矿物含量小于 25%，含少量斜长石，黏土矿物以伊利石为主（图 2-81）。

（二）上古生界

塔里木盆地石炭系—二叠系泥页岩石英＋长石的含量分布在 12%～82.5%，平均为 45.8%；黏土矿物分布在 12%～57%，平均为 38.2%；碳酸盐矿物（主要为菱铁矿）含

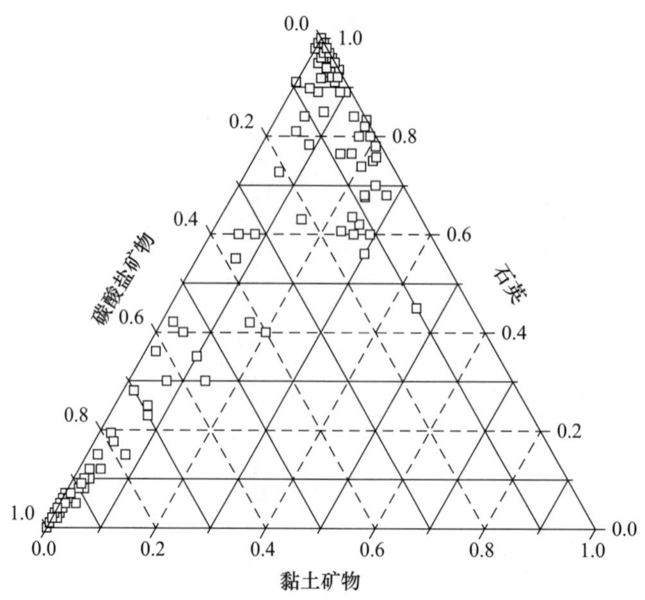

图 2-80　塔里木盆地寒武系泥页岩矿物组成

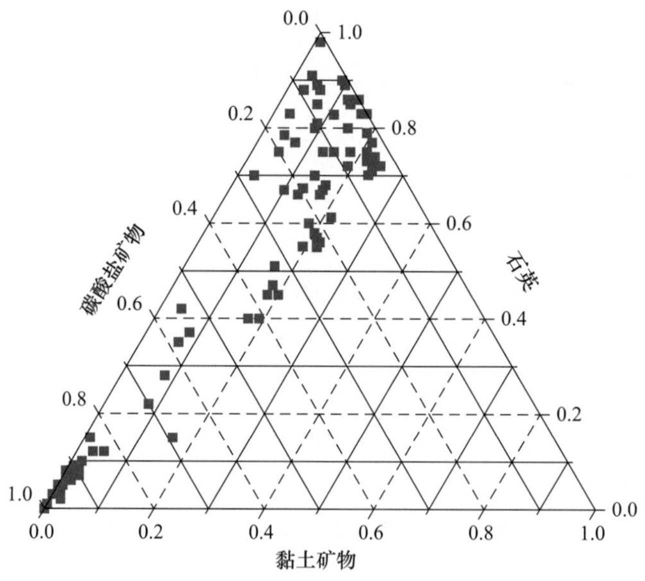

图 2-81　塔里木盆地奥陶系泥页岩矿物组成

量多在 50%以下。脆性矿物总体含量约为 65%（图 2-82）。石炭系—二叠系泥页岩黏土矿物含量高于寒武系和奥陶系，主要为高岭石和伊蒙混层，其次为伊利石和绿泥石（姜振学等，2008）。

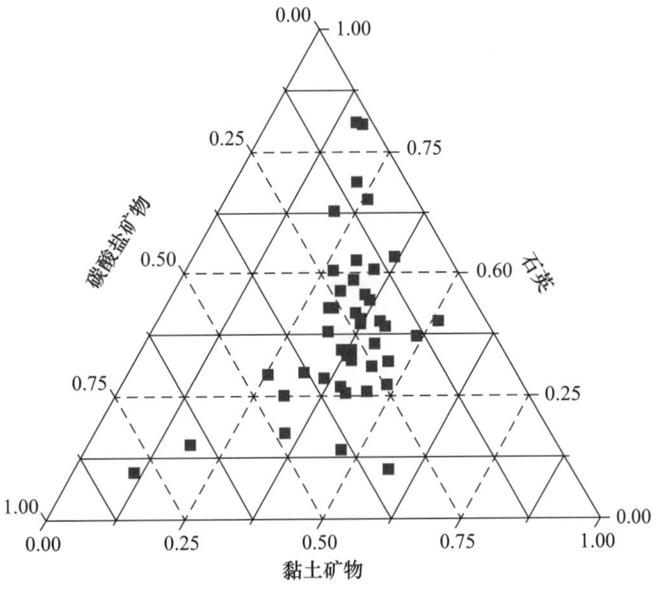

图 2-82 塔里木盆地石炭系—二叠系泥页岩矿物组成

柴达木盆地石炭系克鲁克组泥页岩矿物组成中石英+长石含量为 18.7%～65.5%，平均为 43.5%，黏土矿物含量主要在 31.3%～81.3%，平均为 53.3%；碳酸盐矿物多小于10%。脆性矿物总体含量约为 50%（图 2-83）。黏土矿物以高岭石和伊蒙混层为主，其中高岭石含量在 8%～63%，平均为 31.5%；伊蒙混层分布在 13%～63%，平均为 33.5%。

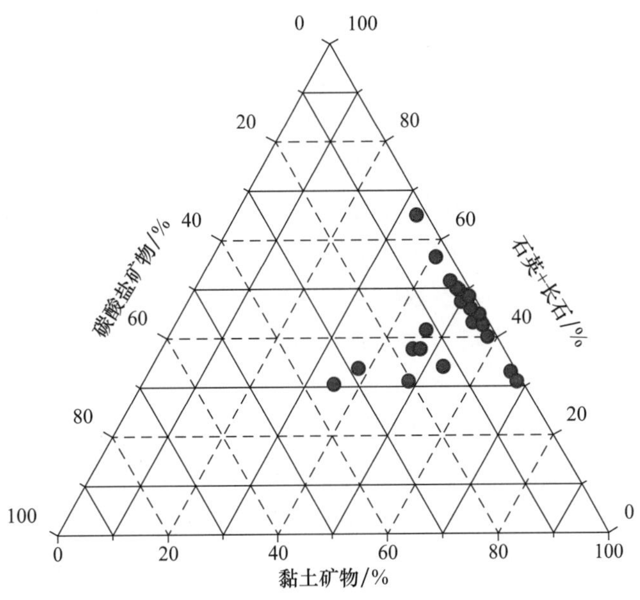

图 2-83 柴达木盆地上石炭统克鲁克组泥页岩矿物组成

柴达木盆地上石炭统克鲁克组黏土矿物高岭石含量小于 30%，黏土矿物组成以伊蒙混层为主，平均含量超过 60%（图 2-84）。

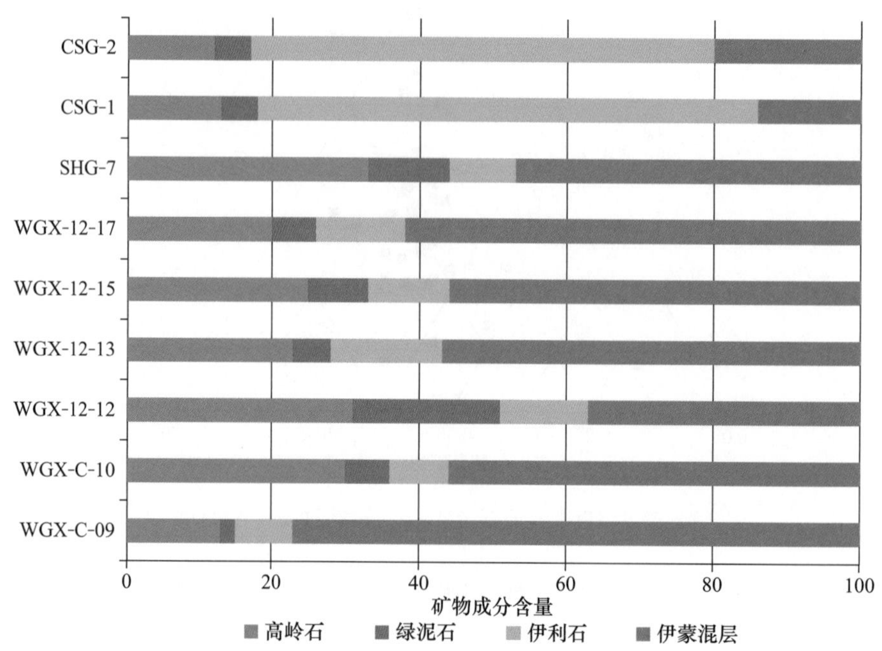

图 2-84　柴达木盆地上石炭统克鲁克组泥页岩矿物组成

（三）中生界

西北区三叠系泥页岩以塔里木盆地及准噶尔盆地为代表，大部分样品黏土矿物含量超过 60%，脆性矿物以石英为主，缺少碳酸盐类矿物。塔里木盆地黏土矿物以伊蒙混层为主，含量超过 50%（图 2-85）。准噶尔盆地黏土矿物以高岭石和绿泥石为主，伊利石和伊蒙混层含量小于 40%，反映准噶尔盆地三叠系黏土矿物演化程度相对较低（图 2-86）。

西北区中、下侏罗统泥页岩矿物组成较三叠系泥页岩种类多，黄铁矿、菱铁矿、方沸石等矿物含量明显增加，反映中、下侏罗统沉积环境还原性较强（图 2-87）。下侏罗统黏土矿物含量为 40%～60%，多数样品脆性矿物含量超过 40%。中侏罗统泥页岩矿物组形成与下侏罗统相似，其中塔里木盆地中侏罗统脆性矿物含量较下侏罗统明显增加（图 2-88）。

下侏罗统泥页岩黏土矿物主要以伊利石和伊蒙混层为主，伊利石加伊蒙混层含量超过 50%，其中塔里木盆地高岭石含量高于其他各盆地，高岭石含量超过 46%，伊利石加伊蒙混层含量小于 35%。中侏罗统泥页岩黏土矿物组成各盆地差异较大。雅布赖盆地、潮水盆地及塔里木盆地黏土矿物以伊蒙混层为主，塔里木盆地伊蒙混层含量超过 70%，较下侏罗统含量明显增加。民和盆地和柴达木盆地高岭石含量较高，大部分样品高岭石含量超过 40%（图 2-89、图 2-90）。

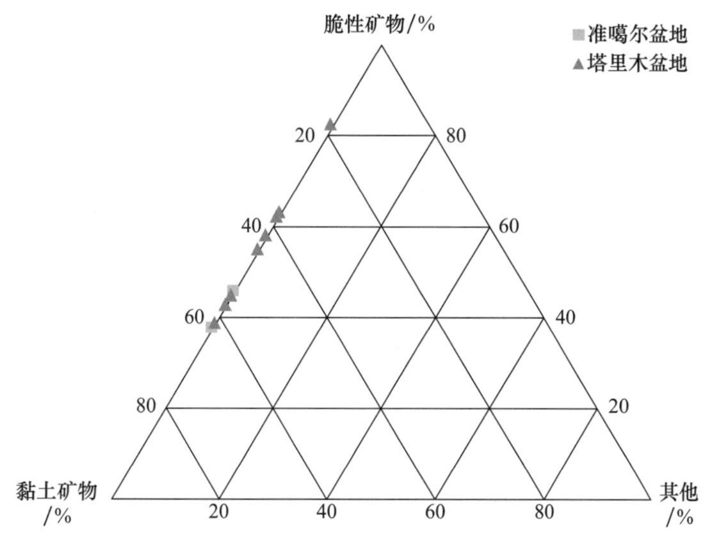

图 2-85 西北区各盆地三叠系泥页岩岩石矿物组成

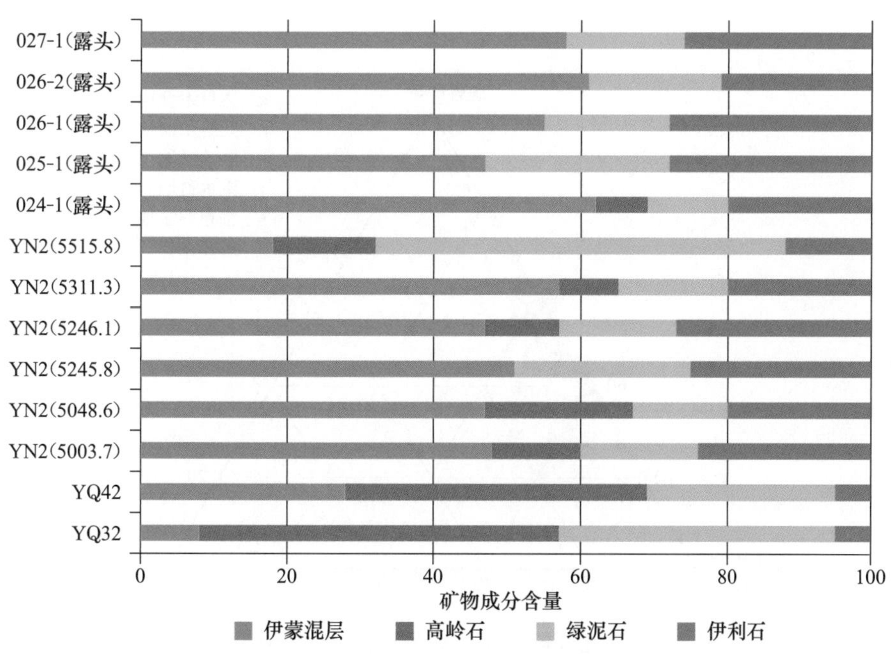

图 2-86 西北区各盆地三叠系泥页岩黏土矿物组成

（四）新生界

新生界泥页岩层段主要分布在柴达木盆地下干柴沟组，泥页岩脆性矿物含量较高，在 50%以上，黏土矿物含量不到 40%，黄铁矿等其他矿物含量在 10%以下（图 2-91）。黏土矿物中伊利石含量最高，介于 55%～70%；绿泥石含量为 10%～30%；高岭石含量最少，小于 5%（图 2-92）。

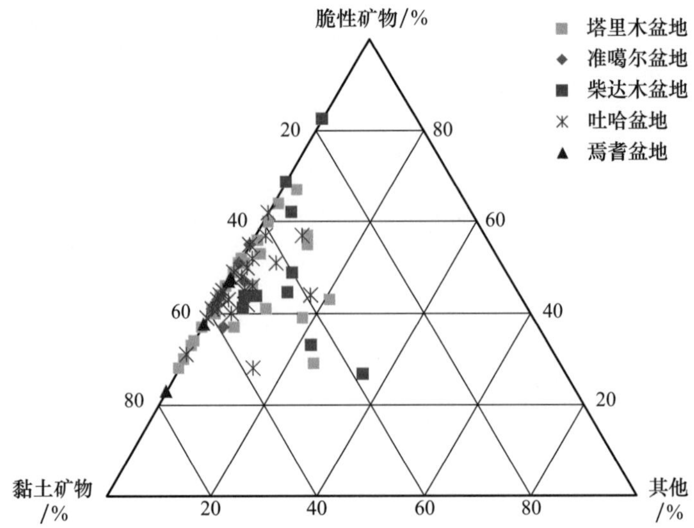

图 2-87 西北区各盆地下侏罗泥页岩岩石矿物组成

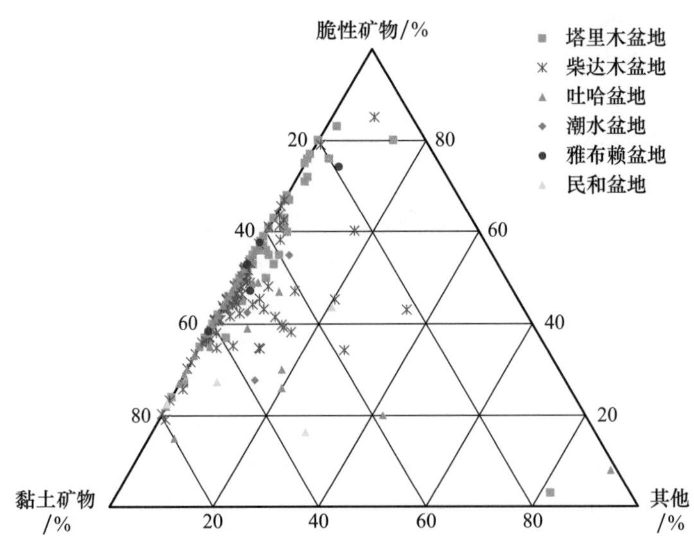

图 2-88 西北区各盆地中侏罗统泥页岩岩石矿物组成

三、储集空间及物性特征

（一）孔隙类型

泥页岩孔隙类型对其储集类型、含气特征和气体产出具有重要影响。根据孔隙成因类型将西北区泥页岩储层孔隙划分为原生孔隙和次生孔隙两大类（Bustin，2005）。

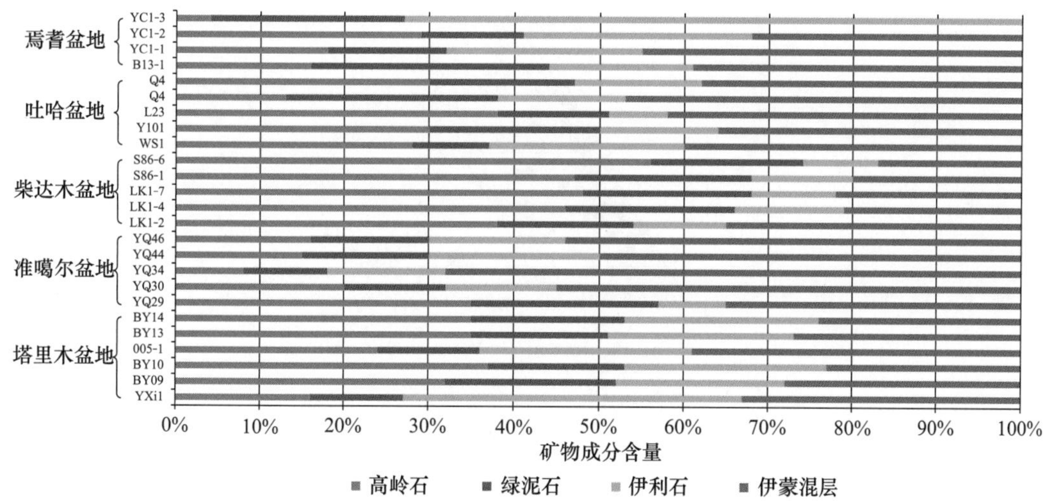

图 2-89 西北区各盆地下侏罗统泥页岩黏土矿物组成

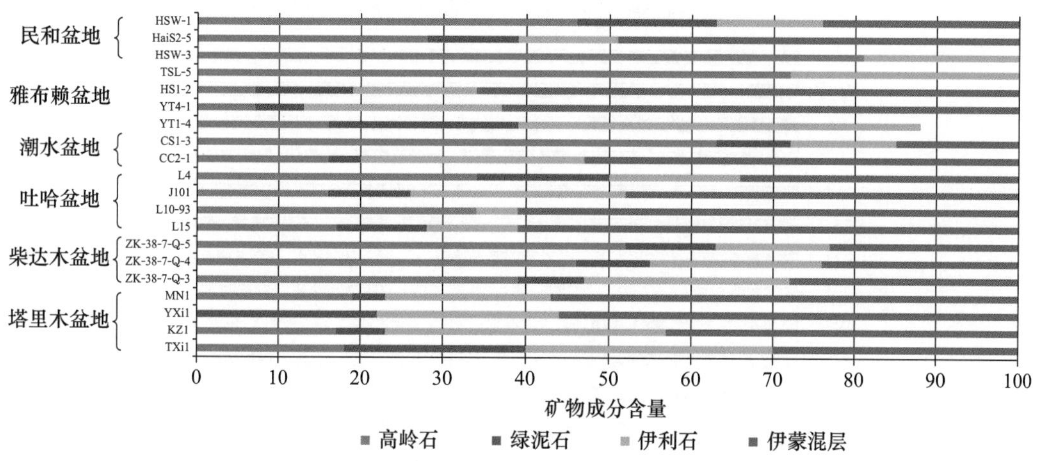

图 2-90 西北区各盆地中侏罗统泥页岩黏土矿物组成

1）原生孔隙

原生孔隙存在于泥页岩原始沉积的矿物基质或碎屑之间，在埋藏成岩过程中，这些孔隙由于遭受压实或次生矿物的充填而不断缩小，主要包括原生粒间孔、原生晶间孔及原生粒内孔（Kent and John，2007）。

粒间孔隙多见于组成泥页岩的较大的粉砂质碎屑颗粒之间、碎屑颗粒堆积体内，以及黏土矿物骨架和碎屑颗粒之间[图 2-93(a)]；原生晶间孔主要是由于黏土矿物的堆积或定向排列，在黏土矿物的板状、片状晶体及其集合体之间形成的孔隙[图 2-93(b)]；原生粒内孔多为生物结构孔[图 2-93(c)]。

2）次生孔隙

次生孔隙产生的原因主要包括岩石中矿物的收缩、有机质生烃、矿物重结晶及有机酸或其他流体的溶蚀等（Raut et al.，2007）。

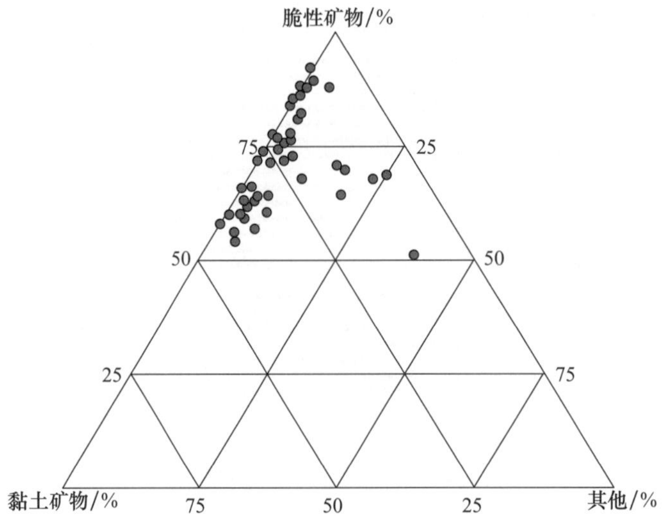

图 2-91　柴达木盆地新生界渐新统泥页岩岩石矿物组成

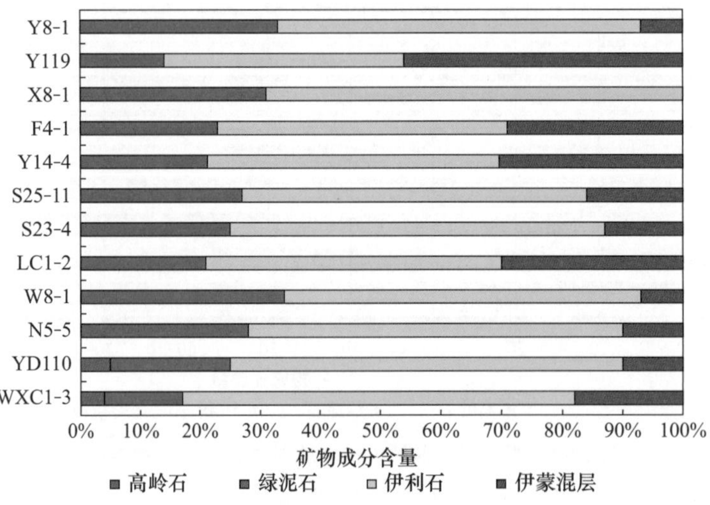

图 2-92　柴达木盆地新生界渐新统泥页岩黏土矿物组成

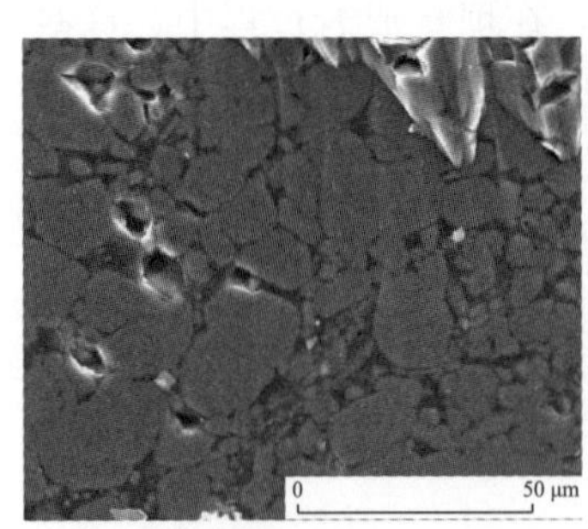

（a）塔里木盆地东二沟剖面，露头样品，ϵ_1y，黑色泥岩，块状有机质粒间孔隙

（b）塔里木盆地YX1井，石盐微晶及晶间孔隙

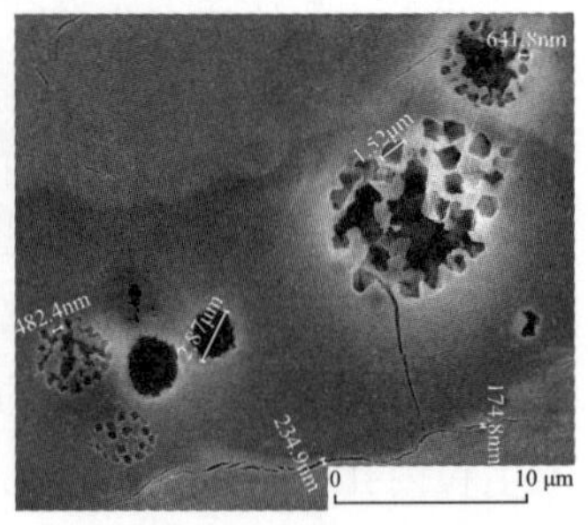

（c）柴达木盆地石灰沟剖面，露头样品，C_2k，深灰色泥岩，生物结构孔隙

图 2-93　西北区不同盆地泥页岩原生孔隙发育特征

（1）次生晶间孔。

次生晶间孔主要是由于泥页岩中自生矿物的生成或原生矿物的重结晶而形成的。在泥页岩成岩过程中，随着成岩环境的改变，方解石、白云石、菱铁矿、黄铁矿、石盐、石膏、石英等自生矿物逐渐形成，黏土矿物会发生重结晶，这些矿物晶粒间形成的孔隙即为次生晶间孔（薄泊伶等，2008）。

西北区泥页岩中存在结晶较好的黄铁矿、石盐、石膏等自生矿物，其矿物晶体间孔隙发育。黏土矿物在成岩过程中可发生重结晶而形成较完好的晶体，呈现出书页状、花瓣状等，晶体间形成孔隙空间[图 2-94(a)、(b)]，球状黄铁矿形成之后填充于黏土矿物之间的缝隙中，多个黄铁矿颗粒集中发育，其间形成明显的孔隙[图 2-94(c)]。

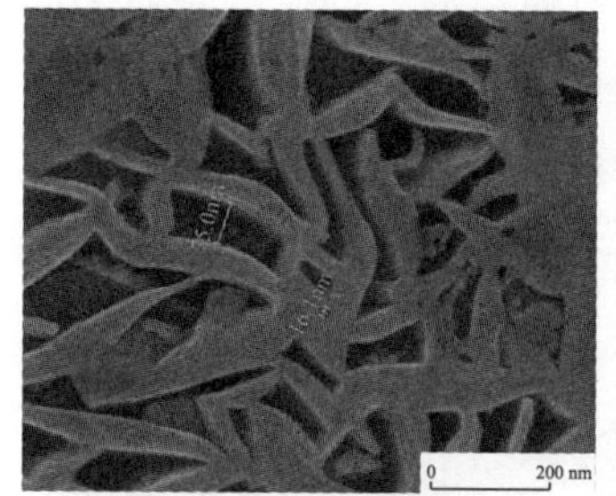

（a）BY1井，688.43m，J_2y，灰黑色泥岩，不同方向的高岭石晶体间的微孔隙

（b）民和盆地，ZK1504井，J_2y 931.5m

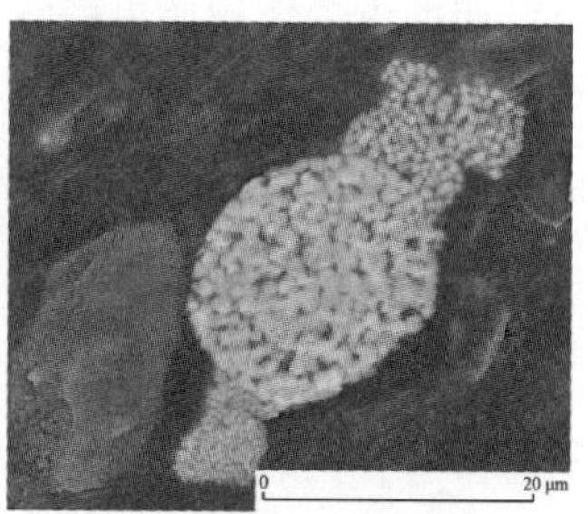

（c）BY1井，610m，J_2y，灰绿色泥岩，书页板状高岭石晶体间的微孔隙

图 2-94 西北区不同盆地泥页岩次生晶间孔发育特征

（2）溶蚀孔。

溶蚀孔是指泥页岩中可溶性矿物在具有溶蚀性的流体作用下形成的孔隙。其中，可溶性矿物包括长石、方解石、白云石、菱铁矿等可溶性硅酸盐、碳酸盐矿物；具有溶蚀性的流体主要是指泥页岩热演化过程中生成的有机酸及 CO_2 溶于水形成的碳酸流体（Roger and Younane，2011）。

塔里木盆地中生界泥页岩中可观察到菱铁矿、长石、黏土矿物等由于溶蚀作用而产生的孔隙。扫描电镜下可观察到菱铁矿遭受溶蚀而产生的微孔隙［图 2-95(a)］。泥页岩中有机酸的生成导致有机质内部或其附近的碳酸盐矿物发生溶蚀［图 2-95(b)］，也可产生溶蚀孔隙，有机质内部浅色条带的元素能谱分析显示，发生溶蚀的无机矿物中氧、铝、硅、钾等元素含量较高，表明孔隙为长石溶蚀所产生。此外，黏土矿物也可以发生溶蚀作用，产生溶蚀孔隙［图 2-95(c)］。

（3）有机质孔。

有机质孔主要是指有机质及其团块内部由于生烃作用形成的残留孔隙。有机质孔的形成与泥页岩中有机质的含量及热演化程度密切相关。高丰度泥页岩在有机质热演化程度较高时，经历大量生烃的热演化过程，有机质孔可大量发育（Gregg and Sing，1982）。

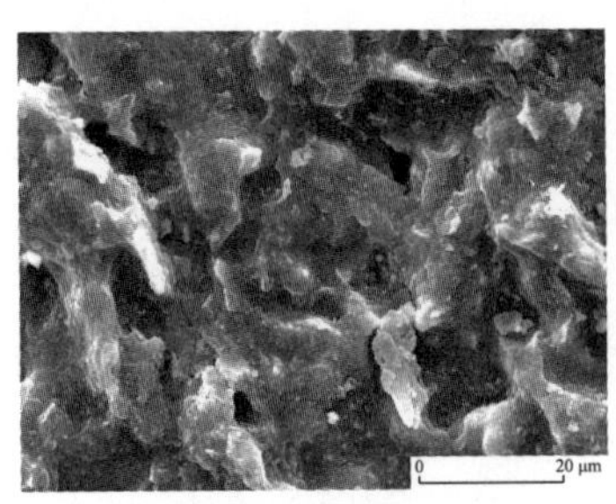

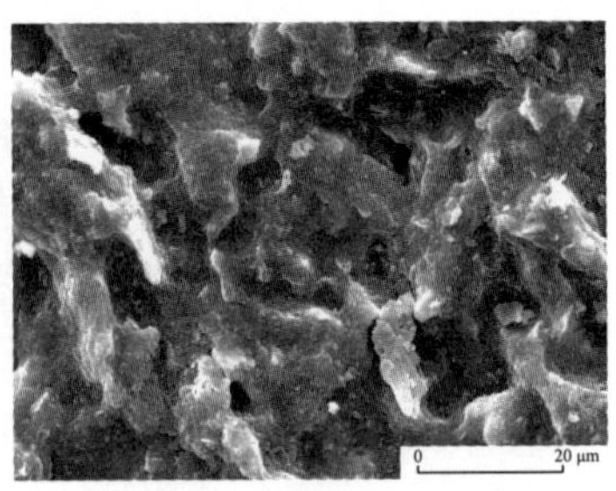

（a）塔里木盆地库车河剖面，J_1y，溶蚀痕迹　（b）吐哈盆地，WS1井，3586.5m，J_2x，碳酸盐矿物溶蚀孔　（c）塔里木盆地库车河剖面，J_1y，灰黑色泥岩，长石溶蚀孔

图 2-95　西北区不同盆地泥页岩溶蚀孔隙发育特征

有机质的生烃作用还可导致其体积缩小，在有机质内部或有机质与周围的矿物基质之间产生收缩缝隙［图 2-96(a)］。

西北区泥页岩样品由于有机质热演化程度相对较低，观察到的有机质孔较少，多为零星发育，呈椭圆形、圆形或不规则形状。生烃作用强烈时，众多孔隙集中发育，呈蜂窝状，孔隙之间亦可相互连通［图 2-96(b)、(c)］。

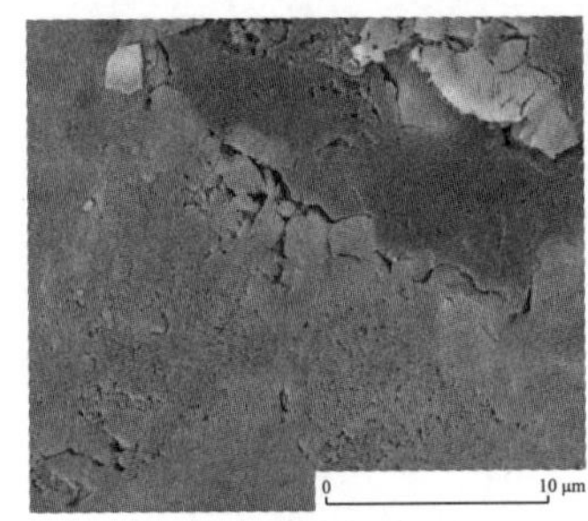
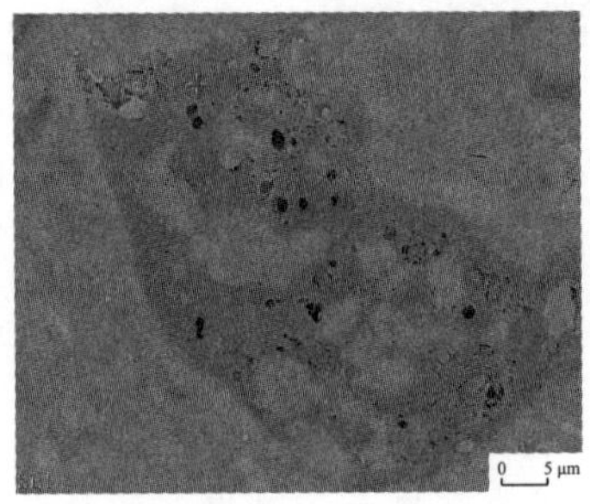
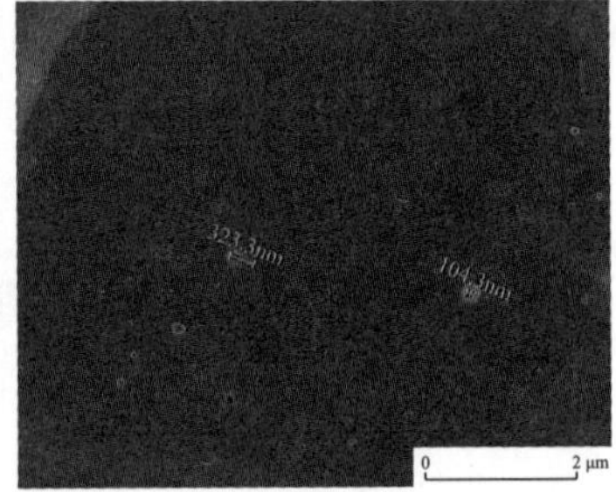

（a）准噶尔盆地L8井，T_3b，2706.3m，黑色泥岩　（b）民和盆地，ZK1504井，J_2y，931.5m　（c）塔里木盆地KZ1井，4236.9m，J_1y，灰黑色泥岩，有机质孔

图 2-96　西北区不同盆地泥页岩有机质孔隙发育特征

（4）微裂缝。

西北区泥岩中的长石、黏土矿物中微米级的裂缝发育程度较高，大部分为颗粒间的收缩缝，可以作为天然气储集的空间（图 2-97）。

（二）物性特征

1）常规孔隙度

在常规储层分析中，孔隙度和渗透率是储层特征研究中最重要的两个参数，这对于页岩气同样适用。西北区古生界泥页岩层段孔隙度样品均来自露头剖面，受风化等作用的影响，孔隙度较大，但仍可相互对比，其中寒武系孔隙度分布范围最广，5%～19%均有分布（图 2-98）。奥陶系孔隙度最小，小于 6%的孔隙度占 68%（图 2-99）。石炭系54%的样品孔隙度集中在 6%～7%（图 2-100）。

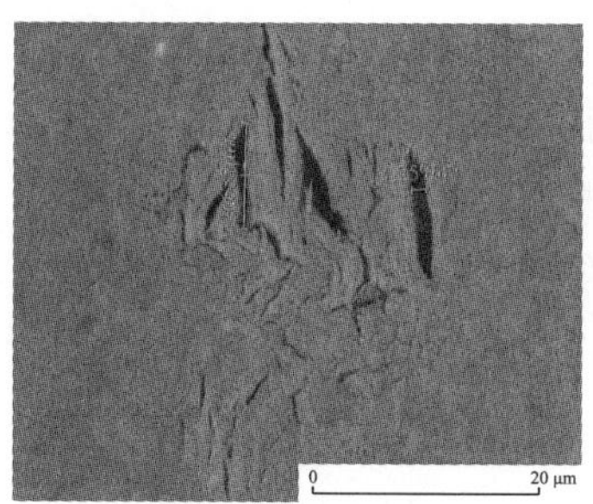

（a）准噶尔盆地，C16井，J_1b，2831m，深灰色泥岩

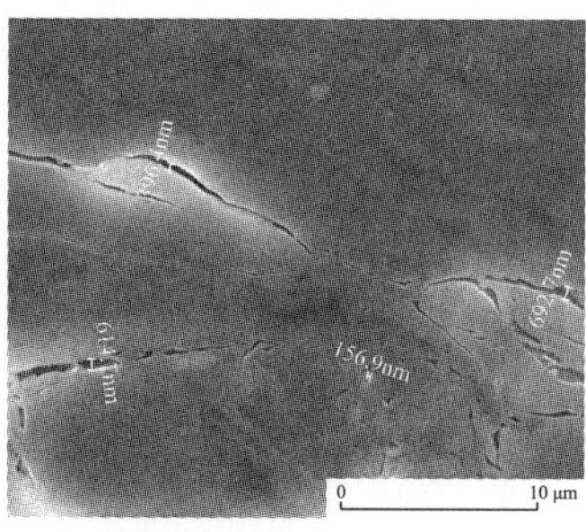

（b）柴达木盆地，L1井，J_2d，1395m，灰黑色碳质页岩

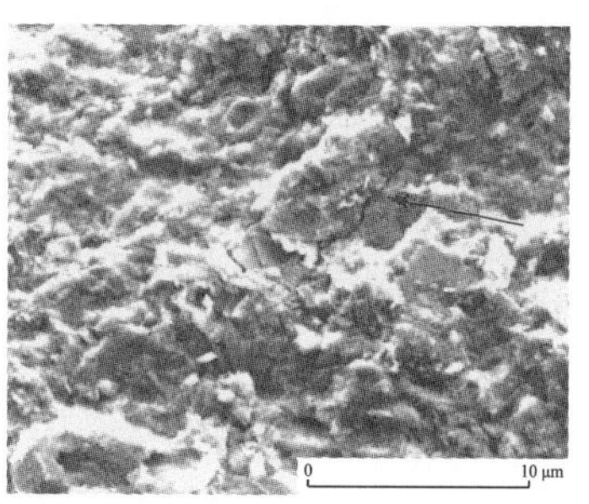

（c）吐哈盆地，H8井，J_2x，3947.8m灰色泥岩

图 2-97 西北区不同盆地泥页岩微裂缝发育特征

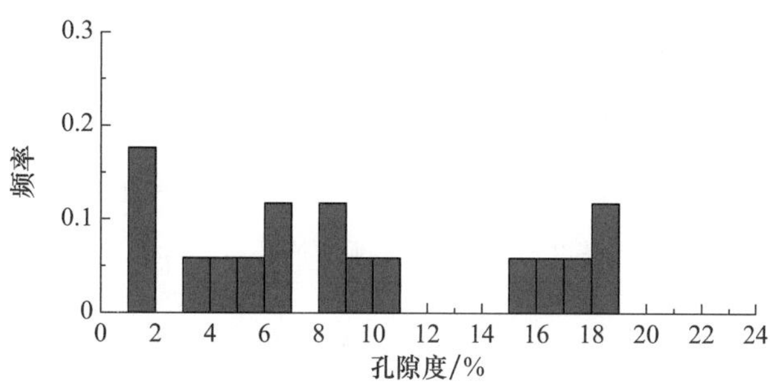

图 2-98 塔里木盆地寒武系泥页岩孔隙度频率分布图

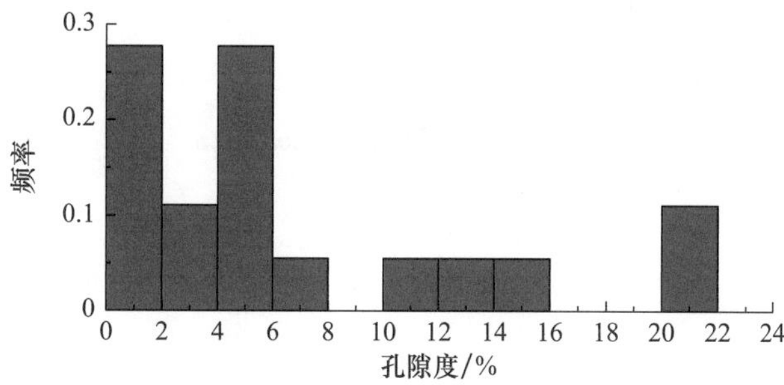

图 2-99 塔里木盆地奥陶系泥页岩孔隙度频率分布图

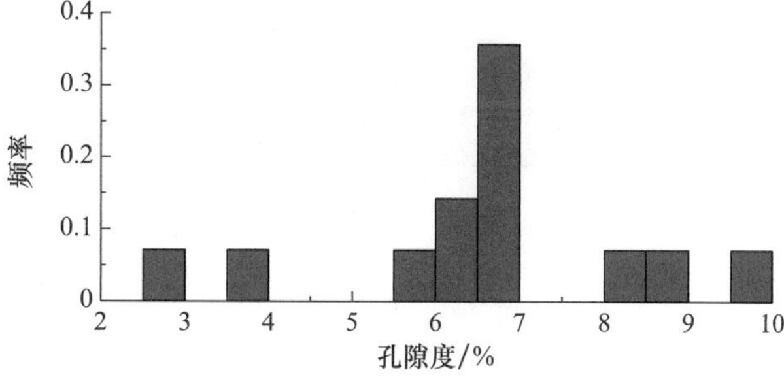

图 2-100 西北区石炭系泥页岩孔隙度频率分布图

西北区中生界泥岩样品均为钻井样品，样品孔隙度均在10%以内，三叠系泥页岩层段超过90%的样品孔隙度小于3%，其中36%的样品孔隙度集中在0.5%～1.0%（图2-101）。侏罗系各个盆地孔隙度分布具有相似性，以塔里木盆地和柴达木盆地为例，泥页岩孔隙度主要集中在0.5%～5.0%。塔里木盆地侏罗系孔隙为0.5%～5.0%的样品占总样品数的86%，其中孔隙度为0.5%～1.0%的占25%（图2-102）。柴达木盆地孔隙度在0.5%～4.5%分部比较平均（图2-103）。

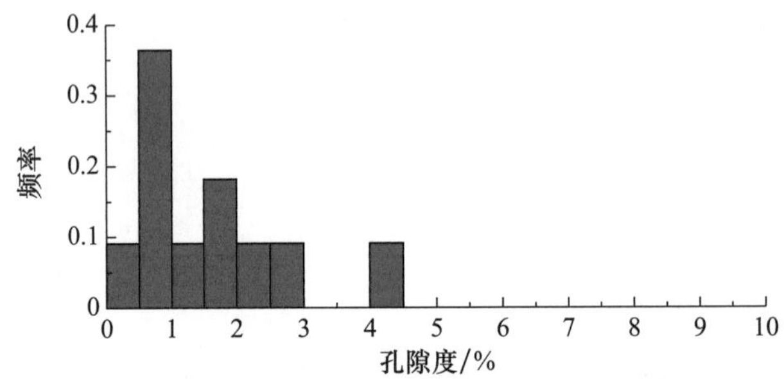

图2-101　塔里木盆地三叠系泥页岩孔隙度频率分布图

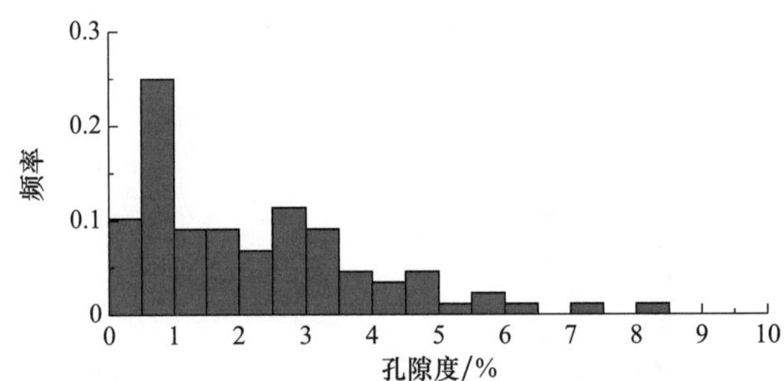

图2-102　塔里木盆地侏罗系泥页岩孔隙度频率分布图

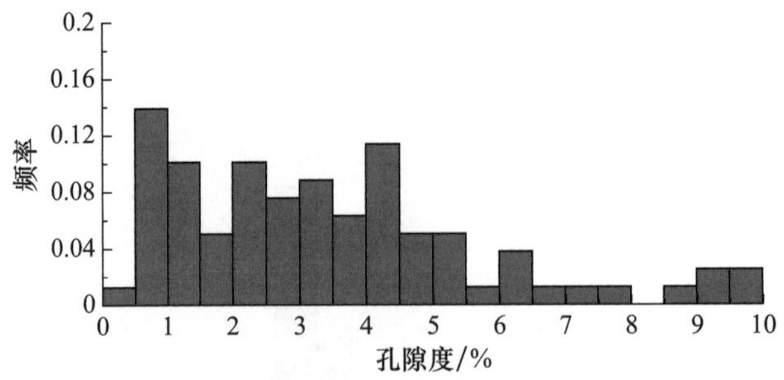

图2-103　柴达木盆地侏罗系泥页岩孔隙度频率分布图

柴达木盆地新生界渐新统下干柴沟组孔隙度主要分布在3.5%以内，其中小于2%的孔隙度占总样品数的66%（图2-104）。

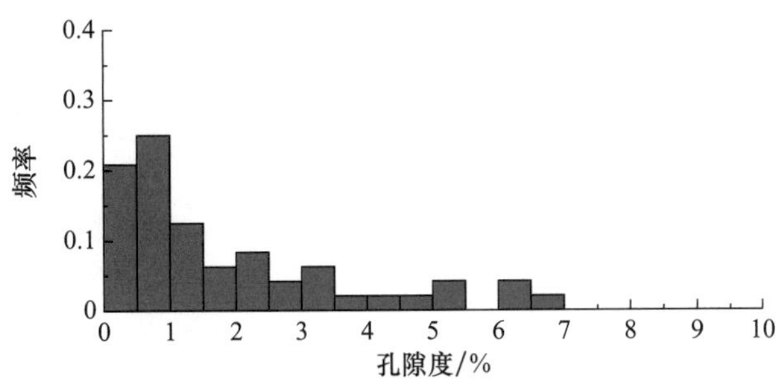

图 2-104 柴达木盆地渐新统泥页岩孔隙度频率分布图

美国 Barnett 产气页岩储层岩心分析总孔隙度分布在 2.0%～14.0%，平均为 4.2%～6.5%。西北区各层系除部分露头样品孔隙度较大以外，钻井岩心样品孔隙度主要分布在 5%以内，与美国 Barnett 产气页岩储层相似（Montgomery et al.，2005；Pollastro，2007；Kinley et al.，2009）。

2）气测孔隙度

西北区整体来看，泥页岩埋深较浅时孔隙度较大，主要集中在 5%～10%。埋深超过 2000m 后孔隙度迅速减小至 5%以内。中小盆地由于泥页岩埋深较浅，孔隙度主要集中在 6%～8%（图 2-105）。柴达木盆地、塔里木盆地、准噶尔盆地泥页岩孔隙度主要集中在 3%～5%。吐哈盆地泥页岩气测孔隙度主要集中在 1%～2%（图 2-106）。

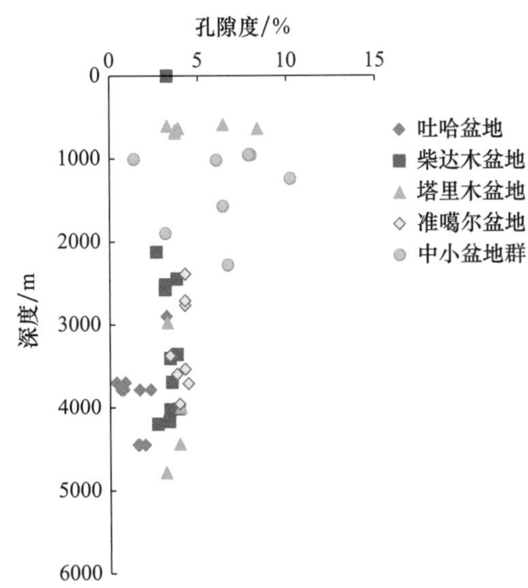

图 2-105 西北区不同盆地泥页岩气测孔隙度与深度关系

3）孔径分布

按孔的平均宽度来分类，可分为大孔（大于 50nm）、介孔（2～50nm）和微孔（小于 2nm）。大孔和介孔主要发生气体的层流渗透和毛细管凝聚，有利于游离态页岩气的

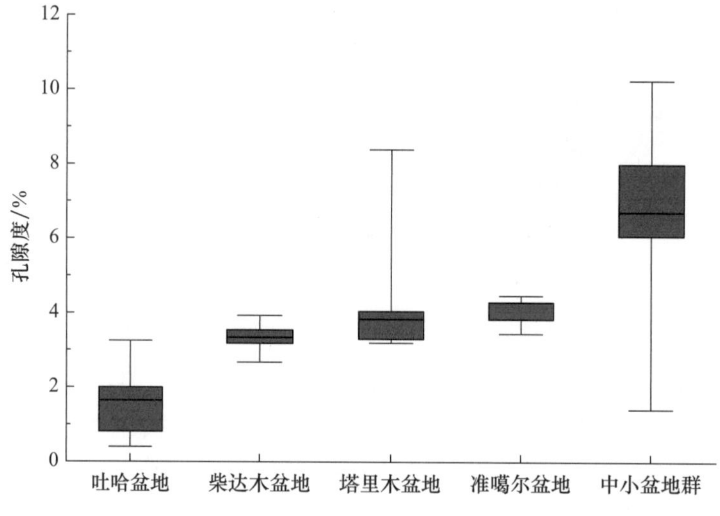

图 2-106　西北区不同盆地泥页岩气测孔隙度分布特征

储存。Raut 等（2007）认为当孔径较大时，气体分子存储于孔隙之中，此时游离态气体的含量增加。孔隙容积越大，所含游离态气体含量就越高，孔隙度大小直接控制着游离态天然气的含量。

比表面积可在一定程度上反映泥页岩孔隙发育程度，并影响泥页岩吸附气体的能力。采用低温氮气吸附的方法可以对多孔固体介质的孔隙体积、比表面积和孔径分布进行表征。

西北区各个盆地不同层位的泥页岩孔径分布数值略有差异，主要为 2～10nm，以中孔为主，寒武系及奥陶系泥页岩受风化影响部分孔隙直径分布在 10～1000nm（图 2-107～图 2-116）。

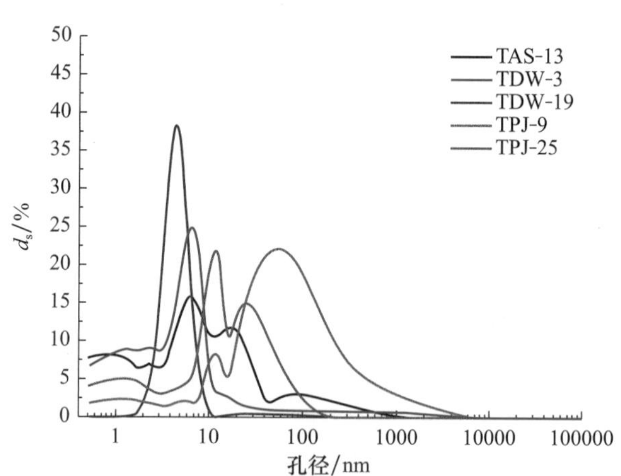

图 2-107　塔里木盆地寒武系泥页岩孔径分布特征

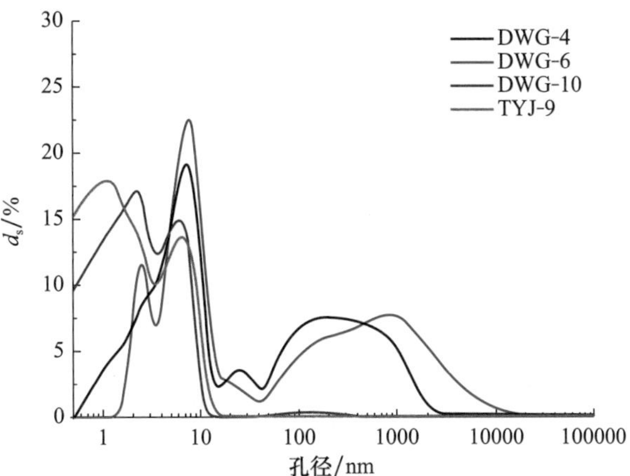

图 2-108 塔里木盆地奥陶系泥页岩孔径分布特征

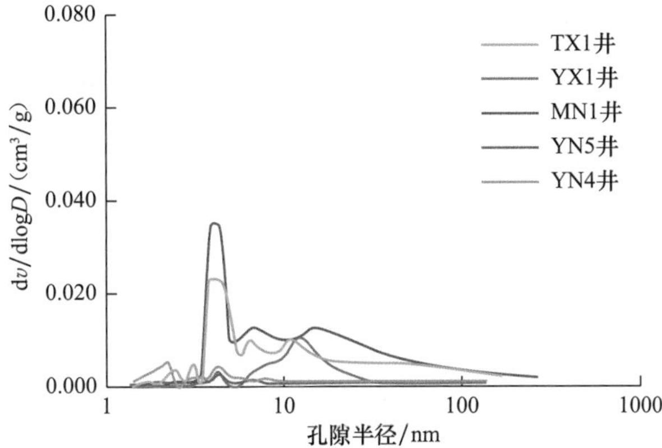

图 2-109 塔里木盆地侏罗系泥页岩孔径分布特征

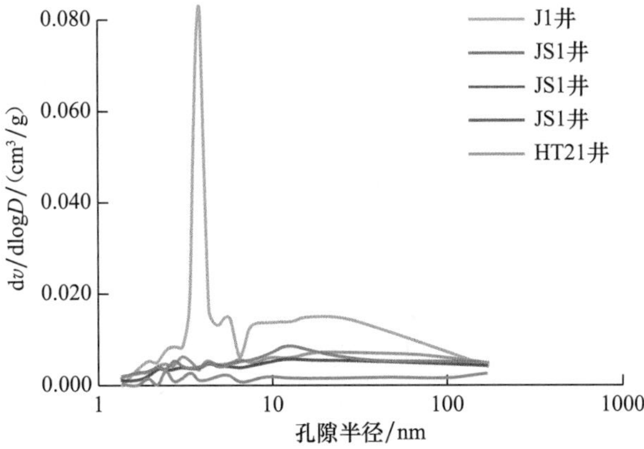

图 2-110 吐哈盆地侏罗系泥页岩孔径分布特征

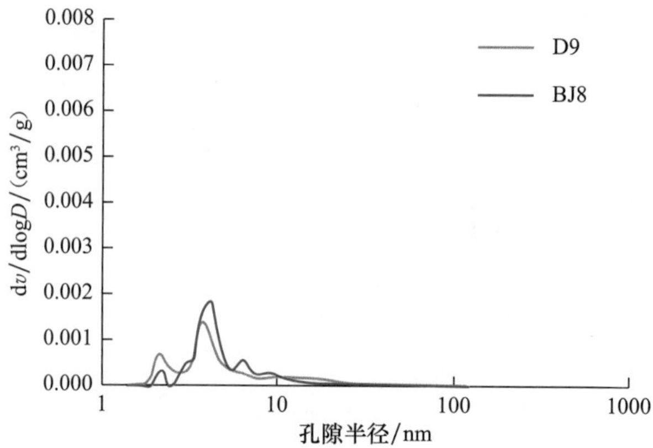

图 2-111　准噶尔盆地侏罗系泥页岩孔径分布特征

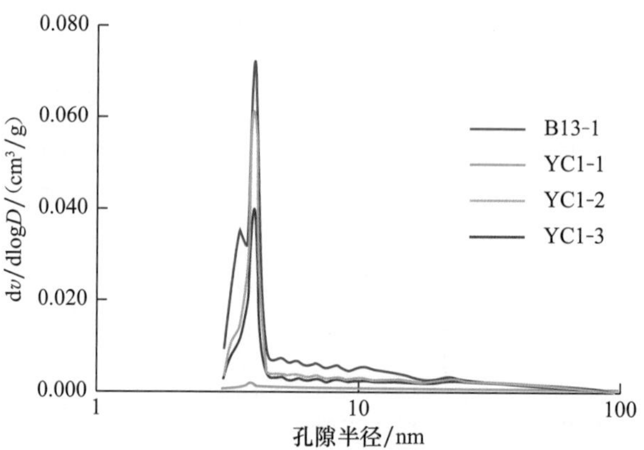

图 2-112　焉耆盆地侏罗系泥页岩孔径分布特征

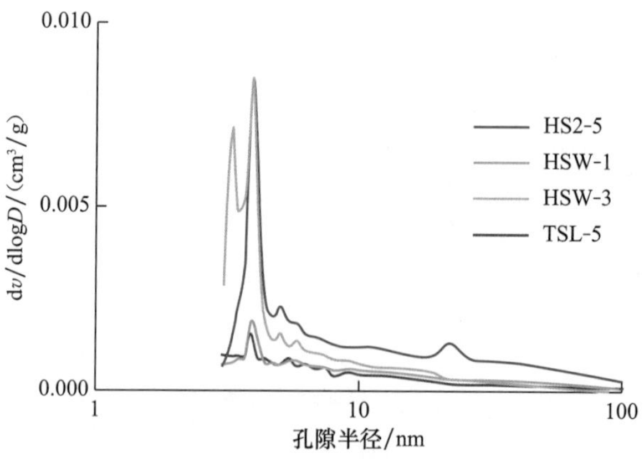

图 2-113　民和盆地侏罗系泥页岩孔径分布特征

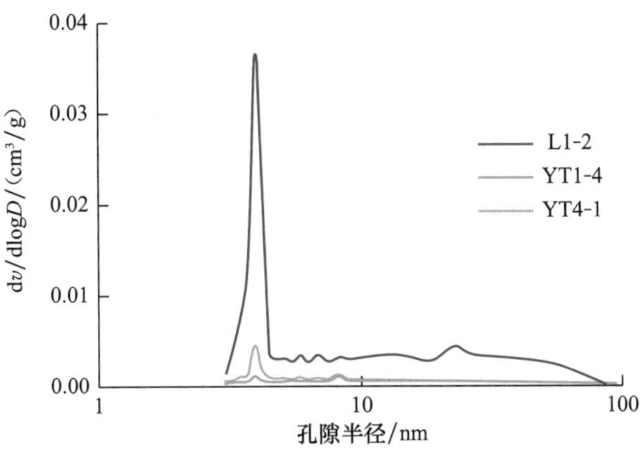

图 2-114 雅布赖盆地侏罗系泥页岩孔径分布特征

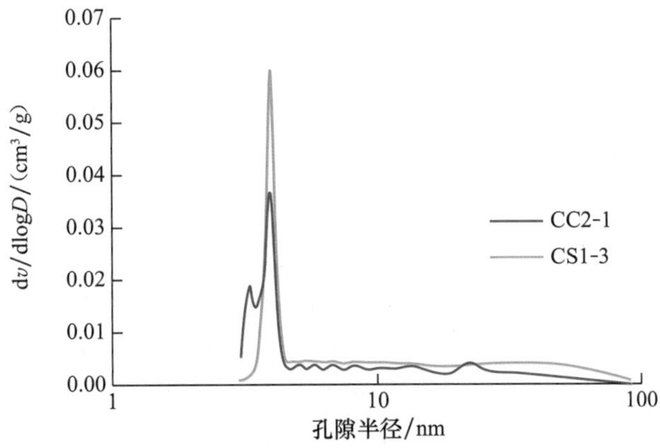

图 2-115 潮水盆地侏罗系泥页岩孔径分布特征

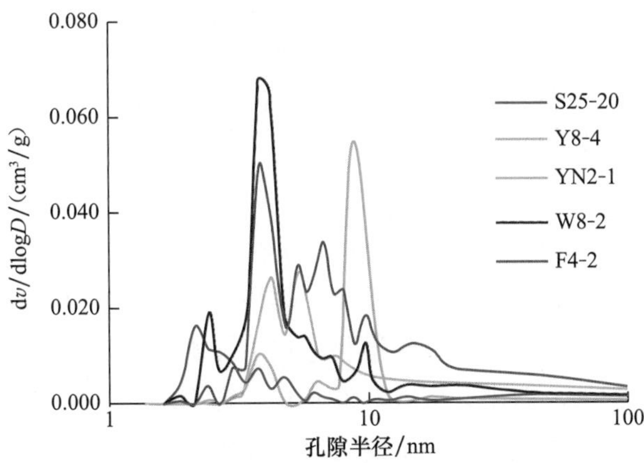

图 2-116 柴达木盆地新近系泥页岩孔径分布特征

第四节 含气性特征

一、钻井显示

西北区多个盆地泥页岩层段有明显的气测异常。

古生界泥页岩层段因钻井较少，仅在柴达木盆地上石炭统克鲁克组发现全烃异常，全烃最大值为0.066%。中生界泥页岩层段气测异常主要集中在侏罗系，三叠系仅在准噶尔盆地上三叠统白碱滩组发现气测异常层段，甲烷含量超过10%（图2-117）。西北区侏罗系泥页岩层段在多个盆地发现气测异常，其中在塔里木盆地气测全烃达31.18%，在柴达木盆气测全烃可达18.11%，在准噶尔盆地和吐哈盆地侏罗系泥页岩层段气测甲烷含量多口井超过10%（图2-117、图2-118）。另外在民和盆地、潮水盆地等中小型盆地侏罗系泥页岩层段也发现了气测异常。新生界泥页岩层段在柴达木盆地西部发现了气测异常，古近系下干柴沟组气测全烃最大值为34.1%，新近系上干柴沟组气测全烃高达54.1%（王昌桂和马国福，2008）。

二、现场解析

页岩含气量测定方法分为间接法和直接法，间接法是指通过页岩气涌出量、吸附等温线、测井解释等资料推测页岩气含量；直接法是利用现场钻井岩心解析测定其实际含气量，其测定的含气量由三部分组成，即损失气量、解析气量和残余气量。目前保压取心解析被认为是最直接的方法（王飞宇等，2011）。

（一）解析法的基本原理

解析法是测量泥页岩含气量最直接的方法，它能够在模拟地层实际环境的条件下反映泥页岩的含气性特征，因此被用来作为页岩气含量测量的基本方法。解析法中泥页岩含气量由解析气含量（V_d）、损失气含量（V_l）和残余气含量（V_r）3部分构成，测试基本流程如图2-119所示。

（二）解析气测量

解析气量是指泥页岩岩心装入解析罐后在大气压力下自然解析出的气体含量。现在广泛使用的泥页岩解析气量测量装置主要分为解析罐、集气量筒和恒温设备3部分。解析气测量主要在钻井取心现场完成，在钻井过程中准确记录启钻、提钻、岩心到达井口及装罐结束的时刻，当岩心取出井口后，迅速装入解析罐中，并使用细粒石英砂填满解析罐空隙后密封，然后放入模拟地层温度的恒温设备，让岩心在解析罐中自然解析，并按时记录不同时刻的解析气体积，直到解析完全结束。

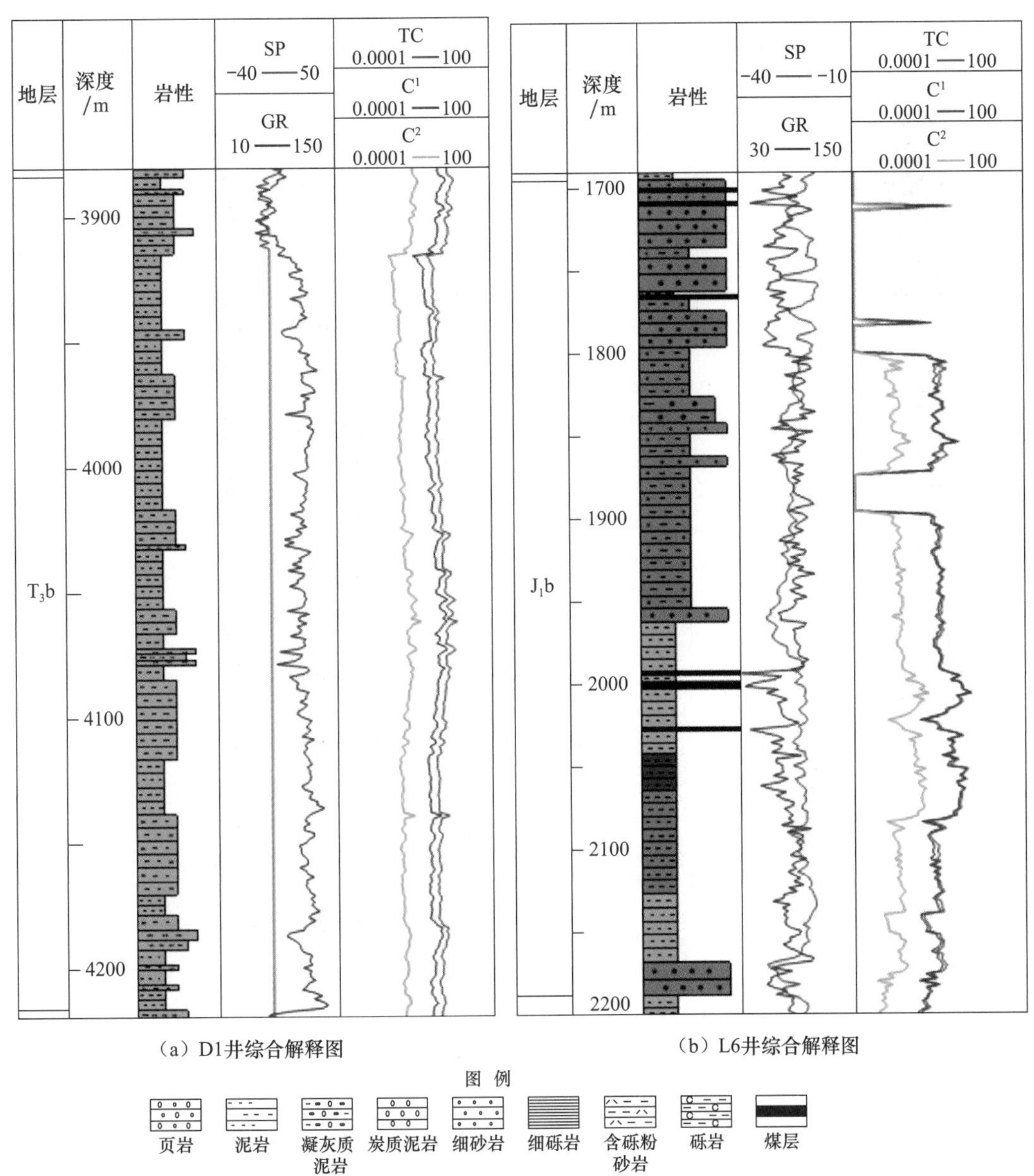

图 2-117 准噶尔盆地 D1 井 T_3b（左）、L6 井 J_1b（右）泥页岩层段气测显示图

泥页岩样品解析主要采用的是现场快速解析方法，快速解析的时间短，一般为 8h，装罐结束后 5min 内进行第一次测定，以后以 10min、15min、30min、60min 为间隔，各测定 1h，然后 120min 测定 2 次，8h 后解析结束。另外，快速解析还可以通过适当提高解析温度和连续观测，并选择相应的中止时间。

将现场解析得到的解析气总量（V_m）代入公式（2-1）校正成标准状态下的体积（V_s），然后除以样品质量即为岩心的解析气含量（V_d）。

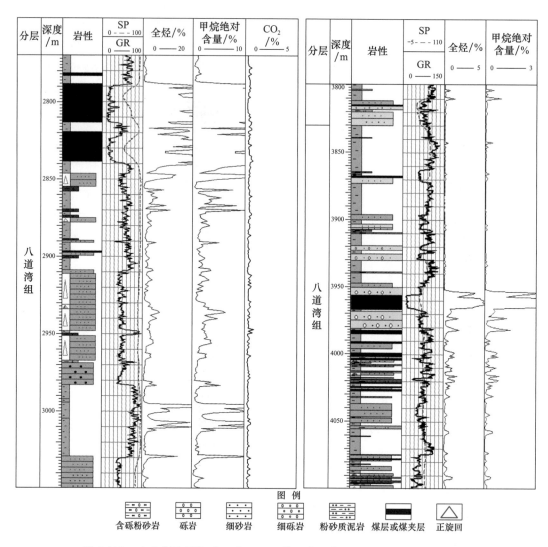

图 2-118 吐哈盆地 HE3 井（左）、H9 井（右）侏罗系泥页岩层段气测显示

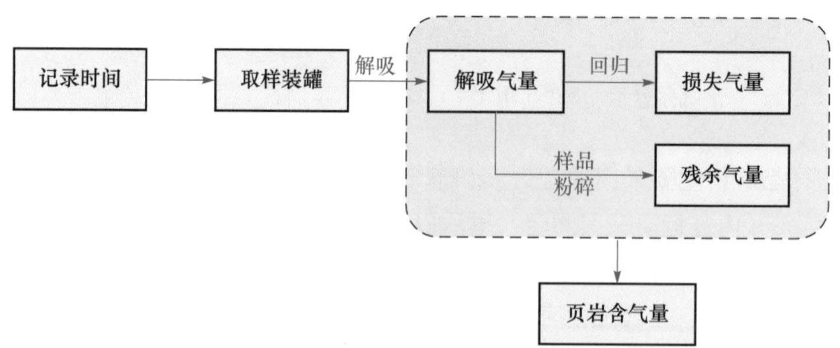

图 2-119 解析法测定泥页岩含气量流程图

$$V_s = \frac{273.15 P_m V_m}{101.325 \times (273.15 + T_m)} \tag{2-1}$$

式中，V_s 为标准状态的解析气体积，cm^3；P_m 为现场大气压力，kPa；V_m 为实测解析气体积，cm^3；T_m 为现场大气温度，℃。

（三）损失气量的计算

1）USBM 直接法

损失气量与取心至样品密封解析罐中所需时间有关，取心、装罐所需时间越短，则计算的损失气量越准确。当损失气量不超过总含气量的 20%时，直接法所测的含气量比较准确。

目前计算页岩气损失气量的方法主要有 USBM 直接法（美国联邦矿务局直接法）、史密斯-威廉姆斯法、曲线拟合法等，其基本原理都与 USBM 直接法类似。

USBM 直接法计算损失气的理论依据是：岩石内的孔隙是球形的，且孔径的分布是单峰的，气体在孔隙中的扩散是等温的且服从菲克第一定律，所有孔隙中气体的初始浓度相同，球体的边界处浓度为零。则解析最初几个小时释放出的气体与解析时间的平方根成正比，总的解析量可由式（2-2）表示：

$$V_{总} = V_1 + a\sqrt{t + t_0} \tag{2-2}$$

式中，$V_{总}$ 为总解析量，mL；V_1 为损失气量，mL；a 为系数；t 为解析罐解析时间，min；t_0 为损失时间，min。令 $T=\sqrt{t+t_0}$，则式（2-2）写为

$$V_{总} = V_1 + aT \tag{2-3}$$

式中，实测解析气量 $V_2=aT$。由此在解析气量与时间的平方根的图中（一般取前 10 个点），反向延长到计时起点，即可估算出损失气量（图 2-120）。

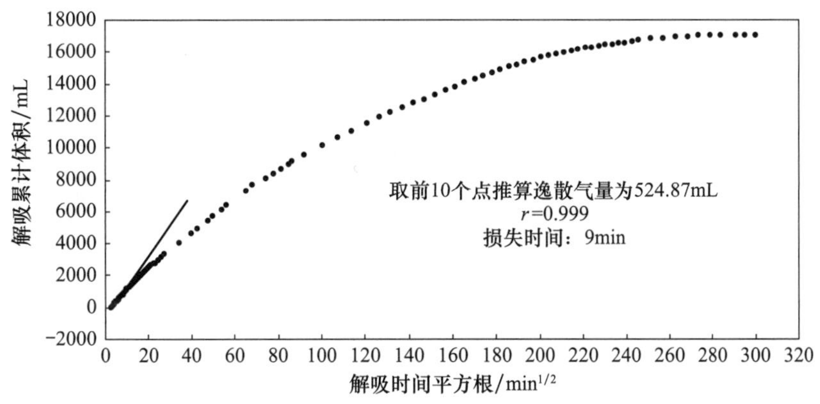

图 2-120 损失气量的估算

直接法的计时起点为岩心提至钻井液压力等于页岩层流体压力的时间，或采用提钻到井深一半的时间（清水泥浆）。

2）史密斯-威廉姆斯法

史密斯-威廉姆斯法是史密斯和威廉姆斯建立的，使用钻井岩屑测定含气量。在井口收集钻屑装入解析罐中，解析方法与直接法相同。该方法假设岩屑在井筒上升过程中压力线性下降，直至岩屑到达地面，通过求解扩散方程，将其分解成两个无因次时间的形式［式(2-4)、式(2-5)］：

$$\mathrm{STR}=\frac{\text{样品被密封的时间}-\text{岩心到达地表的时间}}{\text{样品被密封的时间}-\text{钻穿煤层的时间}} \tag{2-4}$$

$$\mathrm{LTR}=\frac{\text{样品被密封的时间}-\text{钻穿煤层的时间}}{\text{样品被密封的时间}-\text{钻穿煤层的时间}+t_{25\%}} \tag{2-5}$$

式中，STR 为地面时间比，无因次；LTR 为损失时间比，无因次；$t_{25\%}$ 为实测被解析出全部气体体积（STD）的 25％所需的时间。

由两个无因次时间比查表或图版得到校正因子，用校正因子乘以实测解析气量即得到总解析气量，总含气量减解析气量，得损失气量。损失气量与总含气量的比值小于50％时，史密斯-威廉姆斯法是准确的，即校正因子最大值是 2。另外，虽然史密斯-威廉姆斯法是根据钻井岩屑解析建立的，也适用于取心样品含气量的确定。

（四）现场解析样品分析

准噶尔盆地 D9 井上三叠统白碱滩组两块样品解析气量分别为 1049mL 和 1423mL，恢复损失气量分别为 13210mL 和 12044mL，有效泥页岩含气量分别为 2.52m^3/t 和 2.30m^3/t；下侏罗统三工河组在 BJ8 井样品解析气量为 324mL，恢复损失气量为 1045mL，有效泥页岩含气量为 0.29m^3/t（表 2-8）。

表 2-8 准噶尔盆地含气量恢复数据表

恢复方法	USBM		
井名	D9(2 号罐)	D9(4 号罐)	BJ8
层位	T_3b	T_3b	J_1s
岩性	灰黑色泥岩	灰黑色泥岩	灰黑色泥岩
采样深度/m	3873.02	3860.00	3426.31
岩心重量/kg	5.74	5.99	5.85
岩心长度/m	0.273	0.282	0.265
损失时间/min	487	490	498
解析时间/min	281	264	698
最终解析量/mL	1049	1423	324
恢复损失量/mL	13210	12044	1045
残余气量/mL	182.7	334.3	334
总含气量/mL	14441.7	13801.3	1703
单位岩石含气量/(m^3/t)	2.52	2.30	0.29

塔里木盆地塔西南地区布雅煤矿浅钻的两块中侏罗统杨叶组暗色泥岩解析气量分别为 109.6mL 和 118.5mL，恢复损失气量分别为 18mL 和 22mL（图 2-121），总解析气量分别为 127.6mL 和 140.5mL。塔里木盆地中侏罗统有效泥页岩含气量为 0.15～0.2m^3/t（表 2-9），考虑到解析样品埋深较小，测试结果仅具有一定借鉴意义。

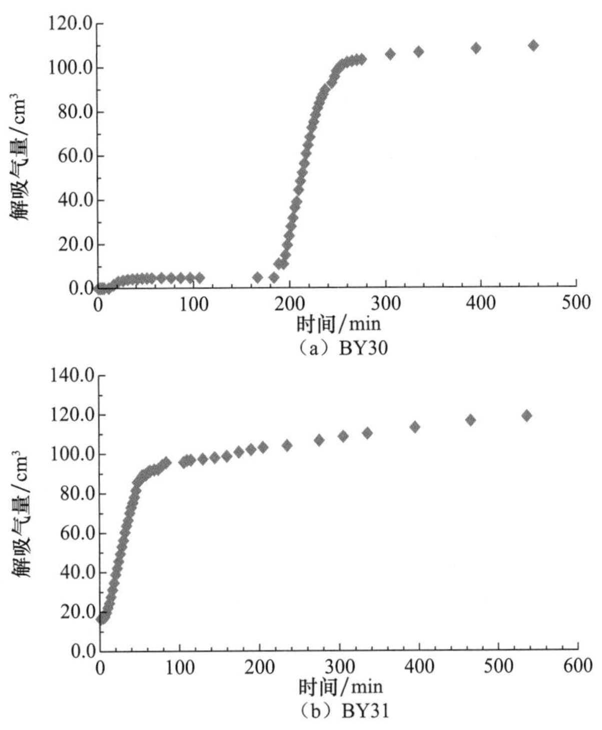

图 2-121 塔西南布雅煤矿浅井泥岩样品 BY30 和 BY31 损失气含量恢复示意图

表 2-9 塔里木盆地布雅煤矿浅井泥页岩样品现场解析表

样品	质量/kg	解析气量/cm^3	损失气量/cm^3	总解析气量/cm^3	标准状态下解析气含量/(m^3/t)
BY30	0.81	109.6	18	127.6	0.16m^3/t
BY31	0.73	118.5	22	140.5	0.19m^3/t

吐哈盆地台北凹陷 J5 井西山窑组泥页岩样品解析量分别为 245mL 和 403mL，恢复损失气量分别为 1950mL 和 2500mL（图 2-122）。

柴达木盆地中侏罗统泥页岩样品解析气量较大，但气体组分主要为空气，甲烷等烃类气体在解析气中的体积分数低，分布在 0.0005%～3.2797%，平均在 0.2286%（表 2-10），在未进行损失气恢复之前，单位岩石解析气烃类气体含量不高。

民和盆地中侏罗统窑街组三段泥页岩样品解析气含气量在 0.20～0.36m^3/t，累计解析气量 74.92～291.40mL（图 2-123）。折算后的损失气+解析气含量为 0.26～0.42m^3/t，平均值为 0.33m^3/t，表明民和盆地窑街组页岩具有一定的含气性。

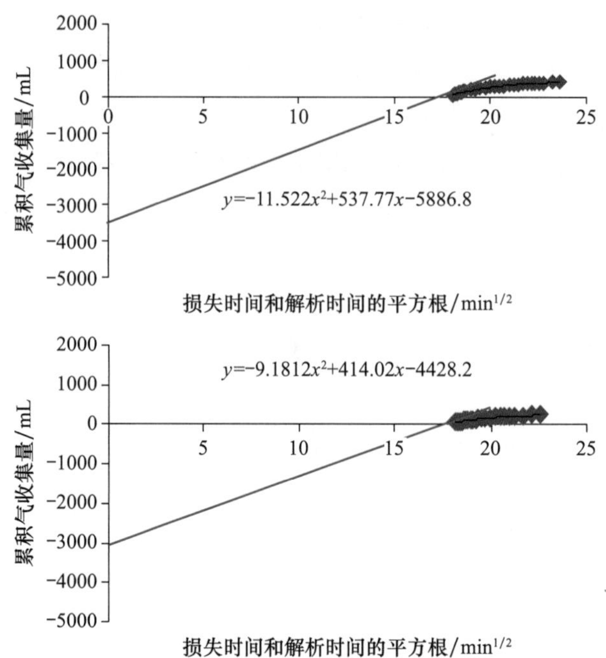

图 2-122 吐哈盆地 J5 井西山窑组泥页岩损失气估算

表 2-10 柴达木盆地中侏罗统暗色泥页岩含气量现场解析结果表

地区	气样编号	深度/m	层位	岩性	解析气体积/cm^3	烃气体积分数/%	解析烃体积/cm^3	单位岩石解析烃量/(m^3/t)
塔妥地区	ZK-Q-1	586	J_2	深灰色砂质泥岩	328	0.0118	0.039	0.000033
	ZK-Q-2	587	J_2	灰色泥质粉砂岩	302	0.0051	0.015	0.000009
	ZK-Q-4	589	J_2	灰黑色泥岩	265	0.0021	0.005	0.000004
	ZK-Q-5	583.6	J_2	灰黑色泥岩	255	0.0049	0.012	0.000009
	ZK-Q-6	594	J_2	灰白色细砂岩	155	0.0019	0.003	0.000002
羊水河地区	ZK-19-3-Q-1	623	J_2	灰黑色页岩	215	0.0223	0.191	0.000119
	ZK-19-3-Q-2	625.6	J_2	灰黑色页岩	265	0.0785	0.687	0.000420
	ZK-19-3-Q-3	624.2	J_2	灰黑色页岩	195	0.1224	0.863	0.000347
	ZK-19-3-Q-4	626	J_2	灰黑色页岩	320	0.1663	1.187	0.000781
	ZK-19-3-Q-5	630	J_2	灰黑色页岩	165	0.4665	2.729	0.001388
	ZK-19-3-Q-6	630.8	J_2	灰黑色页岩	170	0.1755	1.106	0.000555
	ZK-19-3-Q-7	634.2	J_2	灰黑色页岩	285	0.1682	1.656	0.001174
	ZK-19-3-Q-8	634.7	J_2	灰黑色页岩	290	0.2179	2.157	0.001262
	ZK-19-3-Q-9	640	J_2	灰黑色页岩	210	3.2797	21.646	0.011803
	ZK-15-4-Q-1	391.8	J_2	灰色砂质泥岩	238	0.0397	0.352	0.000195
	ZK-15-4-Q-2	393.9	J_2	灰色砂质泥岩	295	0.4485	4.507	0.002960

续表

地区	气样编号	深度/m	层位	岩性	解析气体积/cm^3	烃气体积分数/%	解析烃体积/cm^3	单位岩石解析烃量/(m^3/t)
北山地区	ZK-39-6-Q-1	581	J_2	深灰色泥质粉砂岩	350	0.0362	0.258	0.000201
	ZK-38-7-Q-1	748	J_2	深灰色泥岩	240	0.0012	0.009	0.000005
	ZK-38-7-Q-2	750	J_2	深灰色泥岩	375	0.0005	0.006	0.000004
	ZK-38-7-Q-3	762	J_2	灰色泥岩	285	0.0009	0.213	0.000127
	ZK-38-7-Q-4	768	J_2	灰色泥质砂岩	265	0.0005	0.004	0.000002
	ZK-38-7-Q-5	771	J_2	灰色泥岩	335	0.0014	0.014	0.000008

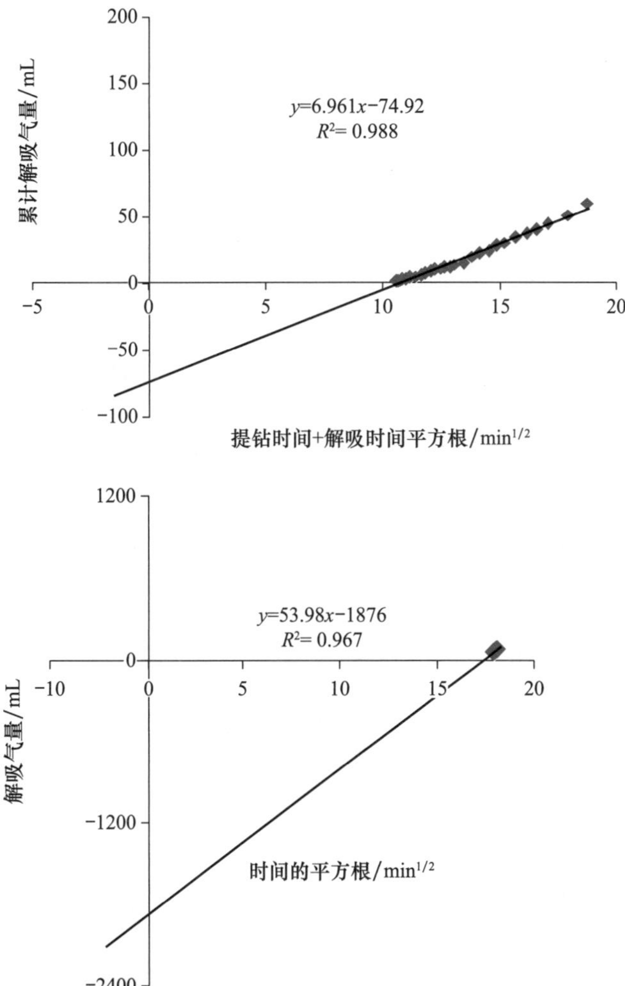

图 2-123　民和盆地窑街组（上）、雅布赖盆地新河组（下）泥页岩损失气估算

雅布赖盆地中侏罗统新河组一段泥页岩累积解析气量可达 469mL，损失气量为 1876mL（图 2-123），折算后损失气量＋解析气含量为 0.67m^3/t，可见新河组泥页岩的

含气性较好。

柴达木盆地中新统上干柴沟组泥页岩损失气量为454mL（图2-124），解析气量为151mL，总含气量为0.275m³/t；渐新统下干柴沟组上段泥页岩损失气量为196mL（图2-125），解析气量为160mL，总含气量为0.089m³/t。

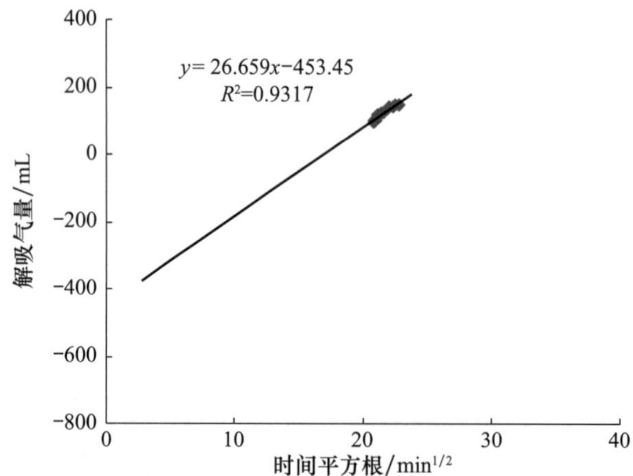

图2-124　USBM法估算柴达木盆地中新统损失气量图

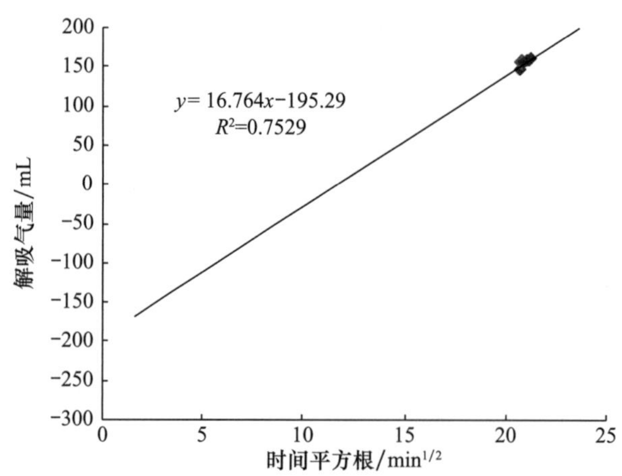

图2-125　USBM法估算柴达木盆地渐新统损失气量图

三、等温吸附模拟

由于泥页岩储层的物性特征、矿物组成、孔隙结构等与常规的砂岩、碳酸盐岩等有较大差异，其中所赋存的页岩气除以游离状态存在于较大孔隙或裂隙之中外，还有大量页岩气吸附于黏土矿物颗粒或有机质表面，呈吸附态存在（Brunauer et al.，1938；Brunauer，1945；Lloyd and Conley，1970；Aylmore，1974）。

等温吸附测试即是在一定的平衡温度下，对于给定的吸附剂和吸附质，测定其与一系列不同压力值相应的吸附量。此次等温吸附实验采用甲烷作为吸附质，测定西北区不同层位泥页岩的吸附等温线，进而对其吸附能力进行研究（张雪芬等，2010；熊伟等，2012）。

塔里木盆地下寒武统玉尔吐斯组（ϵ_1y）泥页岩饱和吸附气量主要为1.15～7.36m^3/t，中、上奥陶统萨尔干组（O_2s）泥页岩饱和吸附气量主要为1.55～2.78m^3/t；柴达木盆地上石炭统克鲁克组泥页岩饱和吸附气量V_L在1.01～7.04m^3/t，平均3.6m^3/t（文志刚等，2004）（表2-11）。

表2-11 塔里木盆地寒武系—奥陶系等温吸附实验结果表

盆地	样号	层位	温度	V_L/(m^3/t)	P_L/(MPa)
塔里木盆地	Y1	ϵ_1y	90	1.15	2.82
塔里木盆地	Y2	ϵ_1y	90	1.19	2.51
塔里木盆地	Y3	ϵ_1y	90	5.16	2.28
塔里木盆地	Y4	ϵ_1y	90	5.2	1.82
塔里木盆地	Y5	ϵ_1y	90	1.68	1.8
塔里木盆地	Y6	ϵ_1y	90	4.04	1.87
塔里木盆地	Y7	ϵ_1y	90	3.3	2.56
塔里木盆地	DEG-6	ϵ_1y	90	7.36	3.7
塔里木盆地	DEG-Z-5	ϵ_1y	90	3.37	0.93
塔里木盆地	DWG-3	ϵ_1y	90	1.55	0.8
塔里木盆地	DWG-Z-10	ϵ_1y	90	1.44	0.88
塔里木盆地	DWG-Z-10	ϵ_1y	90	1.22	0.55
塔里木盆地	DWG-7	O_{2+3}	90	1.58	0.53
塔里木盆地	WSKJ-8	O_{2+3}	90	2.25	1.95
塔里木盆地	KM-7	O_{2+3}	90	2.78	1.76
柴达木盆地	WGX C 09	C_2k	75	3.19	1.76
柴达木盆地	WGX-12-03	C_2k	75	1.01	1.5
柴达木盆地	WGX-12-15	C_2k	75	1.74	1.88
柴达木盆地	SHG-3	C_2k	75	7.04	1.59
柴达木盆地	SHG-9	C_2k	75	2.85	1.68
柴达木盆地	SHG-14	C_2z	75	5.74	1.58
柴达木盆地	CSG-2	C_1h	75	0.91	2.25

注：V_L为兰化体积，P_L为兰化压力。

柴达木盆地和塔里木盆地侏罗系泥页岩样品的饱和吸附气量最大值均大于15m^3/t，柴达木盆地泥页岩饱和吸附气量相对较大，总体为2.0～6.0m^3/t，塔里木盆地泥页岩饱和吸附气量总体为1.0～3.0m^3/t；准噶尔盆地、吐哈盆地、潮水盆地、雅布赖盆地、银-额盆地和焉耆盆地侏罗系泥页岩饱和吸附气量相对较小，主要为1.0～2.0m^3/t；民和盆地侏罗系泥页岩饱和吸附气量相对较大，最大值达13.34m^3/t，平均值为8.12m^3/t（图2-126）。此外，在塔里木盆地和准噶尔盆地中生界上三叠统泥页岩饱和吸附气量主要为0.82～2.0m^3/t，最大值达8.3m^3/t。白垩系泥页岩饱和吸附气量为1.64m^3/t（表2-12）。

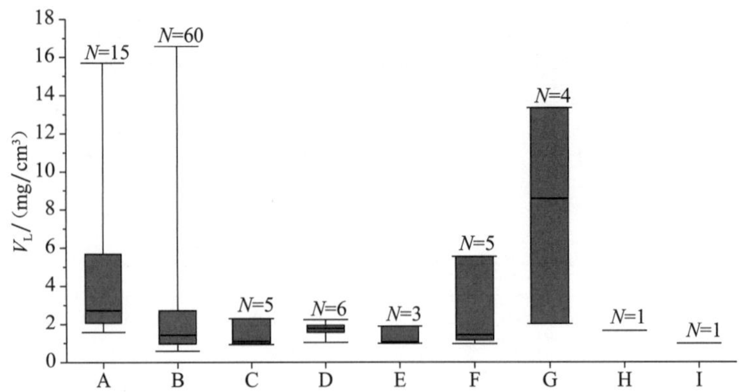

图 2-126 西北区侏罗系泥页岩等温吸附能力分布特征

A-柴达木盆地；B-塔里木盆地；C-准噶尔盆地；D-吐哈盆地；E-潮水盆地；F-雅布赖盆地；G-民和盆地；H-银-额盆地；I-焉耆盆地

表 2-12 西北区三叠系、白垩系泥页岩等温吸附实验结果表

盆地	样号	层位	温度	$V_L/(m^3/t)$	P_L/MPa
塔里木盆地	YN2	T_3	30℃	0.94	2
塔里木盆地	YN2	T_3	30℃	0.99	2.1
塔里木盆地	YN2	T_3	30℃	0.82	2.09
塔里木盆地	YN2	T_3	30℃	0.85	2.33
塔里木盆地	12	T_3	90℃	1.97	0.53
准噶尔盆地	达 9-1	T_3b	30℃	1.77	2.65
准噶尔盆地	达 9-2	T_3b	57℃	2	2.83
准噶尔盆地	达 9-2	T_3b	84℃	1.49	2.61
准噶尔盆地	伦 8	T_3b	30℃	8.32	1.87
六盘山盆地	ZKⅡ-2-12	K_1n	40℃	1.64	0.93

柴达木盆地西部古近系下干柴沟组大部分泥页岩饱和吸附气量为 1～2m³/t，部分饱和吸附气量超过 2m³/t，说明柴达木盆地西部古近系下干柴沟组泥页岩具有较好的储集性能（刘玉华等，2010）（表 2-13）。

表 2-13 2012 年柴达木盆地西部泥页岩等温吸附结果统计表

样品号	90℃		50℃	
	$V_L/(m^3/t)$	P_L/MPa	$V_L/(m^3/t)$	P_L/MPa
狮 23-6	1.36	3.19	1.52	2.05
狮 23-14	1.18	2.15	1.95	2.42
狮 25-7	1.52	2.88	2	2.38
狮 25-14	1.15	1.51	1.46	1.51
狮 25-16	1.33	2.06	1.43	1.24

续表

样品号	90℃		50℃	
	V_L/(m³/t)	P_L/MPa	V_L/(m³/t)	P_L/MPa
狮 25-20	1.07	1.57	1.39	1.21
油 8-1	1.07	1.57	1.35	1.19
油南 2-1	0.59	0.96	0.89	0.99
油南 2-11	0.7	0.95	0.92	1.02
油南 2-27	0.97	1.77	1.19	1.6
南 1-1	1.04	2.47	1.17	1.38
乌 8-1	2.02	4.98		
跃检 2-1	0.94	1.73	1.06	1.14
绿参 1-2	0.92	1.54	1.17	1.64
绿参 1-5	1.42	2.57	1.66	2.23
绿参 1-7	0.95	2.08		
风 4-1	0.72	1.17		
咸 8	1.13	3.11	1.2	1.73
跃 119	0.84	3.26		

第三章

页岩油富集地质条件

西北区富有机质泥页岩层段主要分布于石炭系、二叠系和白垩系。其中石炭系富有机质泥页岩主要发育于三塘湖盆地马朗凹陷哈尔加乌组上段和下段；二叠系富有机质泥页岩层段主要发育于三塘湖盆地二叠系芦草沟组，准噶尔盆地中二叠统平地泉组、下二叠统风城组；侏罗系富有机质泥页岩层段主要发育于吐哈盆地中侏罗统七克台组和塔里木盆地塔西南地区中侏罗统杨叶组及柴达木盆地中侏罗统大煤沟组七段；白垩系富有机质泥页岩层段主要发育于酒泉盆地营尔凹陷下白垩统的中沟组和花海-金塔盆地花海凹陷下白垩统中、下沟组。

第一节　页岩油层段划分与分布

一、石炭系

西北区石炭系富有机质泥页岩主要发育于三塘湖盆地马朗凹陷哈尔加乌组，上段和下段各一套（图 3-1)，富有机质泥页岩层段岩性组合主要为过渡相的暗色碳质泥岩夹凝灰岩和凝灰质泥岩。

哈尔加乌组沉积环境较为复杂，发育岩性主要为黑色碳质泥岩，也有薄层灰色泥岩。哈尔加乌组下段富有机质泥页岩层段厚度不大，在 30～100m；上段富有机质泥页岩厚度比下段稍大，在 30～120m；两套富有机质泥页岩层段具有横向分布不稳定、厚度中心分布较小的特征，厚度高值区均位于马朗凹陷马中构造带和牛圈湖构造带及条湖凹陷西南部（图 3-2)。

哈尔加乌组下段富有机质泥页岩在条湖-马朗凹陷西南部埋深较大，向东北逐渐变浅；上段富有机质泥页岩层段在条湖-马朗凹陷西南部埋深较大，向东北逐渐减小，洼陷中心埋深达到 4800m（图 3-3)。

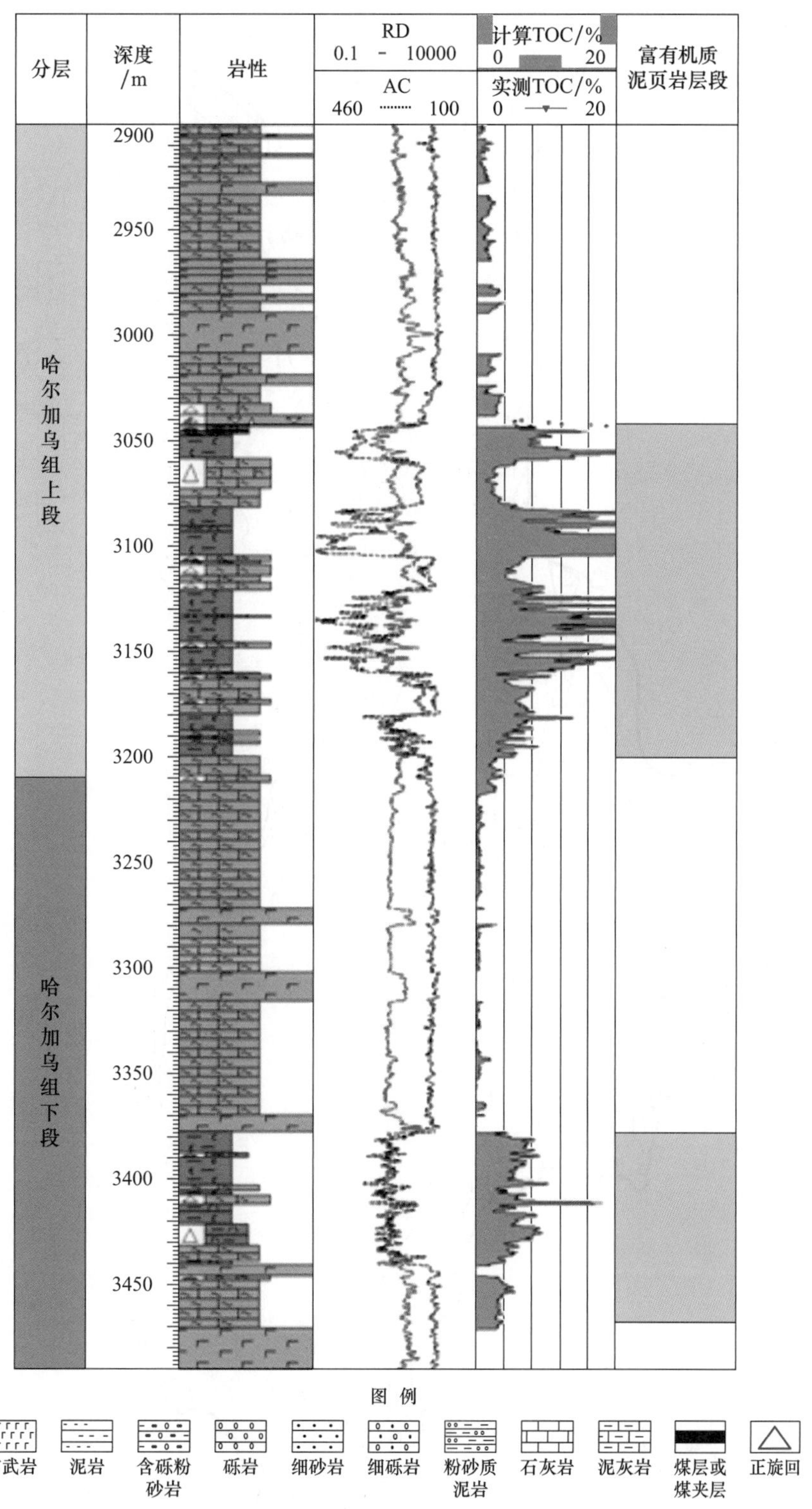

图 3-1 三塘湖盆地 MN2-38 井哈尔加乌组泥页岩 TOC 测井解释综合柱状图

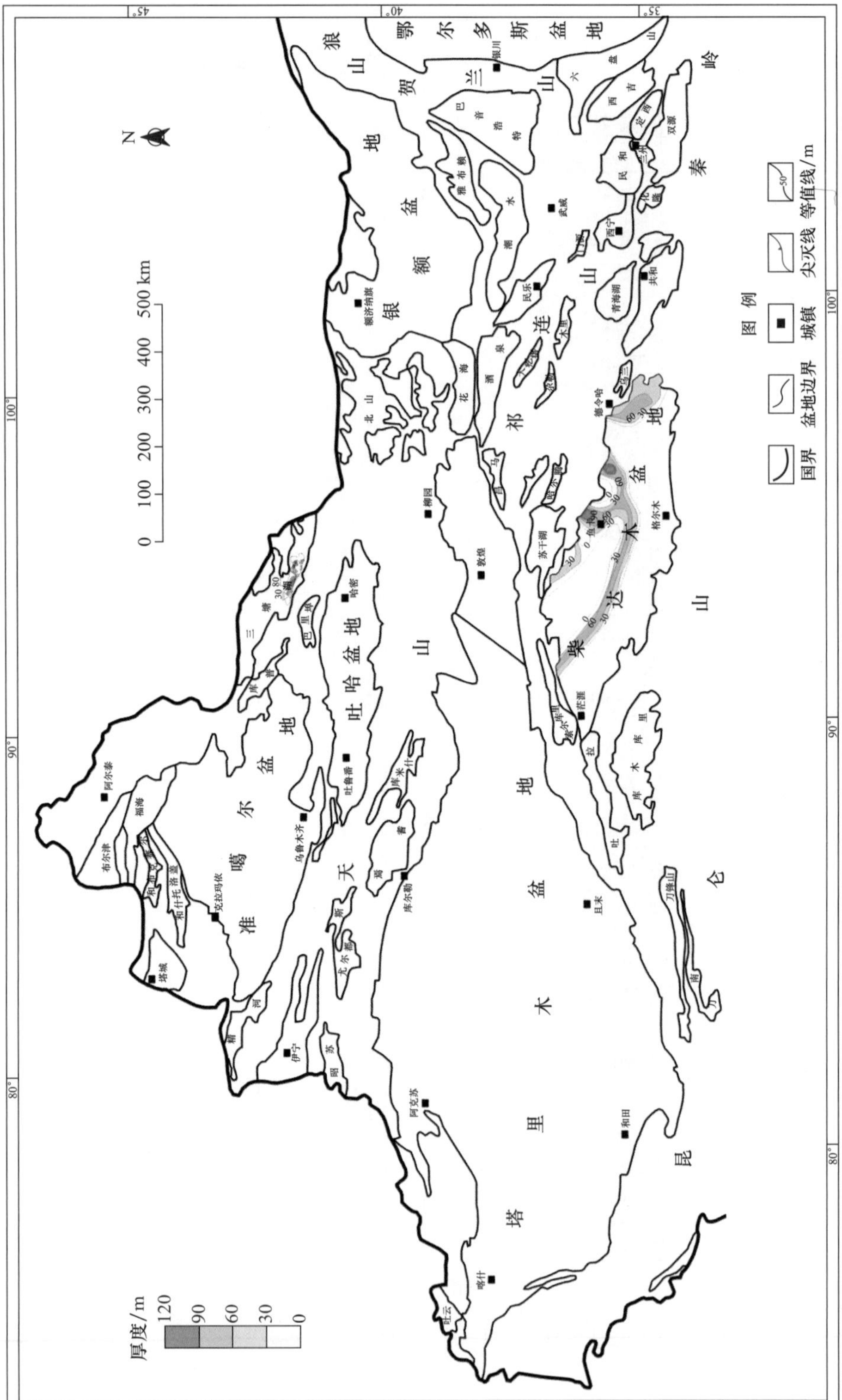

图 3-2 西北区上石炭统富有机质泥页岩等厚图

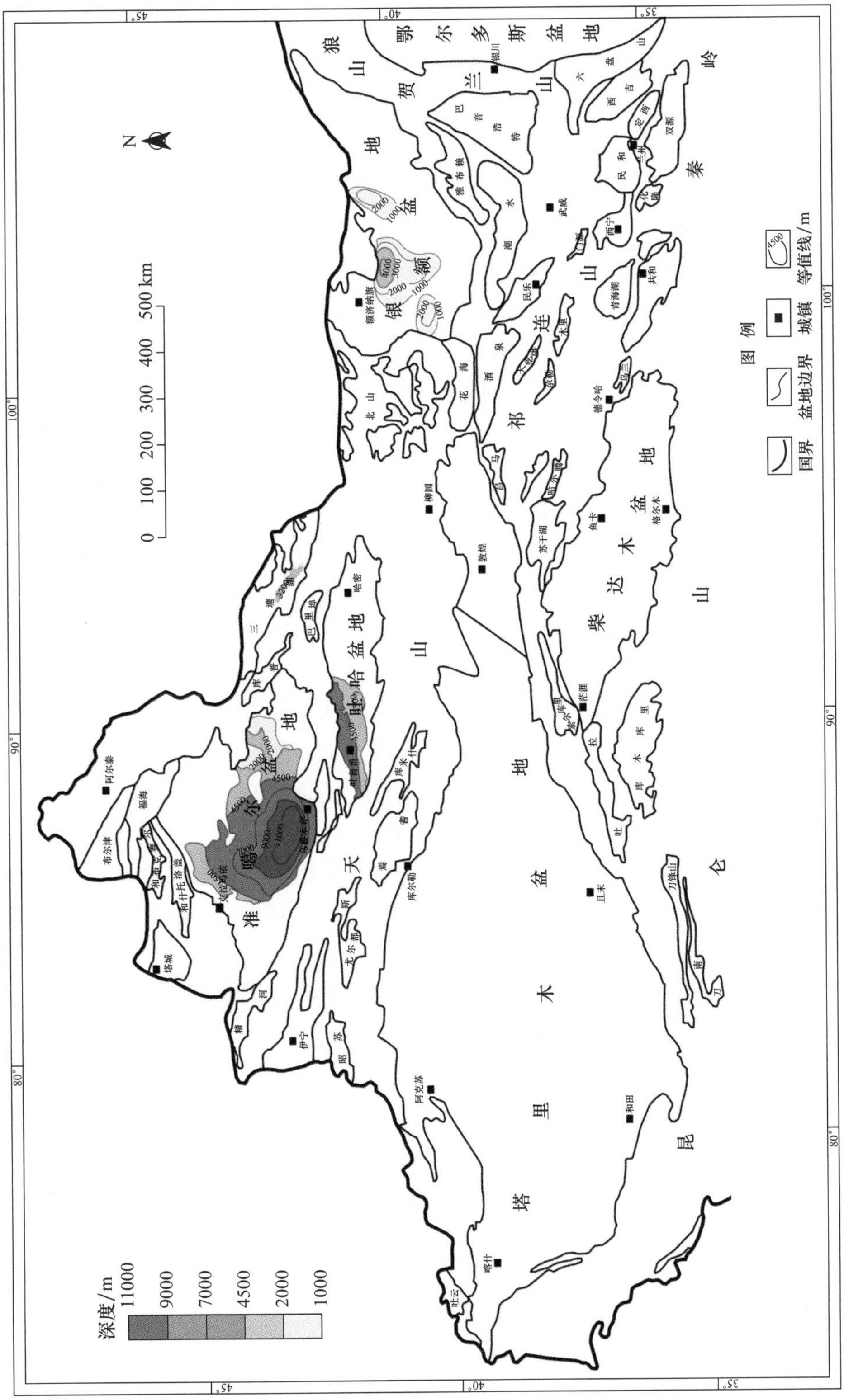

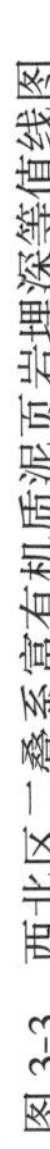

图 3-3 西北区二叠系富有机质泥页岩埋深等值线图

二、二叠系

西北区二叠系富有机质泥页岩层段主要发育于三塘湖盆地二叠系芦草沟组二段，准噶尔盆地中二叠统平地泉组、下二叠统风城组（匡立春等，2012）。

三塘湖盆地二叠系芦草沟组二段岩性复杂。富有机质泥页岩厚度较大的层段主要发育于马朗凹陷芦草沟组二段的中部（图 3-4），富有机质泥页岩岩性组合主要为：①深湖相-半深湖相的暗色泥岩夹白云质泥岩、泥质白云岩；②深湖相-半深湖相的暗色泥岩夹凝灰质泥岩；③半深湖相-浅湖相的凝灰质泥岩与灰质泥岩、云质泥岩互层。

马朗凹陷二叠系芦草沟组二段富有机质泥页岩层段在马朗凹陷中部的牛圈湖构造带和马中构造带较发育，厚度大，横向分布稳定，从中部向西北、东南边缘方向逐渐减薄（图 3-5）。

三塘湖盆地芦草沟组二段富有机质泥页岩层段在条湖-马朗凹陷，厚度大，主要在 30～160m，横向分布稳定；厚度中心主要位于马朗凹陷马中构造带和牛圈湖构造带及条湖凹陷西南部，由中心区向西南和东北方向逐渐减薄（图 3-6）。三塘湖盆地芦草沟组二段富有机质泥页岩层段顶部埋深在 1200～4000m，整体埋深相对较浅（图 3-7）。

准噶尔盆地下二叠统风城组下段有两套富有机质泥页岩层段，厚度较大，横向连续性较好（图 3-8、图 3-9）。

准噶尔盆地中二叠统平地泉组岩性较复杂，单个有利岩性组合厚度较小，累积有效厚度普遍较大（厚度大于 100m）。岩性组合上，表现为大套泥岩夹薄层砂岩。组合内单层泥岩厚度集中在 6m 以内。泥页岩层在空间上的展布变化较大，连续性较差，但在同一凹陷内分布相对稳定（吴孔友等，2002）（图 3-10）。

准噶尔盆地下二叠统风城组富有机质泥页岩层段数目及其厚度存在一定差异（图 3-6）；埋深基本都超过 4500m。埋深小于 4500m 的富有机质泥页岩只在西北缘北部山前地区发育（图 3-7）。

准噶尔盆地中二叠统平地泉组富有机质泥页岩层段厚度在盆地北部最大，但不超过 300m，平均厚度约为 200m。在吉木萨尔凹陷，富有机质泥页岩层段厚度多小于 200m，平均厚度为 140m（图 3-6）。整体埋藏较深，在西北缘玛湖凹陷北部、滴南至吉木萨尔一带发育的页岩埋藏较浅，埋深范围在 2000～4000m；在腹部及南缘广大地区发育的厚层页岩埋深均超过 4500m，最大埋深达到 11000m（图 3-7）。

三、侏罗系

西北区侏罗系富有机质泥页岩层段主要发育于吐哈盆地中侏罗统七克台组，塔里木盆地塔西南地区中侏罗统杨叶组及柴达木盆地中侏罗统大煤沟组七段（金之钧和吕修祥，2000；金之钧等，2005）。

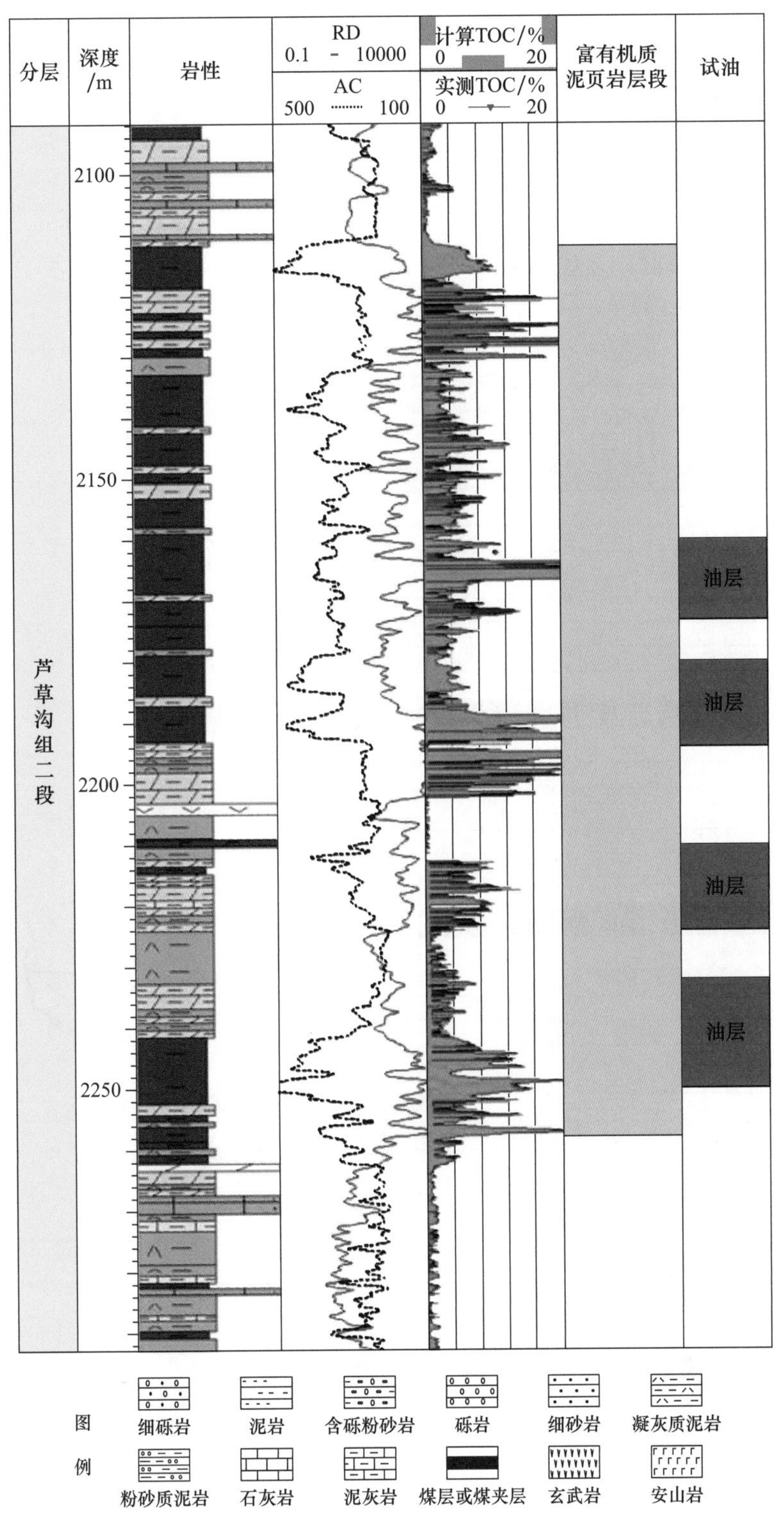

图 3-4 三塘湖盆地 MN2-7 井芦草沟组二段泥页岩 TOC 测井解释综合柱状图

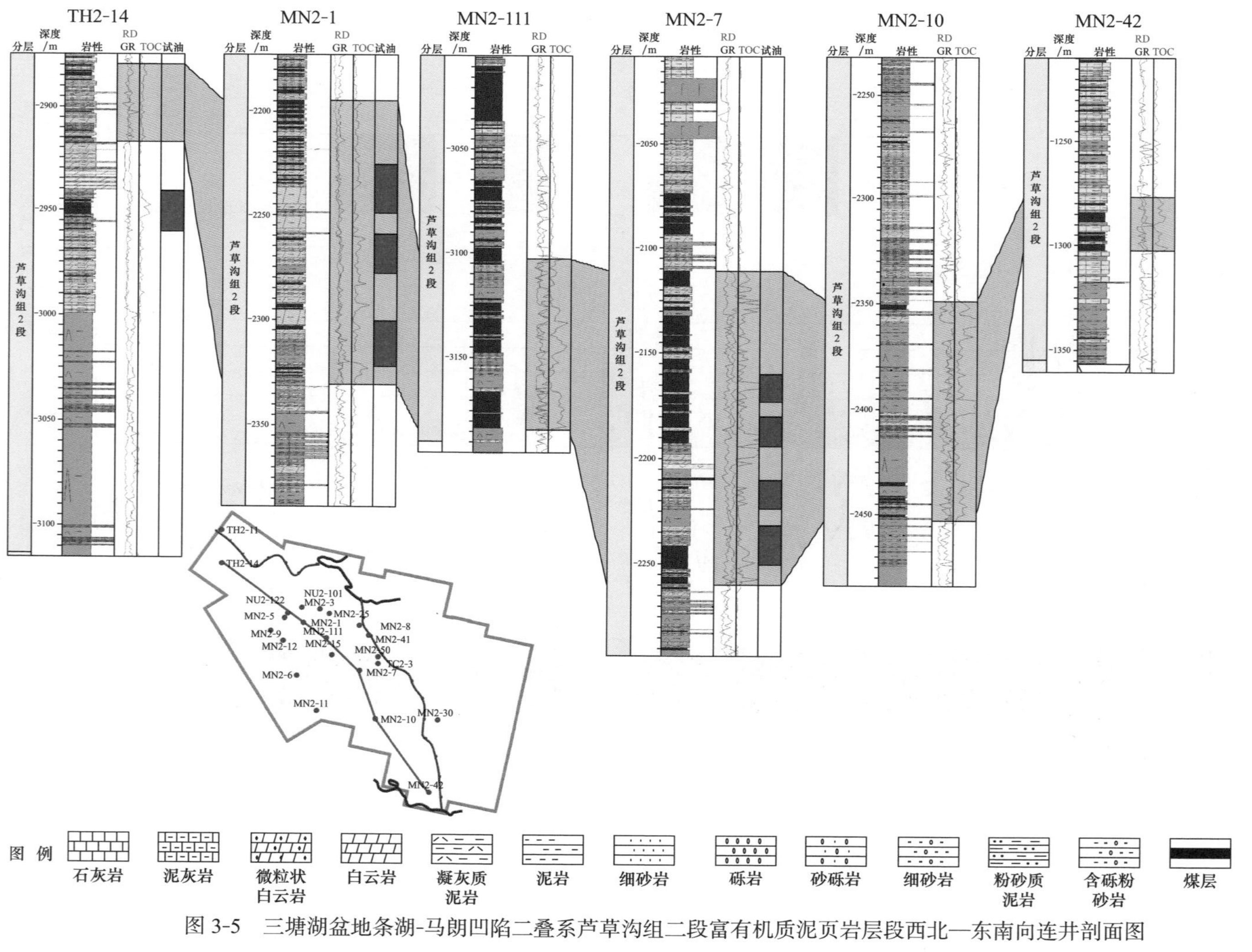

图 3-5　三塘湖盆地条湖-马朗凹陷二叠系芦草沟组二段富有机质泥页岩层段西北—东南向连井剖面图

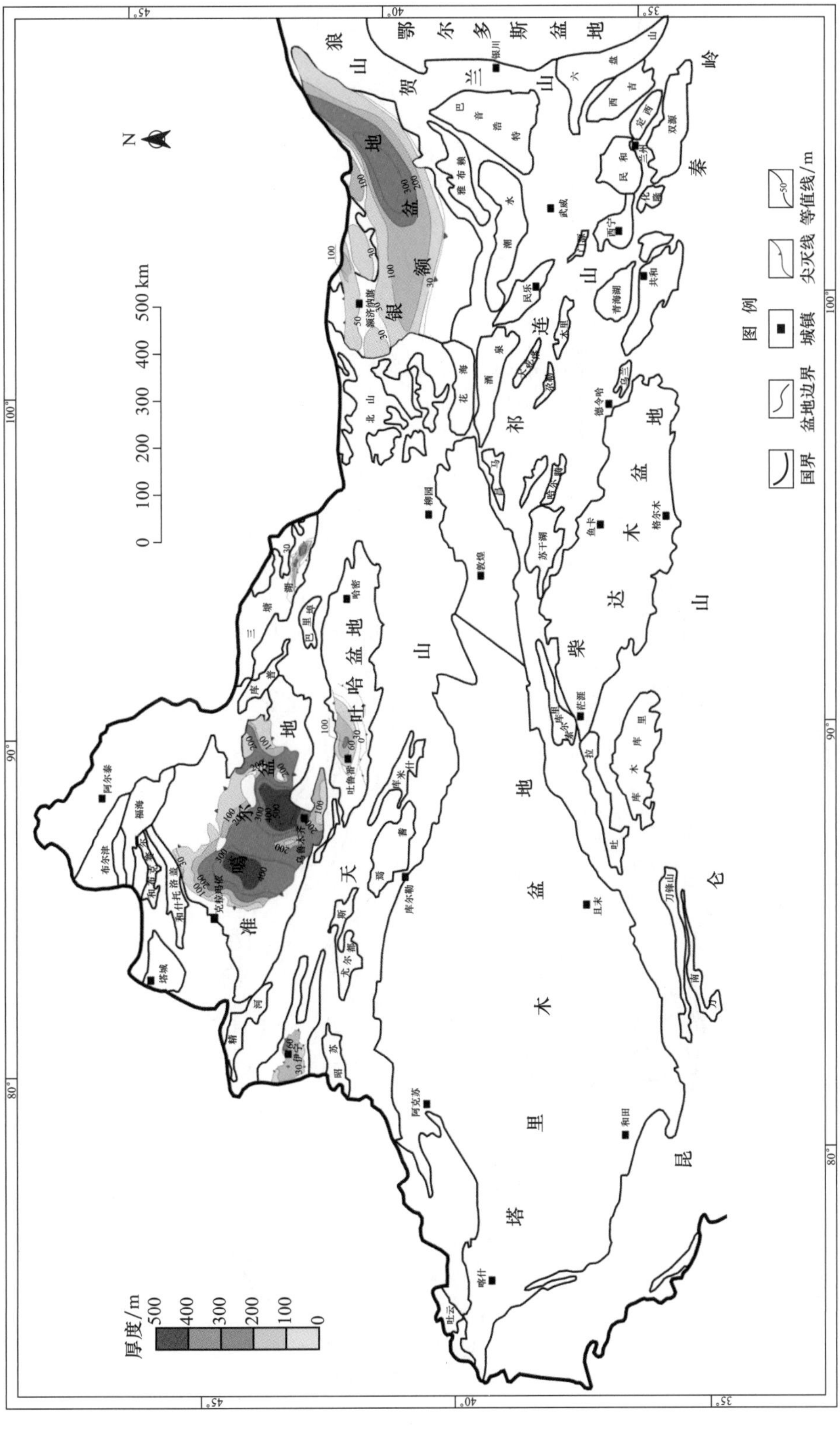

图 3-6 西北区二叠系富有机质泥页岩等厚图

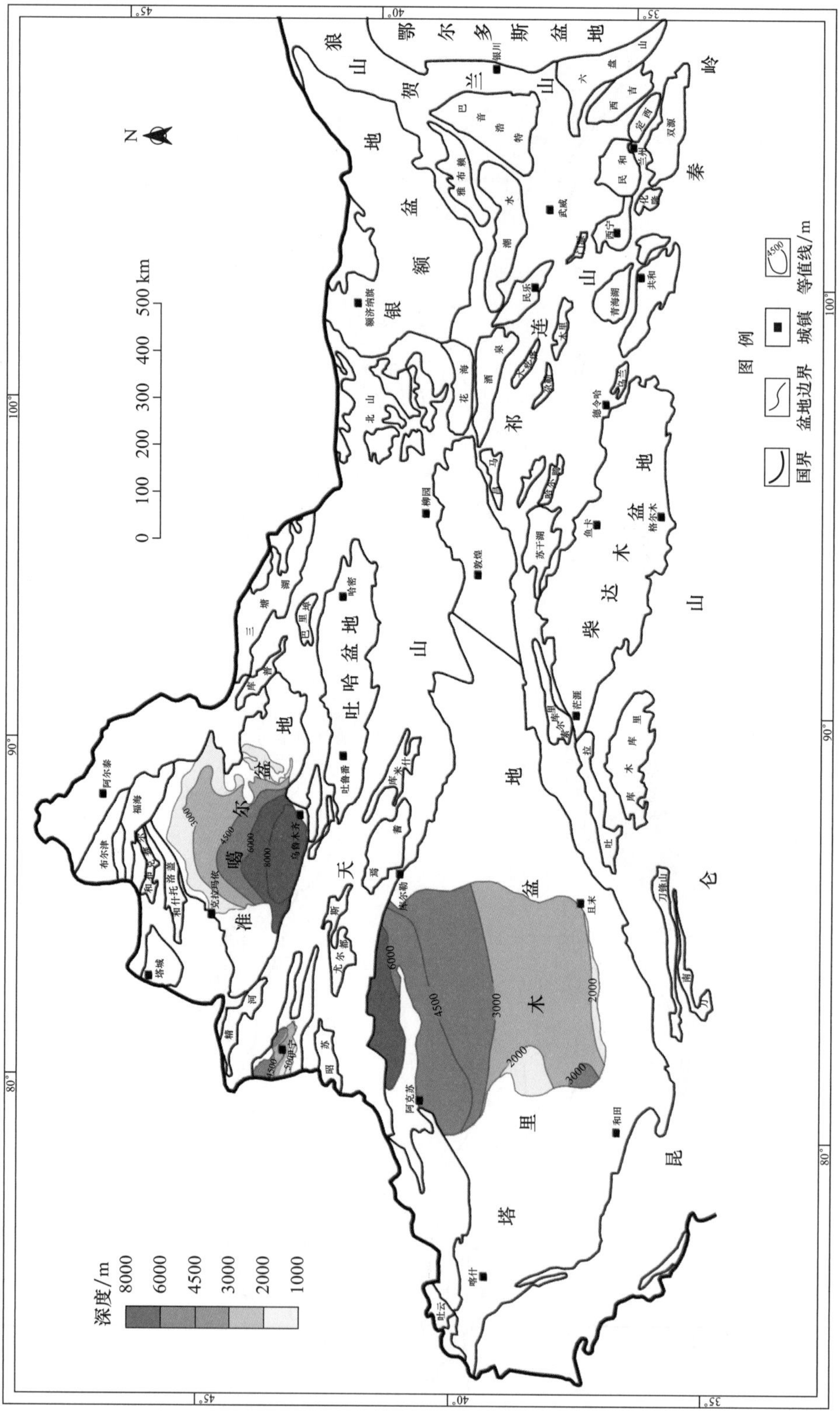

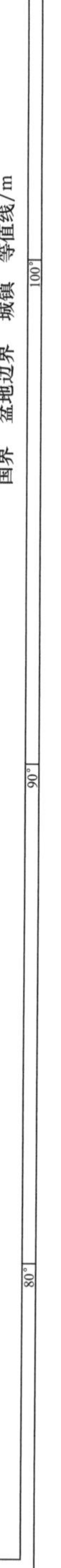

图 3-7 西北区二叠系富有机质泥页岩埋深等值线图

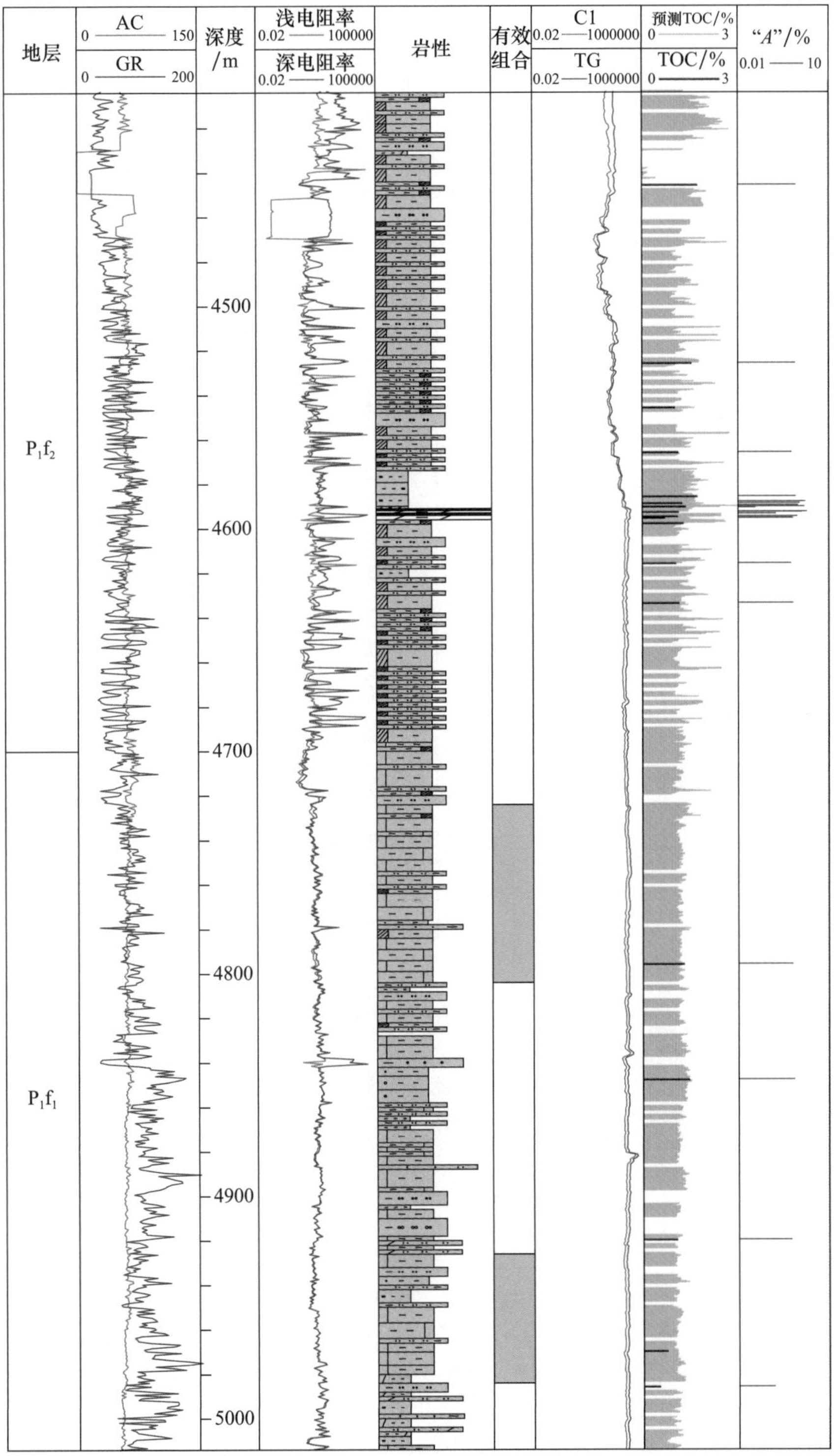

图 3-8 准噶尔盆地 FN7 井下二叠统 TOC 测井解释综合柱状图

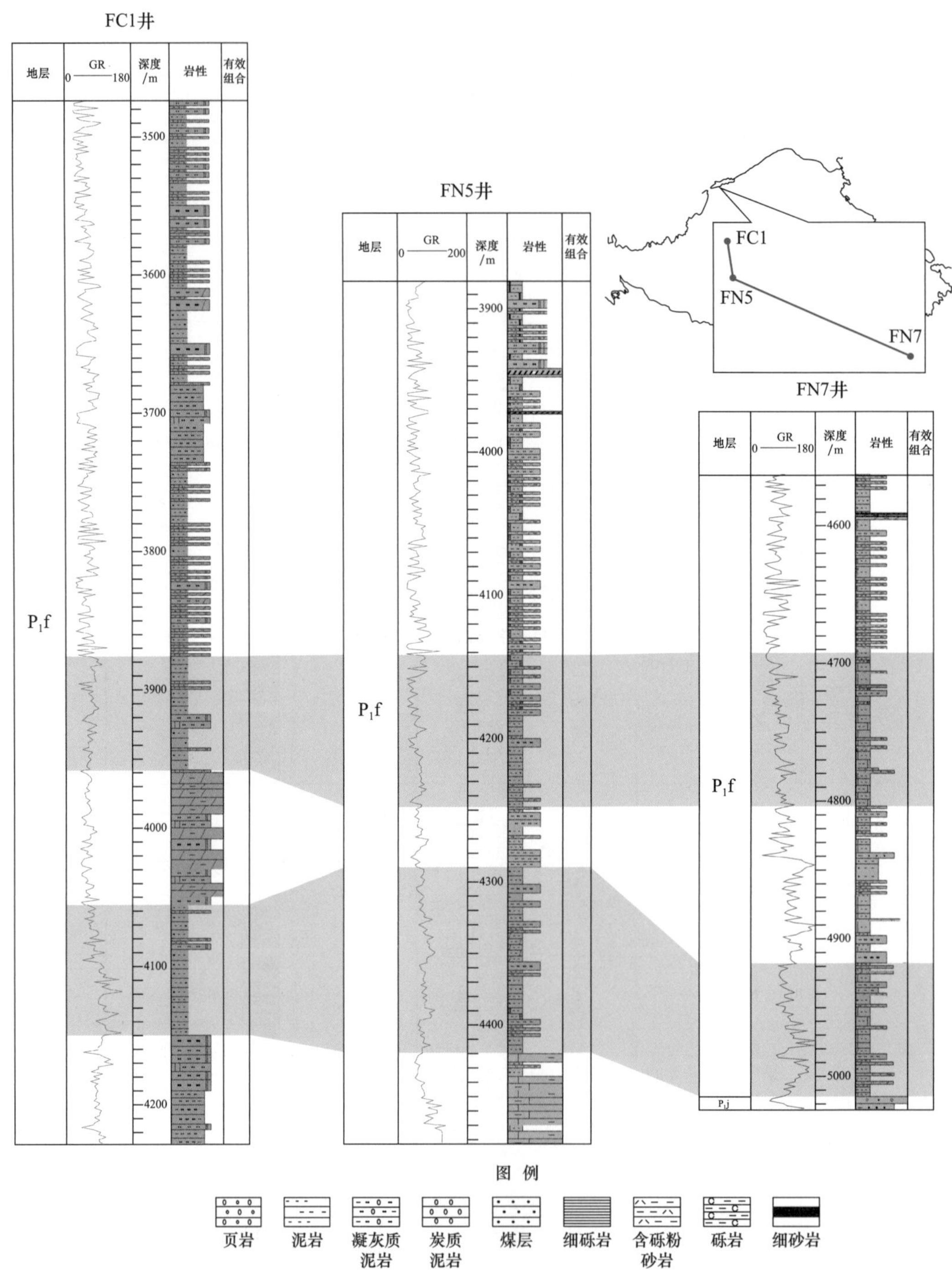

图 3-9 准噶尔盆地下二叠统风城组富有机质泥页岩连井剖面图

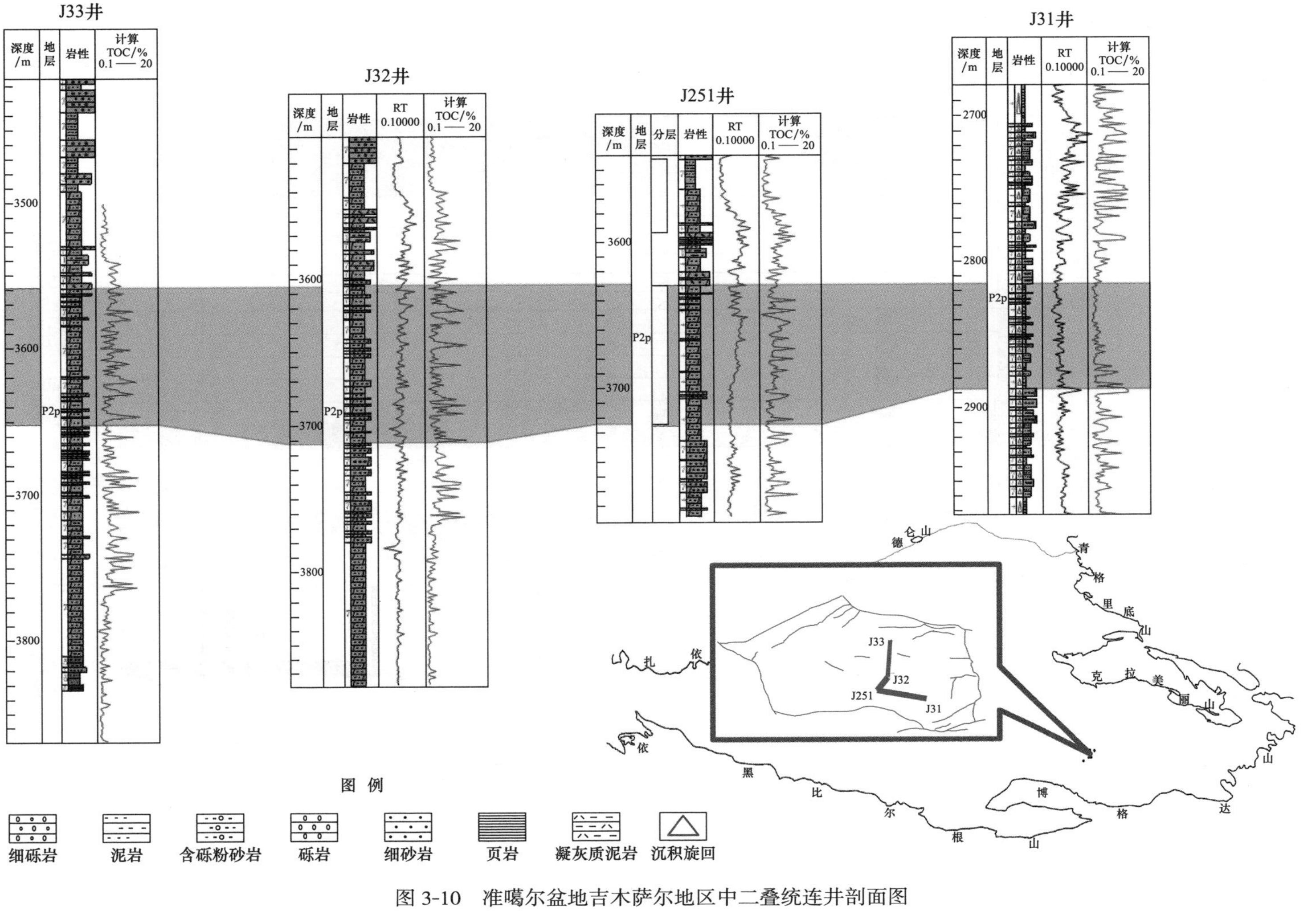

图 3-10 准噶尔盆地吉木萨尔地区中二叠统连井剖面图

吐哈盆地中侏罗统七克台组富有机质泥页岩层段主要发育于台北凹陷，在小草湖、丘东、胜北次洼可分别识别出 1～3 套富有机质泥页岩层段（图 3-11）。

小草湖次洼七克台组西北—东南方向发育三套富有机质泥页岩层段，分别是中上部两套和底部一套，分布稳定、连续性好（图 3-12）。

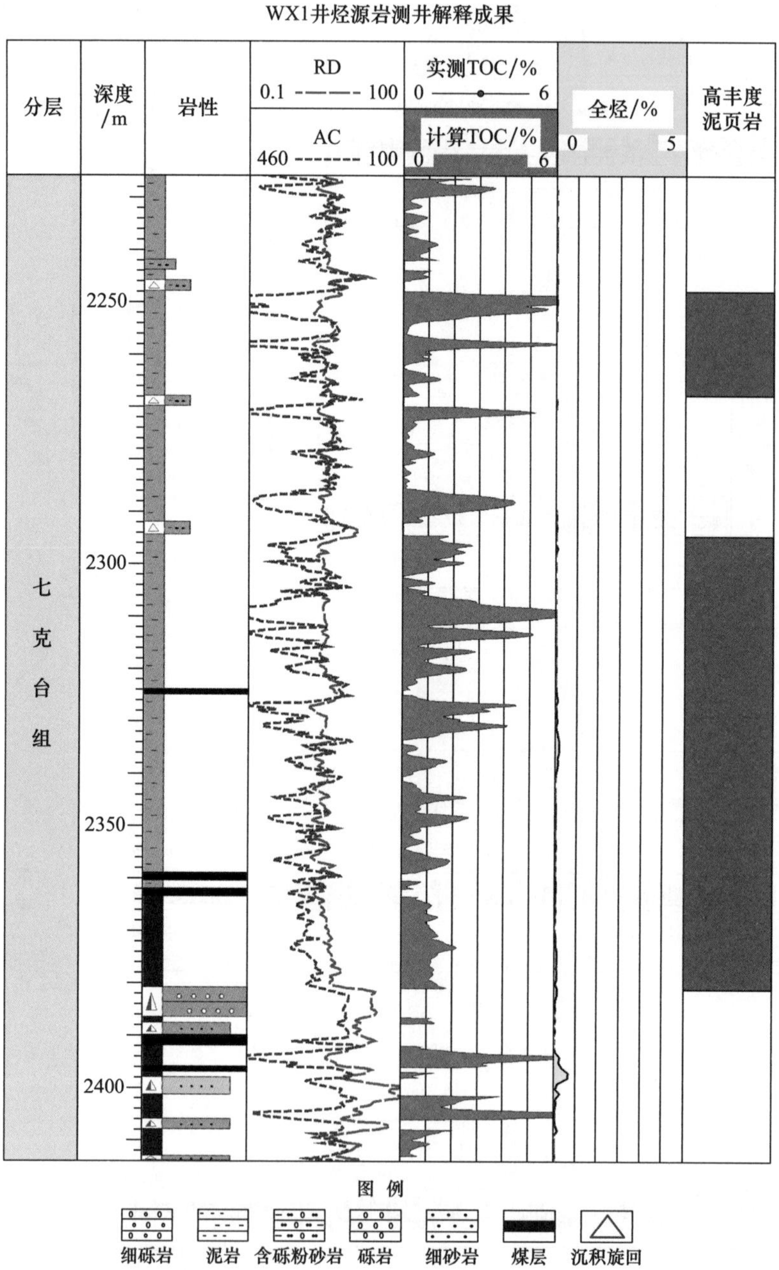

WX1井烃源岩测井解释成果

图 3-11 吐哈盆地台北凹陷丘东次洼 TOC 测井解释综合柱状图

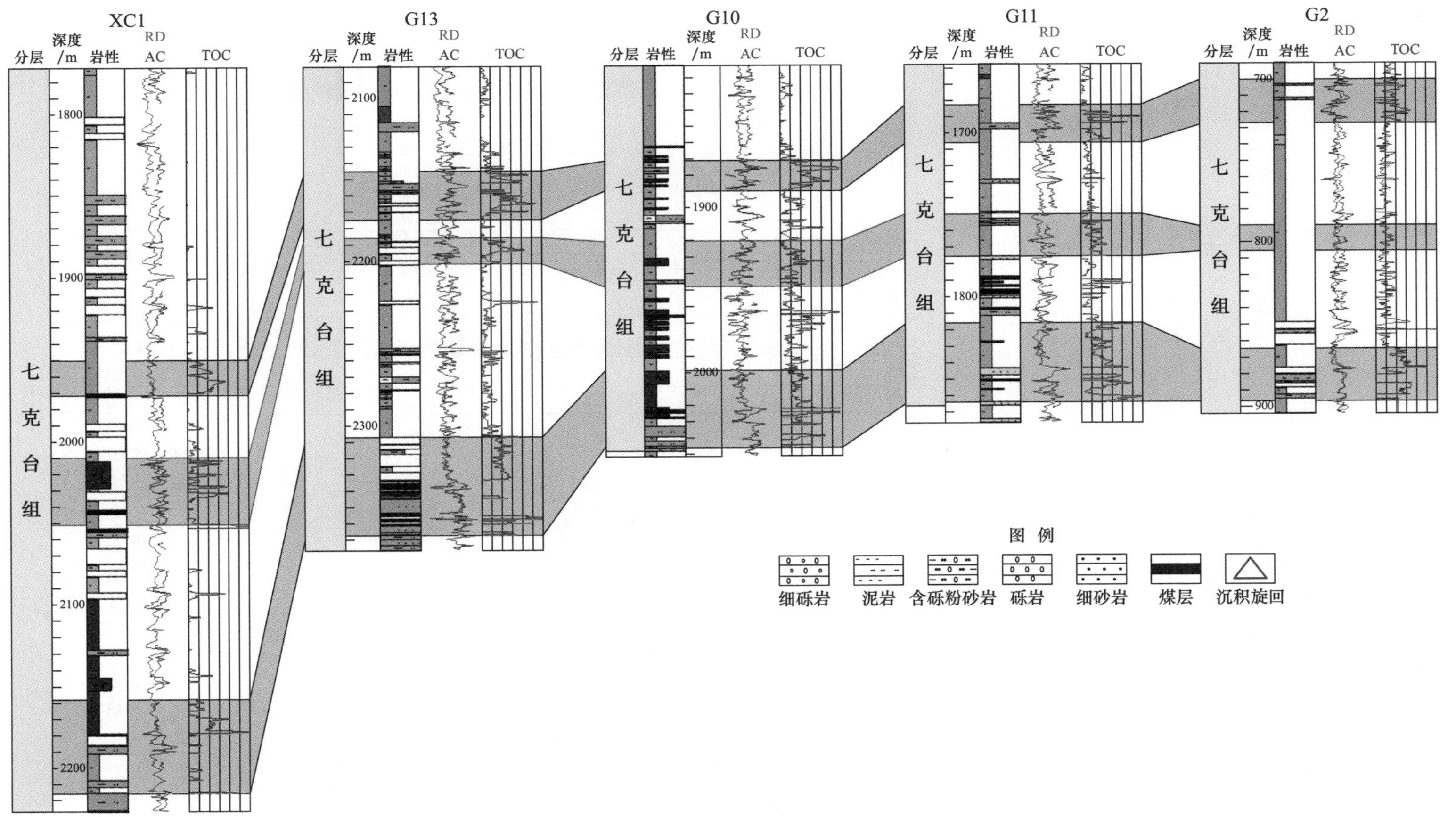

图 3-12 吐哈盆地小草湖次洼七克台组泥页岩层段西北—东南向连井剖面图

丘东次洼北部山前带七克台组发育两套富有机质泥页岩层段，向盆地边缘的西北方向逐渐减薄至尖灭（图 3-13）。

胜北次洼七克台组东西向剖面中，除底部发育完整的一套富有机质泥页岩层段外，顶部富有机质泥页岩层段仅在西部地区发育（图 3-14）。

侏罗系七克台组在胜北、丘东、小草湖三个次洼分别发育各自的沉积中心，富有机质泥页岩层段累计厚度较为一致，均为 100～120m。哈密凹陷及托克逊凹陷富有机质泥页岩厚度较薄（图 3-15）。整个吐哈盆地，富有机质泥页岩埋深均较浅，大部分地区埋深均未达到 2000m（图 3-16）。

塔里木盆地富有机质泥页岩层段主要发育在塔西南地区的中侏罗统杨叶组（图 3-17），富有机质泥页岩层段岩性组合为灰色泥岩夹暗色碳质泥岩和粉砂质泥岩（刘毅和白森舒，1999）。

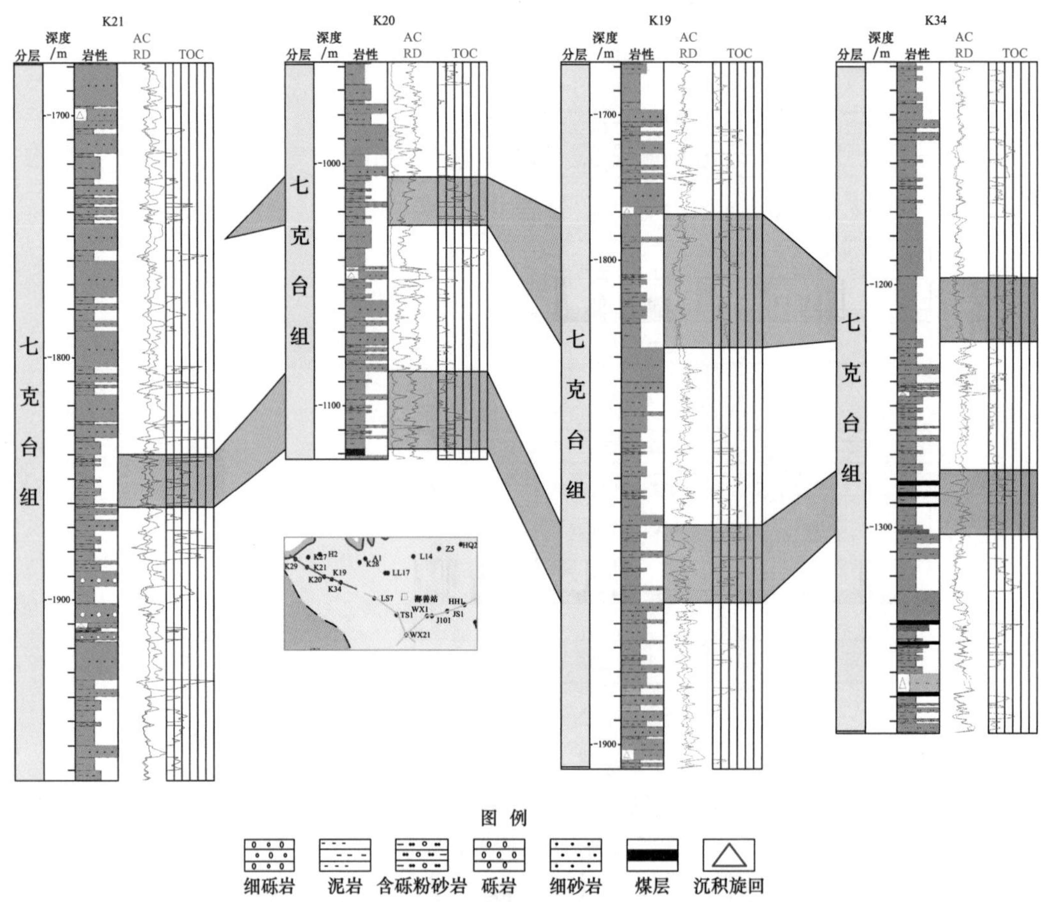

图 3-13　吐哈盆地丘东次洼山前带七克台组泥页岩层段西北—东南向连井剖面图

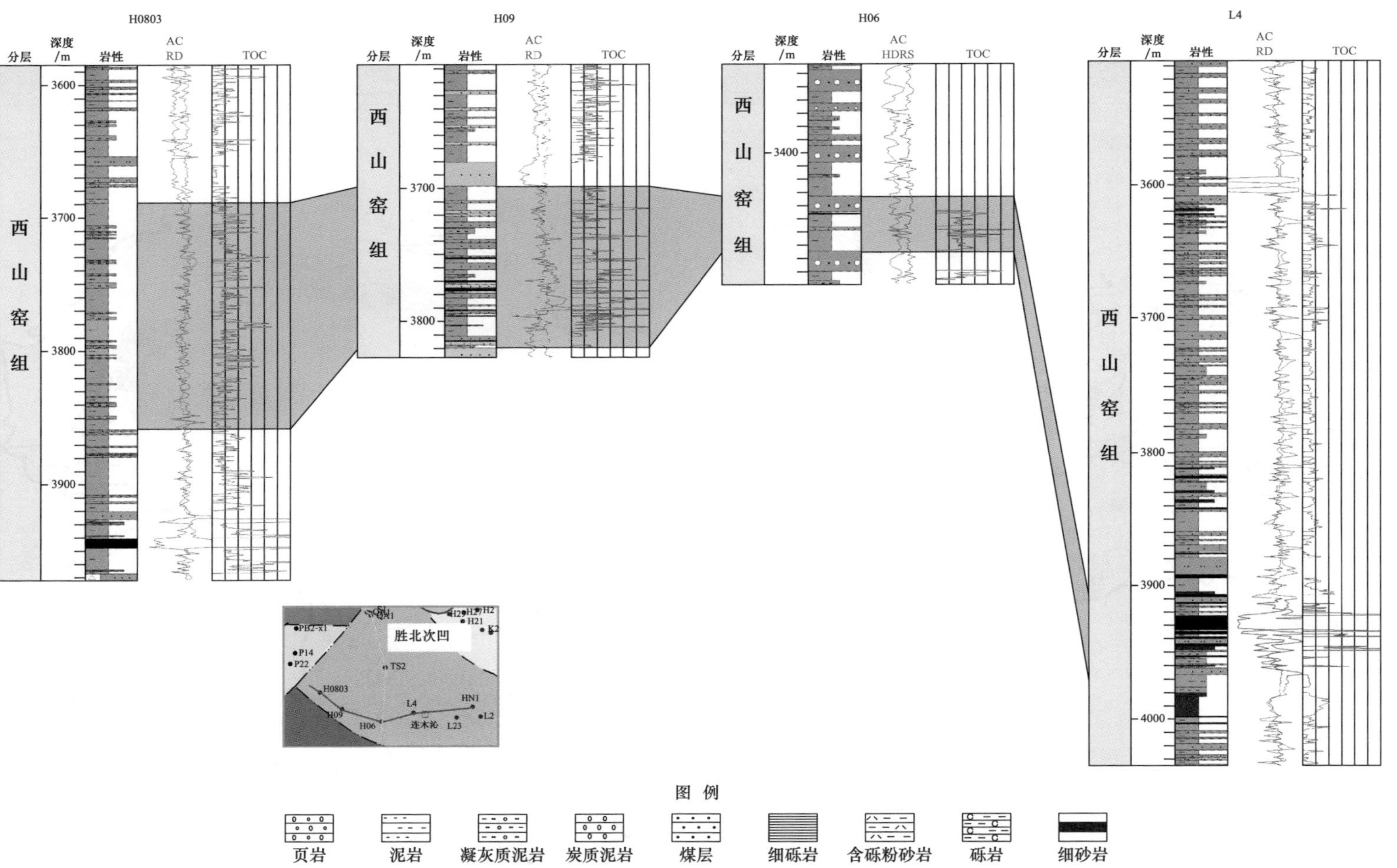

图 3-14 吐哈盆地胜北次洼七克台组泥页岩层段东西向连井剖面图

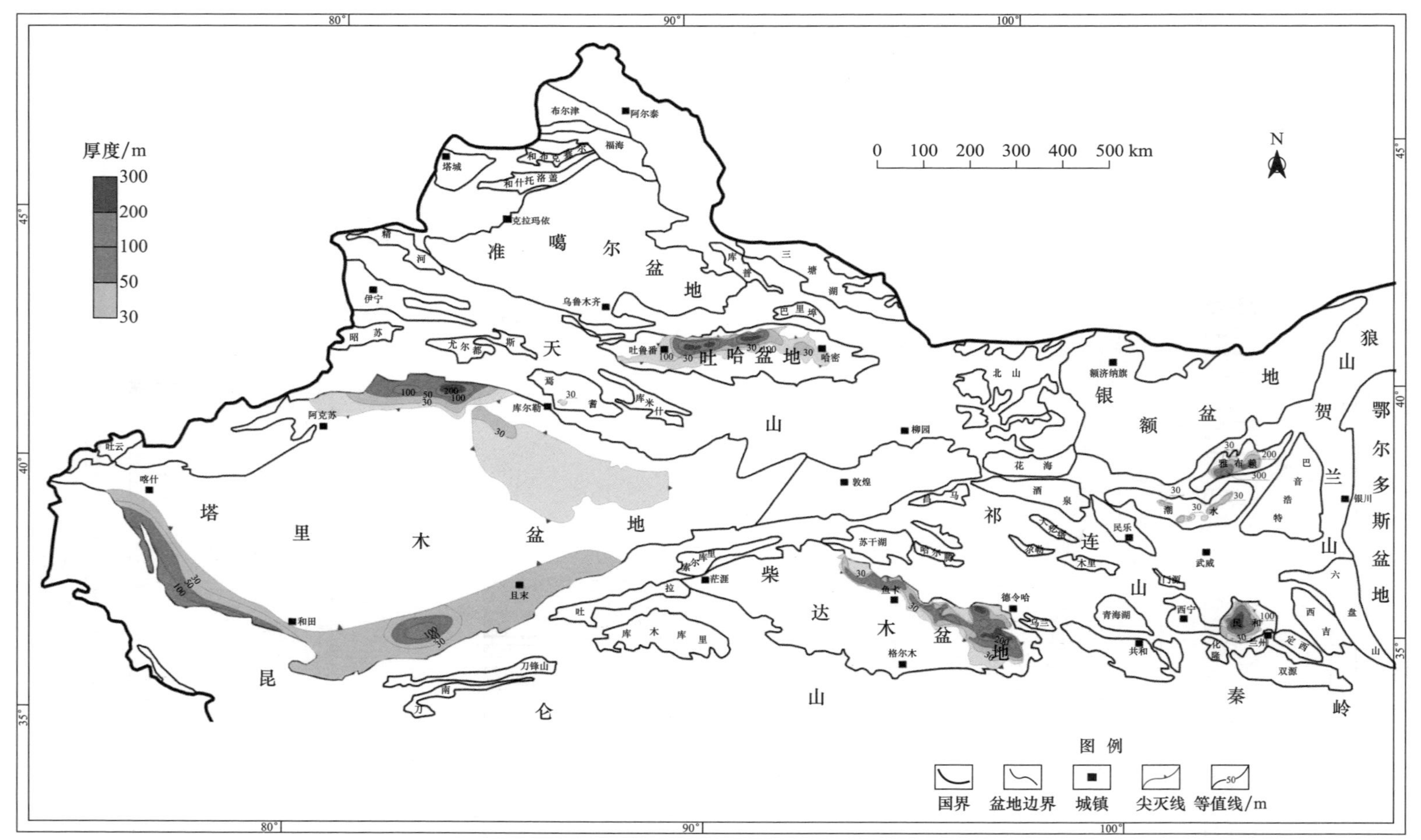

图 3-15 西北区中侏罗统富有机质泥页岩等厚图

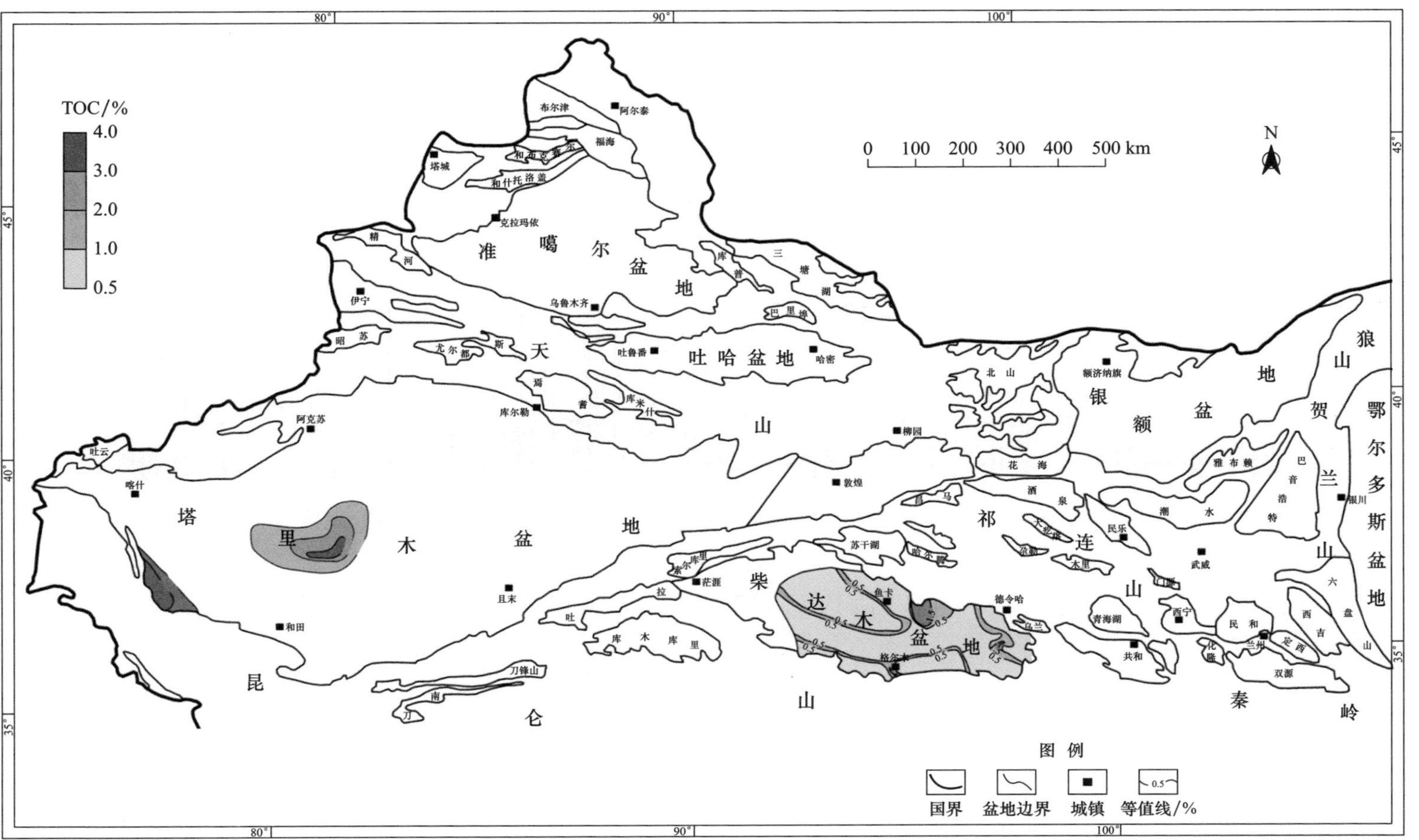

图 3-16 西北区下石炭统富有机质泥页岩TOC等值线图

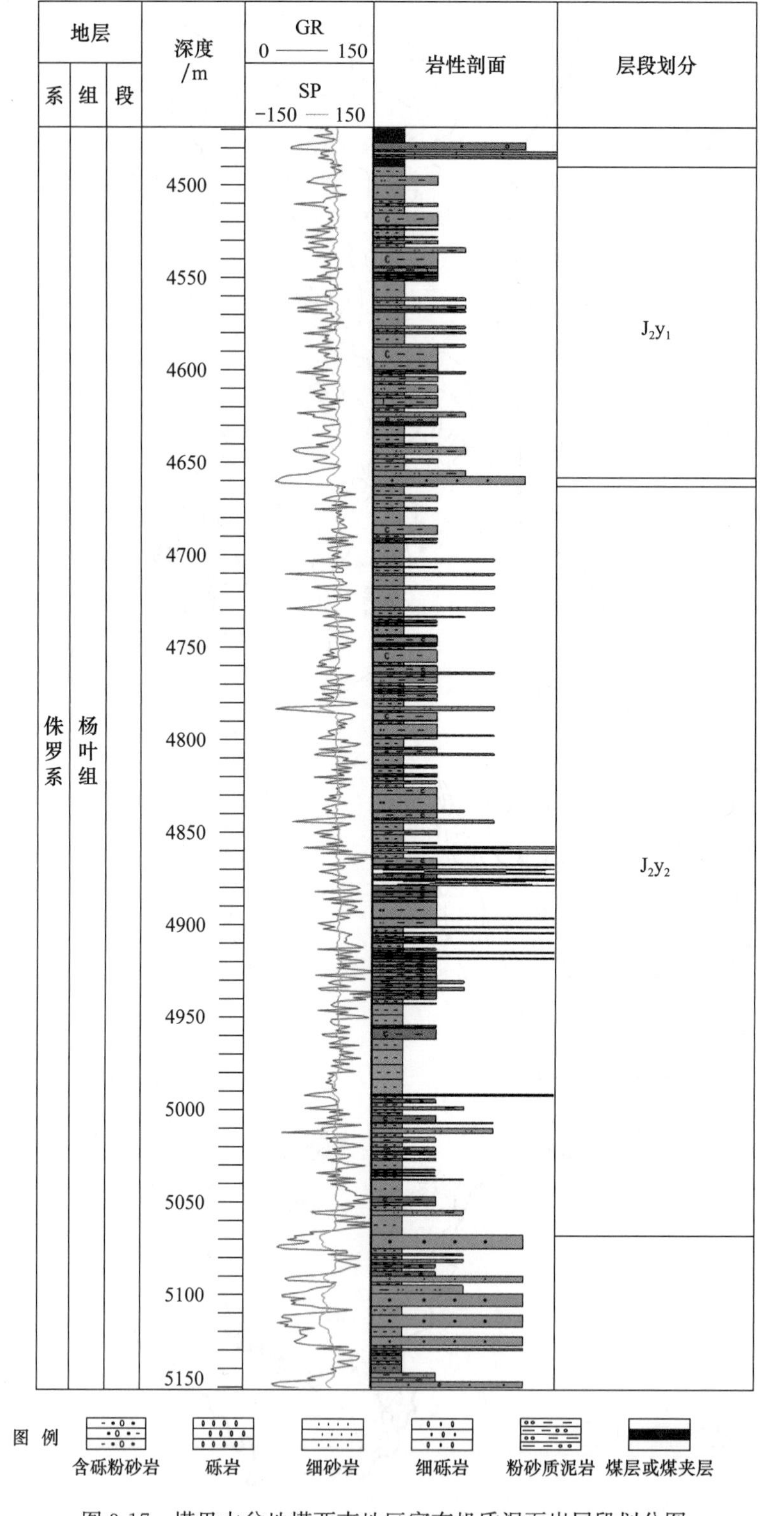

图 3-17 塔里木盆地塔西南地区富有机质泥页岩层段划分图

塔里木盆地塔西南地区的中侏罗统杨叶组富有机质泥页岩累计厚度在 30～100m，且向西南方向厚度变大（图 3-15），埋深相对较浅，均小于 4000m，大部分区域埋深在 3000m（顾家裕，1996）（图 3-16）。

柴达木盆地大煤沟组七段在结绿素、圆顶山、路乐河、鱼卡、绿草山、大煤沟、旺尕秀等剖面上均有露头。在大煤沟剖面上，富有机质泥页岩厚度达 112.6m，上部以绿灰色、棕灰色泥质页岩为主，下部以黄灰色砾状砂岩、砂岩、粉砂岩为主，夹棕灰色含炭砂质泥岩及煤层。在鱼卡剖面上，富有机质泥页岩厚度达 117.4m，以深灰色、浅黄色页岩为主，夹少量浅黄色砂质泥岩和细砂岩（杨平等，2007）（图 3-18）。

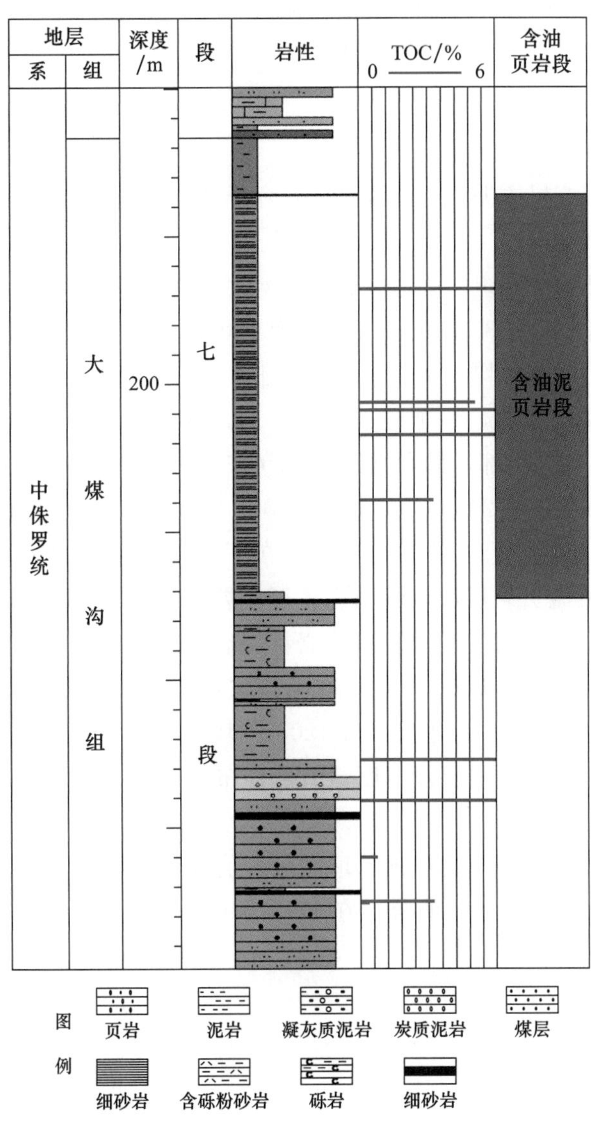

图 3-18 柴达木盆地大煤沟剖面大煤沟组七段富有机质泥页岩层段划分图

在德令哈断陷旺尕秀剖面中，侏罗统主要出露于大煤沟组中上部地层（J_2d^5—J_2d^7）。其中 J_2d^7 底部约 6.5m 地层为浅湖相沉积的灰绿色泥岩、褐红色粉砂岩及灰色泥岩夹泥质粉砂岩；中部约 33m 以浅湖相—深湖相沉积的黑色、灰黑色泥岩为主，夹碳质泥岩、煤，以及灰色、灰白色砂岩；顶部约 10m 为三角洲相沉积，岩性主要为灰绿色、灰色细砂岩，灰色泥岩、粉砂岩互层（黄成刚等，2008）。

大煤沟组 J_2d^7 富有机质泥页岩层段横向展布稳定，分布在鱼卡断陷、红山断陷—欧南凹陷和德令哈断陷，厚度主要在 30～90m（图 3-15）。富有机质泥页岩在赛什腾凹陷潜西地区埋深较大，多超过 4500m，而在鱼卡-红山断陷埋深相对较小，多小于 3000m。在德令哈断陷怀头他拉一带，中侏罗统暗色泥页岩埋深多超过 4500m，但在盆地边缘地区，埋深逐渐减小至 4500m 以下（彭德华等，2006）（图 3-16）。

四、白垩系

西北区白垩系富有机质泥页岩层段主要发育于酒泉盆地营尔凹陷下白垩统的中沟组和花海-金塔盆地花海凹陷下白垩统中、下沟组。

酒泉盆地营尔凹陷中沟组黑梁地区单层厚度大于 10m 的泥页岩层段最大累积厚度为 1200m，红南和青南次凹为 300m，石大次凹为 100m。营尔凹陷黑梁地区单层厚度大于 30m 的泥页岩层段最大累计厚度为 800m，红南和青南次凹为 100m，石大次凹为 50m。营尔凹陷存在两个厚度中心，一个在下河清北部，富有机质泥页岩最大累计厚度可达 1400m，另一个在金佛寺南部，最大累计厚度为 1500m（图 3-19）；营尔凹陷中沟组整体埋深均未超过 4500m（图 3-20）。

花海凹陷富有机质泥页岩层段主要分布在下白垩统下沟组上段和中沟组的中上段。下沟组富有机质泥页岩层段岩性组合特征主要是灰黑色泥岩夹灰白色细砂岩和灰白色粉砂岩；中沟组富有机质泥页岩层段岩性组合特征主要是灰黑色泥岩夹灰白色粉砂质泥岩和灰白色粉砂岩（图 3-21）。花海-金塔盆地花海凹陷下沟组富有机质泥页岩层段厚度最大值分布在 HT7 井附近，为 120m；其次在 HT9 井和 HT10 井附近，厚 100m；中沟组富有机质泥页岩层段厚度最大值分布在 HT10 井附近，为 400m，向四周依次减薄（图 3-19）。

花海-金塔盆地花海凹陷下沟组顶部埋深最大值分布在 HT7 井附近，为 2600m，向四周变浅；中沟组顶部埋深最大值分布在 HT1 井和 HT10 井附近，为 1600m，向四周变浅（图 3-20）。

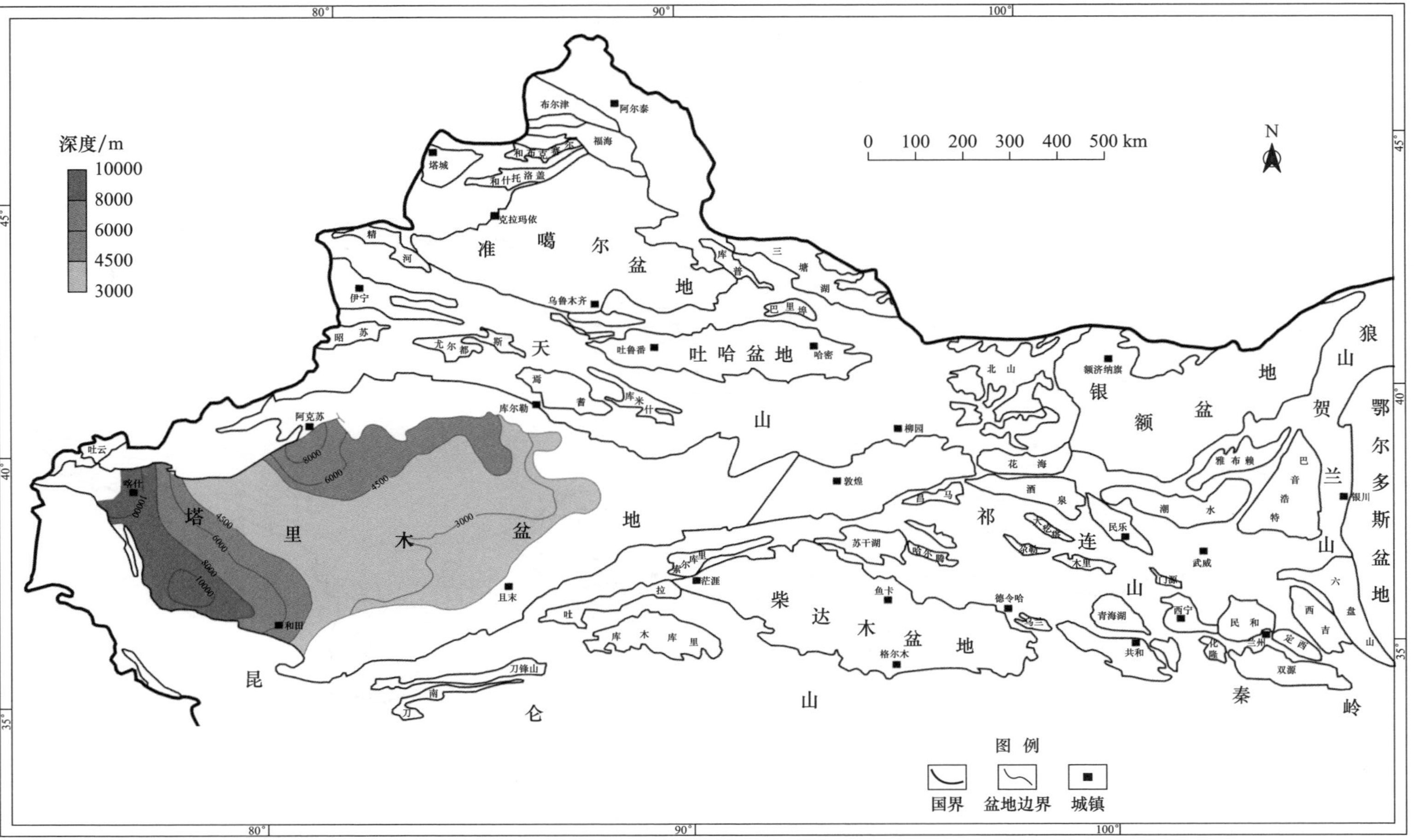

图 3-19 西北区下石炭统富有机质泥页岩埋深等值线图

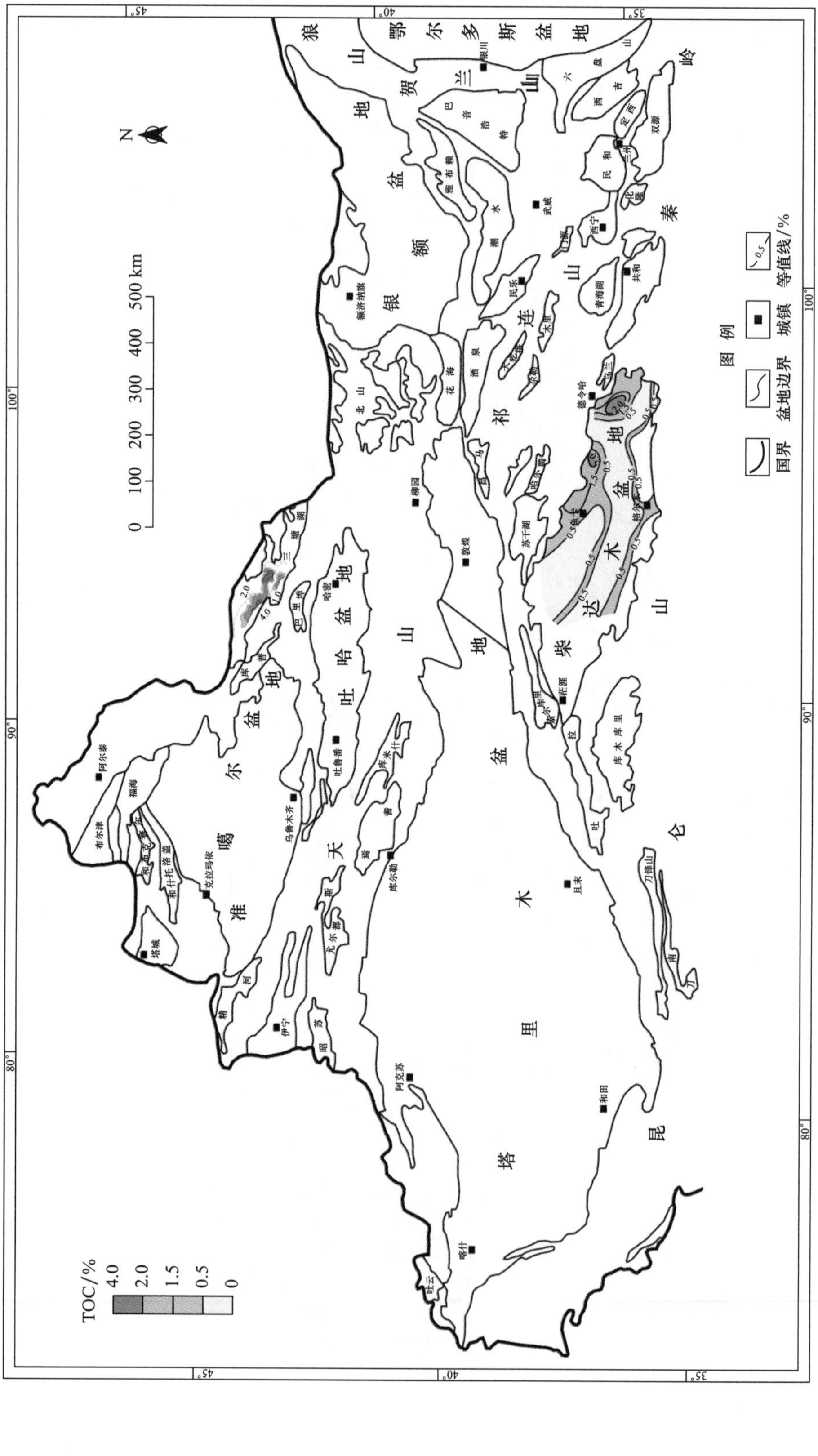

图 3-20 西北区上石炭统富有机质泥页岩TOC等值线图

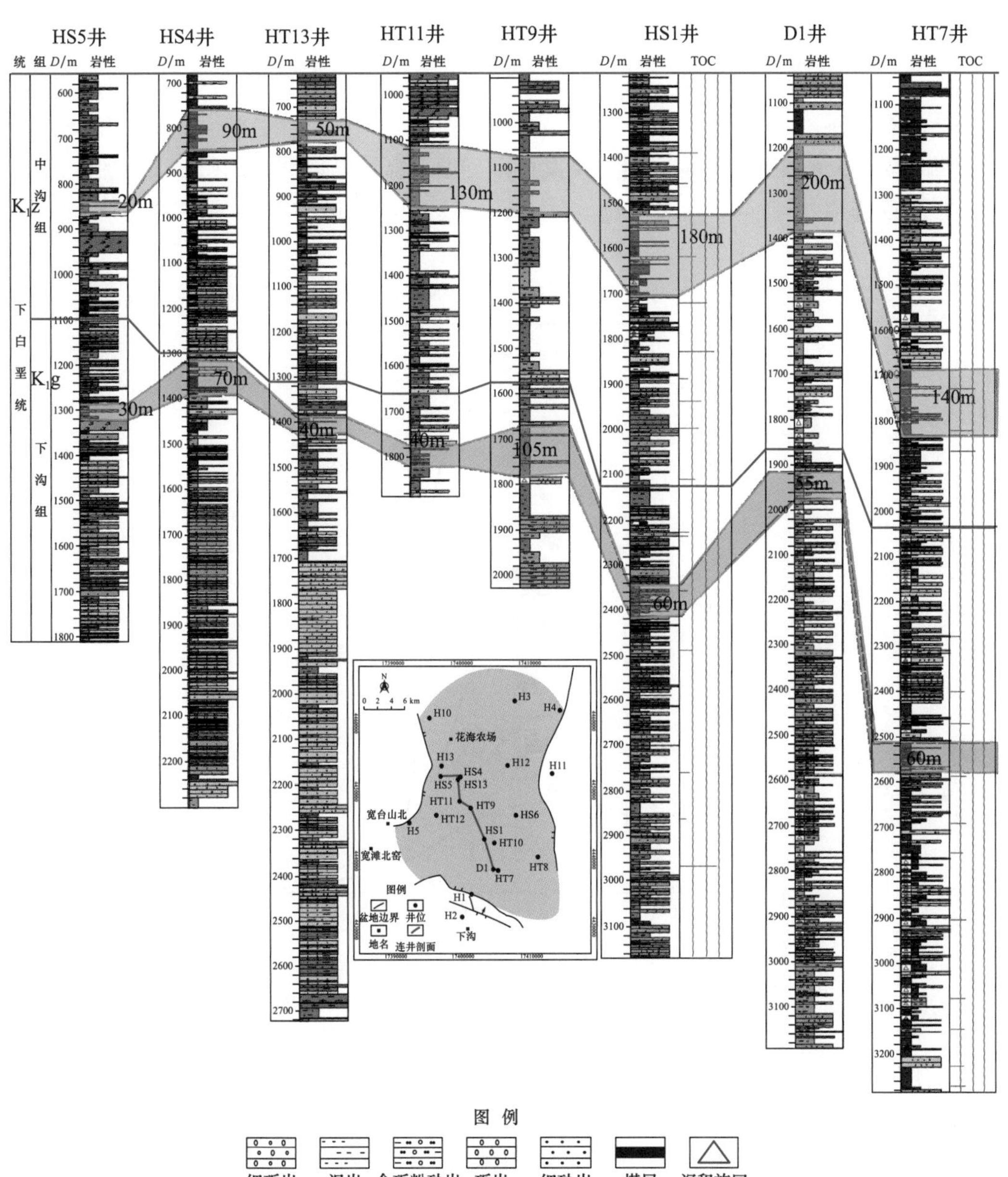

图 例

细砾岩 泥岩 含砾粉砂岩 砾岩 细砂岩 煤层 沉积旋回

图 3-21 花海-金塔盆地花海凹陷北西—西东向连井剖面图

第二节 泥页岩有机地球化学特征

一、石炭系

西北区石炭系富有机质泥页岩主要发育于三塘湖盆地马朗凹陷的哈尔加乌组。其泥页岩氢指数普遍小于400mg/g，T_{max}为425～450℃，有机质类型主要为Ⅱ$_1$、Ⅱ$_2$型（图3-22）。

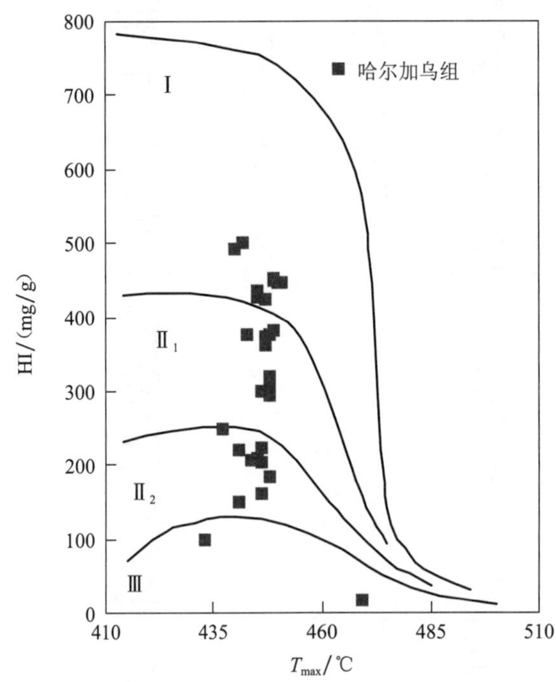

图3-22 三塘湖盆地条湖-马朗凹陷石炭系哈尔加乌组有机质类型划分图

哈尔加乌组下段泥页岩TOC含量分布于2%～10%，S_1+S_2主要分布于10～30mg/g（图3-23～图3-26）；哈尔加乌组上段泥页岩TOC含量整体较高，一般大于6%，S_1+S_2普遍大于50mg/g，主要原因是该层发育富有机质的碳质泥岩（图3-23～图3-26）。

剖面上，马朗凹陷石炭系哈尔加乌组上段泥页岩TOC较下段高；条湖凹陷下段有机碳含量高于上段（图3-27）。平面上，高值中心发育在马朗凹陷东北部，有机碳含量最高可达7%。

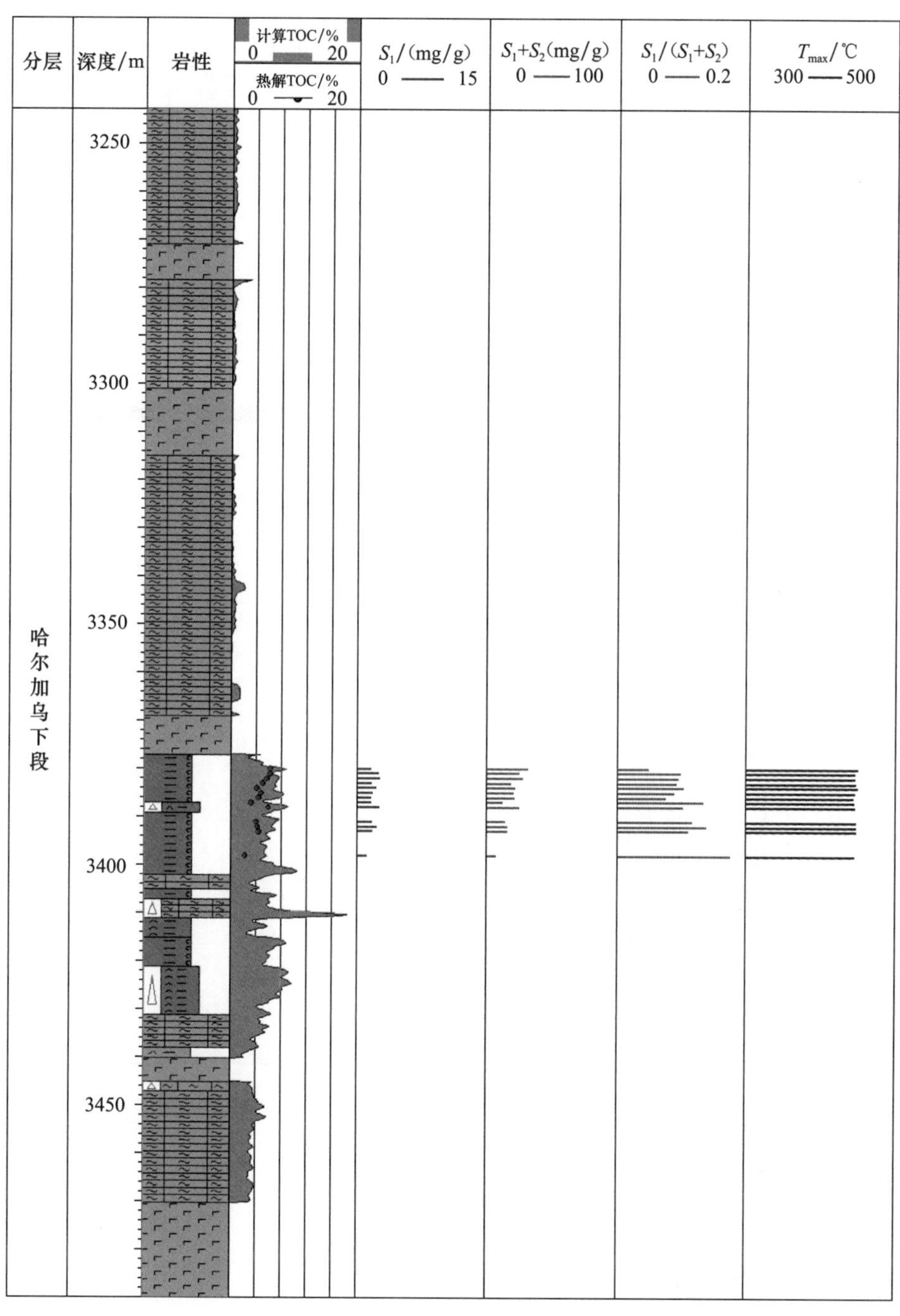

图 3-23 三塘湖盆地 MN2-38 井哈尔加乌组下段地球化学综合柱状图

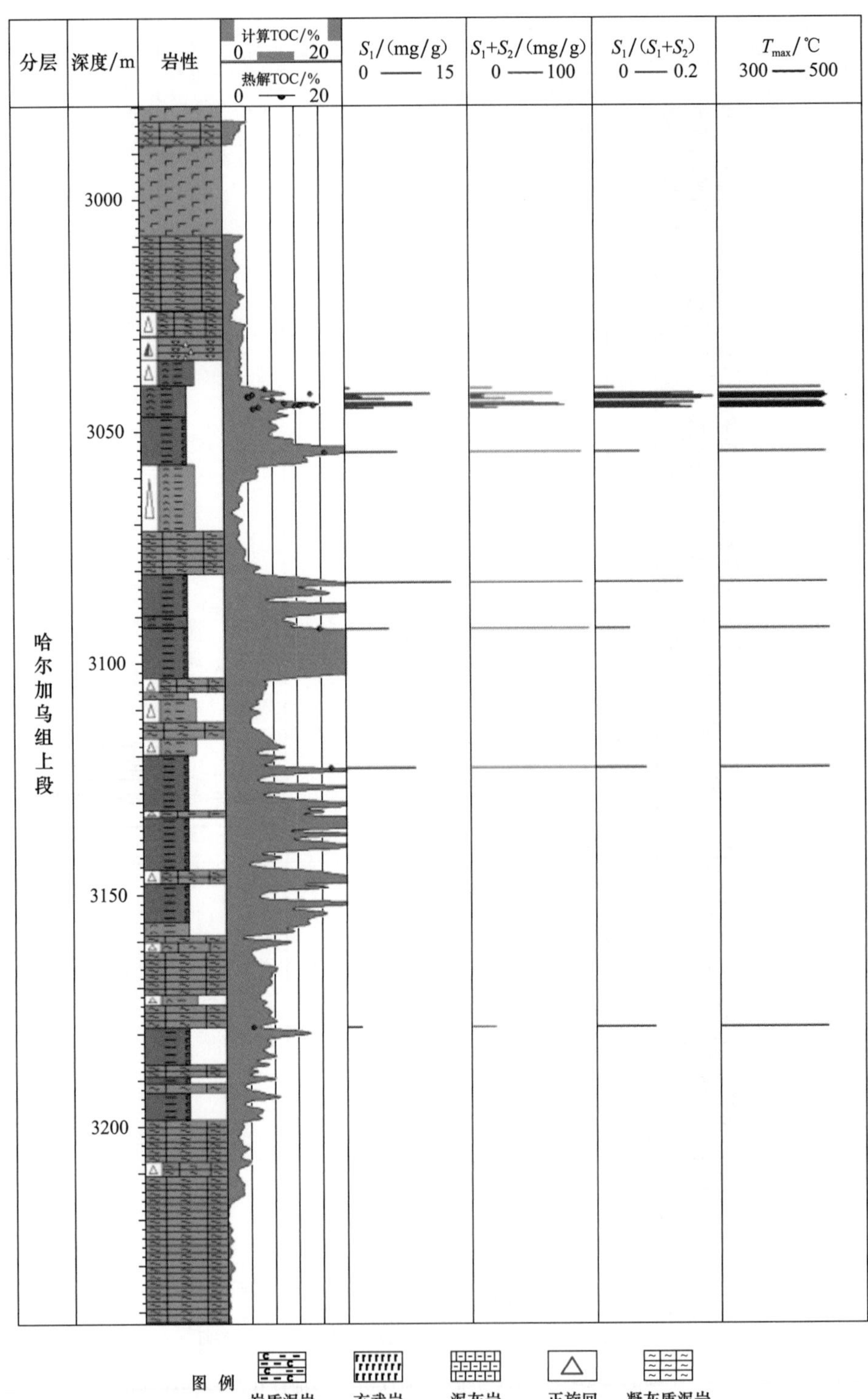

图 3-24 三塘湖盆地 MN2-38 井哈尔加乌组上段地球化学综合柱状图

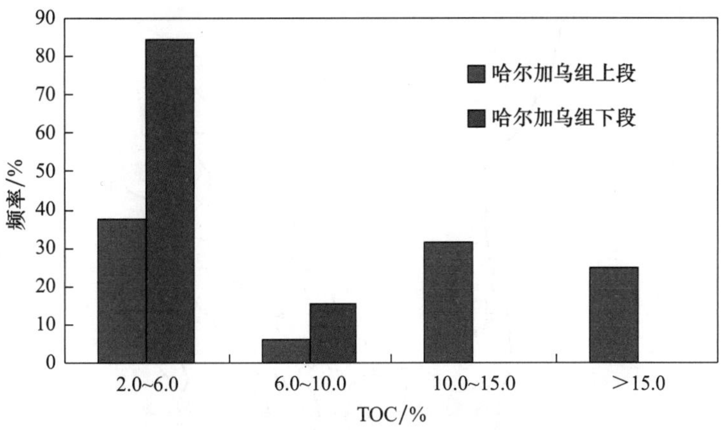

图 3-25 三塘湖盆地 MN2-38 井哈尔加乌组 TOC 频率分布直方图

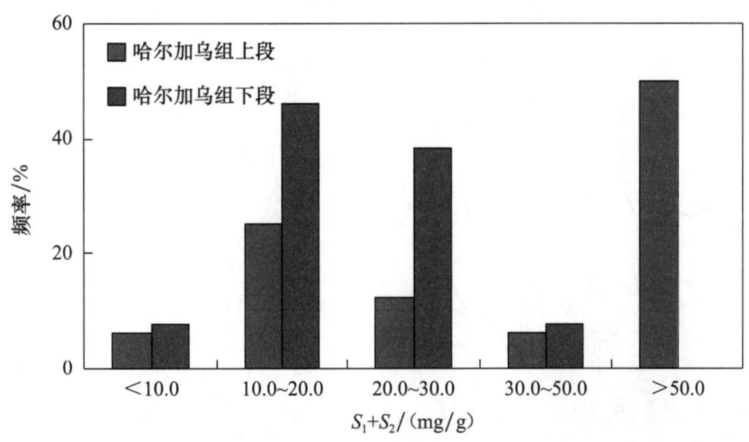

图 3-26 三塘湖盆地 MN2-38 井哈尔加乌组 S_1+S_2 频率分布直方图

哈尔加乌组上段泥页岩实测 R_o 值为 0.8%～1.1%，哈尔加乌组下段实测 R_o 值为 0.9%～1.2%，均处于成熟阶段，已达到生烃门限。平面上，马朗凹陷中部和条湖凹陷西北部有机质成熟度较高，可达 1.1%以上（图 3-28）。

二、二叠系

西北区二叠系富有机质泥页岩层段主要发育于三塘湖盆地二叠系芦草沟组，准噶尔盆地中二叠统平地泉组及下二叠统风城组。西北区二叠系富有机质泥页岩层段有机质类型以三塘湖盆地中二叠统芦草沟组二段为最好，以Ⅱ$_1$ 型和Ⅰ型为主；准噶尔盆地中二叠统平地泉组、下二叠统风城组泥页岩有机质类型多样，以Ⅲ、Ⅱ$_1$ 和Ⅱ$_2$ 为主，部分为Ⅰ型（何登发等，2004）（图 3-29）。

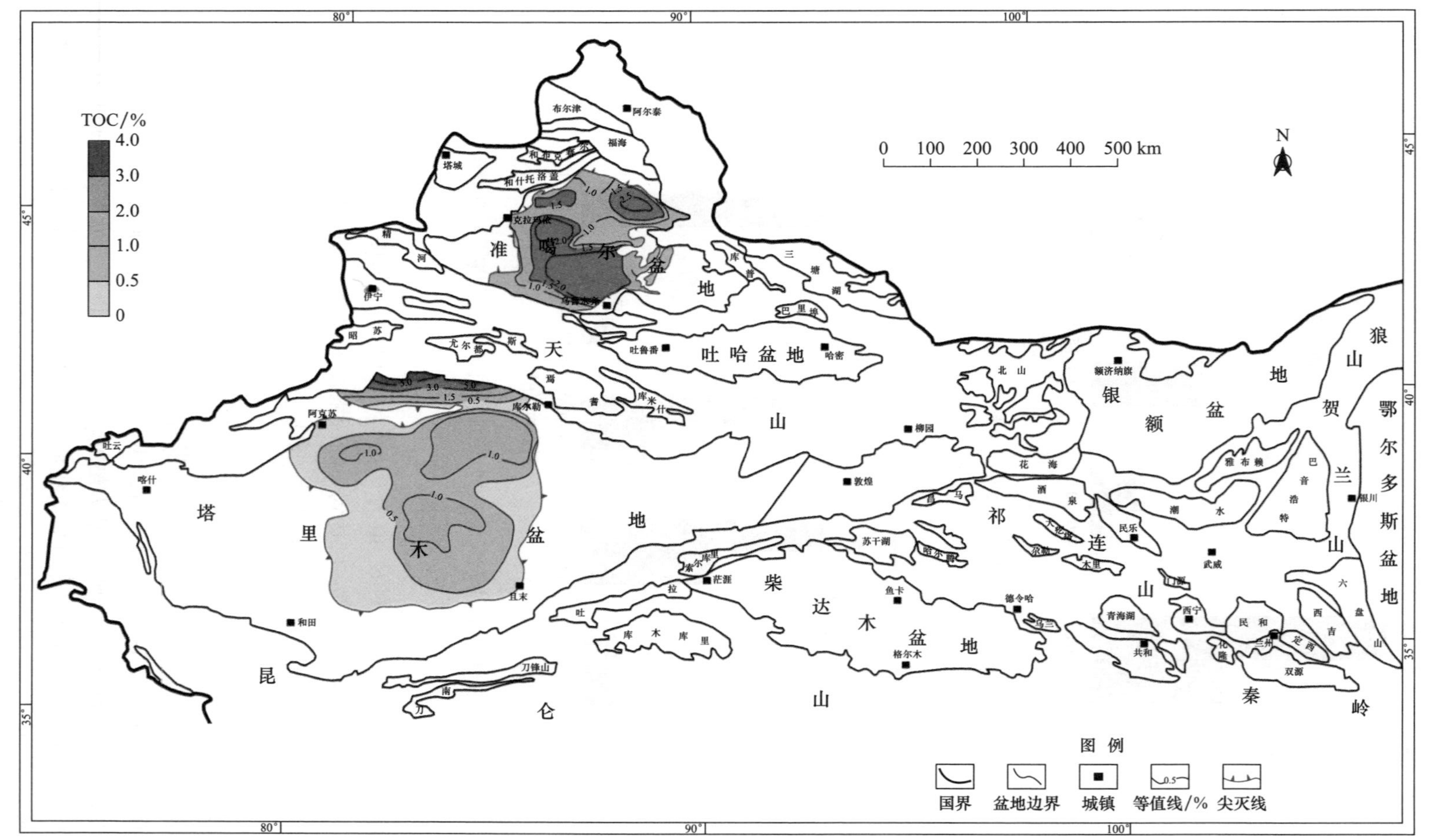

图 3-27　西北区三叠系富有机质泥页岩TOC等值线图

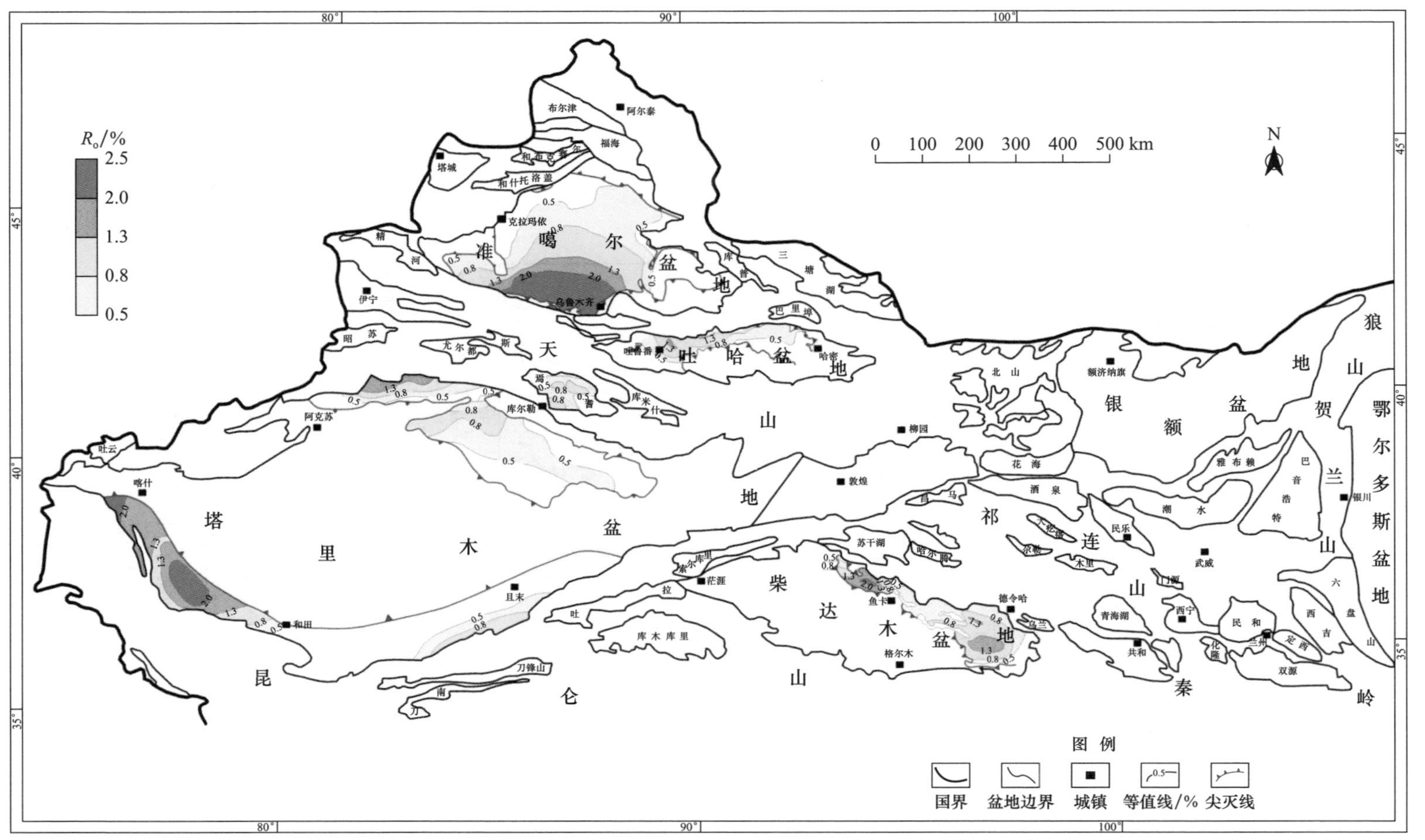

图 3-28 西北区下侏罗统富有机质泥页岩R_o等值线图

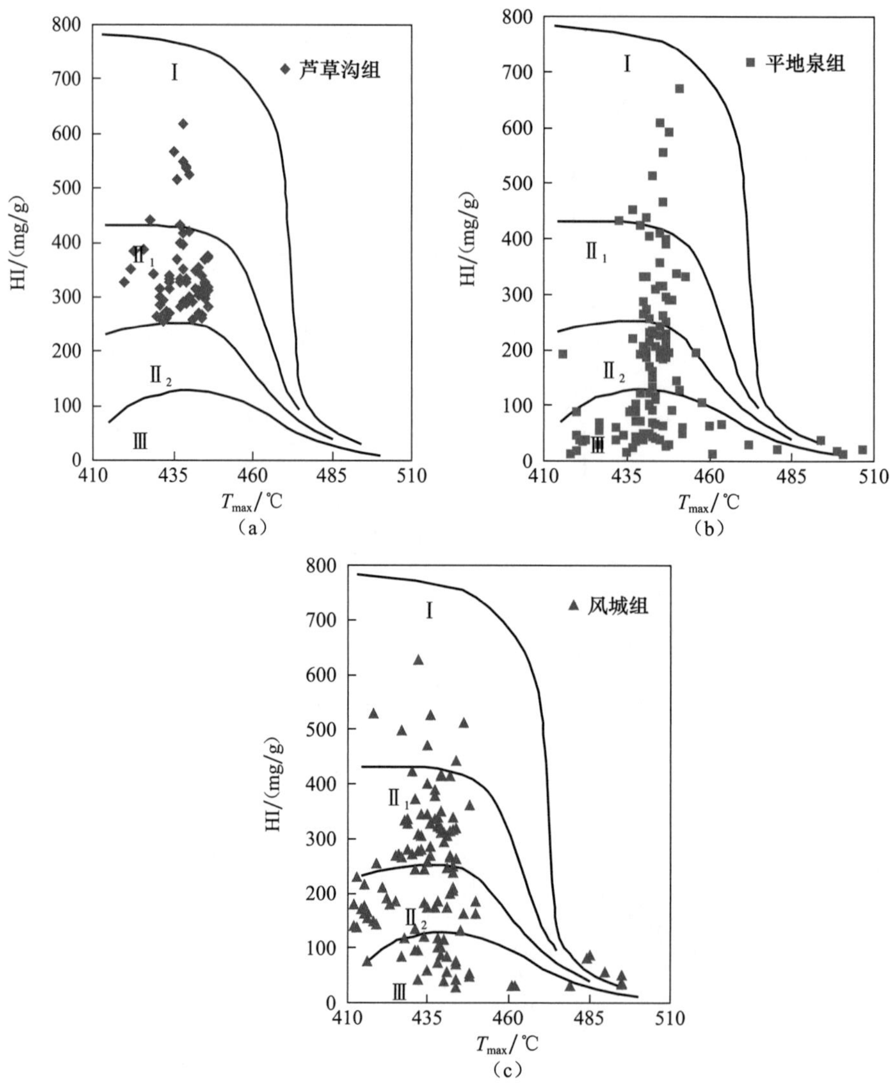

图 3-29　西北区二叠系泥页岩有机质类型图

准噶尔盆地中二叠统平地泉组有机碳含量也相对较高，一般大于 1%，S_1+S_2 大于 2mg/g。在不同地区 TOC 略有差异，吉木萨尔地区有机碳含量较高，有机碳含量普遍大于 5%（图 3-30～图 3-33）。准噶尔盆地钻遇下二叠统风城组的有机碳含量一般大于 1%，S_1+S_2 值较高，多大于 2mg/g（图 3-31～图 3-33）。三塘湖盆地二叠系芦草沟组泥页岩有机质丰度在西北区二叠系中最高，总有机碳含量普遍大于 4%，S_1+S_2 均大于 6mg/g，为优质烃源岩（图 3-32、图 3-33）。

平面上，条湖-马朗凹陷芦草沟组二段泥页岩有机碳含量，在马中构造带和牛圈湖构造带发育两个高值区，马中地区高值分布面积广、有机质丰度更高；准噶尔盆地中二叠

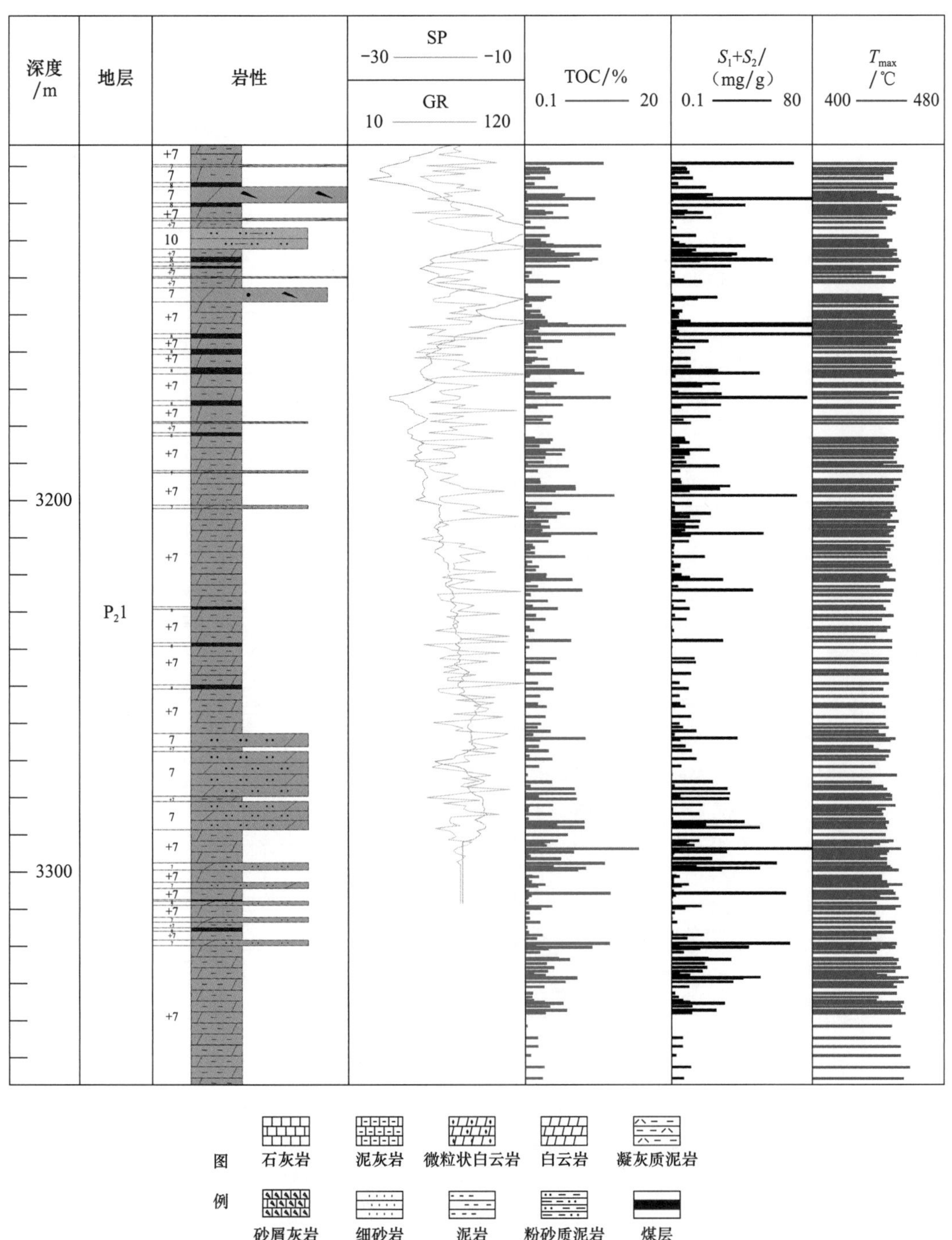

图 3-30 准噶尔盆地吉木萨尔凹陷中二叠统 JY74 井平地泉组有机地化柱状图

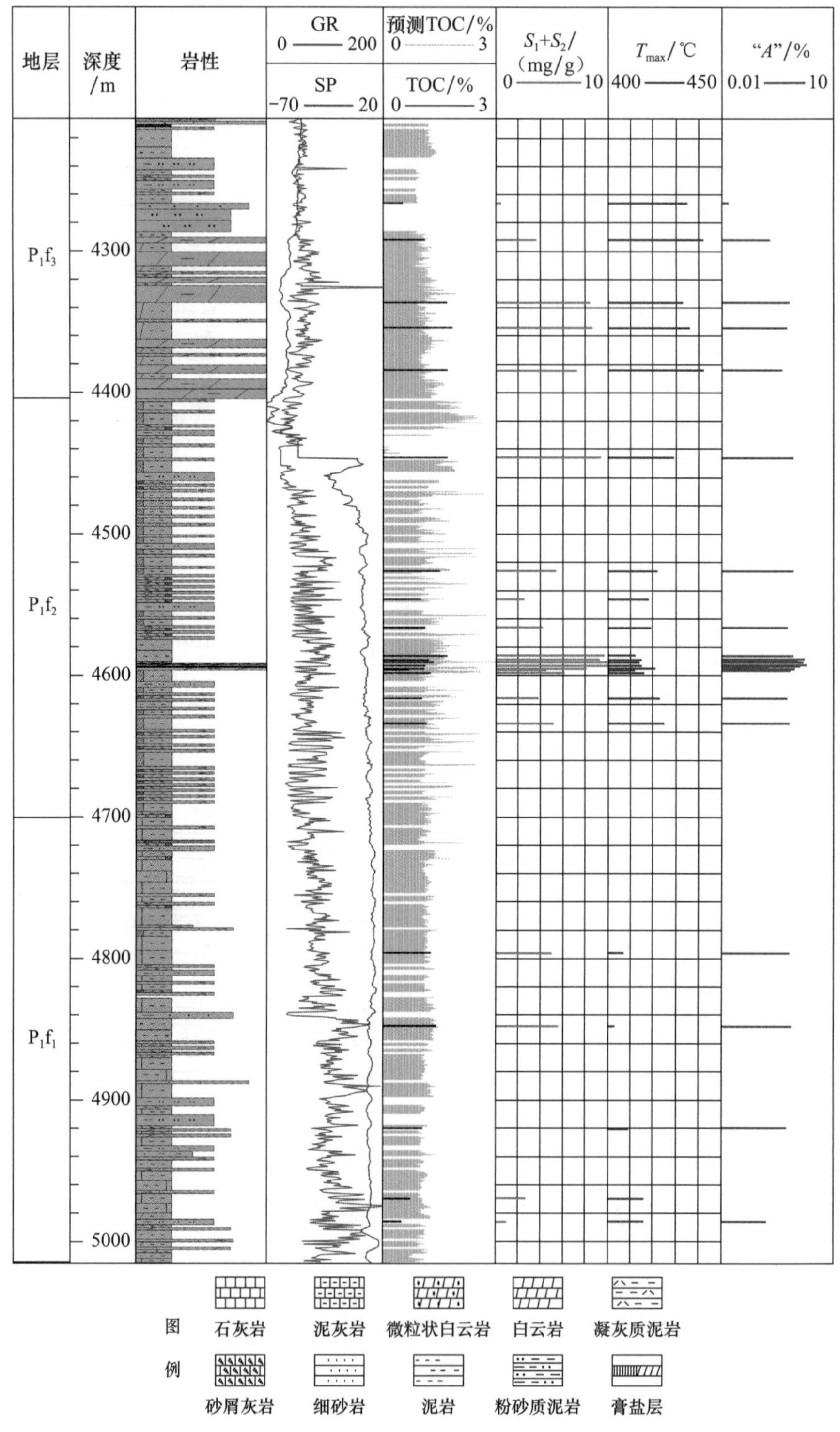

图 3-31 准噶尔盆地 HB1 井风城组有机地化柱状图

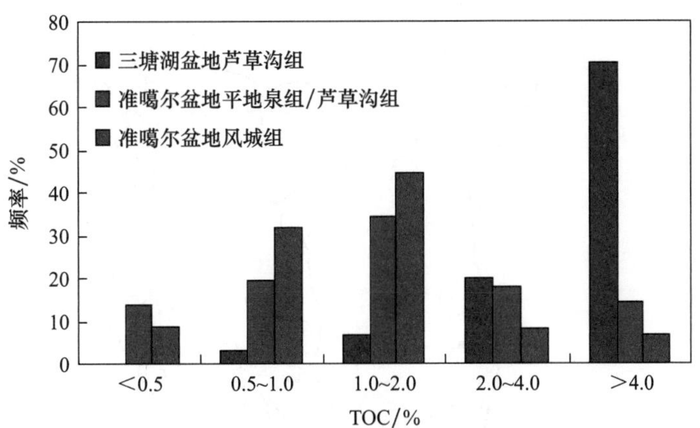

图 3-32 西北区二叠系泥页岩 TOC 频率分布直方图

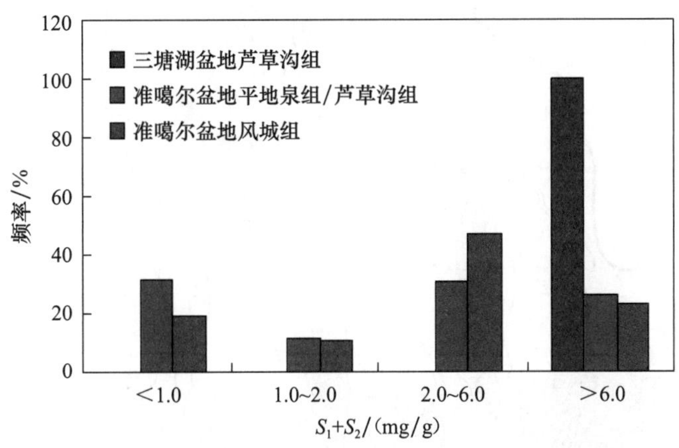

图 3-33 西北区二叠系泥页岩 S_1+S_2 频率分布直方图

统发育的两个泥页岩 TOC 高值区分别位于沙帐—大井和吉木萨尔地区，平均有机碳含量达到 2.5%；下二叠统风城组泥页岩 TOC 高值区也有两个，分别位于西北缘和腹部（图 3-34）。

三塘湖盆地二叠系芦草沟组泥质岩镜质体反射率（R_o）主要分布在 0.6%～0.9%，最高值达 2.0%，总体处于低熟-成熟早期阶段。其中马朗凹陷中部和条湖凹陷的西南部有机质成熟度较高，平均可达 1.0%。准噶尔盆地中二叠统 R_o 在玛湖凹陷—中央隆起带东部主要处于低成熟阶段，拗陷内部总体处于高-过成熟阶段，但埋藏深度太大。下二叠统风城组 R_o 主要处于成熟-过成熟阶段，但分布范围更小。玛湖凹陷靠近盆地边缘部位和东南部局部处于成熟阶段，以生油为主，中心部位处于高成熟-过成熟阶段，以生气为主（图 3-35）。

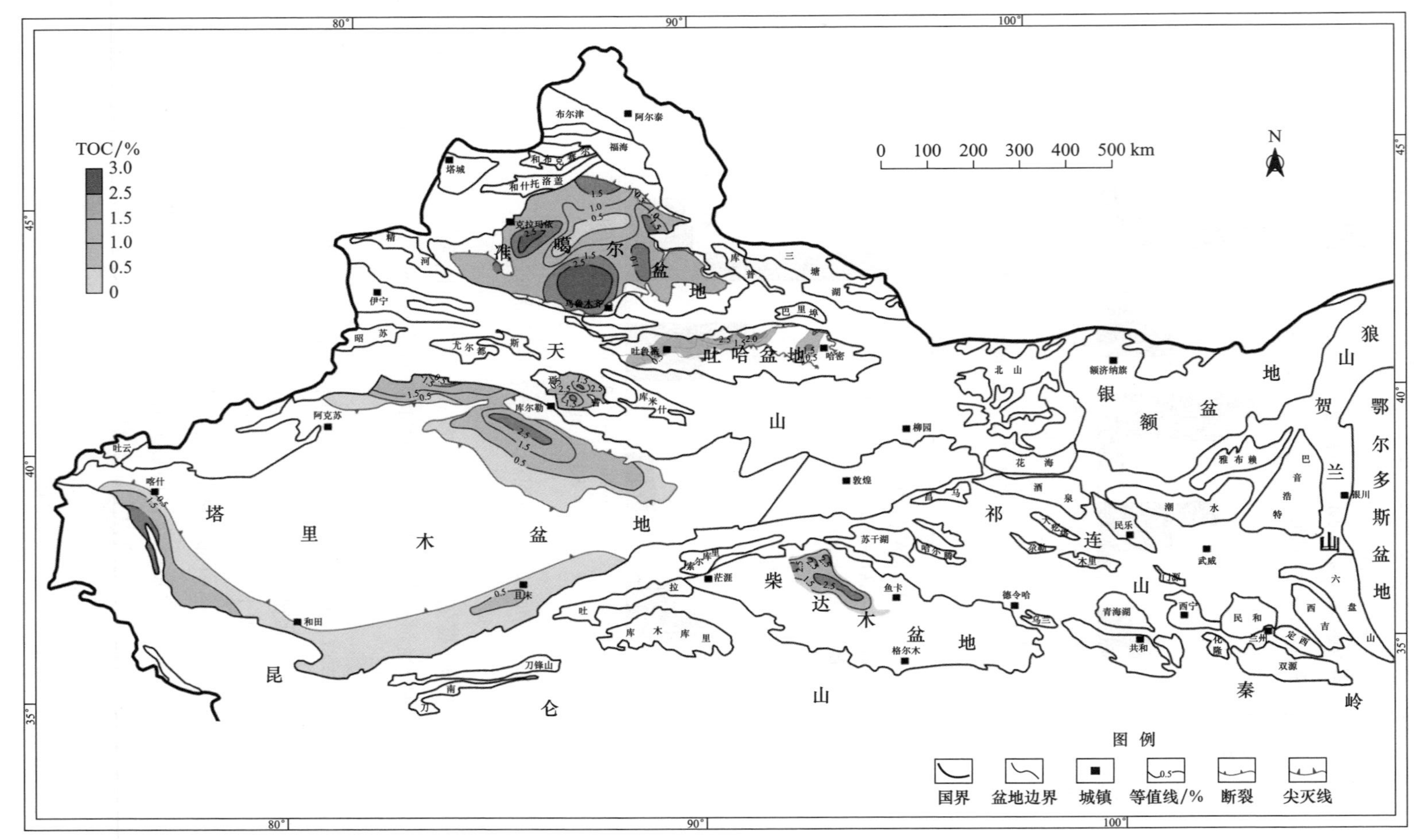

图 3-34 西北区下侏罗统富有机质泥页岩TOC等值线图

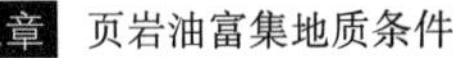

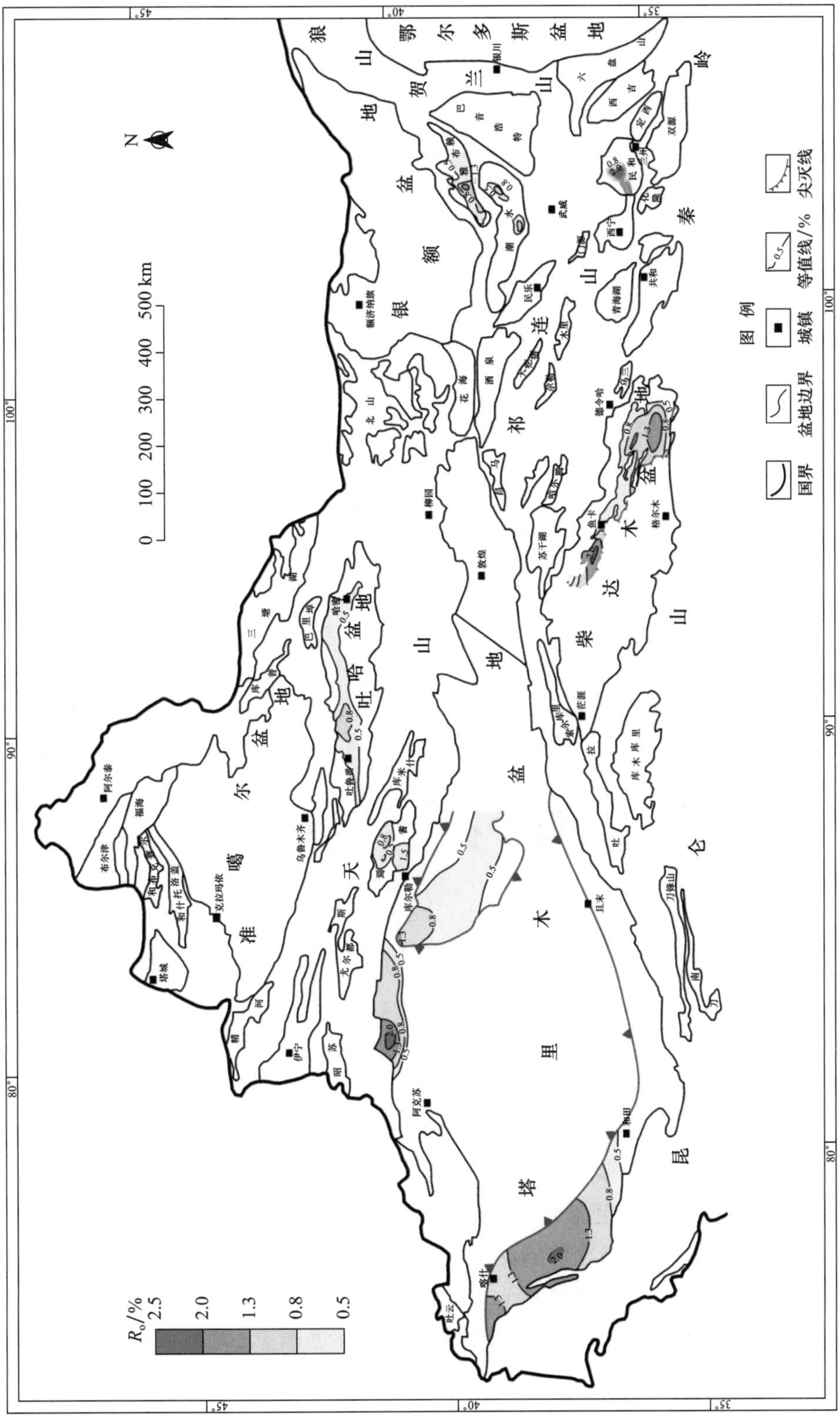

图 3-35 西北区中侏罗统富有机质泥页岩R_o等值线图

三、侏罗系

西北区侏罗系泥页岩样品中，柴达木盆地大煤沟组七段有机质类型最差，大部分为Ⅲ型（彭立才等，2011）。吐哈盆地中侏罗统七克台组泥页岩有机质类型Ⅰ～Ⅲ型均有分布，且Ⅰ型相对其他层位较多，类型较好，倾油性特征明显。塔西南地区中侏罗统杨叶组有机质类型以$Ⅱ_2$～Ⅲ型为主，$Ⅱ_1$～Ⅰ型含量较少（图 3-36）。

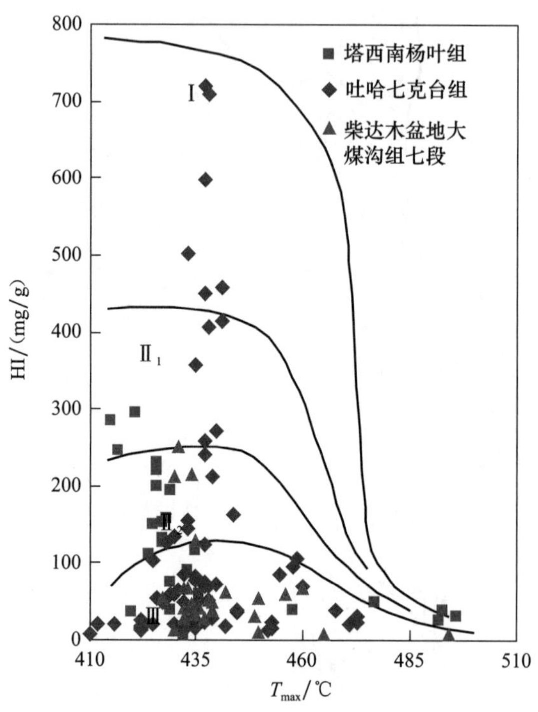

图 3-36 西北区中侏罗统有机质类型图

西北区侏罗系泥页岩样品丰度以柴达木盆地大煤沟组七段为最好，泥页岩 TOC 含量一般大于 2%；生烃潜量大于 1mg/g。吐哈盆地侏罗系七克台组有机质丰度低，TOC 大多小于 1%，生烃潜量较低（刘云田等，2007）（图 3-37～图 3-40）。塔西南地区中侏罗统泥页岩有机质丰度较高，多为 1.0%～2.0%，生烃潜量较低（图 3-38～图 3-40）。

平面上，吐哈盆地七克台组泥页岩有机碳含量高值区发育在丘东次洼、胜北次洼，小草湖次洼有机碳含量次之。哈密凹陷及托克逊凹陷泥页岩有机碳含量很低。塔西南地区泥页岩有机碳含量较高，部分区域大于 2%。柴达木盆地大煤沟组七段泥页岩 TOC 在大多数区域在 4.0%以上。在红山断陷、欧南凹陷和鱼卡断陷中心地区泥页岩 TOC 可高达 6.0%以上（图 3-41）。

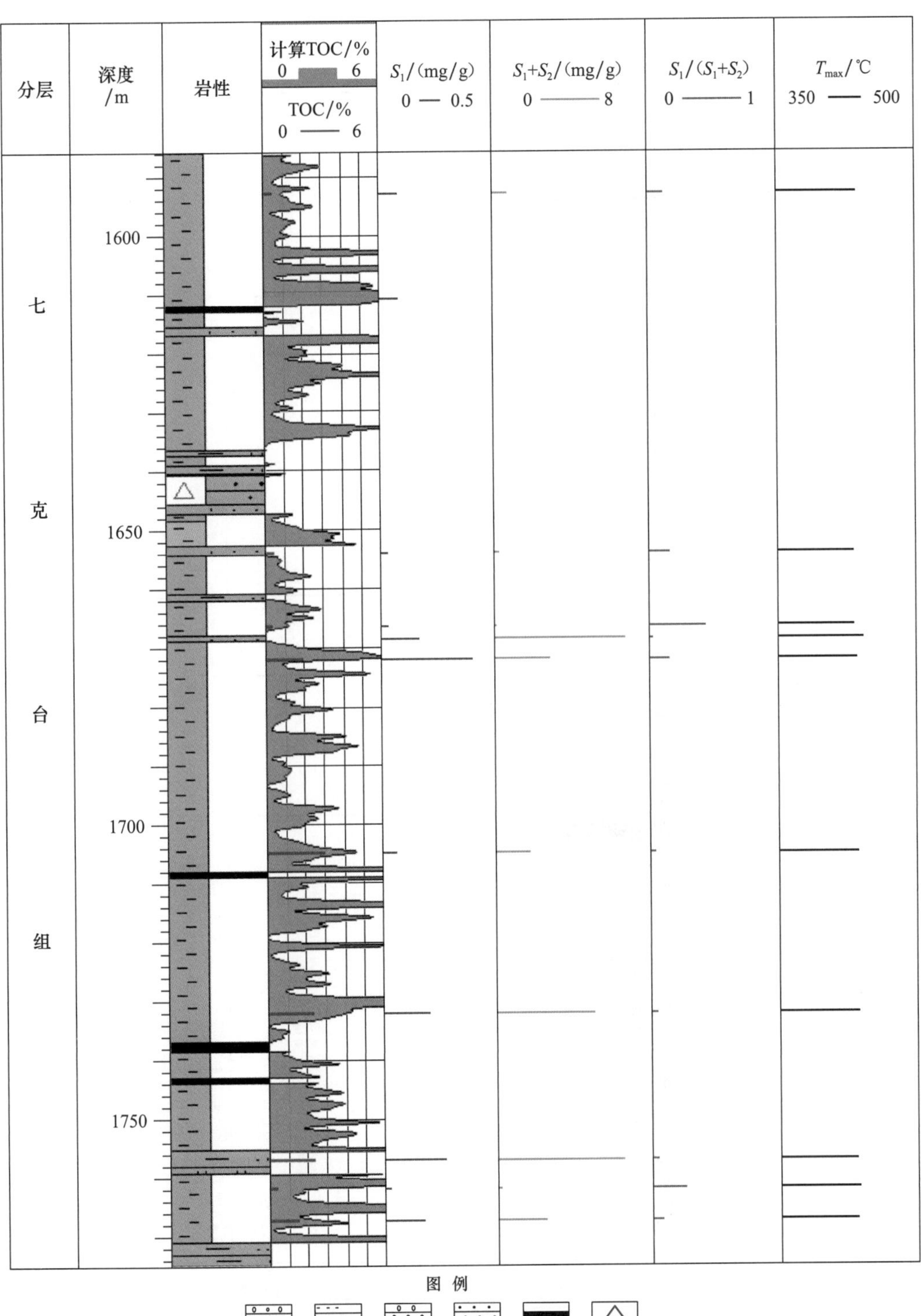

图 3-37 吐哈盆地 G8 井中侏罗统七克台组地化剖面

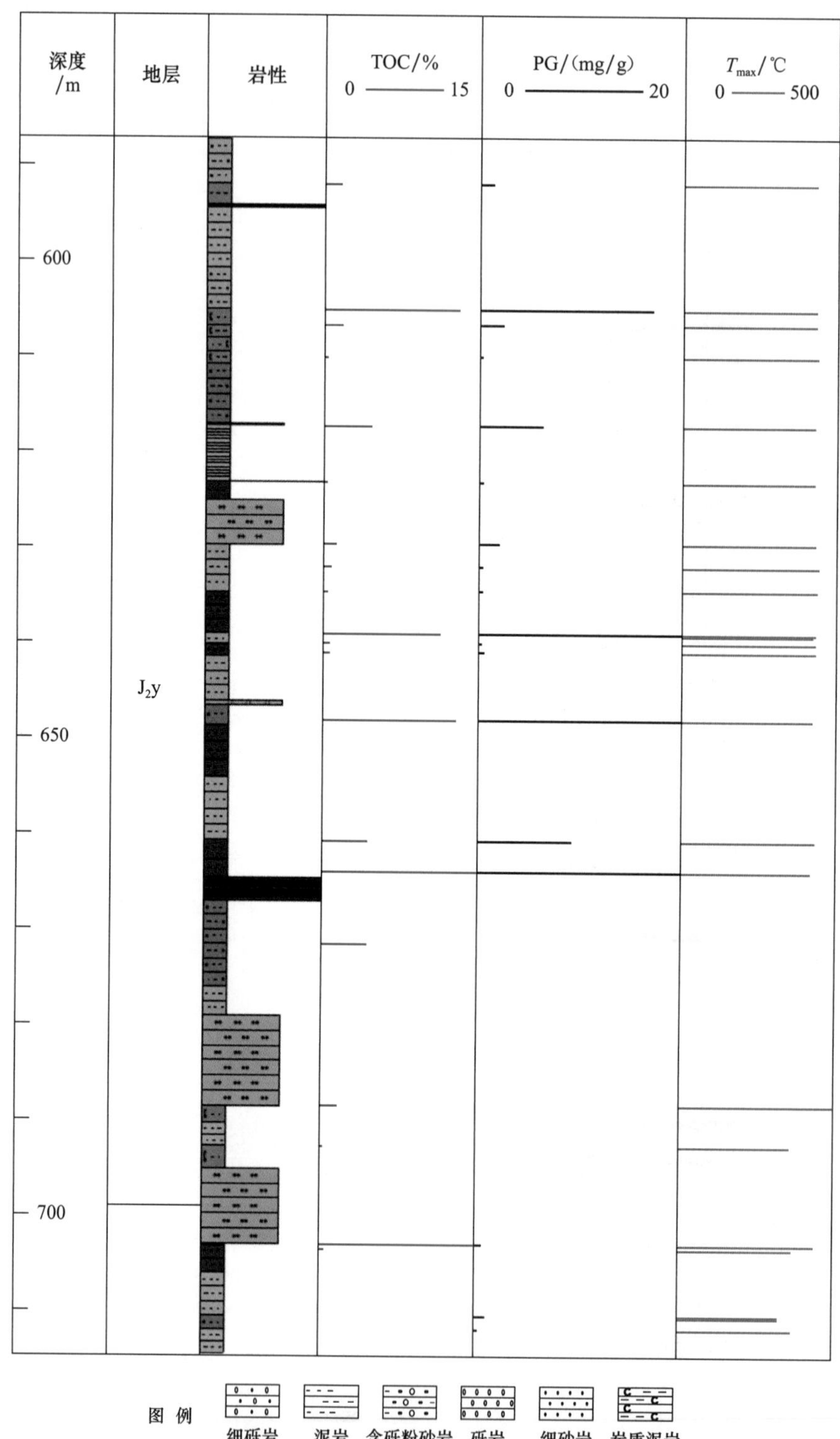

图 3-38 塔里木盆地塔西南地区布雅煤矿浅井中侏罗统杨叶组地化剖面

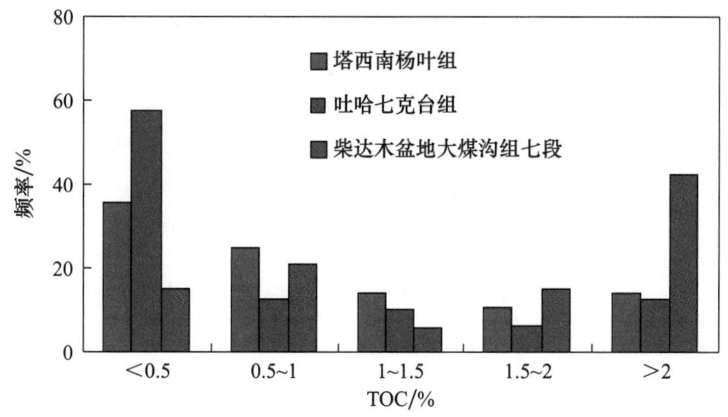

图 3-39 西北区中侏罗统泥页岩 TOC 频率分布直方图

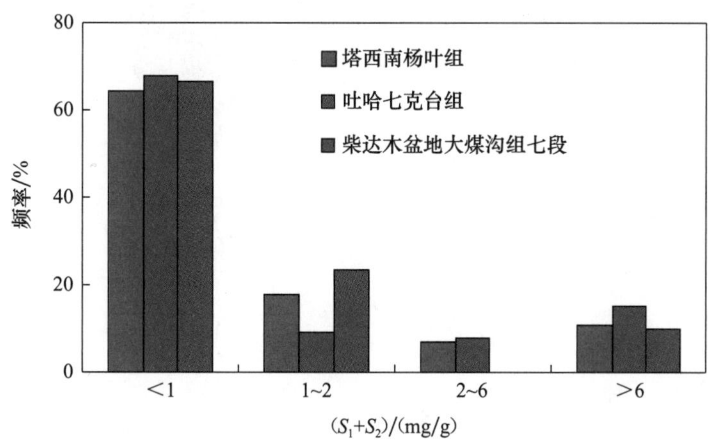

图 3-40 西北区中侏罗统泥页岩 S_1+S_2 频率分布直方图

吐哈盆地七克台组泥页岩主要分布在台北凹陷，胜北次洼沉积中心镜质体反射率最大，为 0.3%～0.7%；由西向东 R_o 逐渐变低，至小草湖次洼仅为 0.5%。库孜贡苏剖面杨叶组泥页岩有机质镜质体反射率 R_o 为 0.9%～1.8%，整体处于成熟-高成熟阶段。杨叶剖面杨叶组泥页岩有机质镜质体反射率 R_o 为 0.5%～0.8%，属于成熟阶段。康苏剖面杨叶组泥页岩有机质镜质体反射率 R_o 平均值为 0.85%，处于成熟阶段。布雅煤矿杨叶组整体处于低成熟-成熟阶段（袁明生等，2002）（图 3-42）。

四、白垩系

西北区白垩系富有机质泥页岩层段主要发育于酒泉盆地营尔凹陷下白垩统的中沟组

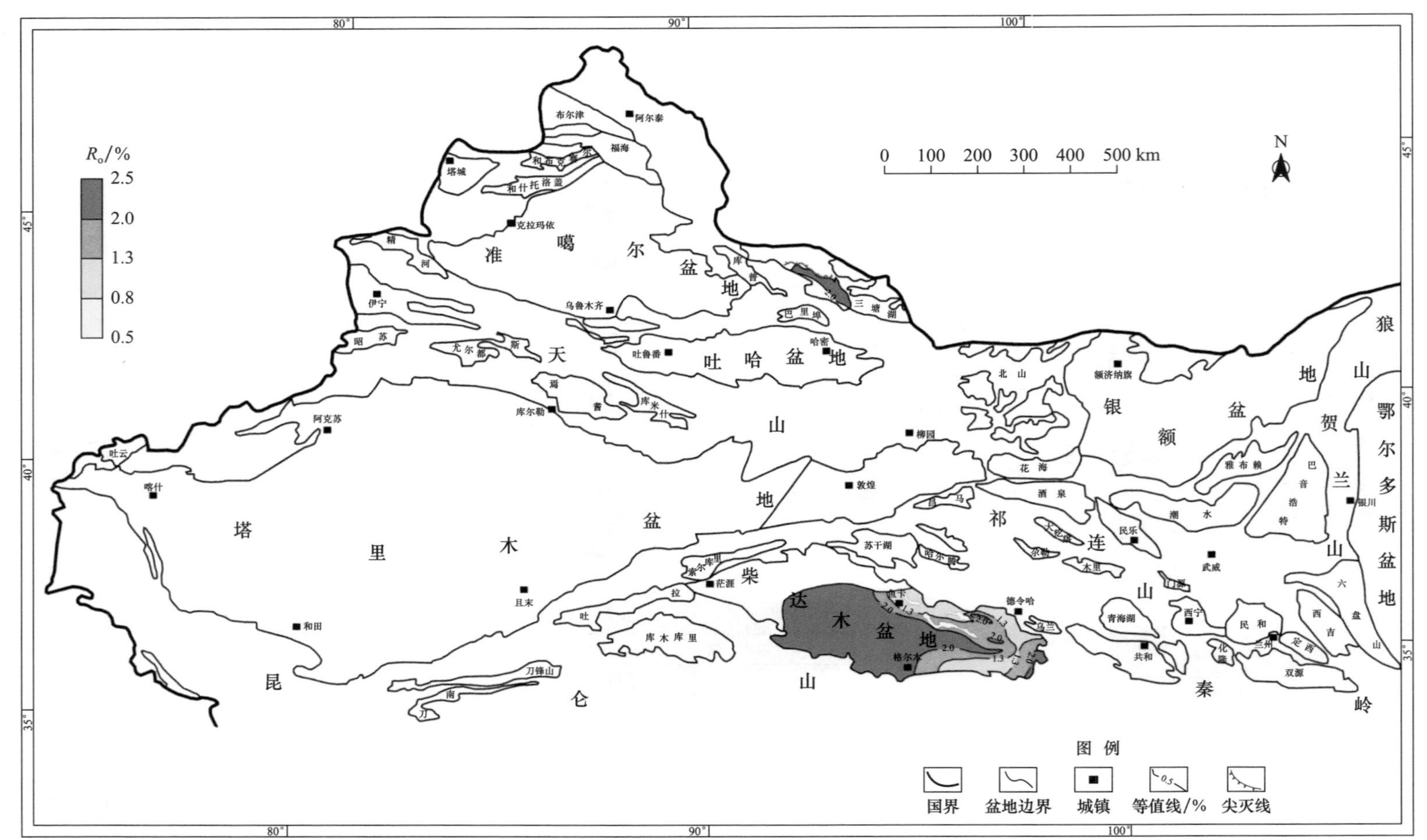

图 3-41 西北区上石炭统富有机质泥页岩R_o等值线图

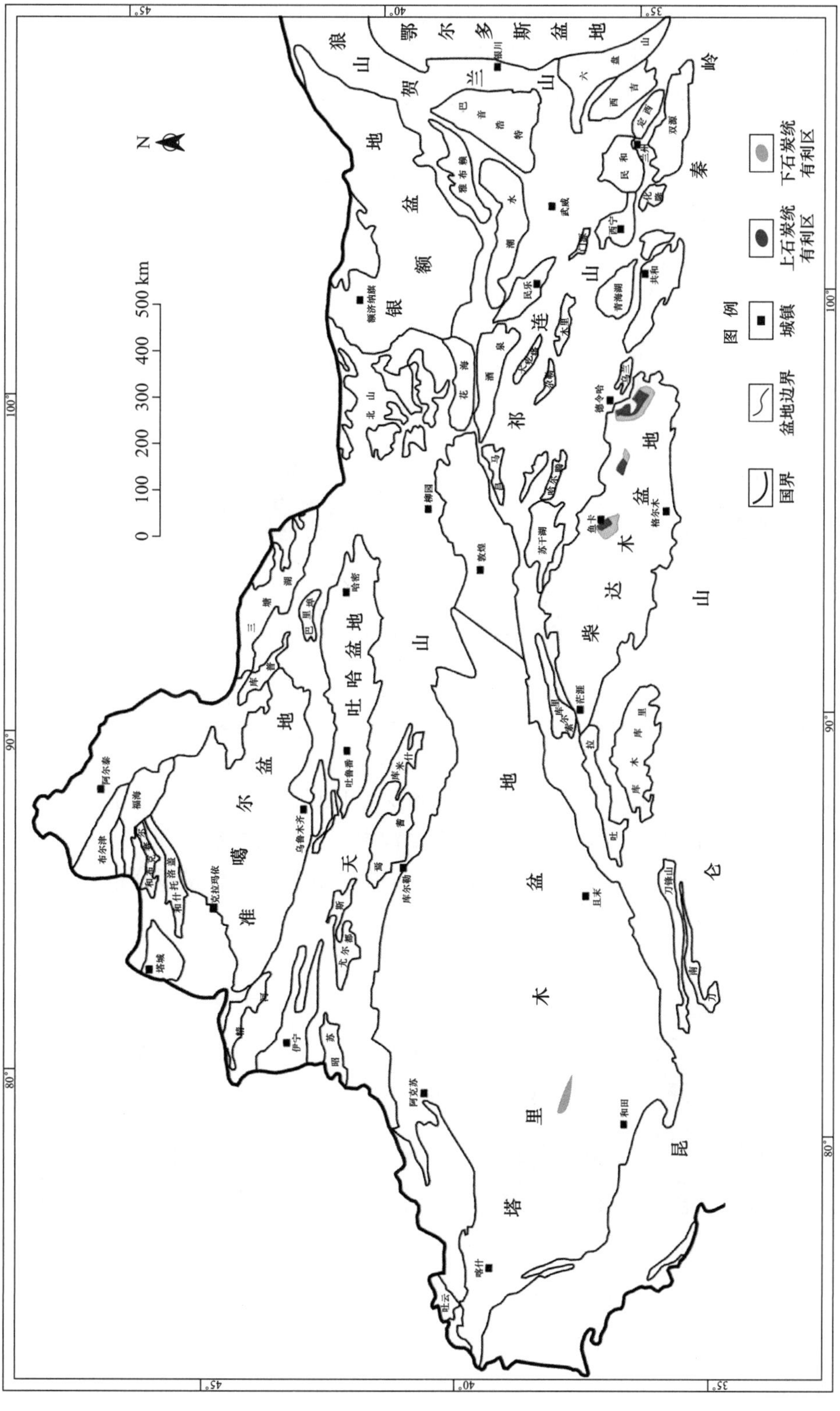

图 3-42 西北区石炭系页岩气有利区预测图

和花海-金塔盆地花海凹陷下白垩统中、下沟组。有机质类型以营尔凹陷中沟组为最好，有机质类型为Ⅰ～$Ⅱ_1$ 型。花海凹陷下沟组有机质类型以 $Ⅱ_1$ 型和 $Ⅱ_2$ 型为主（图 3-43），中沟组泥页岩有机质类型以Ⅰ型和 $Ⅱ_1$ 型为主（钱吉盛等，1980）（图 3-44）。

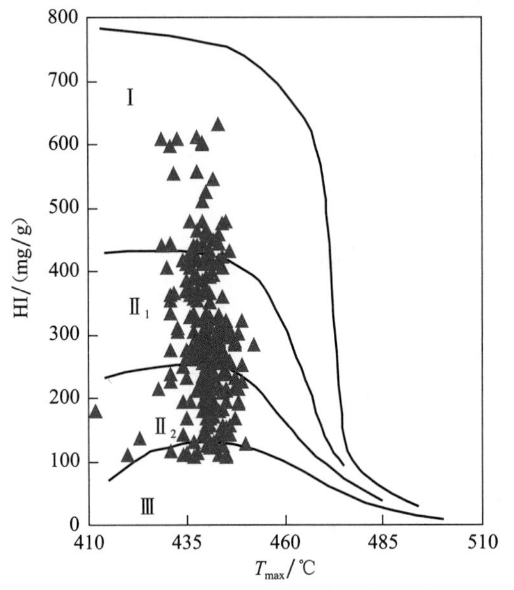

图 3-43 西北区白垩系下沟组有机质类型图

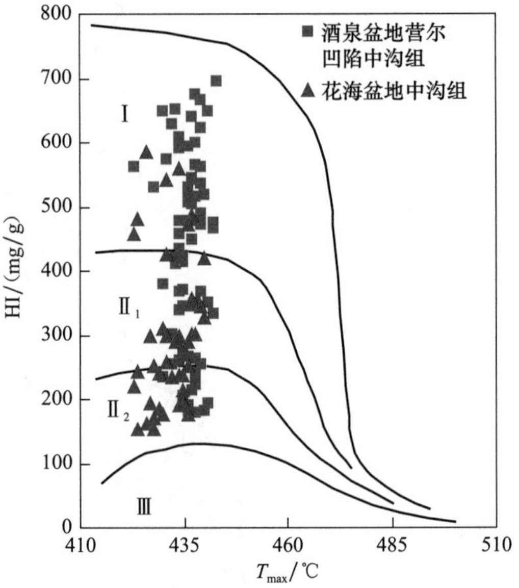

图 3-44 西北区白垩系中沟组有机质类型图

西北区花海凹陷下沟组泥页岩总有机碳含量多大于 1%，S_1+S_2 分布于 1～6mg/g（图 3-45、图 3-46）。酒泉盆地营尔凹陷白垩系中沟组泥页岩有机碳含量较高，TOC 含量一般大于 2%，S_1+S_2 多大于 6mg/g；而花海凹陷中沟组 TOC 含量多分布于 0.5%～1.5%，S_1+S_2 的值与下沟组类似（图 3-47～图 3-49）。

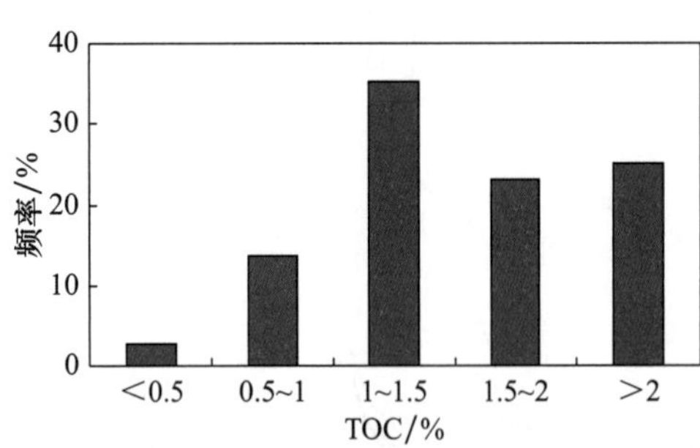

图 3-45 花海凹陷白垩系下沟组泥页岩 TOC 频率分布直方图

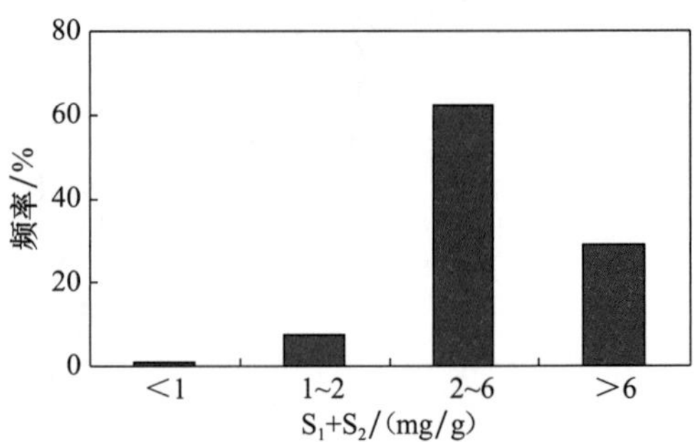

图 3-46 花海凹陷白垩系下沟组泥页岩 S_1+S_2 频率分布直方图

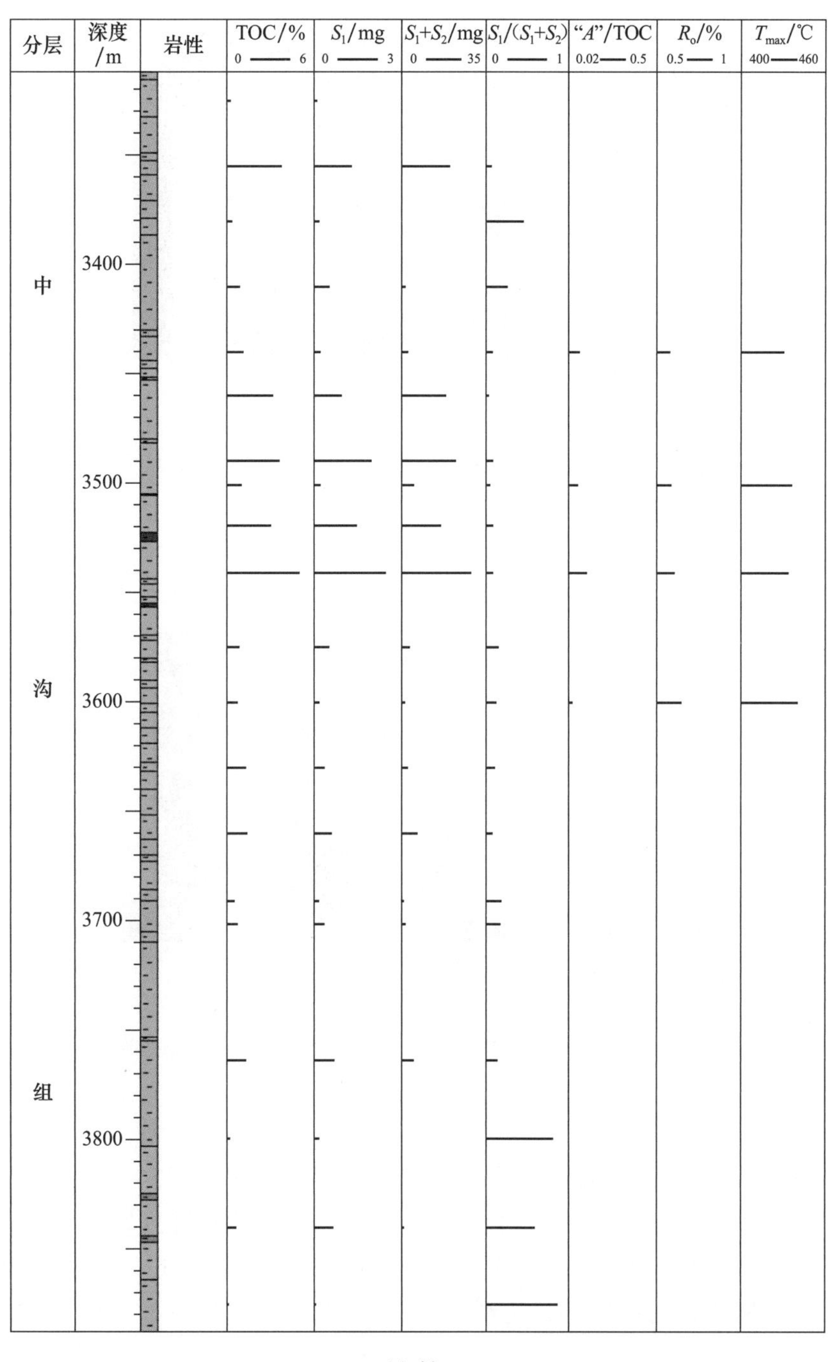

图 3-47 酒泉盆地 CH2 井白垩系中沟组泥页岩地球化学柱状剖面图

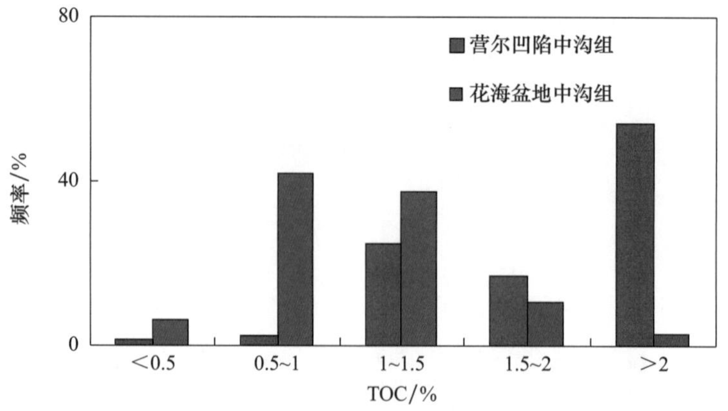

图 3-48　西北区白垩系中沟组泥页岩 TOC 频率分布直方图

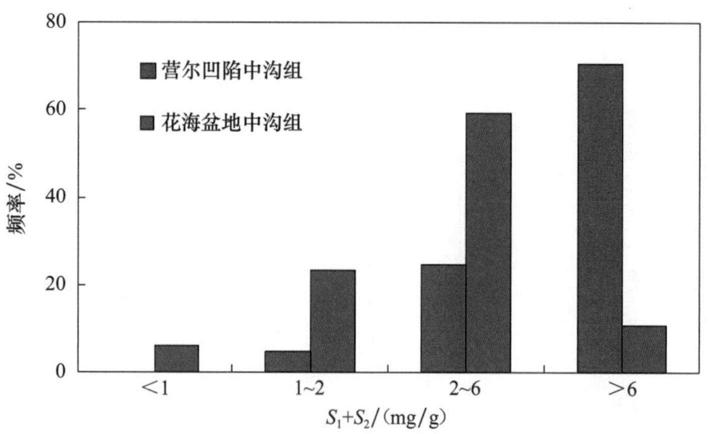

图 3-49　西北区白垩系中沟组泥页岩 S_1+S_2 频率分布直方图

平面上，花海盆地下沟组有机碳含量在 HT10 井、HT9 井和 HS4 井附近最高，达到 3%，向凹陷边缘呈逐渐减小趋势。营尔凹陷中沟组有机碳含量可达 2%，高值区主要分布在下河清和金佛寺两个地区；花海凹陷中沟组有机碳含量在 HT10 井附近最高，达到 6%；其次在 HS4 井附近也较高，达到 5%，同样是向凹陷边缘，TOC 含量逐渐降低（图 3-50）。

营尔凹陷中沟组从东北向西南方向演化程度逐渐增加，以祁连乡为界，以北地区均处于未熟阶段，以南地区处于成熟阶段。花海凹陷下沟组和中沟组泥页岩的主体成熟度在 0.7%～1.0%，处于生油窗内，具有较好的页岩油潜力（图 3-51）。

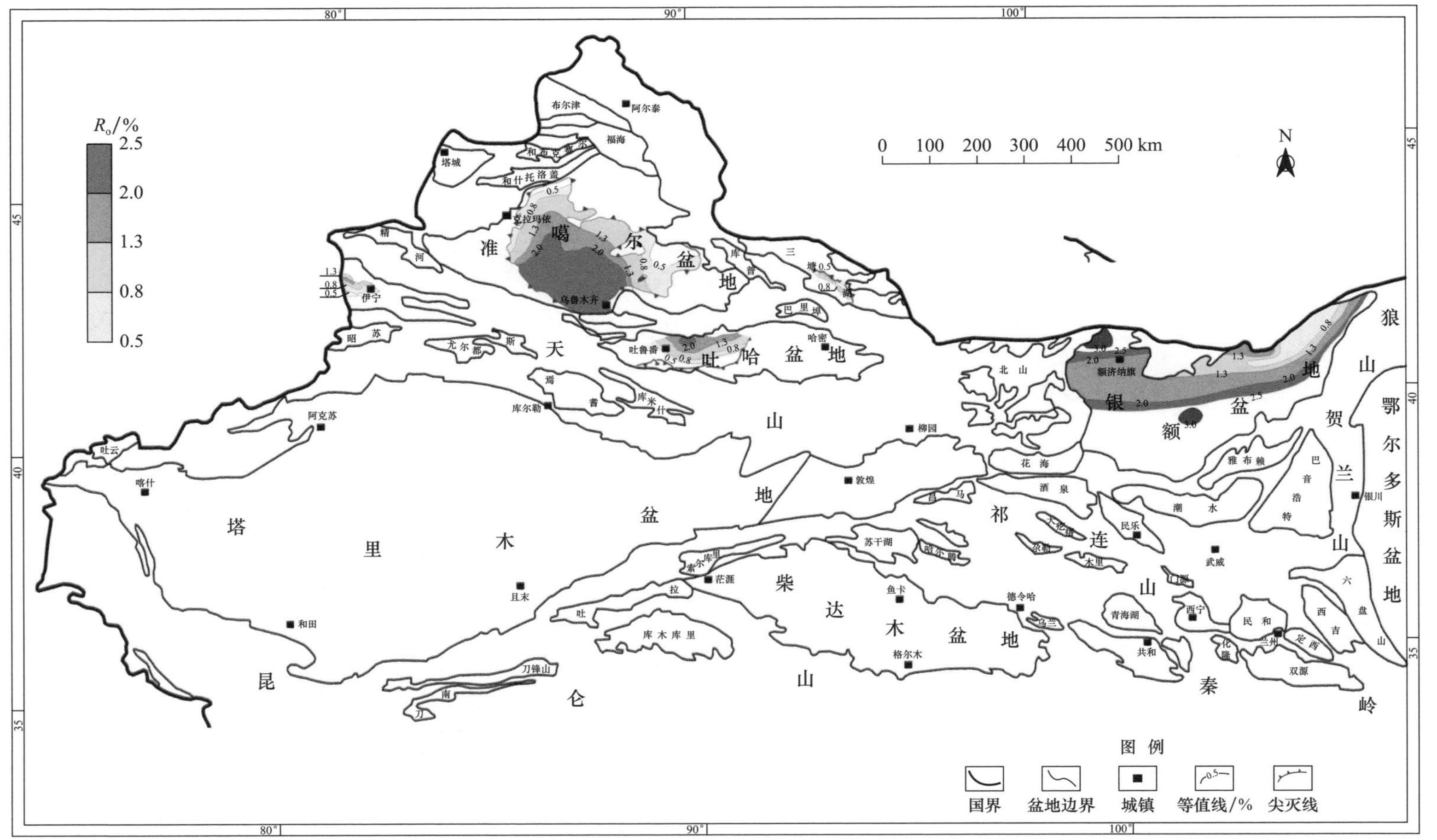

图 3-50 西北区二叠系富有机质泥页岩R_o等值线图

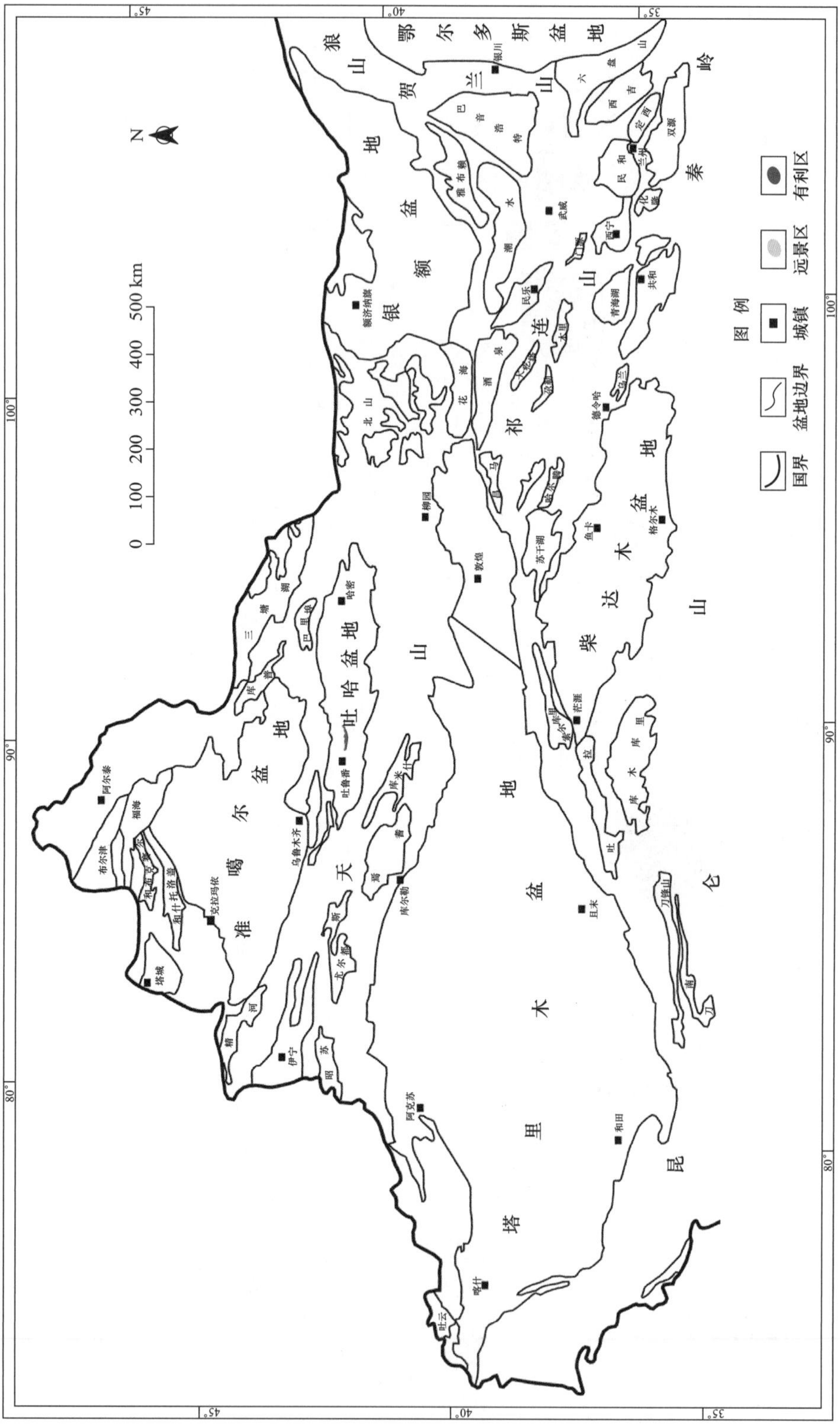

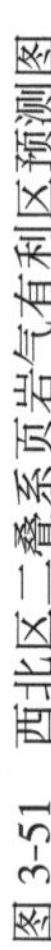

图 3-51　西北区二叠系页岩气有利区预测图

第三节 页岩油层储集特征

西北区有利页岩油发育层段在石炭系、二叠系、侏罗系、白垩系均有分布，但受地质背景、沉积环境等差异的影响，分布区域不均衡。石炭系页岩油主要发育于三塘湖盆地的哈尔加乌组；二叠系页岩油发育于准噶尔盆地下二叠统风城组和中二叠统芦草沟组，以及三塘湖盆地的芦草沟组；侏罗系页岩油发育在塔里木盆地中侏罗统的杨叶组、吐哈盆地的七克台组及柴达木盆地大煤沟组七段（刘云田等，2008）；白垩系页岩油发育在花海凹陷下白垩统的中沟组和下沟组，以及酒泉盆地的中沟组。

一、储层岩性特征

西北区不同盆地、不同层系泥页岩的岩性特征存在差异，岩石组合类型也不尽相同。三塘湖盆地石炭系主要以碳质泥岩夹凝灰质泥岩和凝灰岩为有效岩性；三塘湖盆地二叠系芦草沟组岩性复杂，沉积物粒度较细，多为泥级、粉砂级颗粒，主要为暗色泥岩、白云质泥岩、灰质泥岩和凝灰质泥岩等（图 3-52）；准噶尔盆地二叠系泥页岩基本均以暗色泥岩、云质泥岩、灰质泥岩等岩性或岩性组合为主，碳酸盐岩含量较高（图 3-52、图 3-53）；而吐哈盆地中侏罗统七克台组、塔里木盆地塔西南地区中侏罗统杨叶组主要发育泥岩、碳

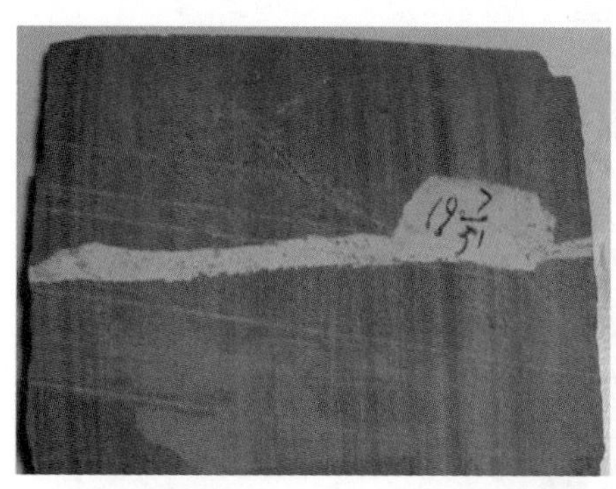

（a）三塘湖盆地N3井，1753.6m，纹层状灰质泥岩

（b）准噶尔盆地JY51井，3634.23m

（c）塔西南布雅煤矿BY-30
灰黑色泥岩

（d）吐哈七克台HC2井，3761.5m
灰黑色泥岩

（e）花海凹陷HT12井
灰黑色泥岩

图 3-52　西北区典型泥页岩手标本照片

质泥岩、煤层和灰黑色粉砂质泥岩等有效岩性组合（图 3-52、图 3-54）；柴达木盆地大煤沟组七段主要以黑色页岩、油页岩为主，夹薄层粉砂岩；酒泉盆地、花海凹陷主要发育湖相暗色泥岩与粉砂质泥岩互层的岩石组合类型（刘云田等，2007）（图 3-52）。

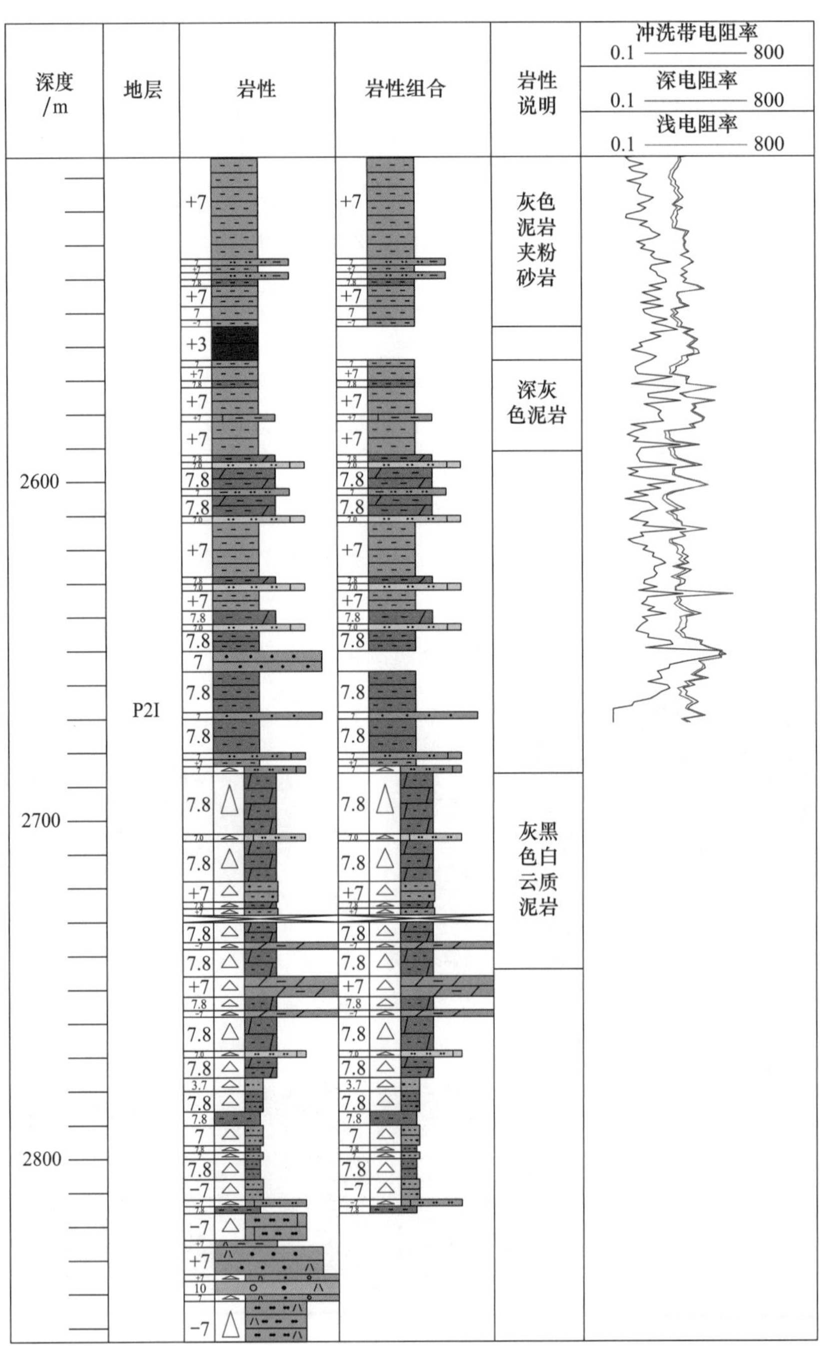

图 3-53 准噶尔盆地二叠系岩性剖面

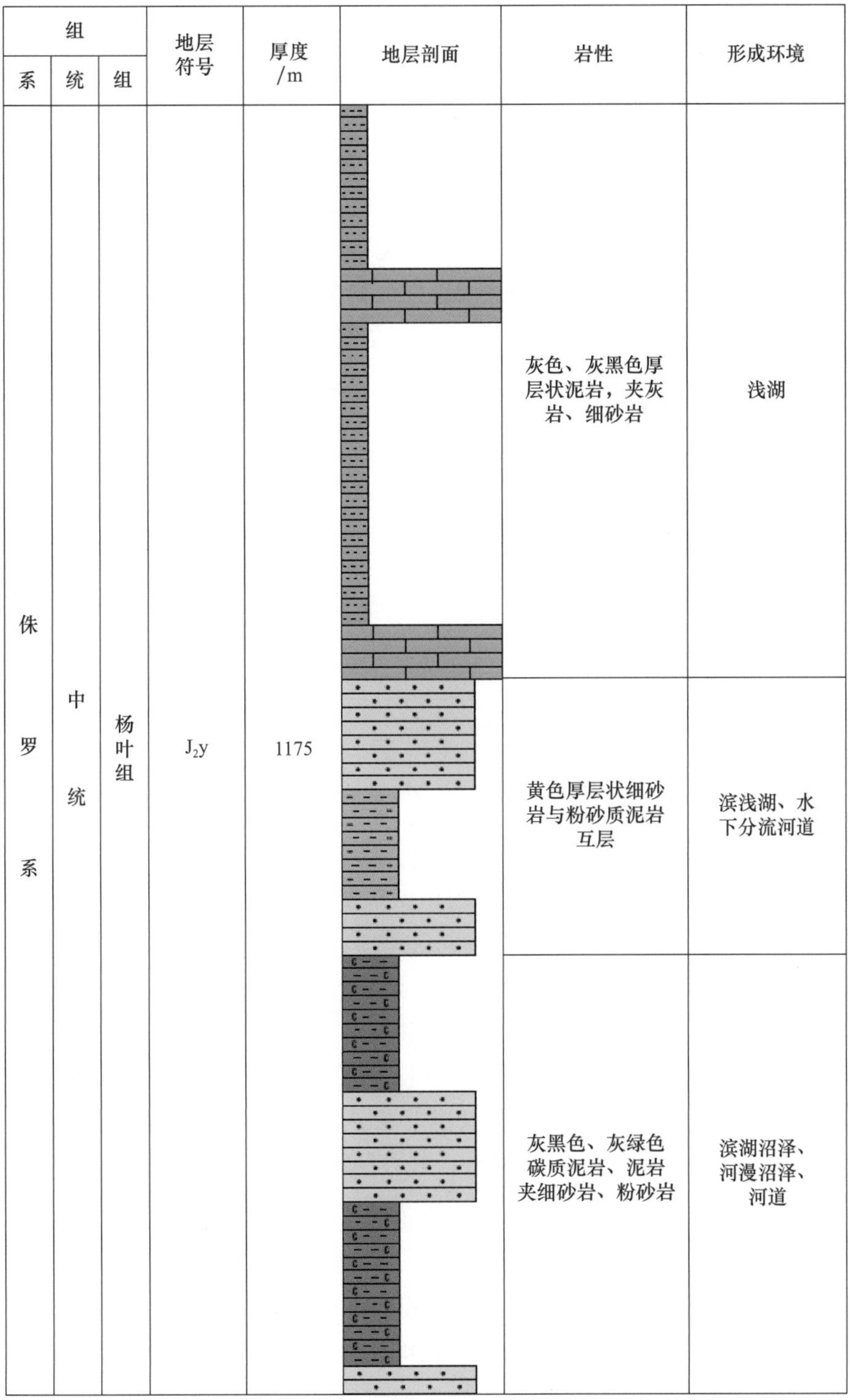

组			地层符号	厚度/m	地层剖面	岩性	形成环境
系	统	组					
侏罗系	中统	杨叶组	J_2y	1175		灰色、灰黑色厚层状泥岩，夹灰岩、细砂岩	浅湖
						黄色厚层状细砂岩与粉砂质泥岩互层	滨浅湖、水下分流河道
						灰黑色、灰绿色碳质泥岩、泥岩夹细砂岩、粉砂岩	滨湖沼泽、河漫沼泽、河道

图 3-54 塔西南地区铁热克拉克剖面

二、储层矿物组成特征

（一）二叠系

西北区二叠系泥页岩岩石矿物成分主要有石英、钾长石、斜长石、方解石、白云石、黏土矿物、黄铁矿和方沸石等，其中三塘湖盆地芦草沟组二段泥页岩黏土矿物含量，分布为2.0%～50.0%，平均为23.1%，脆性矿物含量较高，平均为72.96%；准噶尔盆地二叠系平地泉组和风城组泥页岩脆性矿物含量平均可达63.75%，黏土总量平均约27.65%，白云石含量高是风城组页岩油层系的典型特征（图3-55）。

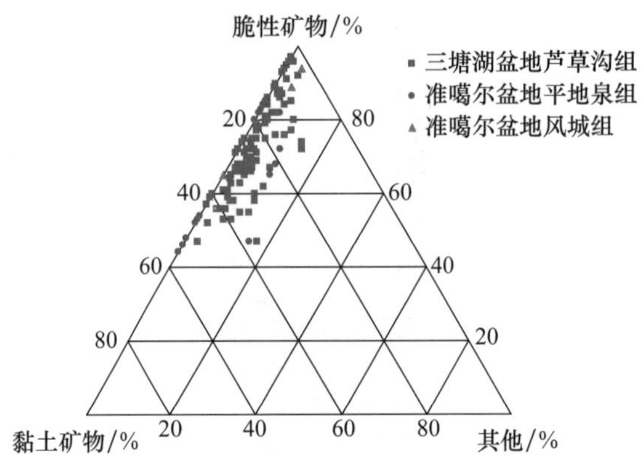

图3-55　西北区二叠系泥页岩岩石矿物组成图

西北区二叠系泥页岩黏土矿物成分主要有高岭石、绿泥石、伊利石和伊蒙混层，其中三塘湖盆地芦草沟组泥页岩黏土矿物中，伊蒙混层含量为71%～88%，平均为80.7%；高岭石含量小于9%，平均为4.7%；绿泥石含量小于12%，平均为5.3%；伊利石含量小于18%，平均为9.3%。准噶尔盆地平地泉组泥页岩黏土矿物中伊蒙混层含量较高，为71%～88%，平均为80.75%；高岭石含量为4%～5%，平均为4.5%；绿泥石含量为4%～16%，平均为9.75%；伊利石含量为3%～12%，平均为5%。准噶尔盆地风城组泥页岩黏土矿物中，伊利石及伊蒙混层含量较高，伊蒙混层为51%～88%，平均为63.3%，伊利石含量为3%～30%，平均为20.7%；高岭石含量为1%～5%，平均为1.5%，不同层位、不同地区的泥页岩样品相对含量相差较大（图3-56）。

（二）侏罗系

西北区侏罗系泥页岩矿物成分与二叠系相似，有石英、钾长石、斜长石、方解石、白云石、黏土矿物、黄铁矿和方沸石等。其中吐哈盆地七克台组泥页岩脆性矿物含量较为稳定，为50%～67%，黏土矿物含量为30%～50%，其他矿物几乎没有。塔里木盆地中侏罗统杨叶组泥页岩总体以石英和黏土矿物为主，石英、长石和方解石等脆性矿物含量为35%～68%，平均约为52.5%，黏土矿物含量为32%～65%，多数大于40%，平均约为42.5%。其他矿物含量低，多小于10%（李启明，2000）（图3-57）。

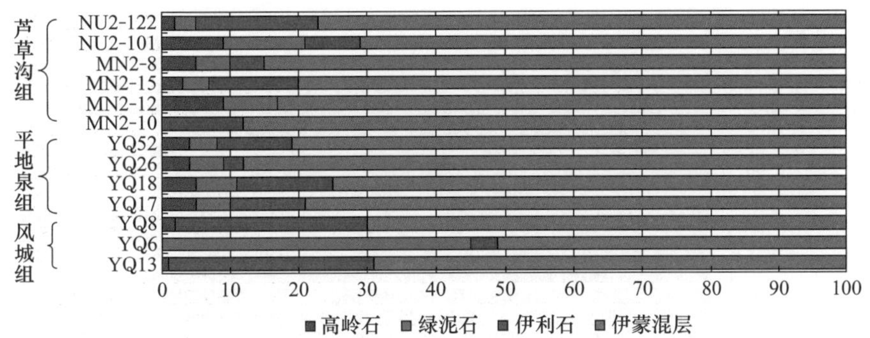

图3-56 西北区二叠系泥页岩黏土矿物组成图

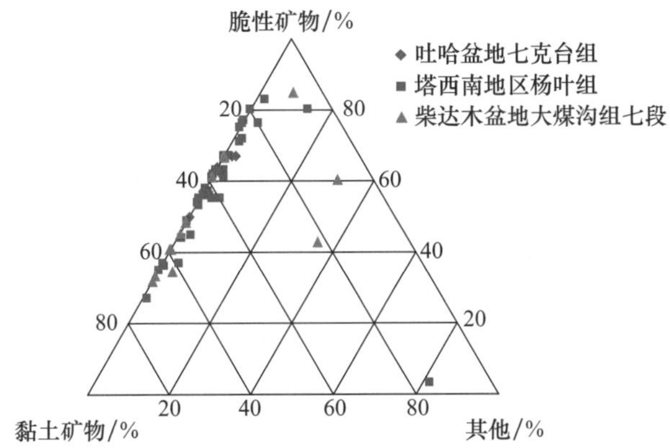

图3-57 西北区中侏罗统泥页岩岩石矿物组成图

西北区侏罗系泥页岩黏土矿物成分主要有高岭石、绿泥石、伊利石和伊蒙混层。其中侏罗系七克台组泥页岩黏土矿物成分中伊蒙混层含量高，多为47%～70%，平均为57.2%。高岭石、伊利石、绿泥石含量相当，高岭石含量为5%～20%，平均为14.3%，绿泥石含量为5%～15%，平均为10.2%，伊利石含量为12%～28%，平均为18.3%。塔里木盆地塔西南地区杨叶组泥页岩黏土矿物中，伊利石与伊蒙混层含量较高，多为47%～80%，平均为59.91%；高岭石含量为12%～38%，平均为25.18%；绿泥石含量为8%～20%，平均为14.91%（蒋炳南和康玉柱，2001）。在中侏罗统泥页岩中，塔西南地区泥页岩高岭石与绿泥石的含量明显高于库车拗陷，主要是因为中侏罗统样品埋深较浅，为600～700m，高岭石和绿泥石向伊利石的转化率相对较低。柴达木盆地中侏罗统大煤沟组七段含油泥页岩脆性矿物含量主要为31.6%～85%，平均为50.63%；黏土矿物含量主要为7%～68.4%，平均为43.41%。黏土矿物中以高岭石和伊蒙混层为主，其次为伊利石和绿泥石，其中高岭石相对含量分布在23%～50%，平均为41.4%；伊蒙混层相对含量分布在19%～45%，平均为34.8%；伊利石分布在8%～31%，平均为 14.1%；绿泥石分布在 6%～12%，平均 9.8%（图 3-58）。

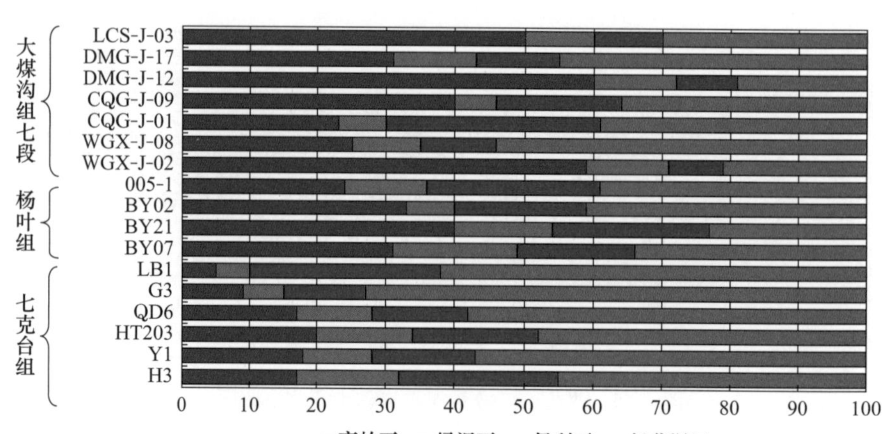

图 3-58　西北区中侏罗统泥页岩黏土矿物组成

（三）白垩系

西北区酒泉盆地营尔凹陷下白垩统泥页岩黏土矿物含量为 25%～40%，均值为 29.2%，石英含量为 25%～40%，均值为 30%；花海凹陷白垩系泥页岩脆性矿物含量分布在 39.1%～44.2%，黏土矿物含量分布在 55.8%～60.1%，其他种类矿物几乎没有，分布较为稳定。

酒泉盆地营尔凹陷泥页岩黏土矿物中伊利石和伊蒙混层含量最高，伊利石含量可达 20%～40%，伊蒙混层含量可达 20%～70%。花海凹陷泥页岩黏土矿物伊蒙混层含量高，多为 71%～76%，平均为 73.5%；高岭石、伊利石、绿泥石含量相当，其中高岭石含量为 5%～8%，平均为 6.5%，绿泥石含量为 6%～9%，平均为 7.5%，伊利石含量为 12%～13%，平均为 12.5%。

三、储层物性特征

（一）二叠系

西北区三塘湖盆地芦草沟组泥页岩孔隙度值普遍小于 8.0%，渗透率值多小于 $0.05\times10^{-3}\mu m^2$（图 3-59、图 3-60）。压汞实验表明孔隙结构以微孔、细喉、极细歪度、孔隙吼道分选差为特征。孔隙度与渗透率为正相关关系，但关系不甚明显，反映出孔隙结构、类型比较复杂。

西北区准噶尔盆地中二叠统平地泉组泥页岩孔隙度均小于 20%，一般小于 8.0%；渗透率也有较宽的分布范围，但也主要都在 $10\times10^{-3}\mu m^2$ 之下，渗透率低于 $0.05\times10^{-3}\mu m^2$ 占主体（图 3-59、图 3-60）。

西北区准噶尔盆地下二叠统风城组泥页岩孔隙度都小于 20%，一般小于 8.0%；渗透率也有较宽的分布范围，但也主要都在 $10\times10^{-3}\mu m^2$ 之下，渗透率低于 $0.05\times10^{-3}\mu m^2$ 为主体，占 45.6%（图 3-59、图 3-60）。总体来说，下二叠统风城组白云石含量的增加有助于提高孔隙度和渗透率。

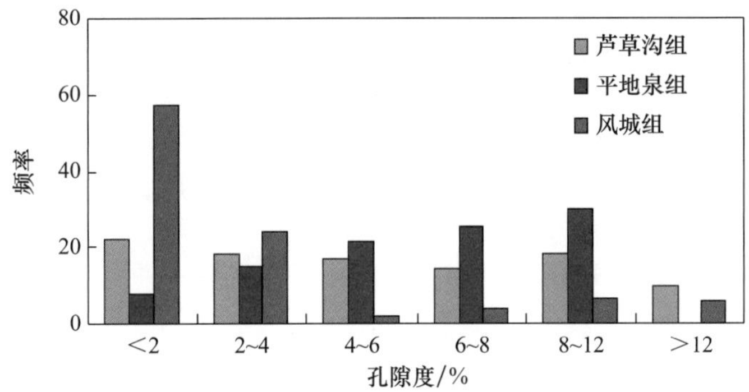

图 3-59 西北区二叠系泥页岩孔隙度分布图

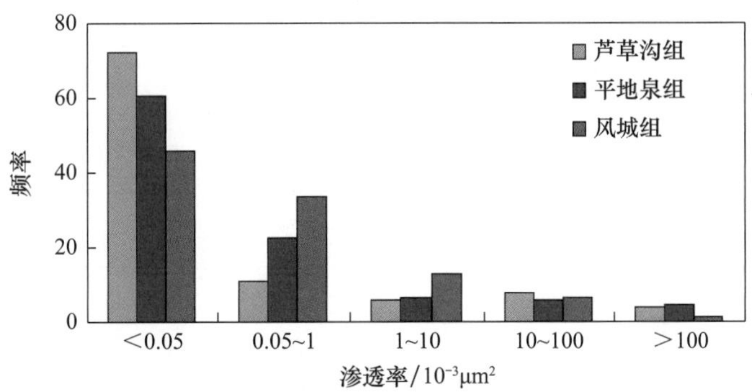

图 3-60 西北区二叠系泥页岩渗透率分布图

西北区三塘湖盆地马朗凹陷芦草沟组泥页岩孔隙度和渗透率值均很低，基质渗透率值为 $0.1584\times10^{-6}\sim0.9640\times10^{-6}\mu m^2$，平均为 $0.4671\times10^{-6}\mu m^2$（表 3-1），可见裂缝的发育对芦草沟组泥页岩有效储层的形成具有重要作用（李新景等，2007）。

表 3-1 三塘湖盆地马朗凹陷芦草沟组泥页岩储层渗透率分析数据

井号	深度/m	岩性	长度/cm	直径/cm	视密度/(g/cm³)	孔隙度/%	脉冲渗透率/$10^{-3}\mu m^2$
NU2-122	2598.5	泥岩	4.86	2.53	2.33	0.83	0.00029
NU2-122	2589.6	泥岩	5.52	2.54	2.33	1.17	0.00058
NU2-122	2593.7	泥岩	3.75	2.54	2.10	2.20	0.00048
MN2-29	2182.1	泥岩	6.01	2.47	2.63	0.75	0.00017
MN2-33	1868.2	泥岩	4.96	2.47	2.17	0.79	0.00085

续表

井号	深度/m	岩性	长度/cm	直径/cm	视密度/(g/cm³)	孔隙度/%	脉冲渗透率/$10^{-3}\mu m^2$
MN2-33	2721.5	泥岩	6.48	2.47	2.41	0.84	0.00039
MN2-40	2732.7	泥岩	4.47	2.47	2.08	1.38	0.0021
MN2-702	2186.5	泥岩	6.81	2.47	2.10	0.87	0.00016
MN2-702	2187.83	泥岩	6.77	2.47	2.31	2.39	0.00019
MN2-702	2189.63	泥岩	4.89	2.47	2.57	3.81	0.00060
MN2-702	2192.7	泥岩	6.89	2.47	2.44	1.66	0.00012
MN2-702	2313.15	泥岩	5.28	2.47	2.44	2.09	0.00072
MN2-702	2318.7	泥岩	6.14	2.47	2.31	3.10	0.00022
MN2-702	2319.21	泥岩	5.31	2.47	2.28	2.85	0.00055
MN2-702	2321.18	泥岩	4.97	2.47	2.23	0.72	0.00096
MN2-702	2321.8	泥岩	3.32	2.48	2.16	1.58	0.00050
MN2-101	1996	泥岩	4.12	2.47	2.52	7.77	0.00049
MN2-101	1997.9	泥岩	3.93	2.47	2.08	1.82	0.00065
MN2-122	2590.2	泥岩	3.03	2.51	2.29	0.80	0.00034
MN2-122	2590.2	泥岩	3.03	2.52	2.13	1.17	0.0012
MN2-122	2599	泥岩	3.50	2.54	2.26	2.03	0.00034
MN2-122	2593.7	泥岩	4.58	2.54	2.21	1.61	0.086
MN2-122	2593.7	泥岩	2.54	2.54	2.21	2.14	0.00034
MN2-122	2599	泥岩	4.43	2.53	2.33	0.95	0.00057

（二）侏罗系

西北区塔里木盆地中侏罗统孔隙度主要为0.5%～6%，平均约为2.75%；渗透率主要分布在0.005×10^{-3}～$1\times10^{-3}\mu m^2$，最高可达$56.9\times10^{-3}\mu m^2$，平均约为$0.16\times10^{-3}\mu m^2$（高岩等，2003）（表3-2）。

表3-2 塔里木盆地中生界泥页岩样品脉冲法孔渗测试结果

井位	深度/m	层位	常规孔隙度/%	常规渗透率/$10^{-3}\mu m^2$	气测孔隙度/%	脉冲渗透率/$10^{-3}\mu m^2$
BY13	591.8	J_2	2.8	2.23	6.44	0.03748
BY20	640	J_2	4.3	0.26	8.39	5.68557
BY04	692.7	J_2	2.9	0.06	3.72	
BY11	638.9	J_2	1.2	0.06	3.93	0.002514
BY27	660.6	J_2	2.8	0.18	3.74	0.001561

西北区柴达木盆地中侏罗统大煤沟组七段含油泥页岩实测孔隙度较大，主要分布在9.92%～20.96%，均值为13.6%，主要是因为样品主要为露头样品，受风化作用的影响（徐凤银等，2003）。

（三）白垩系

西北区白垩系富有机质泥页岩层段主要发育于酒泉盆地营尔凹陷下白垩统的中沟组和花海-金塔盆地花海凹陷下白垩统中、下沟组。

酒泉盆地营尔凹陷下白垩统的中沟组泥页岩孔隙度多在5%左右，渗透率值多在 $0.01\times10^{-3}\sim100\times10^{-3}\mu m^2$。

花海盆地花海凹陷下白垩统中、下沟组泥页岩孔隙度较高，普遍在4%以上，其渗透率也较高，可达 $2.148\times10^{-6}\sim10.8721\times10^{-6}\mu m^2$（表3-3）。

表3-3 花海盆地白垩系泥页岩样品脉冲法孔渗测试结果

序号	井段/m	岩性	层位	长度/cm	直径/cm	视密度/(g/cm^3)	气测孔隙度/%	脉冲渗透率/$10^{-3}\mu m^2$
HT9	1575.69	灰色泥岩	K_1z^1	5.761	2.522	2.42	6.428	0.011
HS1	2288.05	泥岩	K_1g^2	6.038	2.523	2.44	6.708	0.00058
HS1-1	1007.81	泥岩	K_1z^1	6.178	2.524	2.58	1.411	0.0074
HT12-4	1585.5	泥岩	K_1g	2.516	2.500		3.75	0.002148
HT10-1	1602.8	泥岩	K_1z	1.985	2.500		5.36	0.006224

四、储集空间类型

西北区中小盆地泥页岩中储集空间类型多样，按储集空间规模大小，可分为宏观储集空间和微观储集空间。其中，宏观储集空间主要是裂缝，而微观储集空间又可分为原生孔隙、有机质孔次生溶蚀孔隙、次生晶间孔等（孙超等，2007）。

（一）宏观裂缝

宏观裂缝的存在对页岩油的富集与储层改造具有重要意义。准噶尔盆地中二叠统泥页岩裂缝包括高角度裂缝，近垂直走向，延伸一般为10～30cm，个别后期被方解石充填［图3-61(a)］；三塘湖盆地芦草沟组泥页岩裂缝发育［图3-61(b)］，其情况与泥页岩碳酸盐含量具有一定关系，随碳酸盐含量增加，裂缝密度逐渐增加。

（a）准噶尔盆地中二叠统泥页岩

（b）三塘湖芦草沟组泥页岩H7井泥页岩，2321.18m

图3-61 西北区泥页岩岩心裂缝发育及油迹显示

此外，准噶尔盆地二叠系岩石发育缝合线，具有随微层面弯曲的分布特点，缝合面上压溶等影响变得凹凸不平，孔隙发育，横向连通性好，也见有垂直或斜交层里面的缝合线（图 3-62）。

图 3-62　准噶尔盆地中二叠统岩心缝合线及油迹显示

三塘湖盆地与准噶尔盆地二叠系泥页岩均发育纹层岩，是由于季节、物源与有机质供应的变化而形成的一系列薄层页岩之间的层面。泥岩在机械压实作用和失水收缩作用下会转变为页岩，进一步沿着页理发生破裂，形成页理缝，是页岩中普遍发育的裂缝，多数情况下表现为水平裂缝（图 3-63）。

（a）准噶尔盆地P_2p泥页岩岩心

（b）三塘湖盆地芦草沟组泥页岩

图 3-63　西北区泥页岩层理面及含油显示

（二）微观储集空间

1. 原生孔隙

原生孔隙主要是岩石颗粒或矿物晶体抗压实作用下保存的原始孔隙，包括粒间孔隙，多见于组成泥页岩的较大的粉砂质碎屑颗粒之间、碳酸盐颗粒之间，以及黏土矿物骨架之间等。

晶间孔隙在三塘湖盆地、准噶尔盆地二叠系泥页岩中，主要为石英晶体、碳酸盐矿物晶体之间的孔隙，数量很多、绝对孔隙度可以很大［图 3-64(a)］。而在塔里木盆地中生界泥页岩中主要是由于黏土矿物的堆积或定向排列，在黏土矿物的板状、片状晶体及其集合体之间形成的孔隙，如高岭石集合体内部及不同集合体之间发育大量的晶间孔［图 3-64(b)］，绿泥石矿物晶体间发育的孔隙等（邵志兵，1998）［图 3-64(c)］。

（a）三塘湖盆地M7井，2225.2m，P_2l

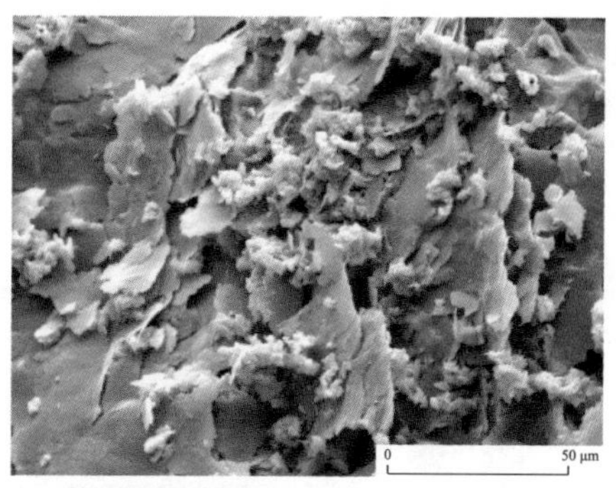

（b）塔西南地区BY1井，711.87m，J_2y

（c）塔西南地区BY1井，610m，J_2y

图 3-64 西北区泥页岩原生晶间孔隙发育特征

2. 有机质孔

泥页岩既是储层也是烃源岩。作为烃源岩，其生烃演化过程中，可形成的生烃残留孔隙，一般形状较规则，多呈凹坑状、蜂窝状（图 3-65），其形成演化与有机质类型、成熟度等有关，发育情况一般与有机质丰度成正比。富有机质泥页岩中，有机质孔一般较发育，扫描电镜下可见各地区泥页岩中有机质孔隙，多数为纳米级；结合 CT 扫描观

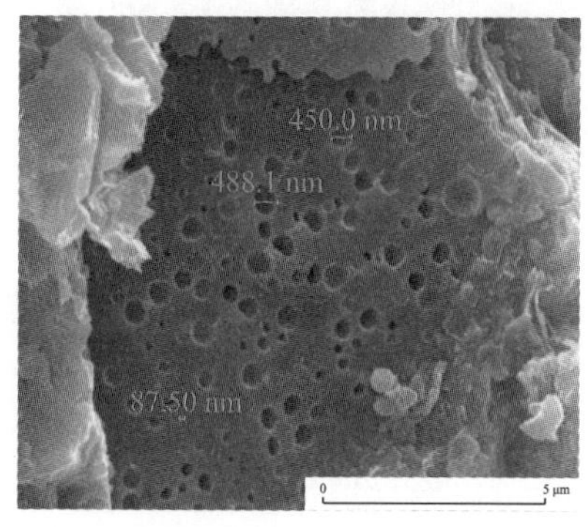

（a）准噶尔盆地，J_31井，2861.3m，P_2l，泥岩

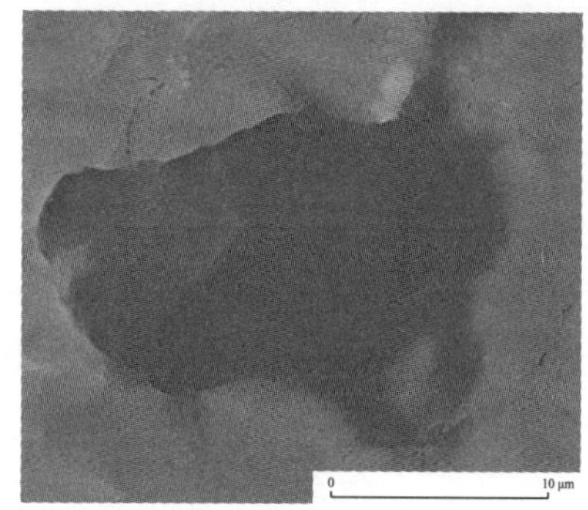

（b）准噶尔盆地，FC1井，3956.9m，P_1f，深黑色泥岩

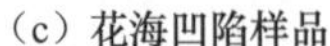

（c）花海凹陷样品

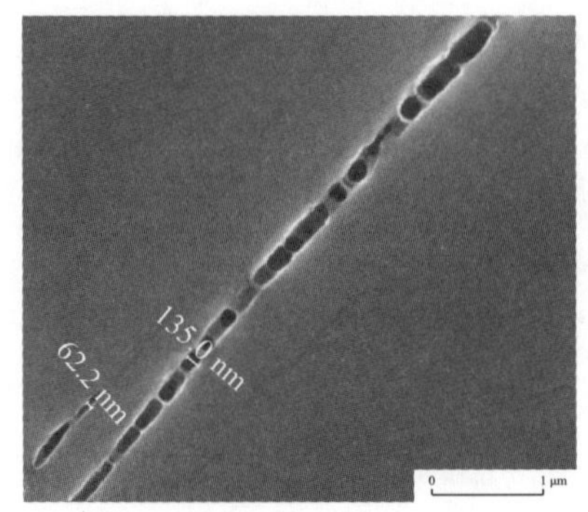

（d）塔里木盆地，BY1井，648m，J_2y，黑色泥岩

图 3-65 西北区不同层位泥页岩有机质孔隙微观特征

察三塘湖盆地芦草沟组泥页岩发现，有机质中可发育呈管束状的微米级大孔隙，连通性好（图 3-66，蓝色部分）；同时，在有机质与无机矿物接触的界面处，微孔隙密集、连片分布（图 3-66，黄色代表有机质，红色代表高密度矿物，蓝色代表孔隙空间），微观尺度上，也可为烃源岩向临近的无机矿物储层排运液态烃提供通道（Curtis，2002）。

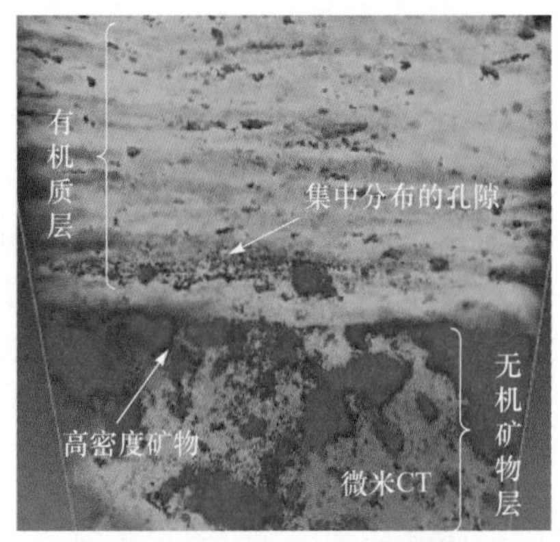

图 3-66 三塘湖盆地泥页岩 CT 扫描图像

3. 次生溶蚀孔隙

次生溶蚀孔隙多为有机质热演化中生成的有机酸、酚类、CO_2 溶于水形成的酸性流体，对岩石中不稳定组分溶蚀形成，可溶性组分包括长石、方解石、白云石、菱铁矿等可溶性硅酸盐、碳酸盐。塔里木盆地中生界泥页岩扫描电镜下，可观察到菱铁矿遭受溶蚀而产生的微孔隙［图 3-67(a)］，此外，黏土矿物也可以发生溶蚀作用，产生溶蚀孔隙［图 3-67(b)］。准噶尔盆地、三塘湖盆地富有机质泥页岩中可见长石、碳酸盐岩形成的溶蚀孔隙［图 3-67(c)、(d)］。在溶蚀孔隙形成的同时，也可形成溶蚀缝，是先期形成

的裂缝被方解石等填隙物充填之后在酸性流体作用下全部或部分被溶蚀而形成，常与裂缝相伴生（顾忆等，1998）。

（a）塔西南地区，BY1井，664m，J_2y，黑色泥岩

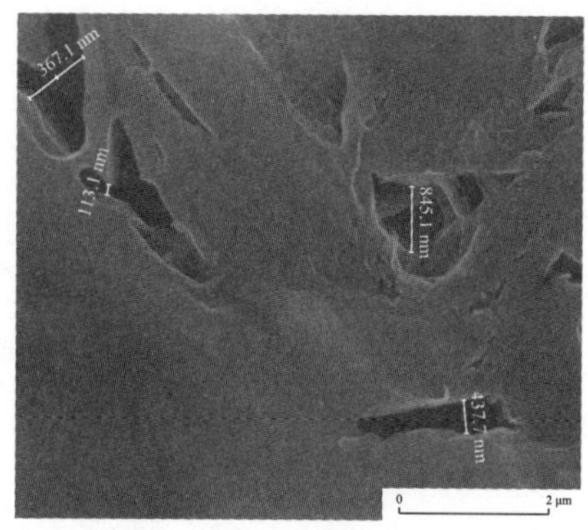

（b）塔西南地区BY1井，703m，J_2y，灰黑色泥岩

（c）准噶尔盆地，J₃1井，P_2l，2718.3m，粉砂岩

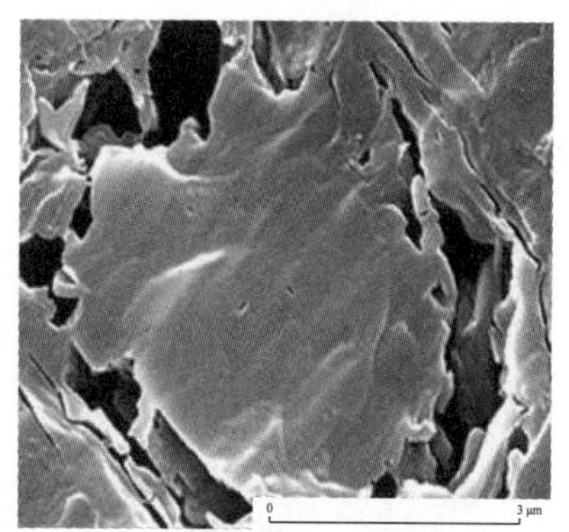

（d）三塘湖盆地，HN12井，P_2l，2320m，白云质泥岩

图 3-67　西北区泥页岩扫描电镜溶蚀孔隙特征

次生溶蚀孔隙的发育主要与泥页岩的生烃能力、不稳定矿物分布等因素有关，如三塘湖盆地芦草沟组泥页岩储层中次生孔隙主要发育于灰质泥岩、泥质灰岩、白云质泥岩中，这类岩石有机碳含量高、碳酸盐岩易溶组分丰富，在一定条件下易于形成溶蚀孔隙。准噶尔盆地中二叠统，埋深小于 1700m 时，砂泥岩孔隙度随藏深度加深而减小；当埋深超过 1700m 时，孔隙度发生分异，一部分样品孔隙度随埋深加大而减小，一部分样品孔隙度随埋深增加而增加，个别样品甚至会达到 15％～25％（图 3-68）。准噶尔盆地北部 P_2l 泥页岩埋深主要集中在 2000～3000m。南部 P_2p 泥页岩埋深主要集中在 3000～4000m。这两个层位明显的孔隙度异常与不同类型泥页岩在中晚期成岩作用过程中产生的大量次生孔隙有关。

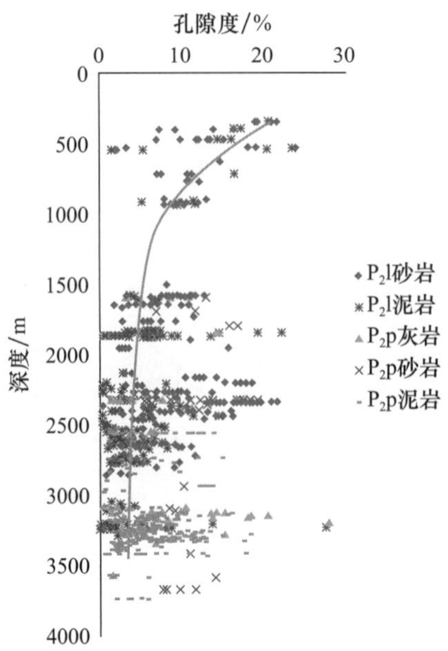

图 3-68 准噶尔盆地中二叠统岩石孔隙度随深度变化

4. 次生晶间孔

次生晶间孔主要是由于泥页岩中自生矿物的生成或原生矿物的重结晶而形成的，如成岩过程中，黏土矿物会发生重结晶形成次生晶间孔。如塔里木盆地中生界泥页岩发育石盐次生晶间孔隙［图 3-69(a)］；三塘湖盆地泥页岩发育的次生黄铁矿晶间孔隙［图 3-69(b)］,还可形成石膏、自生黏土矿物等次生晶间微孔隙。

（a）塔西南地区，BY1井，532m，J_2y，灰黑色泥岩

（b）三塘湖盆地HN13井，3124.5m，P_2l，暗色泥岩

图 3-69 中生界泥页岩次生晶间孔发育特征

（三）微裂缝

通过铸体薄片、扫描电镜、岩石表面氩离子抛光等试验技术，发现泥页岩储层发育

微裂缝，可分为成岩微裂缝和构造微裂缝两大类。成岩裂缝是成岩过程中上覆地层压力和岩层失水收缩、干裂、重结晶等作用形成的微裂缝，一般与泥页岩原始碎屑物质的堆积、矿物的成岩演化、有机质的生烃作用等密切相关［图 3-70(a)］。构造缝的形成主要受控于泥页岩所受的外力方向及其内部脆弱面的发育情况，其发育特征不受岩石原始沉积结构和构造的控制。与成岩缝相比，通常构造缝延伸距离较远，规模相对较大［图 3-70(b)、(c)、(d)］。

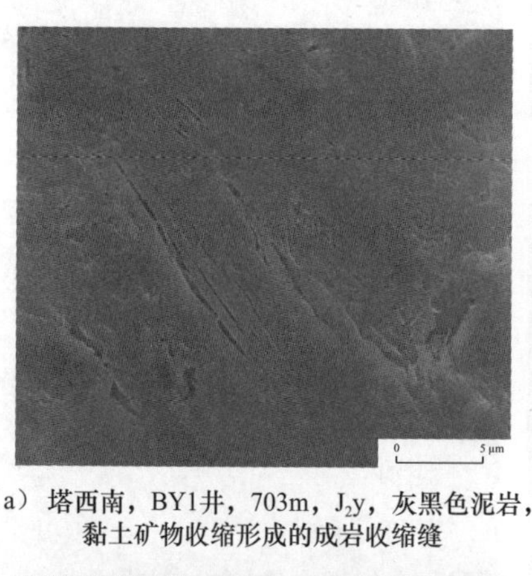

（a）塔西南，BY1井，703m，J_2y，灰黑色泥岩，黏土矿物收缩形成的成岩收缩缝

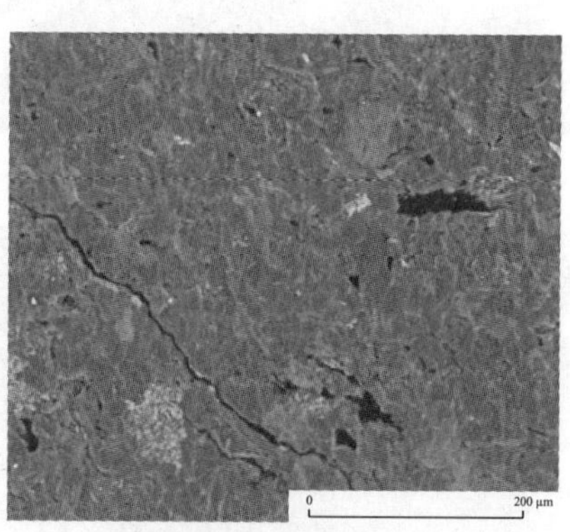

（b）塔西南，BY1井，640m，J_2y，灰黑色泥岩

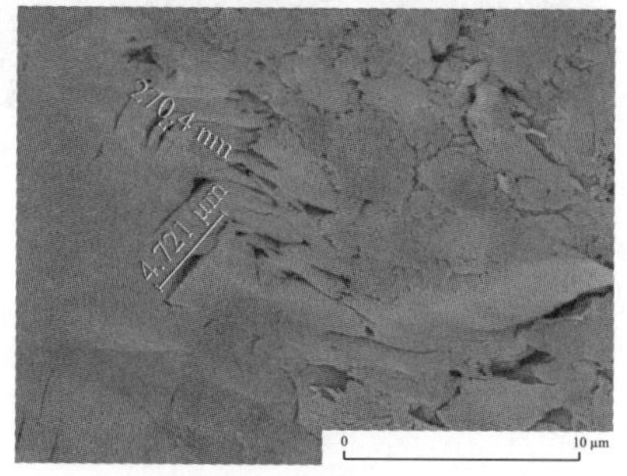

（c）准噶尔盆地，HB2井，P_2p，2764.5m，黑灰色泥岩

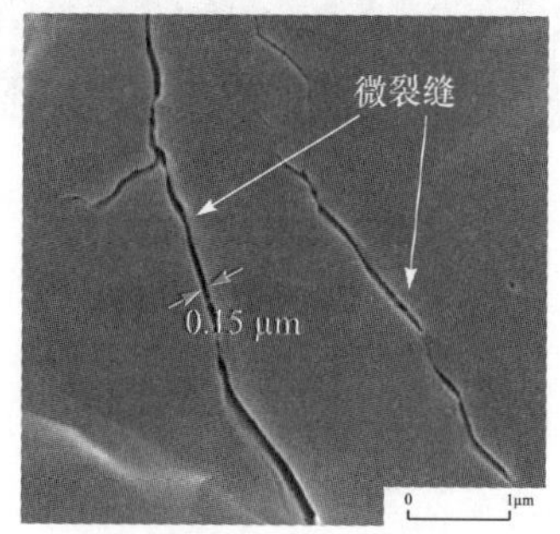

（d）三塘湖盆地，H3井，1823.4m，P_2l，白云质泥岩

图 3-70　西北区泥页岩微裂缝发育特征

原子力显微镜（atomic force microscope，AFM）是利用原子间的相互作用力进行检测，AFM 可以实时、实空间、原位成像，可以得到样品表面实时的、真实的高分辨率图像。

采用该方法对西北中小盆地泥页岩的表面形貌特征进行了分析。结果表明，西北中小盆地含气（油）泥页岩中微米级孔隙发育，孔隙形态以长条状为主，少数为较规则的圆形（图 3-71）。花海凹陷中沟组泥页岩矿物间孔较发育，孔隙呈条带状，几乎占据了整个视域，表面高差为 800nm；花海凹陷下沟组泥页岩孔隙较大，直径约为 2μm，呈椭圆形，表面高差为 2000nm。

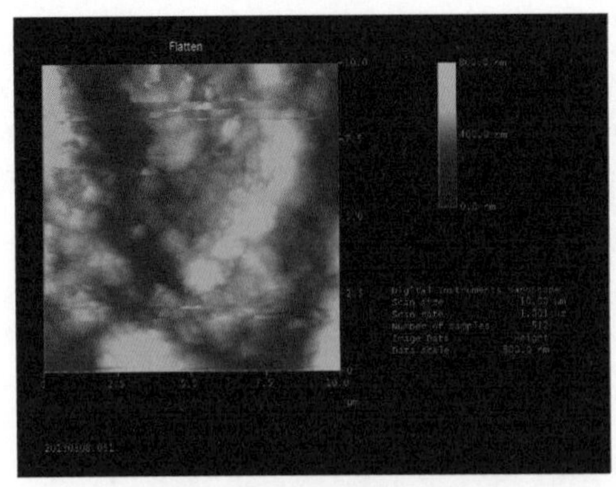

（a）矿物间孔（花海凹陷中沟组）（二维）

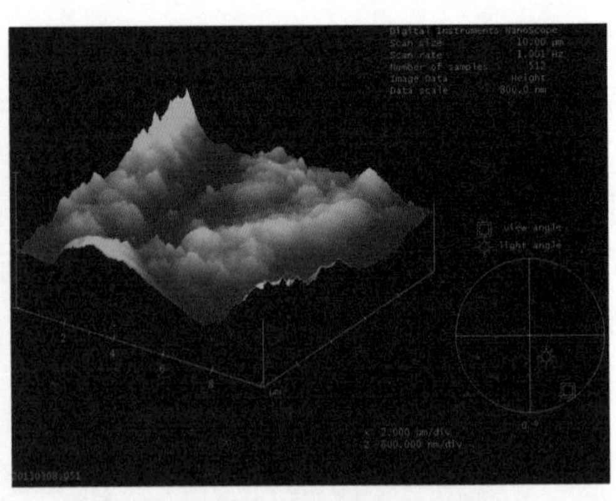

（b）矿物间孔（花海凹陷中沟组）（三维）

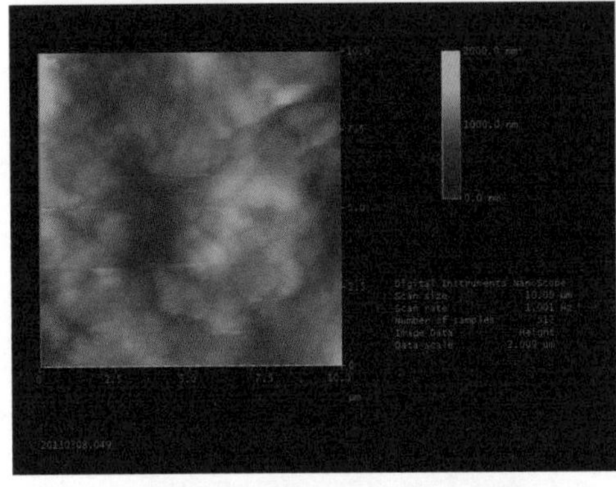

（c）矿物间孔（花海凹陷下沟组）（二维）

（d）矿物间孔（花海凹陷下沟组）（三维）

图 3-71　西北中小盆地泥页岩 AFM 照片

（四）微观孔隙规模

三塘湖芦草沟组泥页岩比表面积为 0.26～2.68m^2/g，平均为 1.29m^2/g；塔西南地区中侏罗统杨叶组泥页岩比表面积为 1.589～6.846m^2/g，平均为 4.52m^2/g；花海凹陷泥页岩比表面积较大，三块样品均超过 5m^2/g（图 3-72）。

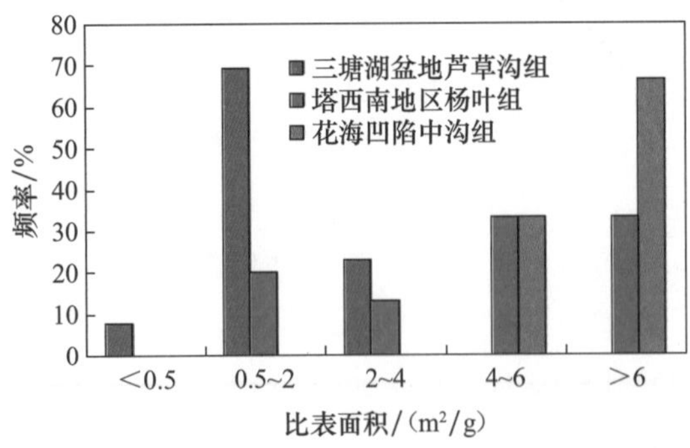

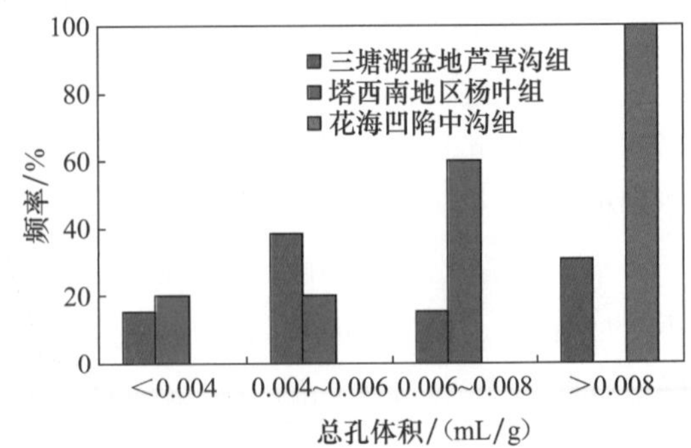

图 3-72　西北区泥页岩比表面积和总孔体积分布

三塘湖芦草沟组泥页岩总孔体积为 0.0027～0.0099mL/g，平均为 0.0063mL/g；塔西南地区中侏罗统杨叶组泥页岩总孔体积为 0.00271～0.008mL/g，平均为 0.0059mL/g；花海凹陷泥页岩总孔体积为 0.0106～0.0204mL/g。

第四节 含油性特征

一、钻井显示

泥页岩含油率受有机质含量、有机质成熟度、矿物组成、泥页岩储层物性、裂缝发育情况等多种因素综合影响，这种累加的效应在电性测井曲线上也有一定的响应（Zhu et al.，2011）。

西北区三塘湖盆地马朗凹陷芦草沟组二段是页岩油发育的主力层段，泥页岩钻井含油显示活跃，油斑、油迹较多，电阻率测井曲线具有明显的形态和峰值特征（图 3-73、图 3-74）。低阻值反映沉积物陆源碎屑较多，有机质丰度低或不含油。全岩 X 衍射分析，低阻值段泥页岩中黏土矿物含量较高，黏土矿物间的层间水是造成低阻的一个重要原

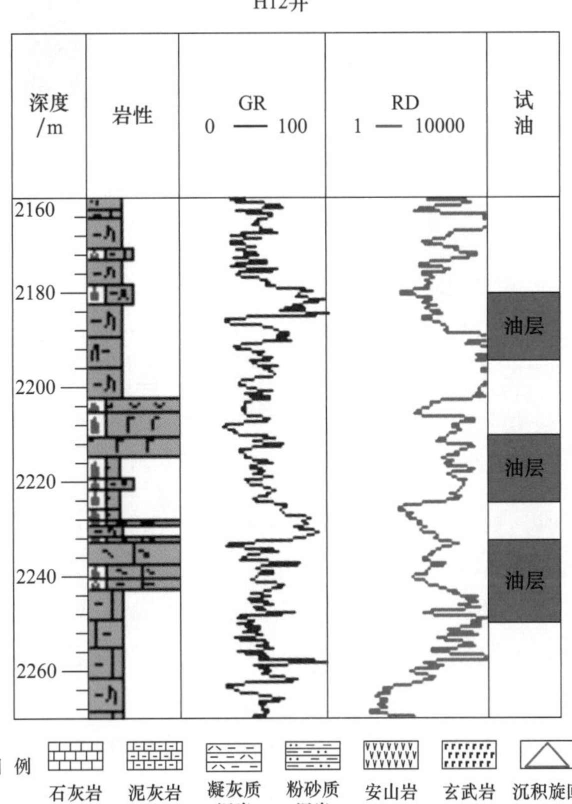

图 3-73 三塘湖盆地 MN2-701 二叠系芦草沟组录井含油气显示

因。高值区碳酸盐岩含量高而黏土矿物含量低，有机质丰度高，出现源岩层与非源岩层互层，有利于原油源岩内富集和短距离初次运移富集，是页岩油发育的最有利层段，中值区介于二者之间。据曲线形态将每个等级分为平直型和齿峰型两类，平直型反映泥页岩均质性较好；齿峰型反映泥页岩非均质性较强，各种性质的地层频繁互层叠置，微裂缝或裂缝较发育。结合生产试油情况发现，油层或低产油层主要出现在低值峰齿型和高值峰齿型井段。因此，电阻率低值峰齿型和高值峰齿型，可作为芦草沟组页岩油有利储层的重要标志。

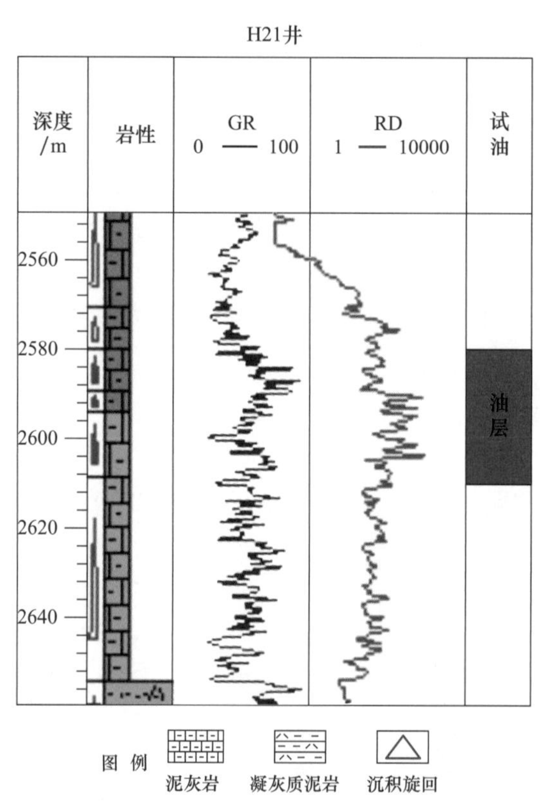

图 3-74 三塘湖盆地 NU2-121 二叠系芦草沟组录井含油气显示

西北区准噶尔盆地二叠系平地泉组发育大段的砂泥岩互层，在 HD1 井二叠系平地泉组也出现了气测异常显示，在平一段下部和平二段上部 2200m 左右的两段泥页岩段出现了气测峰值，在平三段中部 2500m 左右的泥页岩段也同样达到了此段的气测峰值（图 3-75）；五彩湾地区 C57 井中二叠统平地泉组中上部的几套泥页岩段气测异常都有不同程度的增加，气测显示良好（图 3-76）。

西北区塔里木盆地塔西南杨叶组泥页岩层段有气测显示，局部气测异常特别明显（何发岐等，1996）。在塔西南 AB1 井井段 5109.0～5112.0m、5178.0～5282.5m、5255.0～5260.0m 及 5388.0～5393.0m 处均有气测显示（图 3-77）。

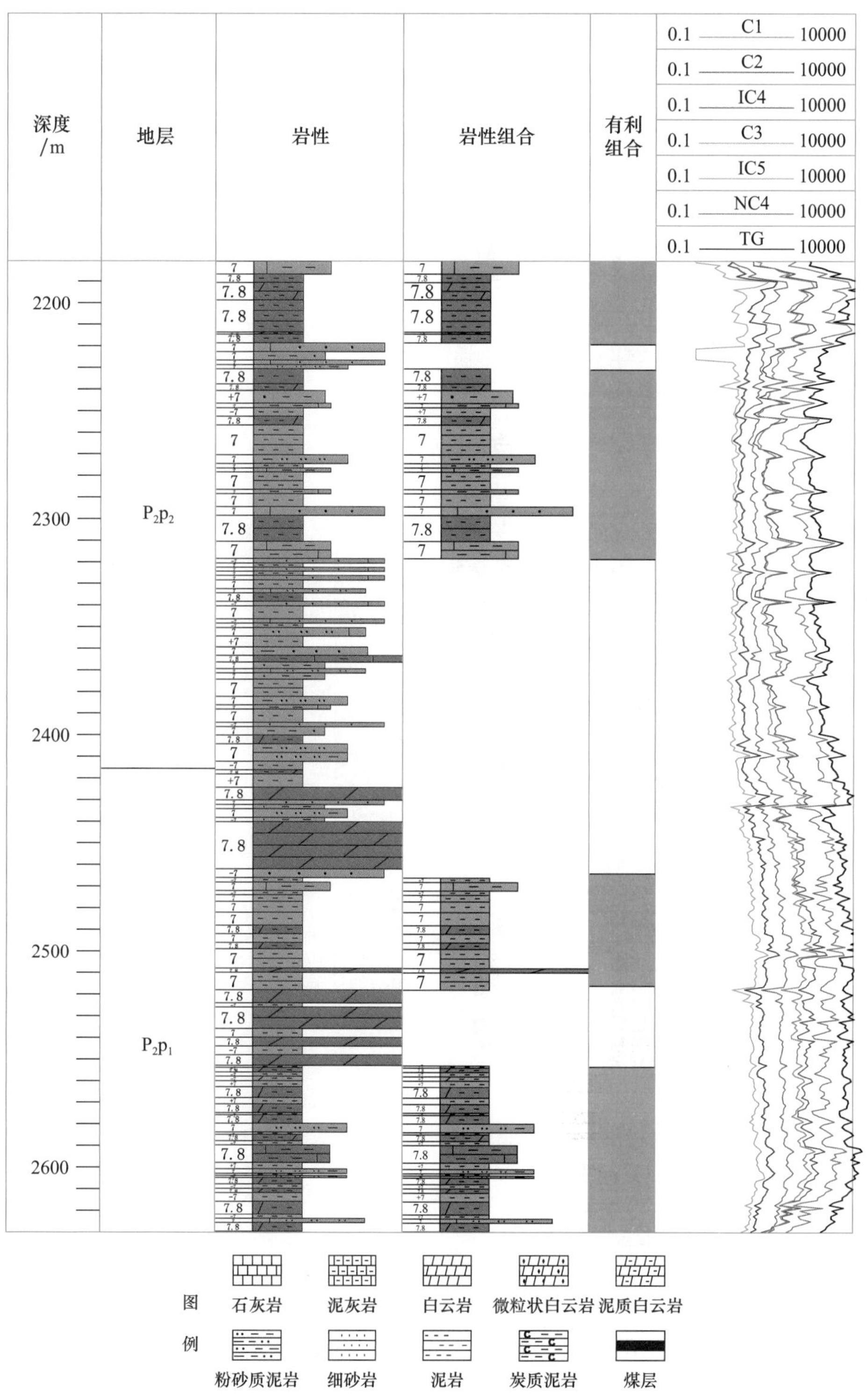

图 3-75 准噶尔盆地 HD1 井平地泉组气测显示图

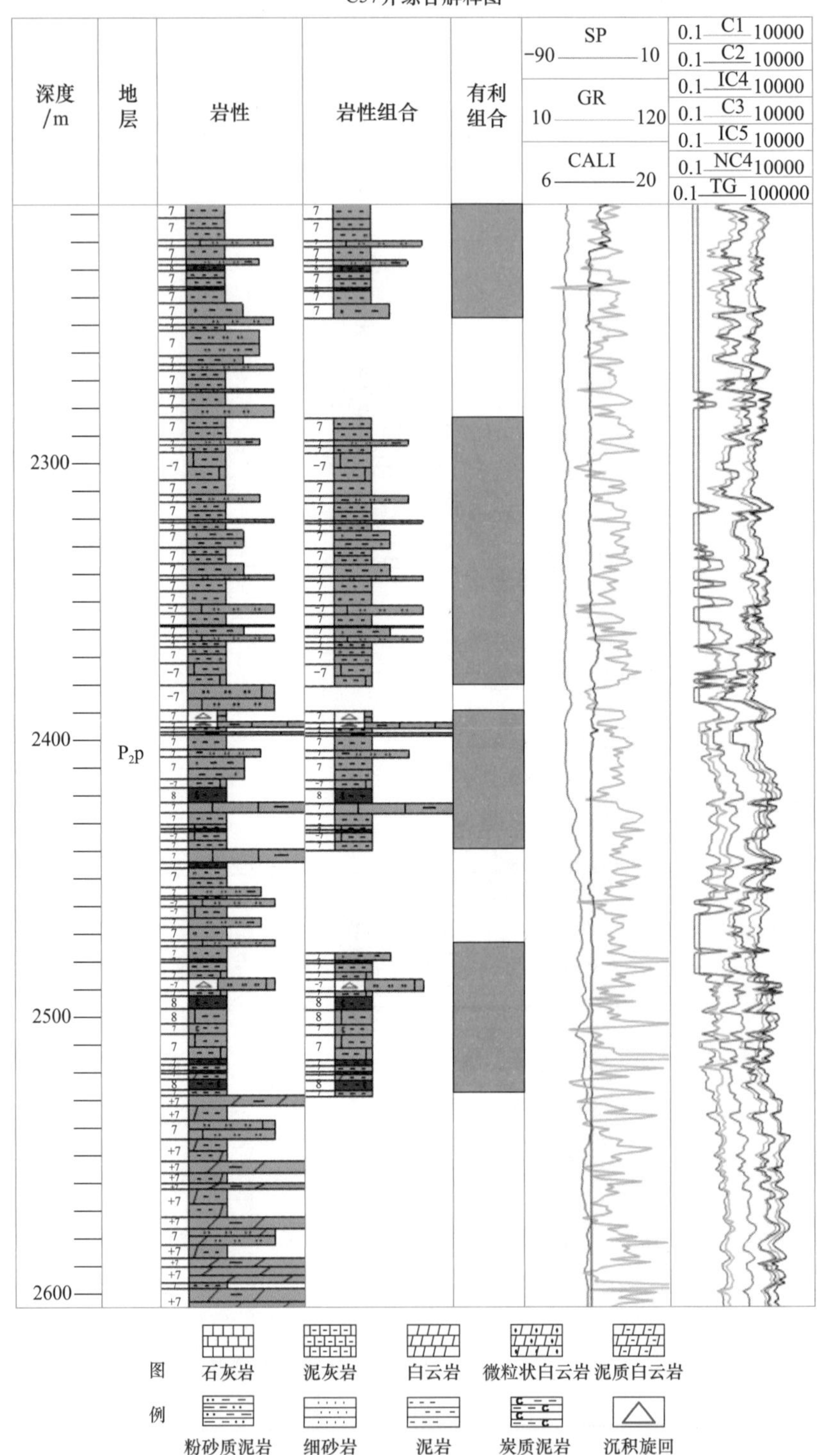

图 3-76　准噶尔盆地 C57 井平地泉组气测显示图

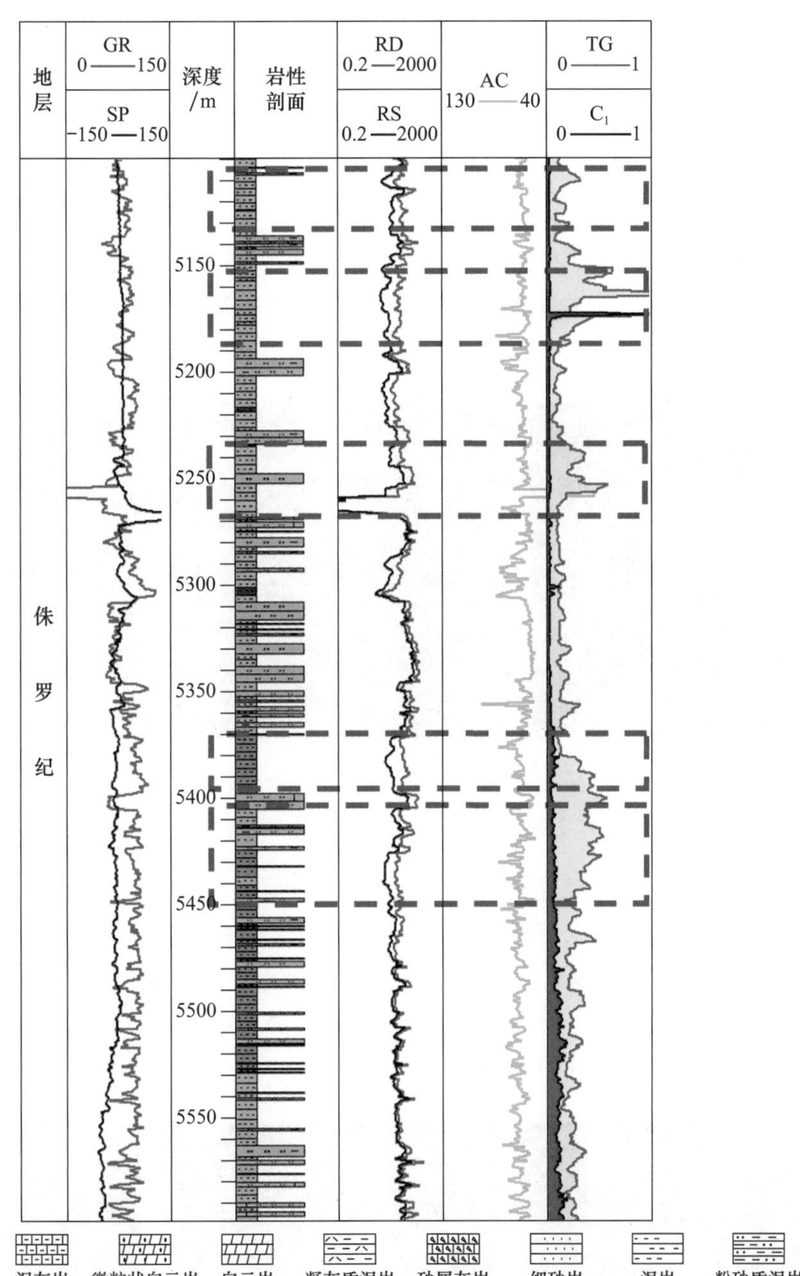

图 3-77 塔里木盆地塔北地区 AB1 井侏罗系气测显示层段

二、含油性影响因素及富集条件

(一) 含油性影响因素

富有机质泥页岩中存在大量有机质生烃残留孔。有机质的质量分数越高，形成的有机质生烃残留孔隙度也就越高，对液态烃类的溶解能力也就越强。页岩油还可以吸附态附着于干酪根和矿物颗粒表面。芦草沟组烃源岩有机质丰度高，最高可达18%，广泛存在的干酪根可以形成“干酪根网络”，为液态烃提供大量的吸附表面（Claypool，1998）。无机矿物对烃类的吸附能力取决于矿物的比表面积。黏土矿物密度较低，具有较大的比表面积，对烃类有很强的吸附能力，石英比表面积很低，对烃类的吸附能力最弱。

西北区三塘湖盆地芦草沟组岩心观察可见裂缝处含油，以及被有机酸溶蚀后的方解石脉［图3-78(a)］，荧光薄片下可见顺层发育的亮黄色荧光条带，是纹层面滑脱缝含油的特征［图3-78(b)、(c)］。

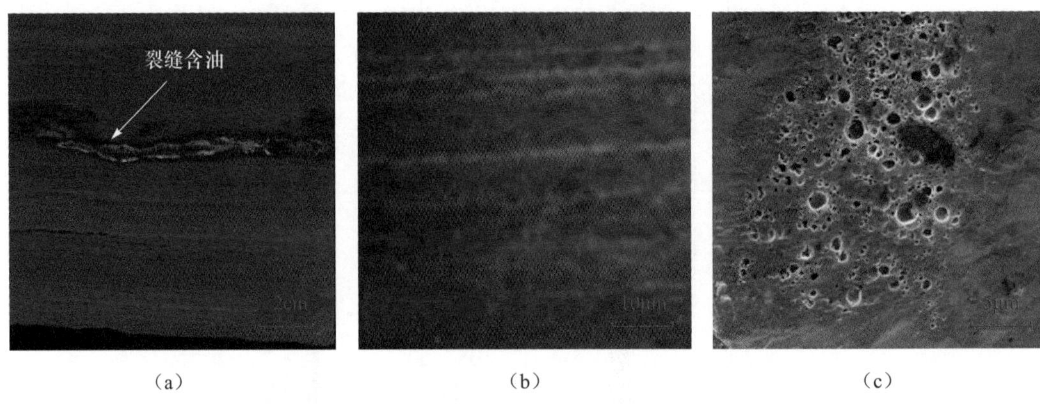

（a） （b） （c）

图3-78 马朗凹陷芦草沟组泥页岩含油性特征

西北区准噶尔盆地平地泉组含泥质白云岩和白云岩的过渡类型的荧光薄片观察可知，泥晶白云岩荧光显示最好，白云质顺层展布，有机质顺层富集，发褐黄色荧光，镜下黑色条带为泥质条带；砂质泥岩样品荧光显示较差，缺乏裂缝与纹层，荧光多呈星点状分布，连续性较差；云质泥岩中有机质为顺层分散型，发黄绿色荧光；含碳酸盐岩泥岩，有机质与泥质相混（图3-79）。

（a）P_2p，2237m，砂质泥岩

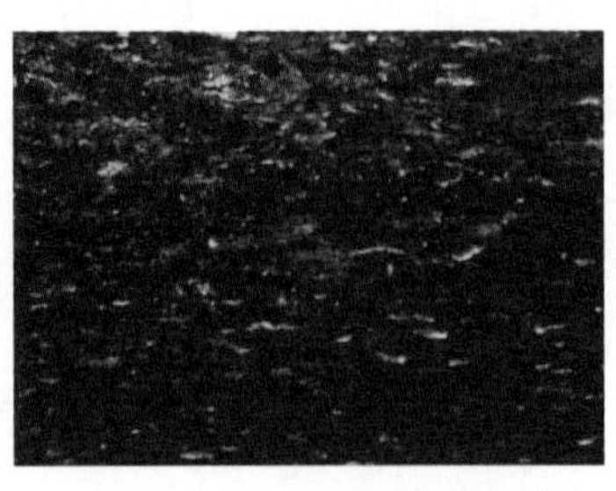

（b）P_2l，2712.8m，含云质泥岩顺层分散型，发黄绿色荧光

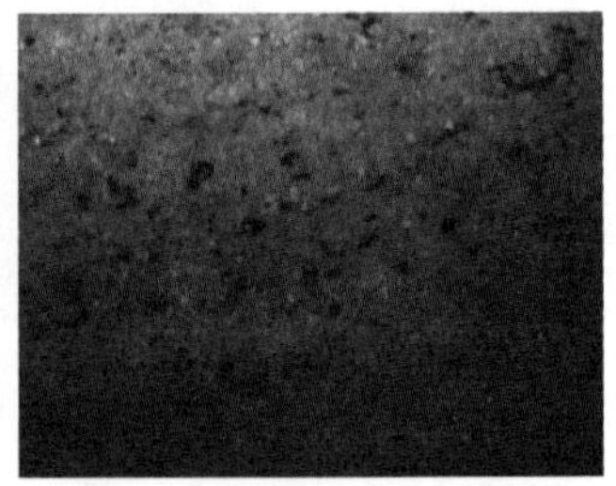

（c）P_2p，2393.73m，含碳酸盐泥岩，有机质与泥质相混

图3-79 准噶尔盆地中二叠统含云质泥岩、云质砂质泥岩荧光照片

表征泥页岩含油性的参数一般分为两大类，即有机地球化学参数和岩心物理参数。

有机地球化学参数中最能体现泥页岩含油性的是热解烃 S_1 和氯仿沥青“A”。虽然二者均可以定量表征泥页岩的含油性，但并不完全等于泥页岩的含油量，因为实验过程中不可避免要有轻烃损失和重烃残留。泥页岩含油性有机地球化学参数 S_1 和氯仿沥青“A”主要受烃源岩质量的控制。

西北区三塘湖盆地马朗凹陷芦草沟组泥页岩 S_1 分布在 0.01～18.25mg/g，平均为 1.68mg/g；氯仿沥青“A”含量分布在 0.002%～5.694%，平均为 0.641%。在有机质类型、成熟度相近的条件下，S_1 或者氯仿沥青“A”与 TOC 具有一定的相关性，如 S_1 随 TOC 从线性增加变为平稳高值段，表明该套泥页岩作为烃源岩的整体性质很好，在目前的成熟度条件下均已经开始生烃（图 3-80）。S_1 达到的稳定高值约为 3mg/g，拐点处 TOC 为 4%。可以认为，有机质丰度大于 4%的芦草沟组泥页岩含油性最好，而且部分已经发生过烃类的初次运移，有利于泥页岩层系中非烃源岩储层的烃类富集。

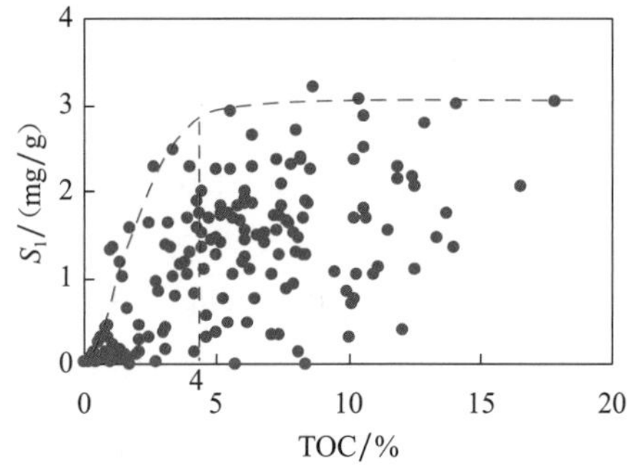

图 3-80　马朗凹陷芦草沟组泥页岩 S_1-TOC 关系

西北区花海-金塔盆地花海凹陷白垩系中下沟组岩石热解数据 S_1 和氯仿沥青“A”与 TOC 有很好的正相关性（图 3-81），可能表明泥页岩中的液态烃主要赋存在有机质中，不容易采出。同时，也有少量 S_1 或氯仿沥青“A”的异常高值，这可能表明这些泥页岩中的液态烃除了赋存在有机质中之外，还有相当一部分是赋存在有机质之外的孔隙空间中，特别是有可能赋存在页岩碎屑矿物颗粒之间或裂缝、裂隙之中，经过压裂改

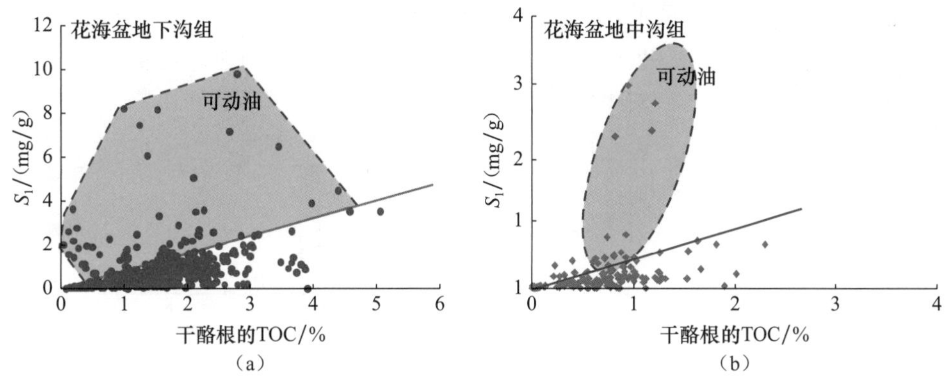

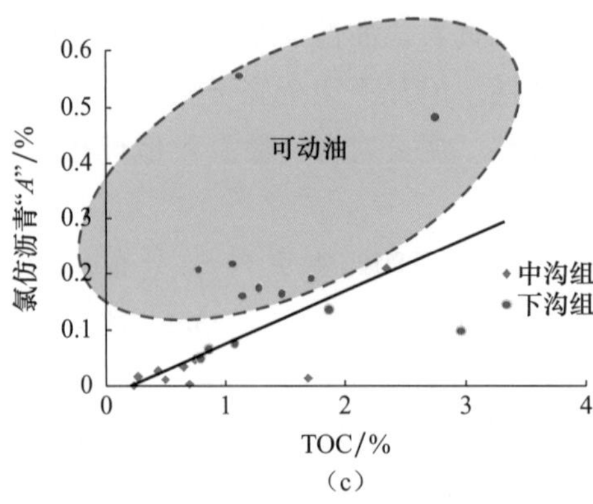

（c）

图 3-81　花海凹陷白垩系泥页岩 TOC 与 S_1 或氯仿沥青"A"关系图

造，这部分液态烃可以形成达西流，可能被有效地采出。

（二）页岩油富集条件

通过对西北区泥页岩的系统研究，结合测井、录井、试油等勘探生产实践，以西北区三塘湖盆地马朗凹陷二叠系芦草沟组为例，总结出页岩油富集的六个基本条件。

1. 优质的烃源岩是页岩油形成与富集的物质基础

泥页岩的质量取决于泥页岩的厚度、有机质丰度、类型和成熟度。有机质丰度是影响页岩油富集的一个根本性因素，它不仅决定着泥页岩的生油量，而且泥页岩中的有机质含量对液态烃的吸附作用也直接影响着泥页岩的含油性。泥页岩中大量的烃类可以吸附形式存在于干酪根表面。试油段岩心地化分析表明，水层段 TOC 分布在 2%～6%，TOC 统计直方图峰值为 1%～4%；差油层段 TOC 分布在 3%～8%，TOC 统计峰值为 4%～8%；油层段 TOC 分布在 2%～12%，统计峰值为 4%～12%（图 3-82）。

泥页岩厚度是页岩油形成的另一个重要条件。马朗凹陷芦草沟组为还原环境的湖相沉积，烃源岩在垂向上连续分布，有机碳含量最高的芦草沟组二段累积厚度可达 130m。源岩厚度中心同时也对应着有机碳含量高值分布中心，芦草沟组二段出油井，烃源岩累积厚度至少为 30m。综上所述，马朗凹陷芦草沟组二段页岩油富集需要有机碳含量至少为 4%，连续分布的源岩厚度至少为 30m。

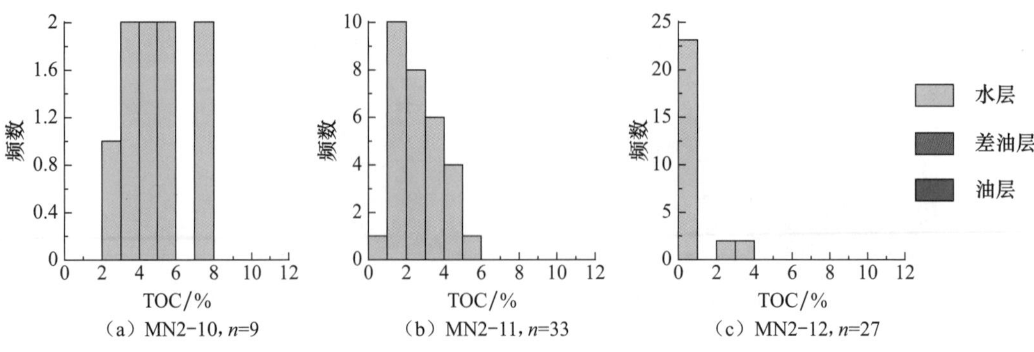

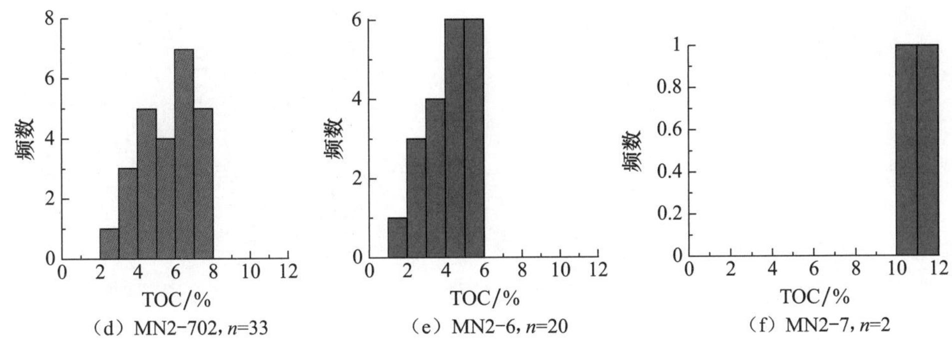

图 3-82 三塘湖盆地马朗凹陷不同产能井芦草沟组二段 TOC 统计对比图

2. 埋深 1800～2900m、成熟度（R_o）在 0.55%～0.75%，处于生油窗范围内

马朗凹陷芦草沟组主生烃带烃源岩埋深 1800～2900m，S_1/（S_1＋S_2）达到 40%以上，氯仿沥青“A”/TOC 达到 20%以上，地层中的烃类含量在纵向上最大，对应 R_o 为 0.55%～0.75%，正处于生油窗。平面上，目前的页岩油主要发现于高丰度低成熟-成熟早期的地区，该类烃源岩生烃潜力最大，有利于页岩油富集。

3. 岩石脆性高，而且脆性岩石与泥岩互层；适量的不稳定矿物，就近溶蚀，改善物性

具有较高的碳酸盐含量和石英含量，性脆易发育裂缝和微裂缝，这不仅是页岩油重要的储集空间类型，也是改善储层渗透性的重要条件，同时有利于生产中储层的压裂改造。此外，刚性自生颗粒增多，粒间孔隙更发育。富有机质泥页岩在生烃演化过程中会产生大量有机酸，有机酸可对岩层或相邻岩层中不稳定矿物碳酸盐岩、长石等产生溶蚀，形成次生溶蚀孔隙，增大页岩油的储集空间。

4. 有利的岩相古地理条件

从优质烃源岩形成环境、有利储层形成条件分析，页岩油富集于有利的岩相古地理环境。主要是半深湖-深湖环境，此时泥岩、灰质（云质）泥岩、泥质云（灰）岩互层，具备较好的生烃能力，油气储集空间类型多样，是最有利的页岩油富集环境。其次，泥岩夹泥质灰岩或粉砂质泥质岩也具有较好的勘探潜力，但泥页岩也不能长期处于深湖环境，该环境陆源碎屑供给不足，水体能量较弱，形成的深湖亚相泥虽然有机碳含量可以较高，但由于黏土含量高、碳酸盐含量较低、储集空间有限，也不利于页岩油的富集。

5. 裂缝较发育，但不能在大断裂附近

裂缝的发育程度主要受岩石的脆性、粒度、厚度等方面影响。碳酸盐含量较高的泥页岩，岩石脆性较大，容易产生裂缝。泥页岩中，随着碳酸盐含量增多，裂缝条数逐渐增多。云质泥岩的互层结构也为裂缝的发育创造了条件，当岩性为单一泥岩时，为块状结构，岩性致密裂缝基本不发育，当发育薄层云岩时，云岩与泥岩形成二元结构云质泥岩，较易在纹层面上形成水平裂缝（图 3-83）。

（a）MN2-3井，1767.4m，深灰色云质泥岩

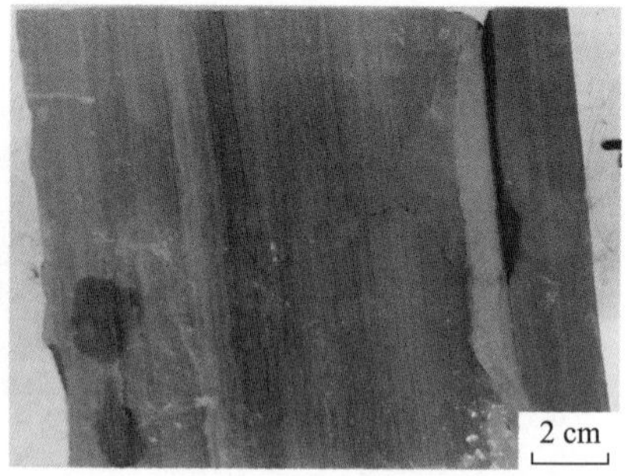

（b）NU2-122井，2606.1m，灰黑色纹层状钙质

图 3-83　三塘湖盆地马朗凹陷芦草沟组岩心裂缝发育特征

勘探表明，页岩油成功探井均位于远离断裂发育区。在远离大断裂处，芦草沟组泥页岩储层含油级别较高，试油结果可为油层；相反，在靠近大断裂附近，储层含油级别较低，试油结果为水层或含油水层。因此，大断裂等构造作用强的地区不利于页岩油有利储层的形成，但由于断裂活动影响范围广，对远离断裂的泥页岩形成裂缝、微裂缝具有重要意义。靠近大断裂附近，是寻找页岩油有利储层的禁区。

6. 存在一定异常压力，可改善储层物性，压力释放，有利于页岩油采出

原油在泥页岩储层中滞留越多，越易形成异常高压，异常压力的存在可作为页岩油富集的标志之一。异常高压的存在可以使岩石产生诱导缝，改善储层物性。同时，在页岩油开采中，储层压裂、高压释放，有利于页岩油的流动，易于采出。

第四章

页岩气(油)有利区优选

第一节　页岩气有利区优选

一、有利区优选参数确定的具体方法

按照国土资源部油气资源战略研究中心“全国页岩气资源潜力调查评价及有利区优选”项目中关于页岩气选区的标准，页岩气分布区划分为远景区、有利区和目标区（核心区）等三级（图 4-1）。

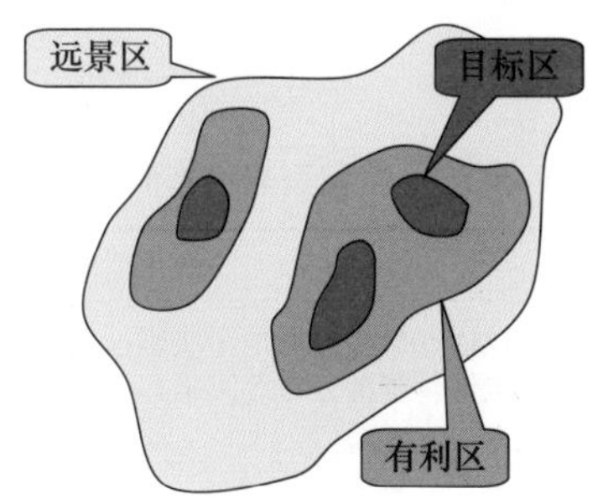

图 4-1　远景区、有利区及目标区优选示意图

远景区：在区域地质调查的基础上，结合地质、地球化学、地球物理等资料，优选出的具备页岩气形成的地质条件的区域。

有利区：主要依据页岩分布情况、地球化学指标、钻井天然气显示及少量含气性参数优选出来，并经过进一步钻探有望获得页岩气工业气流的区域。

目标区（核心区）：在页岩气有利区内，主要依据页岩发育规模、深度、地球化学指标和含气量等参数确定，在自然条件或经过储层改造后能够具有天然气商业开采价值的区域。

（一）远景区优选

选区基础：从整体出发，以区域地质资料为基础，了解区域构造、沉积及地层发育背景，查明含有机质泥页岩发育的区域地质条件，初步分析页岩气的形成条件，对评价区域进行以定性-半定量为主的早期评价。

选区方法：基于沉积环境、地层、构造等研究，采用类比、叠加、综合等技术，选择具有页岩气发育条件的区域，即远景区（聂海宽等，2009；聂海宽和张金川，2010）（表 4-1、表 4-2）。

表 4-1 陆相、海陆过渡相页岩气远景区优选参考指标

主要参数	变化范围
TOC	平均不小于 0.5%
R_o	不小于 0.5%
埋深	100～4500m
地表条件	平原、丘陵、山区、沙漠及高原等
保存条件	有区域性页岩的发育、分布，保存条件一般

（二）有利区优选

选区基础：结合泥页岩空间分布，在明确页岩沉积相特点、构造模式、页岩地化指标及储集特征等参数的基础上，获得含气量等关键参数，在远景区内进一步优选有利区域。

选区方法：基于页岩分布、地化特征及含气性等研究，采用多因素叠加，综合地质评价、地质类比等多种方法，开展页岩气有利区优选及资源量评价（朱华等，2009）（表 4-2）。

表 4-2 陆相、海陆过渡相页岩气有利区优选参考标准

主要参数	变化范围
页岩面积下限	有可能在其中发现目标（核心）区最小面积，在稳定区或改造区都可能分布。根据地表条件及资源分布等因素，面积下限为 200～500km²
泥页岩厚度	单层厚度不小于 10m，或泥地比大于 60%，单层厚度大于 5m 且连续厚度不小于 30m
TOC	1.5%～2.0%，平均不小于 2.0%
R_o	Ⅰ型干酪根不小于 1.2%；Ⅱ型干酪根不小于 0.7%；Ⅲ型干酪根不小于 0.5%
埋深	300～4500m
地表条件	地形高差较小，如平原、丘陵、低山、中山、沙漠等
总含气量	不小于 $0.5m^3/t$
保存条件	中等

二、有利区优选结果

在对西北区不同盆地泥页岩的地质特征、地球化学特征、储层特征等进行综合分析的基础上，共选出有利区 55 个（表 4-3）。其中，塔里木盆地和柴达木盆地各有 12 个（陈正辅等，1995）；西部中小盆地总共有 11 个有利区；酒泉盆地有 10 个有利区；吐哈盆地有 7 个；准噶尔盆地有 3 个。从层系上看从古生界到新生界均有有利区的分布，其中侏罗系发育的页岩气有利区最多，共计 27 个；其次为白垩系，有 12 个；寒武系、奥陶系、二叠系、三叠系和古近系分别是 1 至 5 个不等（赵靖舟等，2011）。

表 4-3　西北区页岩气有利区统计表

层系	塔里木	准噶尔	柴达木	吐哈	酒泉	西部中小	合计
古近系			3				3
白垩系					10	2	12
侏罗系	7	1	6	6		7	27
三叠系		2				2	4
二叠系				1			1
石炭系	1		3				4
奥陶系	2						2
寒武系	2						2
合计	12	3	12	7	10	11	55

（一）寒武系

西北区寒武系页岩气有利区主要分布在塔里木盆地，共 2 个区域，主要位于尉犁地区与塔东地区（图 4-2），发育地质时代均为早中寒武世。其中尉犁地区面积约 1057.71km^2，有效厚度为 50～200m；塔东地区面积 1581.68km^2，有效厚度为 50～100m。

（二）奥陶系

西北区奥陶系页岩气有利区主要分布在塔里木盆地，共 2 个区域，主要位于尉犁地区与塔东地区（图 4-3），发育地质时代均为早中奥陶世。其中尉犁地区面积约 1709.04km^2，有效厚度为 30～100m；塔东地区面积 2081.1km^2，有效厚度为 30～100m。

（三）石炭系

西北区石炭系页岩气有利区主要分布在塔里木盆地和柴达木盆地，共 4 个区域。其中柴达木盆地发育 3 个，塔里木盆地发育 1 个。

柴达木盆地石炭系页岩气有利区主要位于尕丘凹陷、红山断陷—欧南凹陷和德令哈断陷（图 4-4），发育地质时代均为晚石炭世。有利区面积分别约为 490km^2、500km^2 和 1590km^2。

塔里木盆地石炭系页岩气有利区主要位于巴麦地区（图 4-4），发育地质时代均为晚石炭世。面积约 934.56km^2，累计有效厚度为 100～200m（康玉柱，2001）。

（四）二叠系

西北区二叠系页岩气有利区主要分布在吐哈盆地，共 1 个有利区域，主要位于胜北次洼南部（图 4-5），发育地质时代为中二叠世。有利区面积约 278.66km^2，厚度较大，最大达 100m，埋深为 4250～4500m，TOC 为 1.5%～2%，有机质类型以Ⅲ型为主。

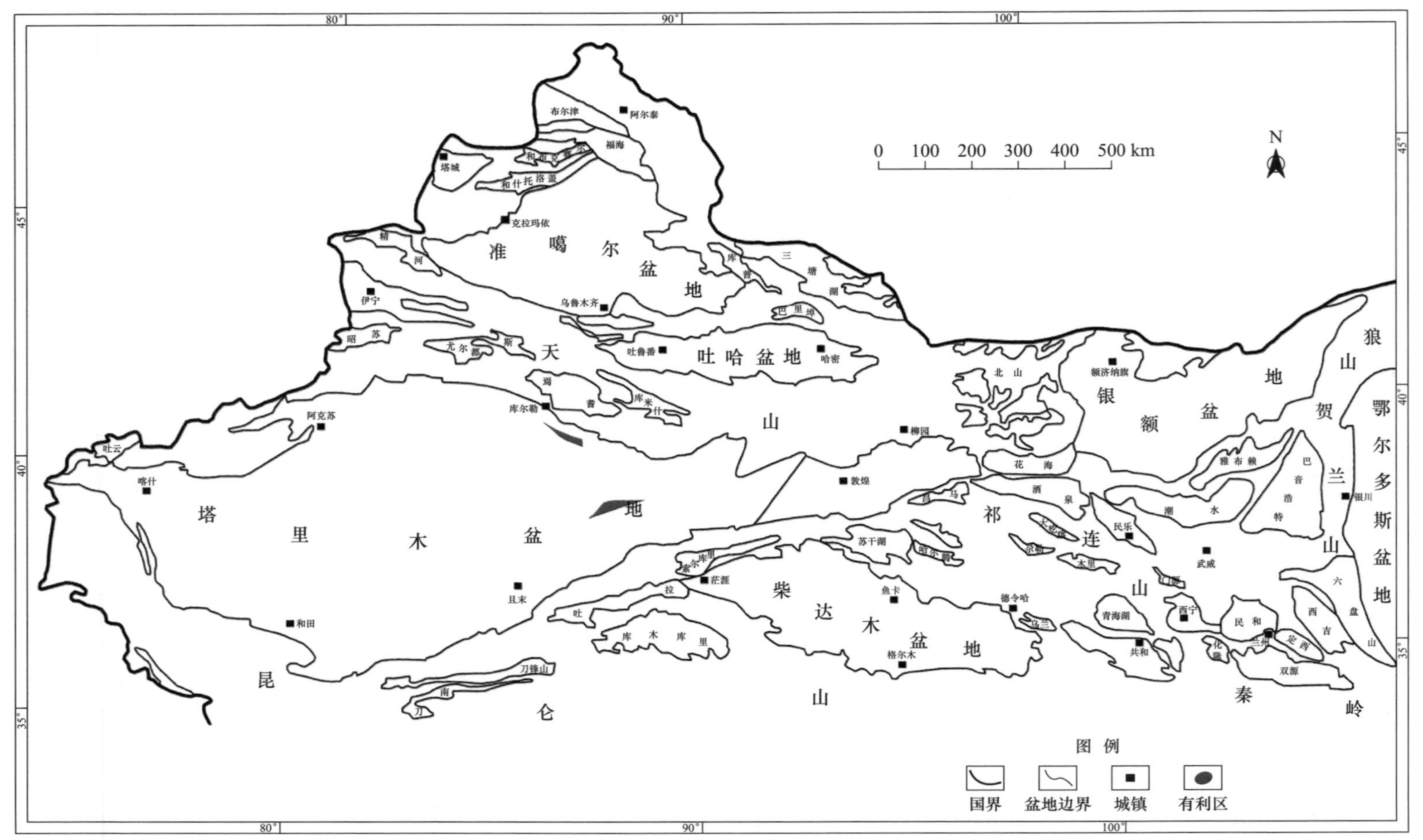

图 4-2 西北区寒武系页岩气有利区预测图

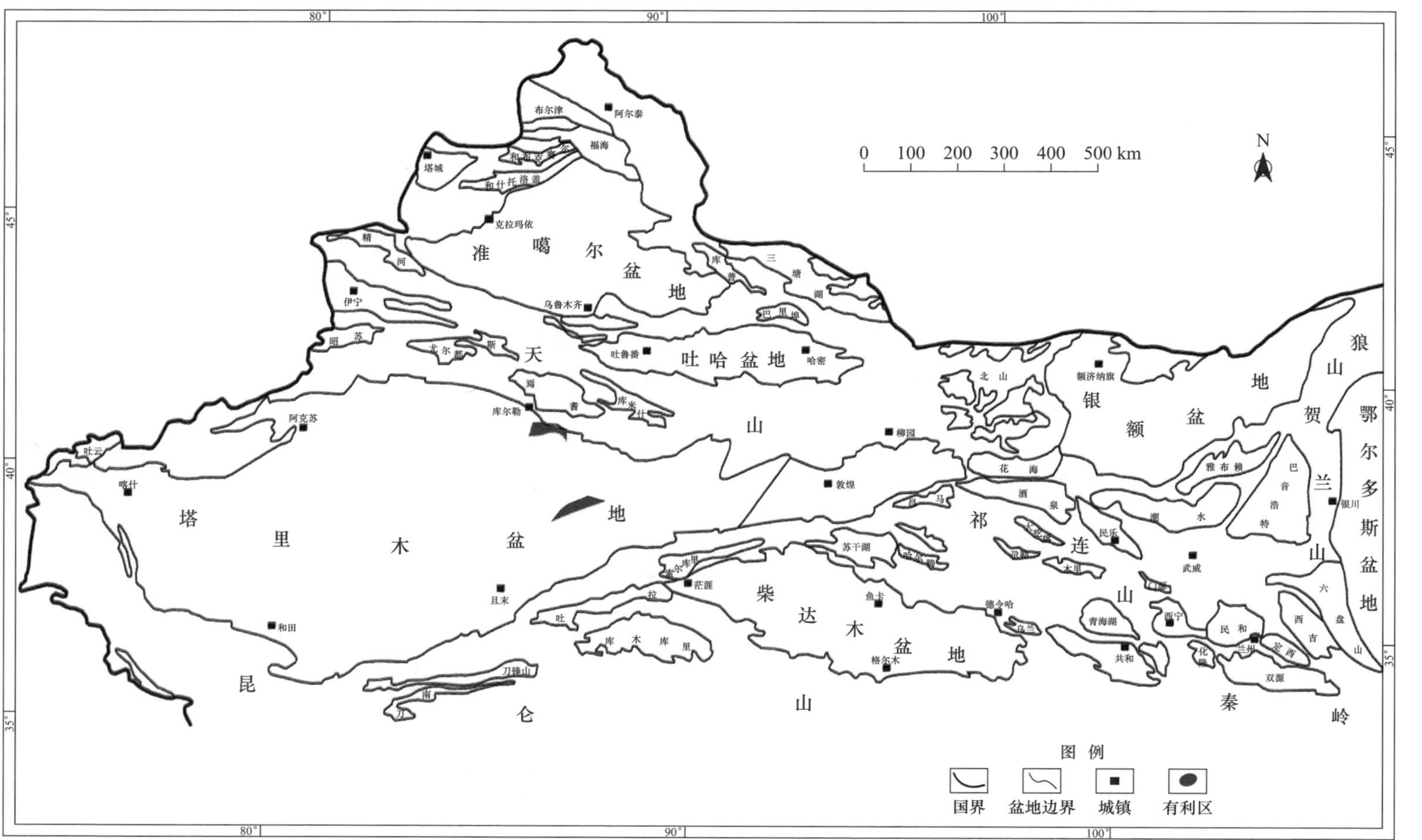

图 4-3 西北区奥陶系页岩气有利区预测图

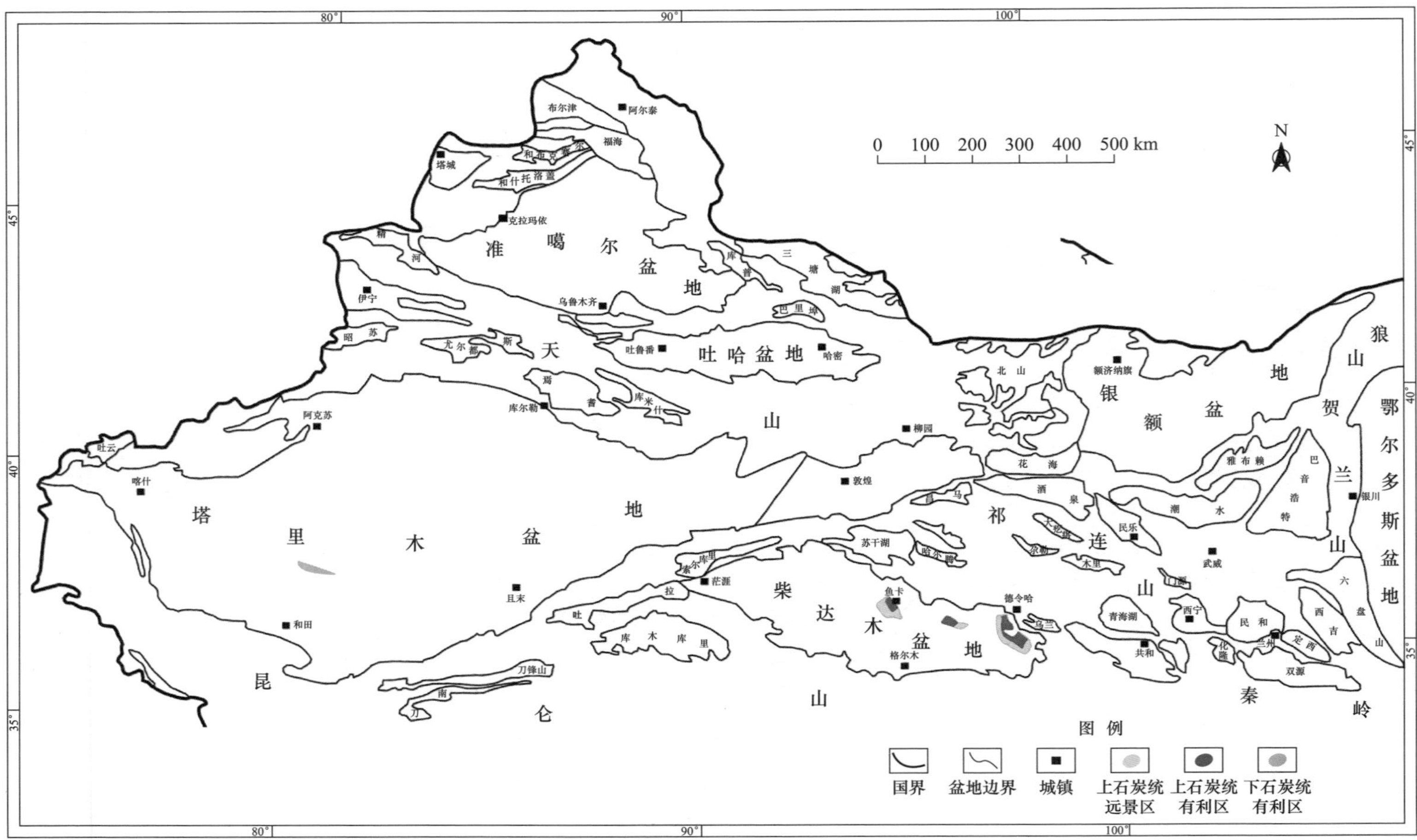

图 4-4 西北区石炭系页岩气有利区预测图

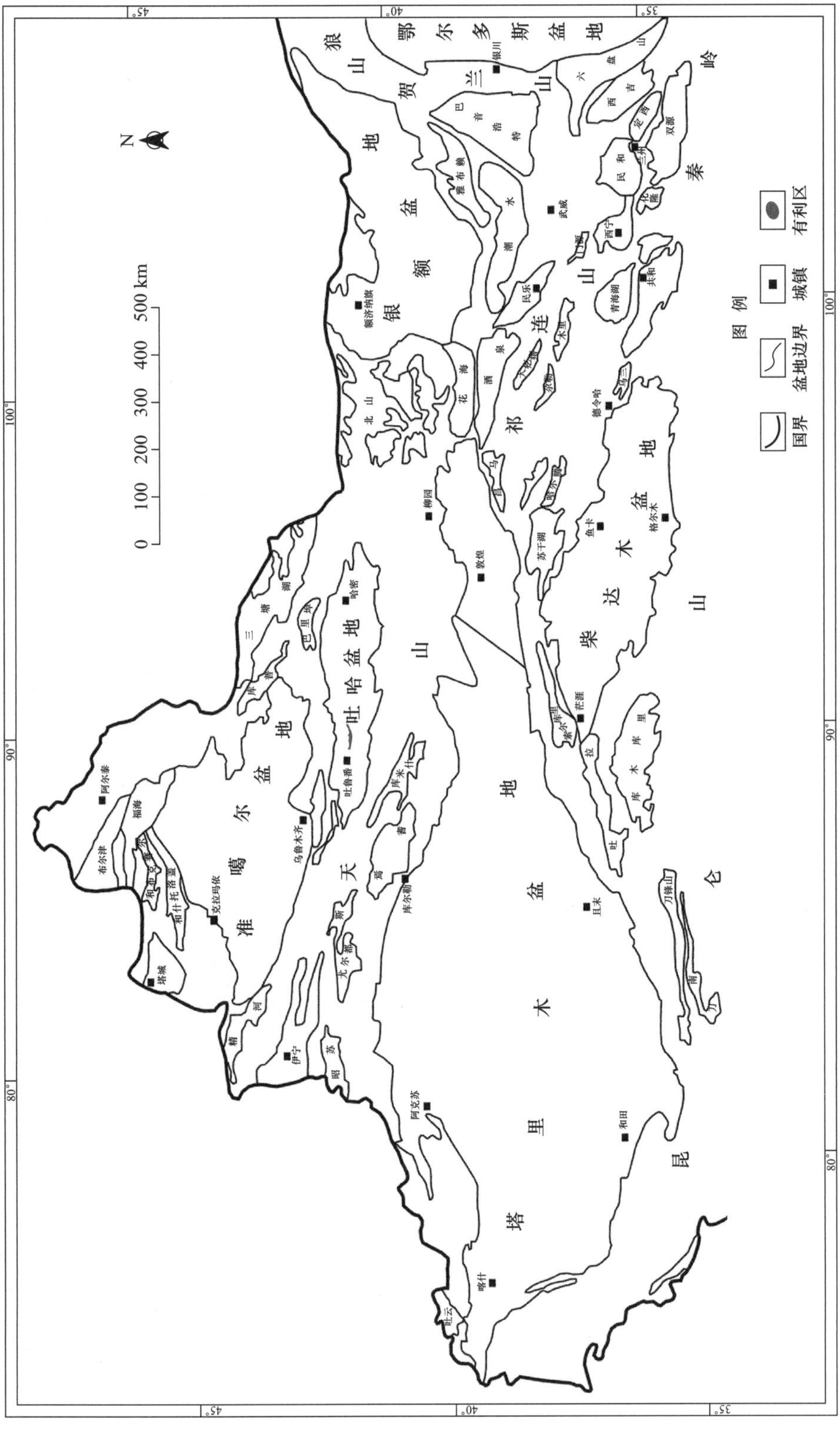

图 4-5 西北区二叠系页岩气有利区预测图

（五）三叠系

西北区三叠系页岩气有利区主要分布在准噶尔盆地和伊宁盆地（董秀芳和熊永旭，1995），共 4 个区域，其中准噶尔盆地和伊宁盆地各发育 2 个。

准噶尔盆地三叠系页岩气主要发育在上三叠统白碱滩组，有利区主要位于达巴松和玛湖一带（图 4-6）。其中，达巴松有利区面积约 1599.11km^2，累计有效厚度 147～256m，埋深处于 3640～4500m，TOC 为 1.5%～2.4%，有机质类型为Ⅲ型，R_o 为 0.5%～0.75%。玛湖有利区面积 1685.17km^2，有效泥页岩累计厚度 150～265m，埋深处于 2470～3820m，TOC 为 1.5%～1.9%，有机质类型为Ⅲ型，R_o 为 0.54%～0.72%。

伊宁凹陷页岩气主要富集于中上三叠统小泉沟群，发育两个有利区（图 4-6），总面积为 659km^2，有效泥页岩累计厚度 40～70m（王雁飞和陈志斌，2004）。

（六）侏罗系

侏罗系是西北区页岩气最为发育的层位，页岩气有利区分布广泛，主要分布在塔里木盆地、准噶尔盆地、柴达木盆地、吐哈盆地和中小盆地，共 27 个区域。其中塔里木盆地发育 7 个有利区，中小盆地共发育 7 个，吐哈盆地和柴达木盆地各发育 6 个，准噶尔盆地发育 1 个。

塔里木盆地侏罗系页岩气主要发育在中下侏罗统，其中下侏罗统发育 3 个有利区（图 4-7），中侏罗统发育 4 个有利区（图 4-8）。中侏罗统页岩气有利区主要分布在库车拗陷拜城凹陷—阳霞凹陷北部、塔东草湖-满东地区和塔西南喀什-叶城凹陷。库车拗陷有利区面积约 1743km^2，累计有效厚度 50～200m，埋深为 2000～4500m，TOC 为 1.5%～2.5%，有机质类型以Ⅲ型为主，R_o 多为 1.0%～1.25%。塔东地区有利区面积约 1790km^2，累计有效厚度 30～50m，埋深为 3000～4500m，TOC 为 2.0%～2.5%，R_o 为 0.5%～0.75%。塔西南拗陷有利区面积约 1279km^2，累计有效厚度 30～100m，埋深主要为 2000～3000m，TOC 为 1.0%～2.0%，有机质类型以Ⅲ型为主，R_o 为 0.5%～1.25%（董大忠和肖安成，1998）。下侏罗统页岩气有利区主要分布在库车拗陷的克深地区和依南-野云地区及塔东草湖凹陷—满东地区（图 4-7）。库车拗陷有利区面积约 1437km^2，累计有效厚度 50～200m，埋深主要为 3000～4500m，TOC 为 1.0%～3.0%，有机质类型以Ⅲ型为主，R_o 多为 0.75%～1.5%（梁狄刚等，2004）。塔东地区有利区面积约 5972km^2，累计有效厚度 30～50m，埋深为3000～4000m，TOC 为 1.5%～2.5%，有机质类型以Ⅲ型为主，R_o 多为 0.5%～1.0%。

柴达木盆地侏罗系页岩气主要发育在中侏罗统大煤沟组五段和下侏罗统湖西山组，其中中侏罗统发育 4 个有利区，下侏罗统发育 2 个有利区。中侏罗统页岩气有利区主要分布在鱼卡断陷、红山-欧南凹陷、德令哈断陷和苏干湖拗陷（图 4-8），有利区面积分别约为 467km^2、880km^2、1032km^2 和 312km^2，累计有效泥页岩厚度分别为 30～100m、30～50m、30～50m 和 50～200m；下侏罗统页岩气有利区主要分布在冷湖构造带

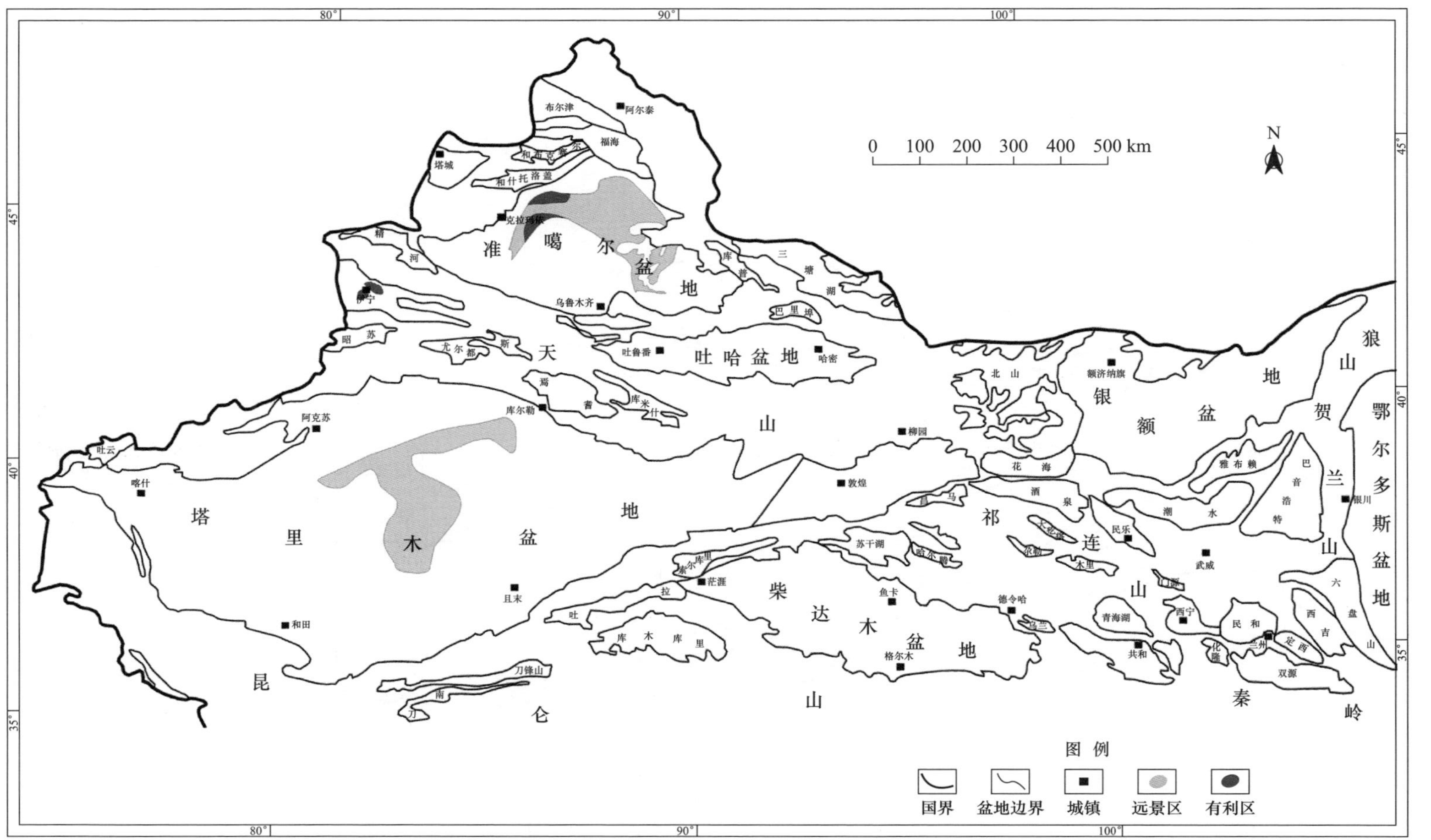

图 4-6 西北区三叠系页岩气有利区预测图

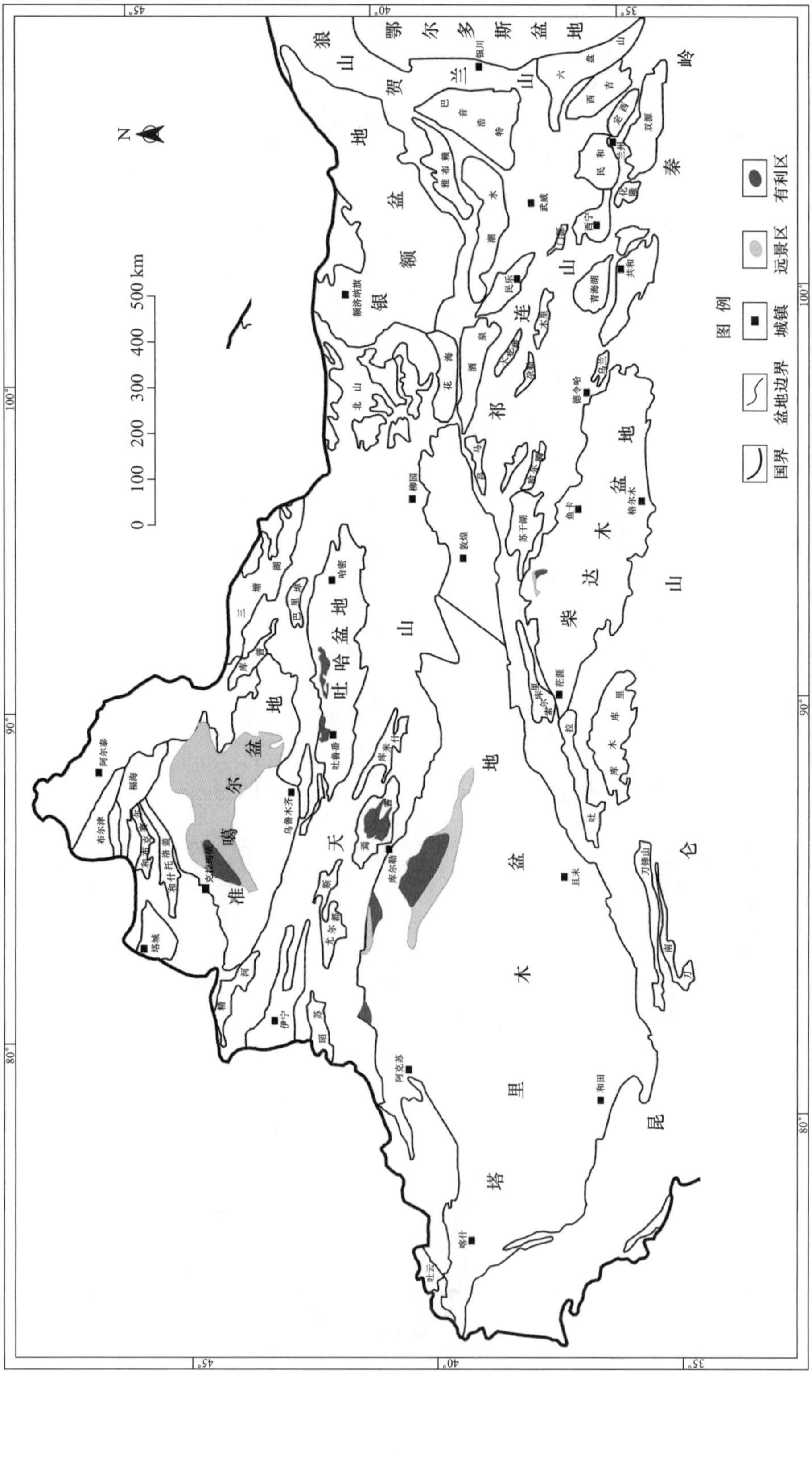

图 4-7 西北区下侏罗统页岩气有利区预测图

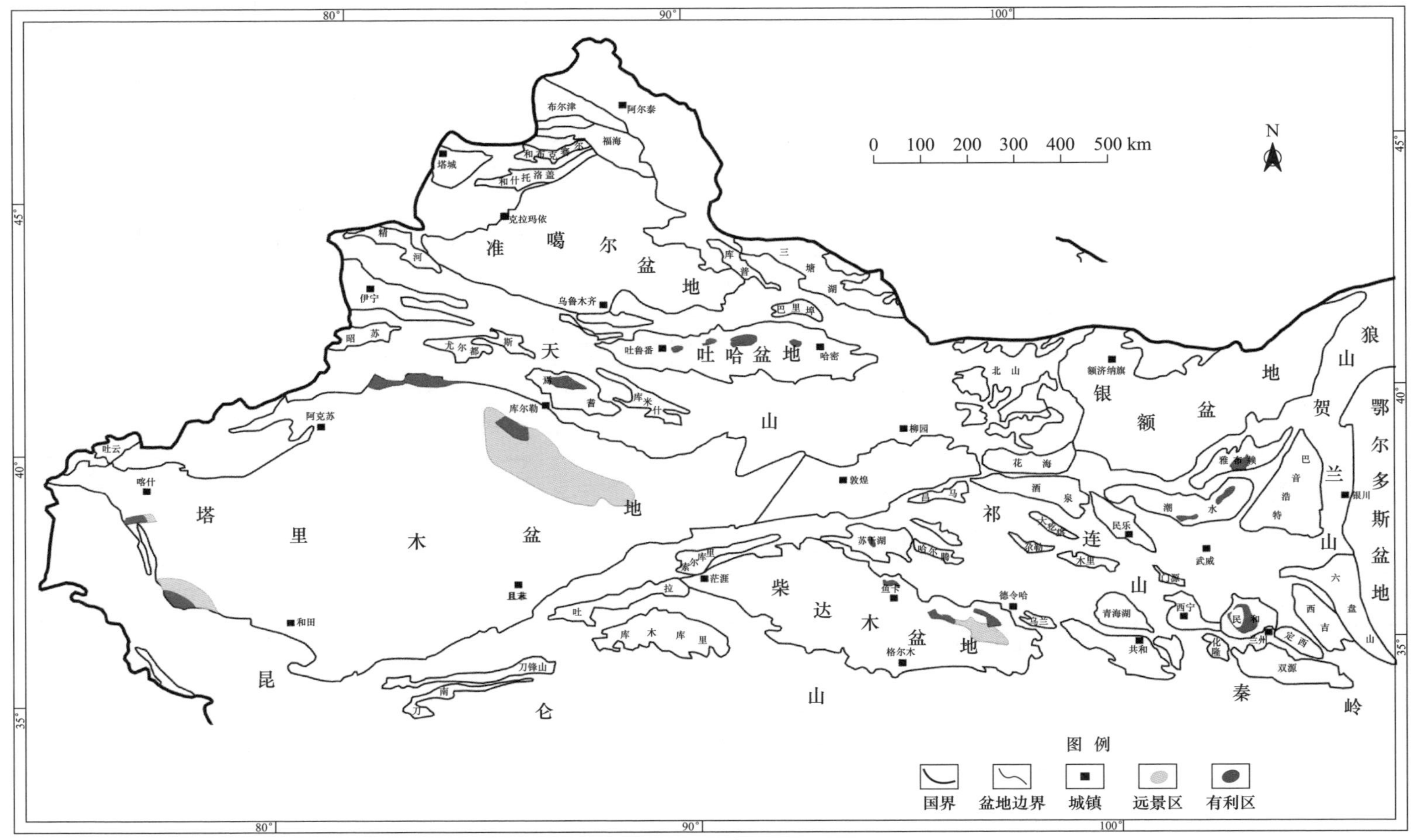

图4-8 西北区中侏罗统页岩气有利区预测图

(图 4-7)，分为上、下两个有利层段，有利区面积分别约 460km² 和 340km²，累计有效泥页岩厚度分别为 50～200m 和 50～100m（徐文等，2008）（表 4-4）。

表 4-4 西北区侏罗系页岩气有利区地质单元参数统计表

盆地	有利区	面积/km²	埋深/m	厚度/m	TOC/%	有机质类型	R_o/%
塔里木盆地	拜城-阳霞凹陷	1743	2000～4500	50～200	1.5～2.5	Ⅲ型	1～1.25
	草湖-满东中统	1790	3000～4500	30～50	2.0～2.5	Ⅲ型	0.5～0.75
	草湖-满东下统	5972	3000～4000	30～50	1.5～2.5	Ⅲ型	0.5～1.0
	喀什-叶城凹陷	1279	2000～3000	30～100	1.0～2.0	Ⅲ型	0.5～1.25
	克深和依南-野云	1437	3000～4500	50～200	1.0～3.0	Ⅲ型	0.75～1.5
柴达木盆地	鱼卡断陷	467	400～4500	30～100	3.48	$Ⅱ_2$～Ⅲ型	0.5～1.0
	红山-欧南凹陷	880	400～4500	30～50	4.05	$Ⅱ_2$～Ⅲ型	0.5～1.3
	德令哈断陷	1032	400～4500	30～50	2.61	$Ⅱ_2$～Ⅲ型	0.5～1.25
	苏干湖拗陷	312	1000～3000	50～200	1.88	$Ⅱ_2$～Ⅲ型	0.5～0.8
	冷湖构造带上段	460	1000～4500	50～200	3.29	$Ⅱ_2$～Ⅲ型	0.75～1.3
	冷湖构造带下段	340	1000～4500	50～100	3.29	$Ⅱ_2$～Ⅲ型	0.5～1.0
吐哈盆地	胜北次洼	293.62	2000～3750	40～80	1.5～2	$Ⅱ_2$～Ⅲ型	0.6～0.9
	丘东次洼	294.48	2000～3750	40～80	1.5～2	$Ⅱ_2$～Ⅲ型	0.6～0.9
	小草湖次洼	1261.38	2000～3750	40～80	1.5～2	$Ⅱ_2$～Ⅲ型	0.6～0.9
	哈密凹陷	330.53	2000～3750	40～80	1.5～2	$Ⅱ_2$～Ⅲ型	0.6～0.9
	胜北次洼北部	855.47	2250～4500	60～120	1.5～2.5	$Ⅱ_2$～Ⅲ型	0.8～1.2
	丘东次洼山前带及小草湖次洼	1447.21	2250～4500	60～120	1.5～2.5	$Ⅱ_2$～Ⅲ型	0.8～1.2
准噶尔盆地	达巴松地区	4598.96	2600～4000	30～210	1.5～2.7	Ⅲ型	0.6～1.0
民和盆地	中祁连隆起东带	1101.06	4000～4500	50～140	3.7～12	Ⅲ型	0.7～1.4
潮水盆地	阿拉善地块南部	1122	500～2800	40～90	1.5～4.2	$Ⅱ_2$～Ⅲ型	0.3～0.8
雅布赖盆地	阿拉善地块北部活化带	528	1000～2800	100～300	0.5～2.5	$Ⅱ_2$～Ⅲ型	0.5～1.3
焉耆盆地	天津卫隆起和营盘凸起之间	509	1200～2800	20～30	0.2～5.9	$Ⅱ_2$～Ⅲ型	0.63～0.81
		887	2000～4000	30～50	0.3～6.0	$Ⅱ_2$～Ⅲ型	0.57～1.86
		661	1200～2800	30～45	0.1～5.8	$Ⅱ_2$～Ⅲ型	0.60～0.92

吐哈盆地侏罗系页岩气主要发育在中侏罗统西山窑组和下侏罗统八道湾组，其中西山窑组发育 4 个有利区，八道湾组发育 2 个有利区。西山窑组页岩气有利区主要分布在胜北次洼、丘东次洼、小草湖次洼和哈密凹陷（图 4-8），有利区面积分别约为

293.62km²、294.48km²、1261.38km² 和 330.53km²。西山窑组有利区有效泥页岩累计厚度 40～80m，埋深为 2000～3750m，TOC 为 1.5%～2%，有机质类型为Ⅱ₁～Ⅲ型，R_o 为 0.6%～0.9%。八道湾组有利区主要分布在胜北次洼北部和丘东次洼山前带及小草湖次洼（图 4-7），有利区面积分别约为 855.47km² 和 1447.21km²。八道湾组有利区有效泥页岩累计厚度 60～120m，埋深为 2250～4500m，TOC 为 1.5%～2.5%，有机质类型为Ⅱ₂～Ⅲ型，R_o 为 0.8%～1.2%。

准噶尔盆地侏罗系页岩气主要富集层位是下侏罗统八道湾组，有利区位于达巴松一带，面积 4598.96km²，有效泥页岩累计厚度 30～210m，埋深 2600～4000m，TOC 为 1.5%～2.7%，有机质类型为Ⅲ型，R_o 为 0.6%～1.0%。

民和盆地页岩气主要发育于中侏罗统窑街组（图 4-8），有利区面积为 1101km²，有效泥页岩累计厚度 50～140m。

潮水盆地页岩气主要富集于中侏罗统青土井群青二段（图 4-8），发育 2 个有利区，总面积为 1122km²，有效泥页岩累计厚度 40～90m（李双泉，2005）。

雅布赖盆地页岩气主要富集于中侏罗统新河组下段（图 4-8），有利区总面积为 528km²，有效泥页岩累计厚度 100～300m。

焉耆盆地侏罗系页岩气主要发育在中侏罗统西山窑组、下侏罗统八道湾组和三工河组。其中西山窑组发育 1 个有利区，八道湾组发育 1 个有利区，三工河组发育 2 个有利区（图 4-7、图 4-8）。西山窑组页岩气有利区面积约为 509km²，有效泥页岩累计厚度 20～30m；八道湾组有利区面积约为 887km²，有效泥页岩累计厚度 30～50m；三工河组两个有利区总面积约为 661km²，有效泥页岩累计厚度 30～45m。

（七）白垩系

西北区白垩系页岩气有利区主要分布在酒泉盆地和六盘山盆地，共 12 个区域。其中酒泉盆地发育 10 个，六盘山盆地发育 2 个。

酒泉盆地页岩气主要发育在下白垩统，共 10 个有利区，其中，赤金堡组和下沟组各发育 5 个有利区。赤金堡组页岩气有利区主要分布在青西凹陷（2 个）和石大凹陷（3 个）（图 4-9），有利区面积分别为 100.28km² 和 224.60km²。下沟组页岩气有利区主要分布在青西凹陷（2 个）、石大凹陷（2 个）和营尔凹陷（1 个）（图 4-9），有利区面积分别为 74.81km²、40.86km² 和 19.73km²。

六盘山盆地页岩气主要发育于下白垩统马东山组和乃家河组（图 4-9），有利区面积分别为 655.03km² 和 654.88km²，有效泥页岩累计厚度为 20～60m（李定方，2001；林小云等，2006）。

（八）古近系

西北区古近系页岩气主要发育在柴达木盆地下干柴沟组，共 3 个有利区域。其中，下干柴沟组层段1页岩气有利区主要分布在狮子沟南部和油砂山两翼（图 4-10），有效

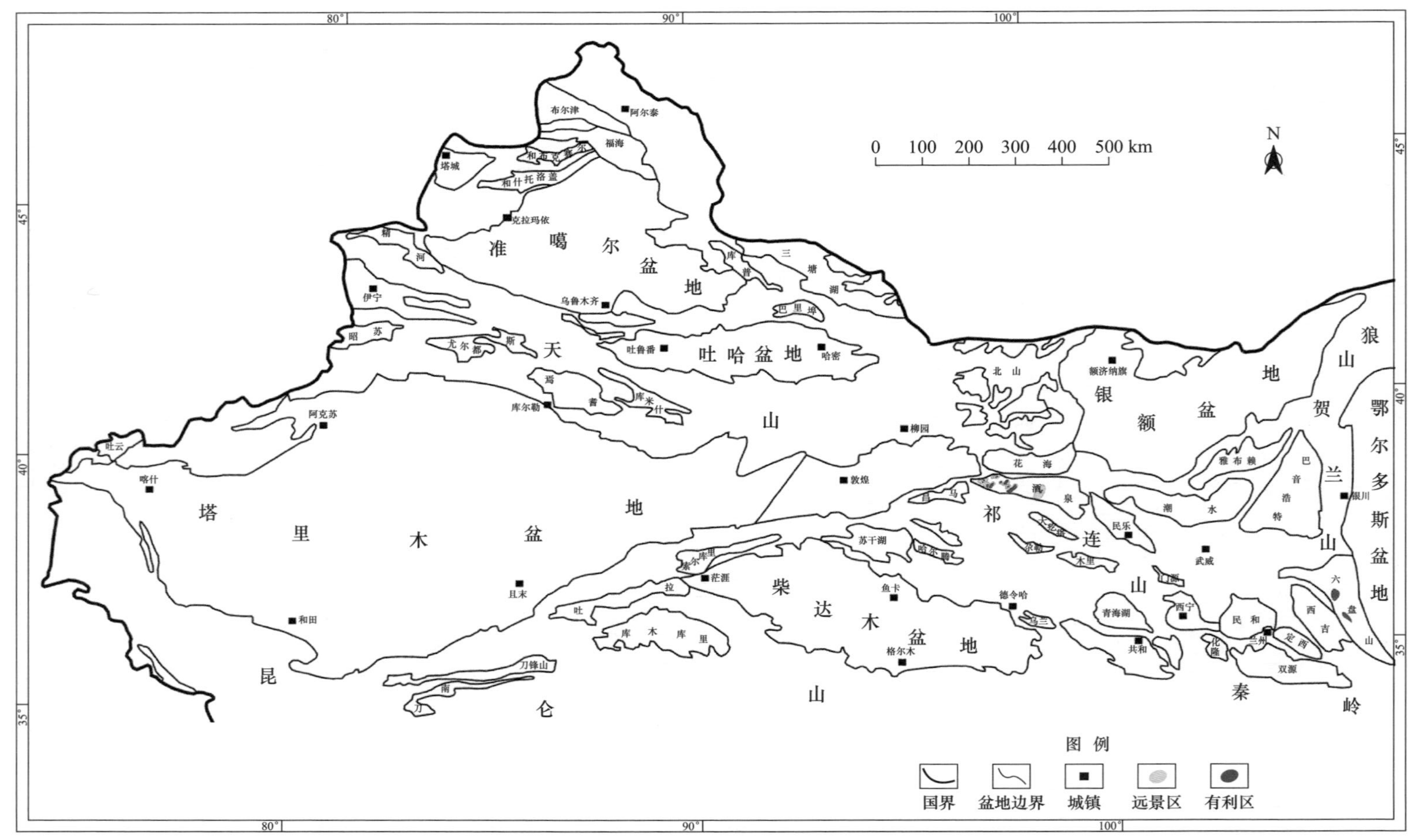

图 4-9 西北区白垩系页岩气有利区预测图

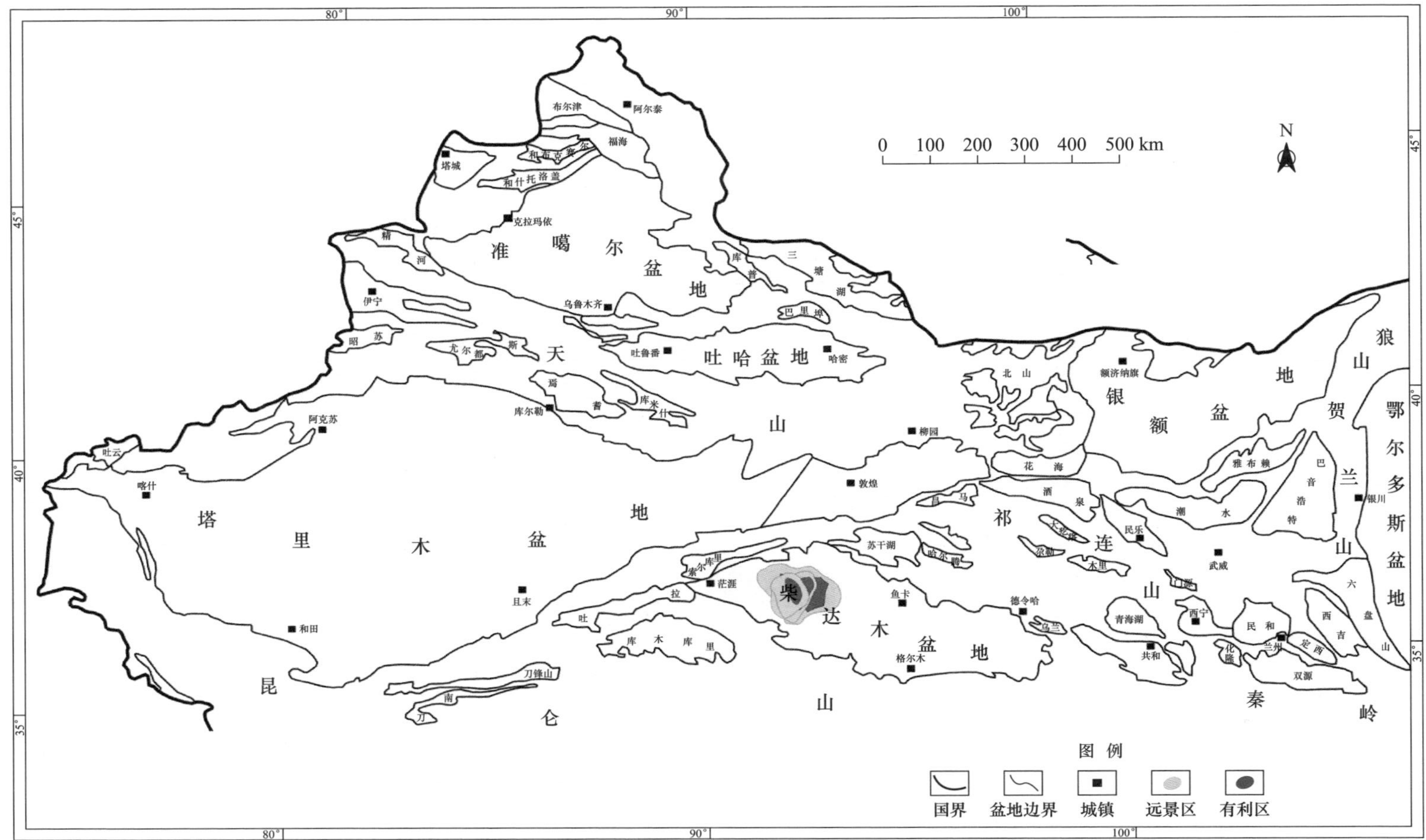

图 4-10 西北区古近系页岩气有利区预测图

泥页岩累计厚度30～70m，埋深3700～4000m，TOC为1.5%～2.0%，R_o为0.7%～1.0%；下干柴沟组层段2页岩气有利区主要分布在狮子沟南部、油泉子北部和油砂山地区（图4-10），有效泥页岩累计厚度30～110m，埋深3100～3600m，TOC为1.5%～2.0%，R_o为0.7%～0.9%；下干柴沟组层段3页岩气有利区主要分布在油泉子西北部和油砂山地区（图4-10），有效泥页岩累计厚度30～90m，埋深2400～3000m，TOC为1.5%～2.0%，R_o为0.7%～0.8%。

第二节　页岩油有利区优选

一、有利区优选参数确定的具体方法

目前，美国地质调查局油气评价采用全烃系统评估单元（TPS-AU）方法取代了1995年采用的成藏组合概念方法来估算尚未发现的油气资源量。TPS-AU的优势在于它主要针对连续型烃类流体系统，将含油气范围划分成若干个评价单元，评估单元的划分建立在相似地质单元和烃类聚集类型的基础上，与成藏组合有所不同，因为成藏组合可能包括多套泥页岩和含油系统，并不局限在单个含油系统内；此外，一个成藏组合的烃类来源于多个石油系统的情况也很常见。因此，评估单元概念使一个全烃系统内油气生成、运移、聚集、成藏过程和各要素之间的关系更为清晰。

在评价前，针对页岩油的特殊性，需要对全含烃系统的地质要素进行确认和成图，这些地质要素包括泥页岩空间展布，泥页岩生成油气的赋存层位和分布，处在生油窗和生气窗内的源岩分布区域，生烃能力最佳的泥页岩分布范围（表4-5）。

表4-5　页岩油有利区优选参考标准

主要参数	变化范围
有效泥页岩	有效层段连续厚度大于30m，泥页岩与地层单元厚度比值大于60%或泥地比大于60%
TOC	TOC>1.0%
R_o	0.5%<R_o<1.2%
埋深	小于5000m
可改造性	脆性矿物含量大于35%
原油相对密度	小于0.92
含油率（质量分数）	大于0.1%

二、有利区优选结果

在对西北区不同盆地泥页岩的地质特征、地球化学特征、储层特征等进行综合分析

的基础上，共选出有利区 17 个（表 4-6）。其中三塘湖盆地有 5 个有利区；柴达木盆地有 4 个有利区；准噶尔盆地有 3 个；西部中小盆地总共有 2 个有利区；酒泉盆地、吐哈盆地和塔里木盆地各有 1 个。从层系上看从古生界到新生界均有有利区的分布，其中侏罗系有 5 个，石炭系和二叠系各有 4 个，白垩系有 3 个，古近系有 1 个。

表 4-6 西北区页岩油有利区统计表

层系	塔里木	准噶尔	柴达木	吐哈	酒泉	三塘湖	西部中小	合计
古近系			1					1
白垩系					1		2	3
侏罗系	1		3	1				5
二叠系		3				1		4
石炭系						4		4
合计	1	3	4	1	1	5	2	17

（一）石炭系

西北区石炭系页岩油主要富集于三塘湖盆地哈尔加乌组，共发育 4 个有利区域，其中哈尔加乌组上段发育 2 个有利区（图 4-11），分布在条湖-马朗凹陷的西南部和东北部，有利区总面积为 105.6km^2，有效泥页岩累计厚度均值 36m，TOC 大于 4.0%，R_o 为 0.6%～0.8%。哈尔加乌组下段发育 2 个有利区，分布在马朗凹陷的西南部和东北部，有利区总面积为 261km^2，有效泥页岩累计厚度均值 31m，TOC 大于 4.0%，Ro 介于 0.6%～0.8%。

（二）二叠系

二叠系页岩油有利区主要分布在准噶尔盆地和三塘湖盆地，共 4 个区域。其中准噶尔盆地发育 3 个，三塘湖盆地发育 1 个。

准噶尔盆地二叠系页岩油主要发育在中下二叠统，其中中二叠统发育 2 个有利区，下二叠统发育 1 个有利区。中二叠统页岩油有利区主要分布在北部的五彩湾-石树沟凹陷和东南部的吉木萨尔凹陷（图 4-12）。其中，北部的五彩湾-石树沟有利区，面积 2508.7km^2，暗色泥岩累计厚度 30～250m，埋深为 2000～4000m，TOC 为 1.0%～2.0%，有机质类型以Ⅱ型为主，R_o 主要为 0.7%～0.8%；东南部的吉木萨尔有利区，面积 1280.3km^2，暗色泥岩累计厚度 30～250m，埋深在 2000～4500m，TOC 为 1.0%～1.5%，有机质类型以Ⅱ型为主，R_o 主要为 0.7%～0.9%。下二叠统页岩油有利区主要分布在盆地北部风城地区（图 4-12），面积为 492.16km^2，暗色泥岩累计厚度在 50～250m，埋深为 3500～5000m，TOC 为 1.5%～2.5%，有机质类型以Ⅱ$_1$ 型为主，R_o 为 0.5%～0.8%。

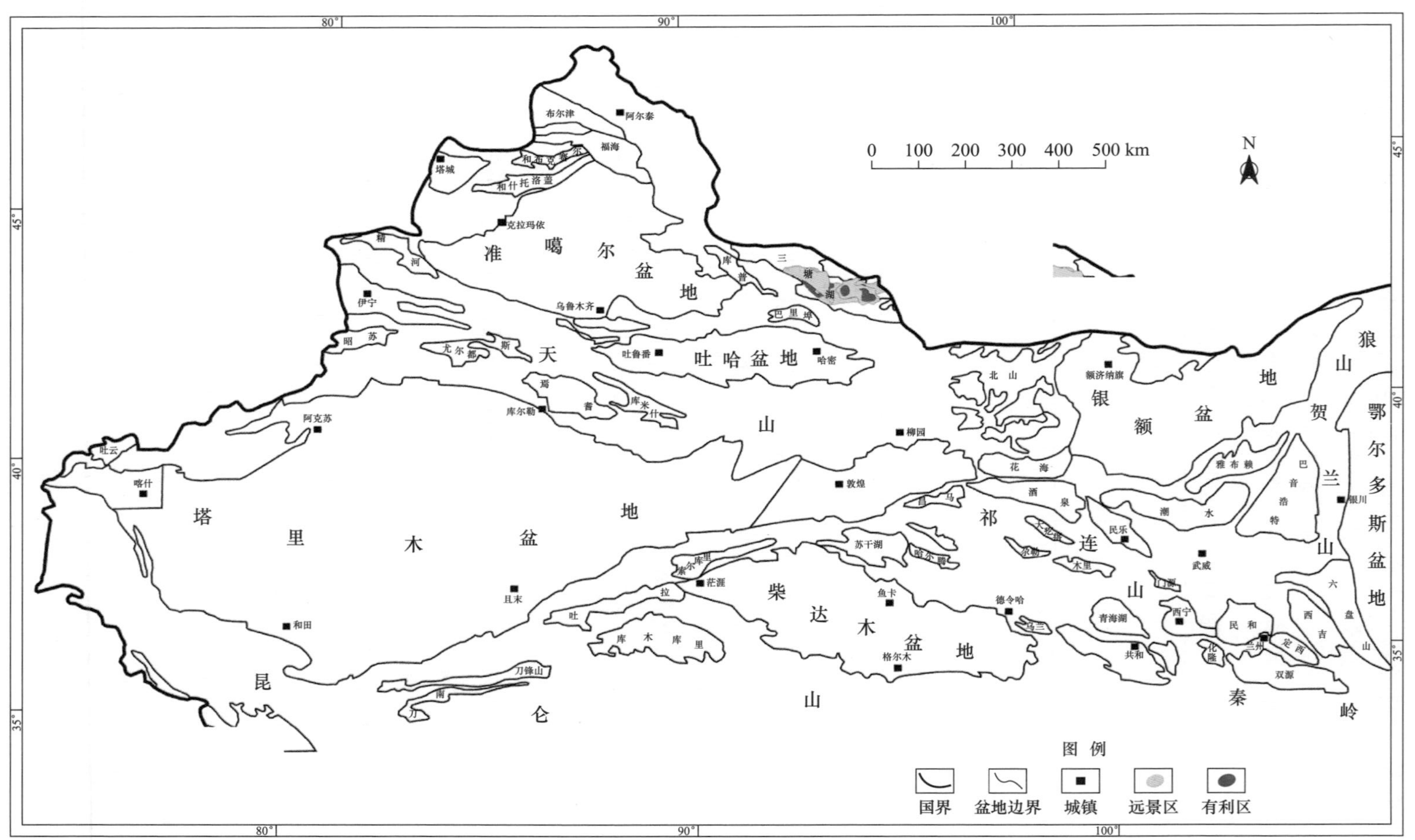

图 4-11 西北区石炭系页岩油有利区预测图

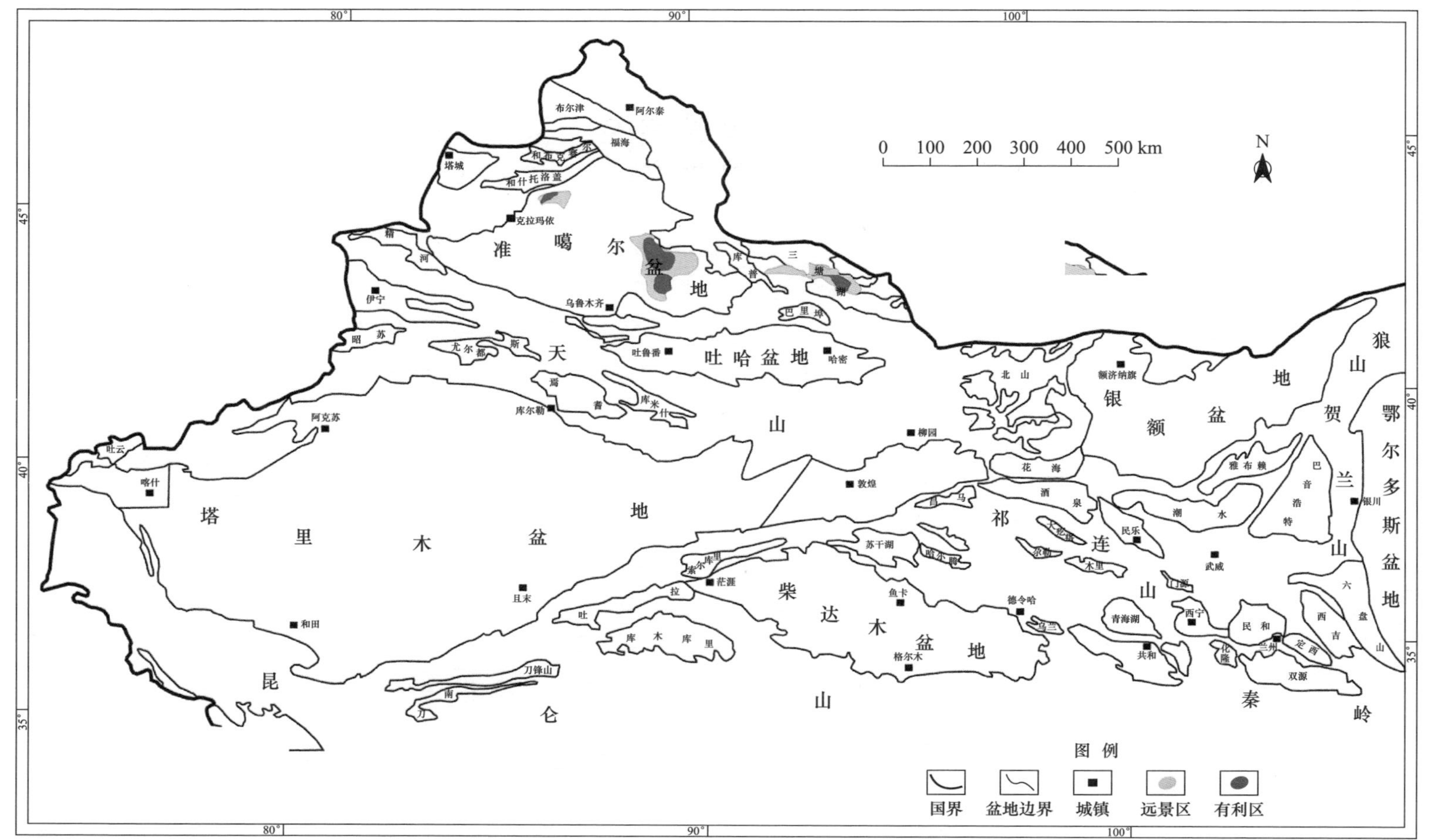

图 4-12 西北区二叠系页岩油有利区预测图

三塘湖盆地二叠系页岩油主要富集于中二叠统芦草沟组二段，有利区主要分布在马朗凹陷的中部（图 4-12），有利区面积为 199.5km^2，累计有效厚度均值 78m，TOC 大于 4.0%，有机质类型主要为Ⅰ～Ⅱ$_1$ 型，R_o 为 0.6%～0.8%。

（三）侏罗系

西北区侏罗系页岩油资源丰富，有利区主要分布在塔里木盆地、柴达木盆地和吐哈盆地，共 5 个区域。其中柴达木盆地发育 3 个有利区，塔里木盆地和吐哈盆地各发育 1 个有利区。

塔里木盆地侏罗系页岩油主要发育在中侏罗统，有利区主要分布在塔西南拗陷的喀什凹陷（图 4-13）。塔西南拗陷有利区面积约 876km^2，累计有效厚度 62m，埋深主要为 1000～3000m，TOC 为 1%～2.5%，有机质类型以Ⅲ型为主，R_o 多为 1.0%～1.2%。

柴达木盆地侏罗系页岩油主要发育在中侏罗统的大煤沟组七段，有利区主要分布在鱼卡断陷、红山断陷和德令哈断陷（甘贵元等，2006）（图 4-13），有利区面积分别约为 586km^2、779km^2 和 2060km^2。

吐哈盆地侏罗系页岩油主要富集于七克台组，有利区分布在胜北、丘东次凹（图 4-13），面积为 912.45km^2，累计有效厚度为 80～120m，埋深为 2000～2500m，有机质类型以Ⅰ～Ⅱ型为主，TOC 为 1.5%～2.5%，R_o 为 0.5%～0.8%。

（四）白垩系

西北区白垩系页岩油主要发育在酒泉盆地和花海盆地，共 3 个有利区，其中，酒泉盆地发育 1 个，花海盆地发育 2 个。

酒泉盆地白垩系页岩油主要发育于下白垩统中沟组，有利区分布在营尔凹陷（图 4-14），面积为 73.90km^2。

花海盆地白垩系页岩油主要发育于下白垩统中沟组和下沟组，中沟组页岩油有利区分布在花海凹陷（图 4-14），面积为 28km^2，累计有效厚度为 100～400m；下沟组页岩油有利区分布在花海凹陷（图 4-13），面积为 156km^2，累计有效厚度为 50～120m。

（五）古近系

西北区古近系页岩油主要发育在柴达木盆地上干柴沟组泥页岩层段 4，共 1 个有利区域，分布在狮子沟东南部（图 4-15），有效泥页岩累计厚度 30～150m，埋深 1500～3000m，TOC 为 1.0%～1.4%，氯仿沥青“A”为 0.01%～0.1%，R_o 为 0.5%～0.7%。

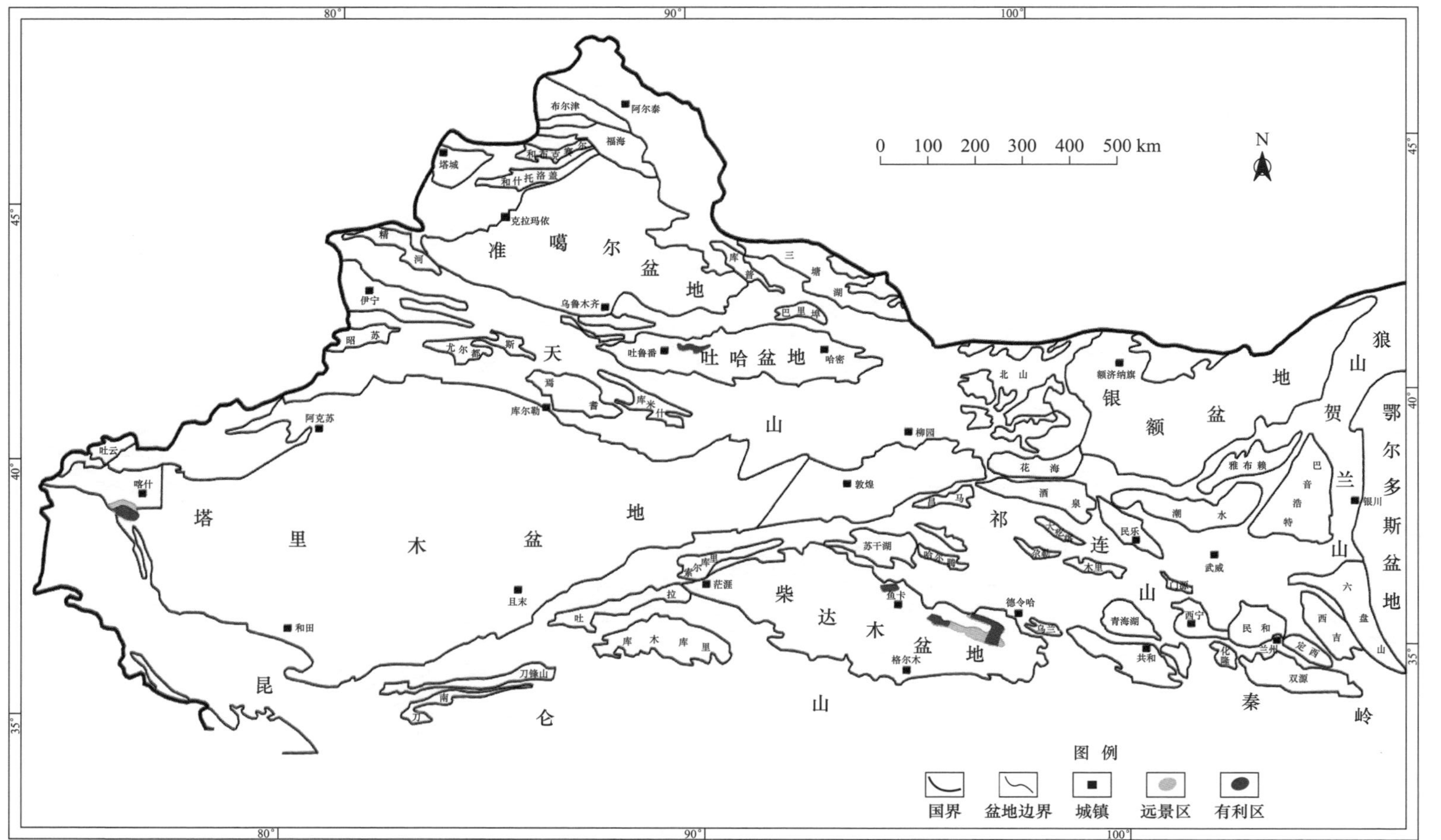

图 4-13 西北区侏罗系页岩油有利区预测图

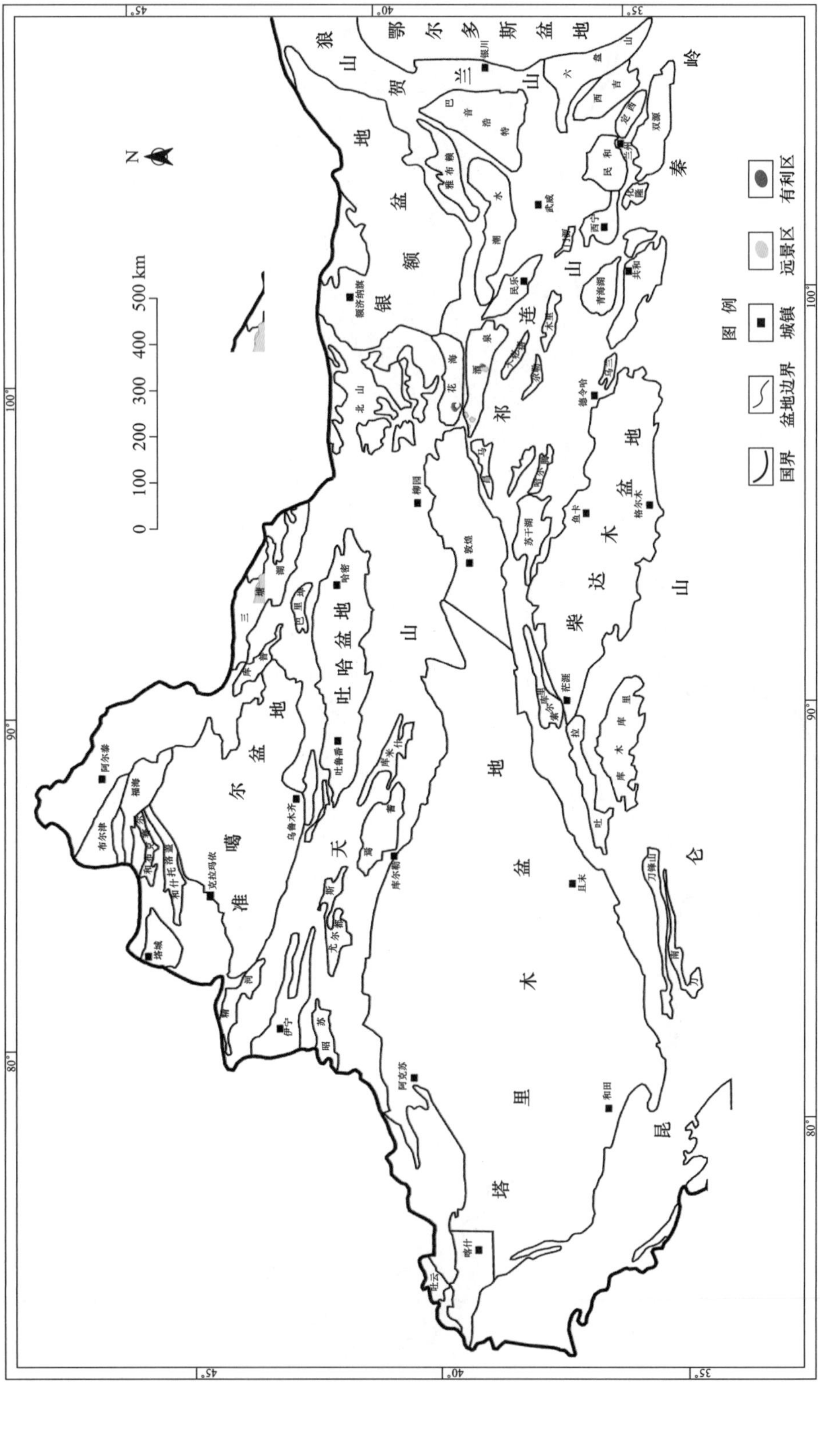

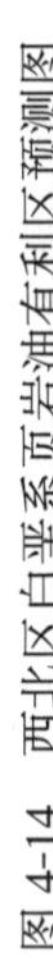

图 4-14 西北区白垩系页岩油有利区预测图

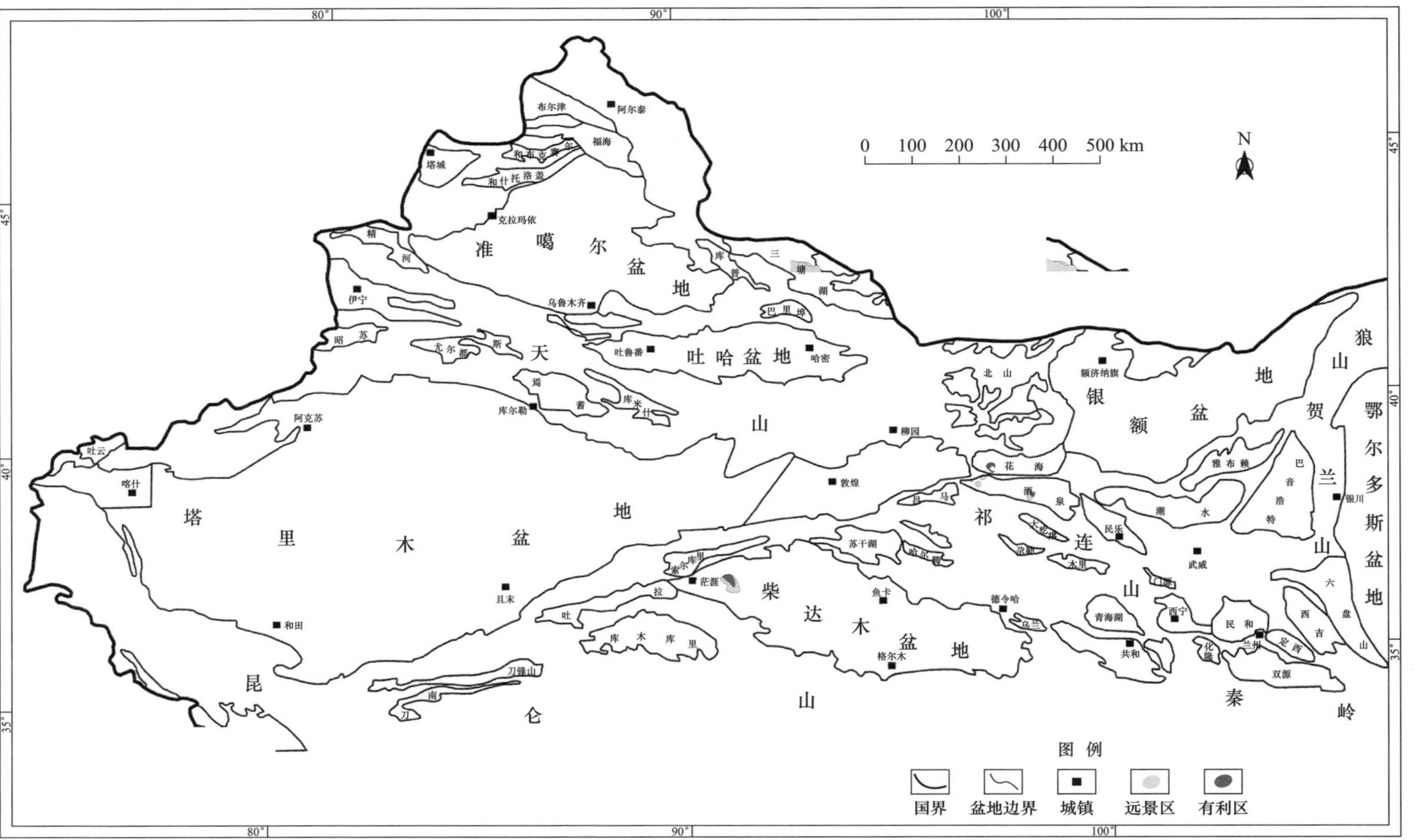

图 4-15 西北区古近系页岩油有利区预测图

第五章

页岩气(油)资源潜力评价

第一节 页岩气资源潜力评价

一、评价参数选取和确定

在计算单元划分的基础上，针对不同层位、不同计算单元选取计算资源量所需的各个参数。选取方法按《页岩气资源潜力评价与有利区优选方法（暂行稿）》中的要求进行。页岩气有利区资源量的计算参数主要包括了面积、厚度、孔隙度、总含气量、泥页岩密度等。

（一）面积

根据有利区标准，利用暗色泥页岩有效厚度、埋深分布、有机质丰度（TOC 分布）、成熟度等多因素叠加综合分析，确定评价单元（有利区）面积，将此面积作为面积参数计算页岩气资源量的固定值。

（二）厚度

厚度参数作为连续数据，根据相对面积占有法取得各概率条件下的相应大小。依照不同厚度所占据的相对面积大小进行厚度估计和赋值，厚度取一定值。按照评价标准，厚度大于 30m 且 TOC 大于 1.5％的泥页岩层段为有效泥页岩（陈新军等，2012）。

（三）孔隙度

以研究区泥页岩实测孔隙度数据为基础，结合前人分析的孔隙度数据统计分析，通过测井数据拟合泥页岩岩心主要孔隙度分布，进行离散数据正态分布概率赋值，获得不同概率条件下所对应的孔隙度值（潘仁芳等，2009）。

（四）总含气量

本次估算含气量参数的选取主要采用了类比法，在对前人的研究成果进行综合对比分析的基础上，对泥页岩的总含气量与 TOC 及孔隙度的相关关系进行了拟合，并结合研究区各评价单元泥页岩的 TOC、孔隙度等参数，对不同评价单元目标层段泥页岩总含气量进行估计和概率赋值（李艳丽，2009）。

（五）泥页岩密度

通过对泥页岩密度数据进行统计分析，采用离散型数据分布概率统计，获得了目的层系不同概率条件下，所对应的密度值。

通过对以上计算参数的阐述，本次对西北区塔里木盆地、准噶尔盆地、柴达木盆地、吐哈盆地、酒泉盆地及中小型盆地页岩气有利区资源量的计算参数进行了确定（邹才能等，2010）（表 5-1～表 5-6）。

二、页岩气资源潜力评价结果

（一）塔里木盆地

塔里木盆地古生界页岩气有利区主要包括尉犁地区、塔东地区和巴麦地区 3 个部分。采用蒙特卡洛法分别计算其地质资源量，如表 5-7 所示。从表中可知，寒武系页岩气有利区 P50 资源量为 17813.46×10^8m^3，按 15%的可采系数，可采资源量 2672.02×10^8m^3；奥陶系页岩气有利区 P50 资源量为 11408.65×10^8m^3，按 20%的可采系数，可采资源量 2281.73×10^8m^3；石炭系页岩气巴麦有利区 P50 资源量为 12466.27×10^8m^3，按 20%的可采系数，可采资源量 2493.25×10^8m^3；塔里木盆地古生界页岩气总资源量为 44778.29×10^8m^3，可采资源量 7447×10^8m^3。

塔里木盆地下侏罗统页岩气有利区主要包括库车拗陷、塔东地区两部分。采用蒙特卡洛法分别计算其地质资源量可知库车拗陷下侏罗统 P50 的页岩气地质资源量为 6676.81×10^8m^3；塔东地区下侏罗统 P50 的页岩气地质资源量为 12234.05×10^8m^3。塔里木盆地中侏罗统页岩气有利区主要包括库车拗陷、塔东地区和塔西南地区三部分。采用蒙特卡洛法分别计算其地质资源量可知库车拗陷中侏罗统 P50 的页岩气地质资源量为 9881.15×10^8m^3；塔东地区中侏罗统 P50 的页岩气地质资源量为 4551.2×10^8m^3；塔西南地区中侏罗统 P50 的页岩气地质资源量为 5155.37×10^8m^3。综合下侏罗统、中侏罗统层位的计算结果，得到塔里木盆地中生界 P50 的页岩气资源量为 38924.69×10^8m^3（张洪年，1990；卢双舫和赵孟军，1997）（表 5-7）。

（二）准噶尔盆地

准噶尔盆地页岩气有利区主要包括上三叠统白碱滩组玛湖和达巴松两个有利区，及下侏罗统八道湾组沙湾有利区。应用蒙特卡洛法分别求取了准噶尔盆地上三叠统白碱滩组玛湖和达巴松有利区 P50 页岩气资源量分别为 3941.14×10^8m^3 和 5115.97×10^8m^3；下侏罗统八道湾组沙湾有利区页岩气资源量 5604.32×10^8m^3，共计 14661.42×10^8m^3（表 5-8）。

（三）柴达木盆地

柴达木盆地古生界—中生界页岩气有利区主要包括上石炭统克鲁克组 3 个有利区，下侏罗统湖西山组 1 个有利区及中侏罗统大煤沟组 4 个有利区（表 5-9）。应用蒙特卡洛法分别求取各个有利区的资源量。上石炭统克鲁克组尕丘凹陷页岩气 P50 地质资源量

表 5-1 塔里木盆地页岩气有利区资源量计算参数表

评价单元	面积/km^2	厚度/m	孔隙度/%					总含气量/(m^3/t)					密度/(g/cm^3)				
			P5	P25	P50	P75	P95	P5	P25	P50	P75	P95	P5	P25	P50	P75	P95
尉犁地区中下寒武统	1057.71	110	3.46	3.24	3.09	2.93	2.71	3.88[a]	3.49[a]	3.22[a]	2.96[a]	2.59[a]	2.56	2.46	2.33	2.29	2.23
塔东地区中下寒武统	1581.68	80	3.46	3.24	3.09	2.93	2.71	3.77[a]	3.38[a]	3.12[a]	2.85[a]	2.45[a]	2.56	2.46	2.33	2.29	2.23
尉犁地区黑土凹组	1709.04	55	3.46	3.24	3.09	2.93	2.71	3.73[a]	3.33[a]	3.05[a]	2.77[a]	2.36[a]	2.46	2.41	2.33	2.29	2.18
塔东地区黑土凹组	2081.10	60	3.46	3.24	3.09	2.93	2.71	3.73[a]	3.33[a]	3.05[a]	2.77[a]	2.36[a]	2.46	2.41	2.33	2.29	2.18
巴麦地区下石炭统	934.56	160	3.91	3.68	3.53	3.38	3.16	3.25[a]	2.96[a]	2.76[a]	2.56[a]	2.27[a]	2.51	2.46	2.35	2.32	2.13
库车拗陷下侏罗统	1437.00	83	2.58	2.24	2.01	1.78	1.45	2.62[b]	2.40[b]	2.24[b]	2.09[b]	1.87[b]	2.94	2.73	2.58	2.43	2.21
塔东地区下侏罗统	5972.00	39	2.58	2.24	2.01	1.78	1.45	2.29[b]	2.17[b]	2.08[b]	1.99[b]	1.86[b]	2.94	2.73	2.58	2.43	2.21
库车拗陷中侏罗统	1743.00	89	2.56	2.28	2.09	1.89	1.61	2.52[b]	2.34[b]	2.21[b]	2.08[b]	1.90[b]	2.80	2.68	2.60	2.52	2.40
塔东地区中侏罗统	1790.00	46	2.56	2.28	2.09	1.89	1.61	2.43[b]	2.26[b]	2.15[b]	2.03[b]	1.87[b]	2.80	2.68	2.60	2.52	2.40
塔西南地区中侏罗统	1279.00	72	2.56	2.28	2.09	1.89	1.61	2.63[b]	2.45[b]	2.33[b]	2.21[b]	2.04[b]	2.80	2.68	2.60	2.52	2.40

a 表示该参数由体积法求取。
b 表示该参数由类比法求取。

表 5-2 准噶尔盆地页岩气有利区资源量计算参数表

评价单元	面积/km^2	厚度/m	孔隙度/%					总含气量/(m^3/t)					密度/(g/cm^3)				
			P5	P25	P50	P75	P95	P5	P25	P50	P75	P95	P5	P25	P50	P75	P95
玛湖 T_3 白碱滩组	1012.71	207.25	2.0	2.0	2.0	2.0	2.0	0.97[a]	0.94[a]	0.92[a]	0.90[a]	0.87[a]	2.5	2.5	2.5	2.5	2.5
达巴松 T_3 白碱滩组	877.75	203.00	2.0	2.0	2.0	2.0	2.0	1.13[a]	1.06[a]	1.01[a]	0.97[a]	0.90[a]	2.5	2.5	2.5	2.5	2.5
沙湾 J_1 八道湾组	1936.33	123.00	2.0	2.0	2.0	2.0	2.0	1.12[b]	1.02[b]	0.96[b]	0.89[b]	0.79[b]	2.5	2.5	2.5	2.5	2.5

a 表示总含气量参数由类比法、生烃法、现场解析法和体积法按 4∶4∶1∶1 加权求取。
b 表示总含气量参数由类比法、生烃法和体积法按 4∶4∶2 加权求取。

表 5-3 柴达木盆地页岩气有利区资源量计算参数表

评价单元	面积/km^2	厚度/m	孔隙度/%					总含气量/(m^3/t)					密度/(g/cm^3)				
			P5	P25	P50	P75	P95	P5	P25	P50	P75	P95	P5	P25	P50	P75	P95
德令哈断陷 C_2k	1592.00	60	4.16	2.99	2.23	1.51	0.72	5.25[a]	3.91[a]	3.04[a]	2.31[a]	1.49[a]	2.77	2.67	2.60	2.53	2.43
尕丘凹陷 C_2k	487.00	64	4.16	2.99	2.23	1.51	0.72	3.42[a]	2.82[a]	2.42[a]	2.04[a]	1.58[a]	2.77	2.67	2.60	2.53	2.43
红山断陷—欧南凹陷 C_2k	503.00	120	4.16	2.99	2.23	1.51	0.72	5.51[a]	4.05[a]	3.09[a]	2.23[a]	1.31[a]	2.77	2.67	2.60	2.53	2.43
冷湖构造 J_1h 上段	460.00	80	4.72	3.39	2.50	1.61	0.74	4.04[a]	3.40[a]	2.97[a]	2.54[a]	2.11[a]	2.60	2.54	2.50	2.46	2.40
冷湖构造 J_1h 下段	340.00	60	4.72	3.39	2.50	1.61	0.74	4.04[a]	3.40[a]	2.97[a]	2.54[a]	2.11[a]	2.60	2.54	2.50	2.46	2.40
鱼卡断陷 J_2d^5	467.00	50	7.86	5.45	3.87	2.39	0.99	6.29[a]	4.80[a]	3.78[a]	2.86[a]	1.71[a]	2.76	2.53	2.38	2.23	2.00
红山断陷—欧南凹陷 J_2d^5	880.00	45	7.86	5.45	3.87	2.39	0.99	6.64[a]	5.11[a]	4.08[a]	3.15[a]	1.96[a]	2.76	2.53	2.38	2.23	2.00
德令哈断陷 J_2d^5	1032.00	45	7.86	5.45	3.87	2.39	0.99	5.38[a]	4.12[a]	3.26[a]	2.52[a]	1.58[a]	2.76	2.53	2.38	2.23	2.00
苏干湖拗陷 J_2d^5	312.00	100	7.86	5.45	3.87	2.39	0.99	4.79[a]	3.61[a]	2.85[a]	2.16[a]	1.40[a]	2.76	2.53	2.38	2.23	2.00
狮子沟南部和油砂山两翼 E_3xg^1	356.41	50	3.75	2.82	2.15	1.48	0.52	2.06[b]	1.88[b]	1.74[b]	1.60[b]	1.40[b]	2.81	2.69	2.61	2.53	2.42
狮子沟南部、油泉子北部、油砂山 E_3xg^2	1339.32	90	3.75	2.82	2.15	1.48	0.52	2.10[b]	1.92[b]	1.78[b]	1.64[b]	1.46[b]	2.81	2.69	2.61	2.53	2.42
油泉子西北部和油砂山 E_3xg^3	1023.54	70	3.75	2.82	2.15	1.48	0.52	2.16[b]	1.96[b]	1.83[b]	1.69[b]	1.50[b]	2.81	2.69	2.61	2.53	2.42

a 表示该参数由类比法求取。
b 表示该参数由体积法求取。

表 5-4 吐哈盆地页岩气有利区资源量计算参数表

评价单元	面积/km^2	厚度/m	孔隙度/%					总含气量[a]/(m^3/t)					密度/(g/cm^3)				
			P5	P25	P50	P75	P95	P5	P25	P50	P75	P95	P5	P25	P50	P75	P95
台北凹陷西山窑组	1849.48	68	7.09	5.32	4.09	2.86	1.09	0.72	0.63	0.57	0.51	0.42	2.69	2.62	2.57	2.52	2.45
哈密拗陷西山窑组	330.53	27	7.09	5.32	4.09	2.86	1.09	0.72	0.63	0.57	0.51	0.42	2.62	2.55	2.50	2.45	2.38
台北凹陷八道湾组	2305.90	105	5.2	4.42	3.87	3.32	2.54	0.99	0.81	0.68	0.55	0.37	2.67	2.62	2.59	2.56	2.51
二叠系桃东沟群	278.66	112	3.6	3.1	2.76	2.42	1.92	1.05	0.90	0.79	0.68	0.53	2.74	2.66	2.61	2.56	2.48

a 表示总含气量参数由生烃法和现场解析法按 1∶1 加权求取。

表 5-5　酒泉盆地页岩气有利区资源量计算参数表

评价单元	面积/km^2	厚度/m	孔隙度/%					总含气量[a]/(m^3/t)					密度/(g/cm^3)				
			P5	P25	P50	P75	P95	P5	P25	P50	P75	P95	P5	P25	P50	P75	P95
青西凹陷赤金堡组	100.30	85.0	8.36	6.76	5.65	4.54	2.95	3.21	3.01	2.88	2.75	2.55	2.48	2.38	2.32	2.26	2.16
石大凹陷赤金堡组	74.82	55.0	8.36	6.76	5.65	4.54	2.95	3.45	3.21	3.05	2.89	2.66	2.61	2.51	2.45	2.39	2.29
青西凹陷下沟组	74.82	72.5	7.28	5.81	4.8	3.78	2.31	3.46	3.05	2.77	2.48	2.07	2.45	2.35	2.29	2.23	2.13
石大凹陷下沟组	60.87	55.0	7.28	5.81	4.8	3.78	2.31	3.13	2.91	2.76	2.61	2.40	2.51	2.41	2.35	2.29	2.19

a 表示总含气量参数由类比法求取。

表 5-6　西北区中小型盆地页岩气有利区资源量计算参数表

盆地名称	评价单元	面积/km^2	厚度/m	孔隙度/%					总含气量[a]/(m^3/t)					密度/(g/cm^3)				
				P5	P25	P50	P75	P95	P5	P25	P50	P75	P95	P5	P25	P50	P75	P95
六盘山盆地	白垩系马东山组	548.77	32	4.82	4.33	3.99	3.65	3.16	3.44	3.15	2.95	2.75	2.47	2.65	2.47	2.34	2.21	2.03
	白垩系乃家河组	556.84	39	4.82	4.33	3.99	3.65	3.16	3.44	3.15	2.95	2.75	2.47	2.65	2.47	2.34	2.21	2.03
民和盆地	中侏罗系窑街组	1101.06	56.26	4.05	3.54	3.21	2.86	2.36	3.59	3.16	2.85	2.54	2.11	2.64	2.47	2.34	2.21	2.02
潮水盆地	侏罗系青土井群	1122.00	59	2.79	2.56	2.42	2.23	1.98	3.14	2.69	2.38	2.08	1.65	2.66	2.47	2.34	2.21	2.03
雅布赖盆地	侏罗系新河组	528	260	2.79	2.56	2.42	2.23	1.98	2.64	2.28	2.03	1.79	1.42	2.66	2.47	2.34	2.21	2.03
焉耆盆地	侏罗系西山窑组	509	23	2.79	2.56	2.42	2.23	1.98	2.85	2.54	2.31	2.10	1.78	2.66	2.47	2.34	2.21	2.03
	侏罗系三工河组	661	39	2.79	2.56	2.42	2.23	1.98	2.64	2.33	2.11	1.89	1.57	2.66	2.47	2.34	2.21	2.03
	侏罗系八道湾组	887	43	2.79	2.56	2.42	2.23	1.98	3.93	3.56	3.30	3.03	2.66	2.66	2.47	2.34	2.21	2.03
伊犁盆地	三叠系小泉沟群	659	68	3.96	3.43	3.06	2.69	2.15	2.56	2.27	2.07	1.86	1.56	2.13	2.10	2.09	2.08	2.05

a 表示总含气量参数由类比法求取。

表 5-7 塔里木盆地按地质单元页岩气资源量估算结果统计表（单位：10^8m^3）

地质单元	层系	P5	P25	P50	P75	P95
尉犁有利区	中下奥陶统	8572.61	7472.37	6748.18	6062.96	5147.38
	中下寒武统	10991.02	9604.53	8683.78	7809.89	6657.98
塔东有利区	中下奥陶统	11274.12	9817.12	8807.99	7851.05	6566.27
	中下寒武统	11571.90	8189.99	9129.68	8189.99	6918.48
巴麦有利区	下石炭统	14109.38	10092.63	11408.66	10375.54	8975.65
库车拗陷	下侏罗统	10570.71	8152.03	6676.81	5430.48	3859.07
	中侏罗统	16270.27	12224.10	9881.15	7757.71	5063.07
塔东地区	下侏罗统	15665.83	13519.9	12234.05	10984.01	9369
	中侏罗统	5769.97	5025.55	4551.2	4105.66	3519.28
塔西南地区	中侏罗统	7331.76	5996.29	5155.37	4407.98	3426.78
合计		112127.58	90094.51	83276.87	72975.27	59502.96

表 5-8 准噶尔盆地按地质单元页岩气资源量估算结果统计表（单位：10^8m^3）

地质单元	层系	P5	P25	P50	P75	P95
玛湖有利区	T_3b	7242.71	5203.42	3941.14	2783.94	1120.68
达巴松有利区	T_3b	9937.81	6960.63	5115.97	3387.54	955.92
沙湾有利区	J_1b	10578.59	7437.47	5604.32	4005.75	1948.16
合计		27759.11	19601.51	14661.42	10177.23	4024.76

表 5-9 柴达木盆地按地质单元页岩气资源量估算结果统计表（单位：10^8m^3）

地质单元	层位	P5	P25	P50	P75	P95
尕丘凹陷	C_2k	2702	2310	2022	1752	1347
德令哈断陷		13026	9698	7539	5733	3701
欧南凹陷		8671	6364	4830	3492	2055
冷湖构造（上含气段）	J_1h	3725	3121	2728	2339	1936
冷湖构造（下含气段）		2065	1730	1512	1297	1073
鱼卡断陷	J_2d^5	3562	2693	2104	1593	950
红山断陷—欧南凹陷		6374	4824	3829	2901	1758
德令哈断陷		6078	4577	3608	2751	1713
苏干湖拗陷		3607	2711	2101	1579	1019
古近系下干柴沟组	E_3^1	955.82	878.88	825.71	775.31	702.88
古近系下干柴沟组	E_3^2	6460.12	5945.61	5579.28	5233.15	4752.82
古近系下干柴沟组	E_3^3	3925.90	3618.48	3414.92	3208.24	2921.92
合计		61150.84	48470.97	40092.91	32653.70	23931.62

$2022\times10^8m^3$，德令哈断陷为 $7539\times10^8m^3$，欧南凹陷为 $4830\times10^8m^3$；克鲁克组页岩气 P50 资源量合计 $14391\times10^8m^3$。冷湖构造下侏罗统湖西山组上含气层段页岩气 P50 地质资源量 $2728\times10^8m^3$，下含气层段 P50 资源量 $1512\times10^8m^3$（孙娇鹏等，2009）；湖西山组页岩气 P50 资源量合计 $4241\times10^8m^3$。中侏罗统大煤沟组鱼卡断陷页岩气 P50 地

质资源量 $2104\times10^8m^3$，红山断陷—欧南凹陷为 $3829\times10^8m^3$，德令哈断陷为 $3608\times10^8m^3$，苏干湖拗陷为 $2101\times10^8m^3$；大煤沟组页岩气 P50 资源量合计 $11642\times10^8m^3$。古生界—中生界页岩气 P50 地质资源量总计 $30273\times10^8m^3$，按 20%的可采系数，可采资源量约为 $6055\times10^8m^3$。

柴达木盆地新生界页岩气有利区主要层位为古近系下干柴沟组，分布在狮子沟南部、油泉子北部和油砂山一带。应用蒙特卡洛法，分别求取了柴达木盆地下干柴沟组三个页岩气有利区对应的 P50 页岩气地质资源量分别为 $825.71\times10^8m^3$、$5579.28\times10^8m^3$、$3414.92\times10^8m^3$，共计 $9819.91\times10^8m^3$（表 5-9）。

（四）吐哈盆地

吐哈盆地优选出侏罗系西山窑组、八道湾组及二叠系桃东沟群等 3 个页岩气有利区。从表 5-10 中可以看出，西山窑组台北有利区页岩气 P50 资源量为 $1841.14\times10^8m^3$，西山窑组哈密有利区页岩气 P50 资源量为 $223.11\times10^8m^3$，西山窑组合计页岩气 P50 资源量为 $2064.25\times10^8m^3$。八道湾组台北有利区页岩气 P50 资源量为 $4261.84\times10^8m^3$。二叠系东桃沟群台北有利区页岩气 P50 资源量为 $642.78\times10^8m^3$。吐哈盆地合计页岩气 P50 资源量为 $6968.69\times10^8m^3$。

表 5-10　吐哈盆地按地质单元页岩气资源量估算结果统计表（单位：10^8m^3）

地质单元	层位	P5	P25	P50	P75	P95
台北有利区	西山窑组	2330.16	2040.34	1841.14	1643.08	1358.68
哈密有利区	西山窑组	233.39	227.31	223.11	218.90	212.84
台北有利区	八道湾组	6231.47	5069.72	4261.84	33456.22	2303.68
台北有利区	二叠系桃东沟群	861.20	731.91	642.78	554.41	427.32
总资源量		9656.54	8069.47	6968.69	5871.89	4302.69

（五）酒泉盆地

酒泉盆地下白垩统页岩气有利区 P50 总资源量为 $2831.32\times10^8m^3$（表 5-11）。

表 5-11　酒泉盆地下白垩统页岩气有利区资源量计算结果表（单位：10^8m^3）

地质资源量	P5	P25	P50	P75	P95
页岩气	3677.16	3159.92	2831.32	2527.20	2129.08

（六）中小型盆地

西北区 6 个中小型盆地存在 9 个页岩气有利区。有利区页岩气资源量总计 $24958.99\times10^8m^3$，资源量分布较多的是焉耆盆地和雅布赖盆地。其中，六盘山盆地 $3023.38\times10^8m^3$，占 12.11%；民和盆地 $4128.40\times10^8m^3$，占 16.54%；潮水盆地 $3524.12\times10^8m^3$，占 14.12%；雅布赖盆地 $6523.01\times10^8m^3$，占 26.13%；焉耆盆地 $6567.49\times10^8m^3$，占 26.31%；伊犁盆地 $1192.59\times10^8m^3$，占 4.78%（表 5-12）。

表 5-12 西北区中小型盆地页岩气有利区资源量计算统计表（单位：10^8m^3）

盆地	层位	P5	P25	P50	P75	P95
六盘山盆地	K_1m、K_1n	4394.74	3542.96	3023.38	2558.62	1971.66
民和盆地	J_2y	5386.23	4627.00	4128.40	3633.17	2958.69
潮水盆地	$J_{1-2}q$	4822.12	4041.37	3524.12	3054.47	2375.99
雅布赖盆地	J_2x^1	8783.44	7403.23	6523.01	5671.41	4478.96
焉耆盆地	J_1b、J_1s、J_2x	9385.73	7663.25	6567.49	5544.58	4183.99
伊犁盆地	$T_{2-3}xq$	1643.60	1366.20	1192.59	1036.18	827.99
合　计		34415.86	28644.01	24958.99	21498.43	16797.28

三、页岩气资源分布

（一）评价单元

页岩气资源量以塔里木盆地最多，P50 资源量为 83276.87×10^8m^3，其次为柴达木盆地，为 40092.91×10^8m^3，准噶尔盆地页岩气 P50 资源量接近 14661.42×10^8m^3，吐哈盆地页岩气 P50 资源量仅为 6968.69×10^8m^3（表 5-13）。

西北区中小型盆地（包括六盘山盆地、民和盆地、潮水盆地、雅布赖盆地、焉耆盆地和伊犁盆地）页岩气资源量按地质单元划分计算结果如表 5-12 所示，页岩气 P50 总资源量为 24958.99×10^8m^3，其中以焉耆盆地和雅布赖盆地含量最多。

表 5-13 西北区大中型盆地页岩气资源量统计表（按地质单元分类）（单位：10^8m^3）

盆地	地质单元	层系	P5	P25	P50	P75	P95
塔里木盆地	尉犁地区	中下奥陶统	8572.61	7472.37	6748.18	6062.96	5147.38
		中下寒武统	10991.02	9604.53	8683.78	7809.89	6657.98
	塔东地区	中下奥陶统	11274.12	9817.12	8807.99	7851.05	6566.27
		中下寒武统	11571.90	8189.99	9129.68	8189.99	6918.48
	巴麦地区	下石炭统	14109.38	10092.63	11408.66	10375.54	8975.65
	库车拗陷	下侏罗统	10570.71	8152.03	6676.81	5430.48	3859.07
		中侏罗统	16270.27	12224.10	9881.15	7757.71	5063.07
	塔东地区	下侏罗统	15665.83	13519.9	12234.05	10984.01	9369
		中侏罗统	5769.97	5025.55	4551.2	4105.66	3519.28
	塔西南地区	中侏罗统	7331.76	5996.29	5155.37	4407.98	3426.78
	合　计		112127.58	90094.51	83276.87	72975.27	59502.96
准噶尔盆地	准噶尔东部	上三叠统	17180.52	12164.05	9057.10	6171.48	2076.60
	准噶尔北部	下侏罗统	10578.59	7437.47	5604.32	4005.75	1948.16
	合　计		27759.11	19601.51	14661.42	10177.23	4024.76
柴达木盆地	德令哈断陷	C_2k、J_2d	19104	14275	11147	8484	5414
	红山—欧南凹陷	C_2k、J_2d	15045	11188	8659	6393	3813
	鱼卡断陷	J_2d	3562	2693	2104	1593	950

续表

盆地	地质单元	层系	P5	P25	P50	P75	P95
柴达木盆地	尕丘凹陷	C_2k	2702	2310	2022	1752	1347
	冷湖构造带	J_1h	5790	4851	4241	3636	3009
	苏干湖坳陷	J_2d	3607	2711	2101	1579	1019
	狮子沟南部和油砂山两翼	E_3xg^1	955.82	878.88	825.71	775.31	702.88
	狮子沟南部、油泉子北部、油砂山	E_3xg^2	6460.12	5945.61	5579.28	5233.15	4752.82
	油泉子西北部和油砂山	E_3xg^3	3925.90	3618.48	3414.92	3208.24	2921.92
	合　计		61150.84	48470.97	40092.91	32653.70	23931.62
吐哈盆地	台北凹陷	J_2x	2330.16	2040.34	1841.14	1643.08	1358.68
		J_1b	6231.47	5069.72	4261.84	3456.22	2303.68
		P_2td	861.20	731.91	642.78	554.41	427.32
	哈密坳陷	J_2x	233.39	227.31	223.11	218.90	212.84
	合　计		9656.54	8069.47	6968.69	5871.89	4302.69
酒泉盆地			3677.16	3159.92	2831.32	2527.2	2129.08
中小盆地			34415.86	28644.01	24958.99	21498.43	16797.28
总计			248787	198040	173041	145703	110688

（二）层系

西北区页岩气资源层系分布广泛，主要以中下寒武统、中下奥陶统、石炭系、中下侏罗统和中上三叠统为主，其中中下侏罗统含量最多，P50 资源量为 $87305.03\times10^8m^3$（表 5-14）。

表 5-14　西北区页岩气资源量统计表（按层系分类）　　（单位：10^8m^3）

层系		P5	P25	P50	P75	P95
古生界	中下寒武统	22562.92	19697.15	17813.47	15999.88	13576.46
	中下奥陶统	19846.73	17289.49	15556.16	13914.01	11713.66
	下石炭统	14109.38	10092.63	11408.66	10375.54	8975.65
	上石炭统	24398	18373	14391	10977	7103
	中二叠统	861.31	732.03	642.56	554.23	427.6
中生界	中上三叠统	18824.12	13530.25	10249.69	7207.66	2904.59
	中下侏罗统	123652.79	101351.18	87305.03	74341.77	57714.13
	下白垩统	8071.9	6702.88	5854.7	5085.82	4100.74
新生界	渐新统	11341.84	10442.97	9819.91	9216.7	8377.62
合　计		243668.99	198211.58	173041.18	147672.61	114893.45

（三）埋深

从埋藏深度条件来看，西北区页岩气主要分布在 3000～4500m，其 P50 资源量达到

$92698.89 \times 10^8 m^3$，超过总资源量的 50%。分布在 1500～3000m 深度范围内的页岩气 P50 资源量为 $59073.77 \times 10^8 m^3$，小于 1500m 深度的 P50 资源量为 $21268.52 \times 10^8 m^3$（表 5-15）。

表 5-15　西北区各盆地页岩气资源量统计表（按埋藏深度分类）（单位：$10^8 m^3$）

埋深/m	盆地	P5	P25	P50	P75	P95
小于 1500	塔里木盆地	11493.51	10928.74	10668.75	10482.13	10356.09
	柴达木盆地	16676	12440	9656	7194	4347
	酒泉盆地	1225.72	1053.31	943.77	842.4	709.69
	合计	29395.23	24422.05	21268.52	18518.53	15412.78
1500～3000	塔里木盆地	13115.66	13414.33	13761.78	14188.93	14955.76
	柴达木盆地	25951.9	20519.48	16913.9	13729.24	9957.92
	准噶尔盆地	9004.85	6358.59	4756.06	3301.42	1305.6
	吐哈盆地	3411.11	2924.72	2588.37	2252.97	1773.26
	酒泉盆地	1838.58	1579.96	1415.66	1263.6	1064.54
	中小盆地	27386.03	22650.81	19638	16829.08	13010.6
	合计	80708.13	67447.89	59073.77	51565.24	42067.68
3000～4500	塔里木盆地	60147.03	59131.78	59096.32	59436.58	60650.44
	柴达木盆地	18522.94	15512.49	13523.99	11730.46	9626.71
	准噶尔盆地	18754.26	13242.93	9905.37	6875.81	2719.16
	吐哈盆地	6245.43	5144.75	4380.33	3618.92	2529.43
	酒泉盆地	612.86	526.65	471.89	421.2	354.85
	中小盆地	7029.83	5993.2	5320.99	4669.35	3786.68
	合计	111312.35	99551.8	92698.89	86752.32	79667.27
总　计		221415.71	191421.74	173041.18	156836.09	137147.7

（四）地表条件

西北区地表条件较单一，页岩气主要分布在戈壁滩，P50 资源量达到 $158352.64 \times 10^8 m^3$，占总资源量的 90%以上（表 5-16）。

表 5-16　西北区各盆地页岩气资源量统计表（按地表条件分类）（单位：$10^8 m^3$）

地表条件	P5	P25	P50	P75	P95
戈壁	222241.33	183237.41	158352.64	135478.2	105812.45
低山	9352	7544	6345	5229	3960
黄土塬	9780.97	8169.96	7151.78	6191.79	4930.35
平原	1643.6	1366.2	1192.59	1036.18	827.99
合计	243017.9	200317.57	173041.18	147935.17	115530.79

（五）省际

西北区页岩气资源主要分布在新疆和青海两省，新疆的页岩气 P50 资源量为

112917.04×10^8m^3，占总资源量的66%，青海的页岩气P50资源量为40092.91×10^8m^3，占总资源量的23.5%（表5-17）。

表5-17　西北区页岩气资源量统计表（按省际分类）　　（单位：10^8m^3）

省份	P5	P25	P50	P75	P95
新疆	155454.47	129338.76	112917.04	97574.04	77048.45
青海	61150.84	48470.97	40092.91	32653.7	23931.62
宁夏	4394.74	3542.96	3023.38	2558.62	1971.66
甘肃	13885.51	11828.29	10483.84	9214.84	7463.76
内蒙古	8783.44	7403.23	6523.01	5671.41	4478.96
合计	243669	200584.21	173041.18	147672.61	114894.45

第二节　页岩油资源潜力评价

一、评价参数选取和确定

1. 面积

有机碳含量关联法：页岩面积的大小及其有效性主要取决于其中有机碳含量的大小及其变化，可据此对面积的条件概率予以赋值，即当资料完整程度较高时，可依据有机碳含量变化进行取值。在扣除了缺失面积的计算单元内，以有机碳（TOC）平面分布等值线图为基础，依据不同有机碳（TOC）含量等值线所占据的面积，分别求取与之对应的面积概率值（卢双舫等，2012）。

2. 厚度

厚度参数作为连续数据，根据相对面积占有法取得各概率条件下的相应大小。依照不同厚度所占据的相对面积大小进行厚度估计和赋值。按照评价标准，有利区有效层段连续厚度大于30m，泥页岩与地层厚度比值大于60%。

3. 泥页岩密度

泥页岩密度主要采用测井的方法获得，大量统计，进而获得有利区泥页岩密度概率分布和概率赋值。

4. 含油率

“含油率”是指单位质量岩石中所含页岩油的质量，以质量分数表示，一般比较难获得。页岩油评价中采用地球化学的方法，测定岩心样品中氯仿沥青“*A*”，进行修正。有利区含油率大于0.1%。

通过对以上计算参数的阐述，本次对西北区各个盆地页岩油有利区资源量计算参数进行确定（邹才能等，2013），如表5-18所示。

表 5-18 西北区各个盆地页岩油有利区资源量计算参数表

盆地/凹陷	评价单元	层位	面积/km^2	厚度/m	含油率/%					密度/(g/cm^3)				
					P5	P25	P50	P75	P95	P5	P25	P50	P75	P95
塔里木盆地	喀什凹陷	中侏罗统	876.00	62	0.13	0.12	0.11	0.10	0.09	3.07	2.84	2.68	2.52	2.29
准噶尔盆地	风城地区	下二叠统	492.16	150	0.76	0.42	0.28	0.19	0.10	2.72	2.57	2.46	2.35	2.19
	五彩湾-石树沟	中二叠统	5808.7	210	1.61	0.64	0.35	0.18	0.07	2.59	2.49	2.43	2.36	2.27
	吉木萨尔	中二叠统	1280.3	150	2.74	1.28	0.75	0.44	0.20	2.50	2.45	2.42	2.39	2.34
柴达木盆地	鱼卡断陷	中侏罗统	586.0	70	0.26	0.24	0.23	0.21	0.19	2.76	2.54	2.38	2.23	2.01
	红山断陷—欧南凹陷	中侏罗统	780.0	50	0.26	2.24	0.23	0.21	0.19	2.76	2.54	2.38	2.23	2.01
	德令哈断陷	中侏罗统	2060.0	40	0.26	2.24	0.23	0.21	0.19	2.76	2.54	2.38	2.23	2.01
	狮子沟东南部	新近系	391.62	94	0.34	0.29	0.25	0.22	0.17	2.77	2.68	2.61	2.54	2.45
吐哈盆地	胜北、丘东次凹	中侏罗统	912.45	56	0.44	0.32	0.23	0.14	0.02	2.99	2.74	2.57	2.40	2.15
三塘湖盆地	马朗凹陷中部	中二叠统	146.1	78	0.92	0.73	0.59	0.46	0.27	2.47	2.42	2.39	2.36	2.31
	黑墩+马中构造带	C_2h 上段	105.6	36	0.23	0.23	0.23	0.23	0.23	2.59	2.59	2.59	2.59	2.59
	黑墩+马中构造带	C_2h 下段	261.0	31	0.23	0.23	0.23	0.23	0.23	2.59	2.59	2.59	2.59	2.59
酒泉盆地	营尔凹陷	下白垩统	73.9	125	0.75	0.61	0.52	0.43	0.29	2.56	2.51	2.47	2.43	2.38
花海凹陷	中沟组	K_1z	28.0	142	0.61	0.46	0.35	0.25	0.10	2.71	2.64	2.59	2.55	2.48
	下沟组	K_1g	156.0	53	0.28	0.23	0.20	0.17	0.12	2.71	2.64	2.59	2.55	2.48

二、页岩油资源潜力评价结果

塔里木盆地页岩油有利区主要分布在塔西南喀什凹陷，页岩油地质资源量为1.58×10^8t（P50）。准噶尔盆地页岩油有利区主要分布在风城地区、五彩湾-石树沟凹陷和吉木萨尔凹陷，3个有利区P50页岩油地质资源量分别为7.26×10^8t、30.49×10^8t和39.62×10^8t，共计77.37×10^8t。柴达木盆地页岩油有利区主要分布在鱼卡断陷、红山断陷—欧南凹陷、德令哈断陷和狮子沟东南部地区，4个有利区P50页岩油地质资源量分别为2.19×10^8t、2.08×10^8t、4.39×10^8t和2.43×10^8t，共计11.09×10^8t（甘贵元等，2006）。吐哈盆地页岩油有利区主要分布在胜北、丘东次凹中侏罗统七克台组，P50页岩油地质资源量为3.4×10^8t。三塘湖盆地页岩油有利区主要分布在马朗凹陷中二叠统芦草沟组、黑墩构造带和马中构造带中石炭统哈尔加乌组上段和下段，P50页岩油地质资源量分别为3.05×10^8t和0.77×10^8t，共计3.82×10^8t。酒泉盆地页岩油有利区主要分布在营尔凹陷下白垩统中沟组，P50页岩油地质资源量为1.17×10^8t。花海凹陷页岩油有利区主要为下白垩统，P50资源量为0.77×10^8t。

三、页岩油资源分布

（一）评价单元

西北区各个盆地页岩油有利区地质资源量按评价单元划分的资源分布结果如表5-19所示。页岩油资源最富集的盆地为准噶尔盆地，共计77.37×10^8t，约占总地质资源量的78%。

表5-19 西北区各个盆地按地质单元页岩油资源量估算结果统计表（单位：10^8t）

盆地	评价单元	层位	P5	P25	P50	P75	P95
塔里木盆地	喀什凹陷	中侏罗统	2.12	1.79	1.58	1.39	1.14
准噶尔盆地	风城地区	下二叠统	17.77	10.42	7.26	5.11	3.08
	五彩湾-石树沟	中二叠统	107.57	51.27	30.49	18.36	9.20
	吉木萨尔	中二叠统	136.81	64.95	39.62	23.25	11.01
柴达木盆地	鱼卡断陷	中侏罗统	2.69	2.39	2.19	1.99	1.73
	红山断陷—欧南凹陷	中侏罗统	2.56	2.27	2.08	1.89	1.65
	德令哈断陷	中侏罗统	5.41	4.79	4.39	3.99	3.49
	狮子沟东南部	新近系	3.23	2.76	2.43	2.11	1.63
吐哈盆地	胜北、丘东次凹	中侏罗统	6.56	4.69	3.40	2.10	0.24
三塘湖盆地	马朗凹陷中部	中二叠统	4.20	3.52	3.05	2.58	1.92
	黑墩+马中构造带	C_2h上段	0.44	0.31	0.23	0.14	0.02
	黑墩+马中构造带	C_2h下段	1.05	0.75	0.54	0.34	0.04
酒泉盆地	营尔凹陷	下白垩统	1.80	1.42	1.17	0.94	0.63

续表

盆地	评价单元	层位	P5	P25	P50	P75	P95
花海凹陷	中沟组	K_1z	0.61	0.46	0.35	0.25	0.10
	下沟组	K_1g	0.58	0.48	0.42	0.35	0.26
合计			293.4	152.27	99.2	64.79	36.14

（二）层系

西北区各个盆地页岩油有利区地质资源量按层系划分的资源分布结果如表 5-20 所示。页岩油资源主要分布在中石炭统、下二叠统、中二叠统、中侏罗统、下白垩统和新近系 6 个层系，其中中二叠统页岩油资源量最丰富。

表 5-20 西北区各盆地页岩油资源量统计表（按层系分类） （单位：10^8 t）

层位	P5	P25	P50	P75	P95
中石炭统	1.49	1.06	0.77	0.48	0.06
下二叠统	17.77	10.42	7.26	5.11	3.08
中二叠统	248.58	119.74	73.16	44.19	22.13
中侏罗统	19.34	15.93	13.64	11.36	8.25
下白垩统	2.99	2.36	1.94	1.54	0.99
新近系	3.23	2.76	2.43	2.11	1.63
合计	293.4	152.27	99.2	64.79	36.14

（三）埋深

从页岩油埋深分布来看，主要集中在 1500～3000m（表 5-21）。

表 5-21 西北区各盆地页岩油资源量统计表（按埋深分类） （单位：10^8 t）

埋深/m	盆地	P5	P25	P50	P75	P95
1500～3000	塔里木盆地	2.12	1.79	1.58	1.39	1.14
小于 1500	柴达木盆地	2.38	2.12	1.94	1.76	1.53
1500～3000		9.89	8.66	7.84	7.02	5.92
3000～4500		1.62	1.44	1.32	1.20	1.05
小于 2000	准噶尔盆地	46.38	26.05	17.07	11.42	6.39
2000～3500		219.37	102.63	61.54	36.05	17.16
3500～5000		30.26	17.34	11.84	8.15	4.75
2000～3500	吐哈盆地	6.56	4.69	3.40	2.10	0.24
小于 2000	三塘湖盆地	0.43	0.35	0.30	0.25	0.17
2000～3500		4.32	3.54	3.00	2.47	1.71
3500～5000		0.94	0.69	0.51	0.34	0.09
1500～3000	酒泉盆地	1.80	1.42	1.17	0.94	0.63
1500～3000	花海凹陷	1.19	0.94	0.77	0.60	0.36

（四）地表条件

西北区页岩油资源均分布在戈壁滩（表 5-22）。

表 5-22　西北区页岩油资源量统计表（按地表条件分类）　　（单位：10^8 t）

地表条件	P5	P25	P50	P75	P95
戈壁	293.4	152.27	99.2	64.79	36.14

（五）省际

西北区页岩油主要分布在新疆、青海和甘肃 3 个省份，其中新疆为主要页岩油分布区（表 5-23）。

表 5-23　西北区页岩油资源量统计表（按省际分类）　　（单位：10^8 t）

省份	P5	P25	P50	P75	P95
新疆	276.52	137.70	86.17	53.27	26.65
青海	13.89	12.21	11.09	9.98	8.50
甘肃	2.99	2.36	1.94	1.54	0.99
合计	293.4	152.27	99.2	64.79	36.14

参考文献

鲍志东，管守锐，李儒峰，等. 2002. 准噶尔盆地侏罗系层序地层学研究［J］. 石油勘探与开发，29（1）：48-51.

蔡佳，王华，赵忠新，等. 2008. 焉耆盆地博湖坳陷形成过程及动力学机制［J］. 地球科学：中国地质大学学报，33（4）：555-563.

陈发景，汪新文，张光亚，等. 1996. 新疆塔里木盆地北部构造演化与油气关系［M］. 北京：地质出版社.

陈建平，赵长毅，王兆云，等. 1998. 西北地区侏罗纪煤系烃源岩和油气地球化学特征［J］. 地质论评，44（2）：149-159.

陈践发，孙省利，刘文汇，等. 2004. 塔里木盆地下寒武统底部富有机质层段地球化学特征及成因探讨［J］. 中国科学D辑：地球科学，34（S1）：107-113.

陈启林，卫平生，杨占龙. 2006. 银根-额济纳盆地构造演化与油气勘探方向［J］. 石油实验地质，28（4）：311-315.

陈尚斌，朱炎铭，王红岩，等. 2010. 中国页岩气研究现状与发展趋势［J］. 石油学报，31（4）：689-694.

陈文学，李永林，赵德力，等. 2001. 焉耆盆地构造变形样式及其控油（气）作用［J］. 河南石油，15（3）：1-4.

陈孝雄，王友胜，龙国富，等. 2007. 六盘山盆地西南缘逆冲推覆构造带综合物探研究［J］. 天然气工业，27（增刊A）：399-401.

陈新军，包书景，侯读杰，等. 2012. 页岩气资源评价方法与关键参数探讨［J］. 石油勘探与开发，39（5）：566-571.

陈琰，张敏，马立协，等. 2008. 柴达木盆地北缘西段石炭系烃源岩和油气地球化学特征［J］. 石油实验地质，30（5）：512-517.

陈迎宾，张寿庭. 2011. 柴达木盆地德令哈坳陷中侏罗统烃源岩有机地球化学特征［J］. 成都理工大学学报（自然科学版），38（2）：191-198.

陈正辅，陶一川，张忠先，等. 1995. "八五"国家重点科技攻关项目成果报告，新疆塔里木盆地北部油气生成、运移与分布规律研究（85-101-04-03）［R］. 无锡：地矿部石油地质中心实验室.

陈中红，查明，吴孔友，等. 2006. 柴达木盆地东部侏罗系煤系烃源岩生烃潜力评价及地球化学特征［J］. 吉林大学学报（地球科学版），36：24-28.

崔智林，梅志超. 1997. 新疆伊宁盆地的三叠系［J］. 中国区域地质，16（4）：374-378.

丁道桂. 1999. 新疆塔里木盆地演化与油气资源评价研究. "九五"国家重点科技攻关项目（96-111-02-02）［R］. 中国新星石油公司实验地质研究院.

董大忠，肖安成. 1998. 塔里木盆地西南坳陷石油地质特征及油气资源［M］. 北京：石油工业出版社：10.

董大忠，邹才能，杨桦，等. 2012. 中国页岩气勘探开发进展与发展前景［J］. 石油学报，33（z1）：107-114.

董秀芳，熊永旭. 1995. 伊宁盆地类型及其石油地质意义［J］. 石油实验地质，17（1）：17-25.

段宏亮，钟建华，王志坤，等. 2006. 柴达木盆地东部石炭系烃源岩评价［J］. 地质通报，25（9-10）：1135-1142.

范小林，高尚海. 2003. 六盘山盆地北部中生界油气系统与勘探目标［J］. 石油实验地质，25（增刊）：532-539.

冯有良，张义杰，王瑞菊，等. 2011. 准噶尔盆地西北缘风城组白云岩成因及油气富集因素［J］. 石油勘探与开发，38（6）：685-692.

付玲，张子亚，张道伟，等. 2010. 柴达木盆地北缘侏罗系烃源岩差异性研究及勘探意义［J］. 天然气地球科学，21（2）：218-223.

甘贵元，严晓兰，赵东升，等. 2006. 柴达木盆地德令哈断陷石油地质特征及勘探前景［J］. 石油实验地质，28（5）：499-503.

高岗，黄志龙，柳广第，等. 1995. 塔里木盆地天然气地球化学特征［M］. 成都：成都科技大学出版社.

高先志，陈祥，原建香，等. 2003. 焉耆盆地博湖坳陷断层封闭性与油气藏形成［J］. 新疆石油地质，24（1）：35-37.

高岩，赵秀岐，王小平，等. 2003. 塔里木盆地层序地层特征与非构造圈闭勘探［M］. 北京：石油工业出版社.

高志前，樊太亮，李岩，等. 2006. 塔里木盆地寒武系—奥陶系烃源岩发育模式及分布规律［J］. 现代地质，20（01）：69-76.

葛立刚，陈钟惠，武法东，等. 1998. 潮水盆地侏罗系层序地层与聚煤规律研究［J］. 煤田地质与勘探，26（5）：14-18.

顾家裕. 1996. 塔里木盆地沉积层序特征及演化［M］. 北京：石油工业出版社.

顾忆，罗宏，邵志兵，等. 1998. 塔里木盆地北部油气成因与保存［M］. 北京：地质出版社.

关德师，牛嘉玉，郭丽娜，等. 1995. 中国非常规油气地质［M］. 北京：石油工业出版社：116-120.

郭彦如，王新民，刘文岭. 2000. 银根-额济纳旗盆地含油气系统特征与油气勘探前景［J］. 大庆石油地质与开发，19（6）：4-8.

韩长金. 1992. 六盘山盆地石油地质条件及评价［J］. 石油勘探与开发，19（3）：6-10.

何登发，陈新发，张义杰，等. 2004. 准噶尔盆地油气富集规律［J］. 石油学报，25（3）：1-10.

何登发，贾承造，李德生，等. 2005. 塔里木多旋回叠合盆地的形成与演化［J］. 石油与天然气地质，26（1）：64-77.

何发歧，李庚元，杨树生. 1996. 塔里木盆地满加尔坳陷石油地质条件与勘探对策——从满 1 井未出油谈起［J］. 石油实验地质，18（2）：127-133.

何治亮，牟泽辉，邵志兵，等. 2007. 塔里木盆地环阿满坳陷区动态成藏与勘探策略［R］. 中国石化石油勘探开发研究院西部分院.

胡民，张寄良. 1995. 新疆塔里木盆地油气生成演化及油气源区研究［R］. “八五”国家重点科技攻关项目（85-101-02-04 -02）.

胡文瑞，翟光明，李景明. 2010. 中国非常规油气的潜力和发展［J］. 中国工程科学，12（5）：25-31.

黄成刚，陈启林，阎存凤，等. 2008. 柴达木盆地德令哈地区油气资源潜力评价［J］. 断块油气田，15（2）：4-7.

黄第藩，梁狄刚. 1995. 塔里木盆地油气生成与演化［R］. “八五”国家重点科技攻关项目（85-101-01-04）.

黄继文，陈正辅. 2005. 塔里木盆地北部地区上奥陶统生油条件研究［R］. 中国石化石油勘探开发研究院无锡石油地质研究所.

贾承造. 1997. 中国塔里木盆地构造特征与油气［M］. 北京：石油工业出版社.

贾承造. 1999. 塔里木盆地构造特征与油气聚集规律［J］. 新疆石油地质，20（3）：177-183.

贾承造，魏国齐，李本亮. 2005. 中国中西部小型克拉通盆地群的叠合复合性质及其含油气系统［J］. 高校地质学报，11（4）：479-482.

江怀友，宋新民，安晓璇，等. 2008. 世界页岩气资源勘探开发现状与展望［J］. 大庆石油地质与开发，27（6）：10-14.

姜在兴，吴明荣，陈祥，等. 1999. 焉耆盆地侏罗系沉积体系［J］. 古地理学报，1（3）：20-26.

姜振学，庞雄奇，刘洛夫，等. 2008. 塔里木盆地志留系沥青砂破坏烃量定量研究［J］. 中国科学D辑：地球科学，38（增刊Ⅰ）：89-94.

蒋炳南，康玉柱. 2001. 新疆塔里木盆地油气分布规律及勘探靶区评价研究［M］. 乌鲁木齐：新疆科技卫生出版社.

蒋裕强，董大忠，漆麟，等. 2010. 页岩气储层的基本特征及其评价［J］. 天然气工业，30（10）：7-12.

焦贵浩，秦建中，王静，等. 2005. 柴达木盆地北缘侏罗系烃源岩有机岩石学特征［J］. 石油实验地质，27（3）：250-255.

金之钧，张金川. 1999. 油气资源评价技术［M］. 北京：石油工业出版社.

金之钧，吕修祥. 2000. 塔西南前陆盆地油气资源与勘探对策［J］. 石油与天然气地质，21（2）：110-113.

金之钧，张一伟，陈书平. 2005. 塔里木盆地构造—沉积波动过程［J］. 中国科学D辑，35（6）：530-539.

康玉柱. 1996. 中国塔里木盆地石油地质特征及资源评价［M］. 北京：地质出版社.

康玉柱. 2001. 塔里木盆地油气分布规律及勘探靶区［R］. 新星石油公司西北石油局.

匡立春，唐勇，雷德文，等. 2012. 准噶尔盆地二叠系咸化湖相云质岩致密油形成条件与勘探潜力［J］. 石油勘探与开发，39（6）：657-667.

李昌鸿. 2009. 六盘山盆地西南缘构造与油气勘探潜力分析［J］. 成都理工大学学报（自然科学版），36（3）：243-248.

李陈，文志刚，徐耀辉，等. 2011. 柴达木盆地石炭系烃源岩评价［J］. 天然气地球科学，22（5）：854-859.

李定方. 2001. 六盘山盆地石油地质特征与勘探方向［J］. 新疆石油地质，22（1）：27-32.

李建忠，董大忠，陈更生，等. 2009. 中国页岩气资源前景与战略地位［J］. 天然气工业，29（5）：11-16.

李剑，姜正龙，罗霞，等. 2009. 准噶尔盆地煤系烃源岩及煤成气地球化学特征［J］. 石油勘探与开发，36（3）：365-374.

李启明. 2000. 塔里木盆地油气分布规律与资源、经济评价［R］. “九五”国家重点科技攻关项目（99-111-01-04）.

李守军，张洪. 2000. 柴达木盆地石炭系地层特征与分布［J］. 地质科技情报，19（1）：1-4.

李双泉. 2005. 潮水盆地与酒西盆地中新生代构造对比［J］. 天然气地球科学，16（4）：464-468.

李文厚. 1997. 苏红图—银根盆地白垩纪沉积相与构造环境［J］. 地质科学，32（3）：387-396.

李新景，胡素云，程克明. 2007. 北美裂缝性页岩气勘探开发的启示［J］. 石油勘探与开发，34（4）：392-400.

李新景，吕宗刚，董大忠，等. 2009. 北美页岩气资源形成的地质条件［J］. 天然气工业，29（5）：27-32.

李雄. 2010. 潮水盆地构造特征及其对油气成藏条件的控制［J］. 石油地质与工程，24（2）：17-20.

李艳丽. 2009. 页岩气储量计算方法探讨［J］. 天然气地球科学，20（3）：466-470.

李宇平，李新生，周翼，等. 2000. 塔中地区中、上奥陶统沉积特征及沉积演化史［J］. 新疆石油地质，21（3）：204-207.

李玉喜，聂海宽，龙鹏宇，等. 2009. 我国富含有机质泥页岩发育特点与页岩气战略选区［J］. 天然气工业，29（12）：115-118.

梁狄刚，张水昌. 1998. “九五”国家重点科技攻关项目成果（一期）报告［R］，塔里木盆地生油岩与油源研究（96-111-01-03）.

梁狄刚，张水昌. 2000. “九五”国家重点科技攻关项目成果（二期）报告［R］，塔里木盆地油气源及成藏研究（99-111-01-03）.

梁狄刚，陈建平，张宝民，等. 2004. 塔里木盆地库车坳陷陆相油气的生成［M］. 北京：石油工业出版社：20-34.

林腊梅，金强. 2004. 柴达木盆地北缘和西部主力烃源岩的生烃史［J］. 石油与天然气地质，25（6）：677-681.

林小云，胡望水，谢锐杰. 2006. 六盘山盆地与酒西盆地成藏条件对比［J］. 天然气工业地质与勘探，26（4）：21-24.

刘得光，伍致中，李勇广，等. 1997. 塔里木盆地西南坳陷烃源岩评价［J］. 新疆石油地质，18（l）：50-53.

刘俊伟. 2010. 早白垩世六盘山盆地沉积构造演化［D］. 兰州大学.

刘洛夫，妥进才. 2000. 柴达木盆地北部地区侏罗系烃源岩地球化学特征［J］. 石油大学学报（自然科学版），24（1）：64-68.

刘毅，白森舒. 1999. 新疆塔里木盆地油气资源结构与评价［R］. “九五”国家重点科技攻关项目（96-111-02-02-04）.

刘玉华，王祥，张敏，等. 2010. 柴达木盆地西部南区绿参 1 井暗色泥岩生烃条件研究［J］. 特种油气藏，17（4）：50-52.

刘云田，杨少勇，胡凯，等. 2007. 柴达木盆地北缘中侏罗统大煤沟组七段烃源岩有机地球化学特征及生烃潜力［J］. 高校地质学报，3（4）：703-713.

刘云田，胡凯，曹剑，等. 2008. 柴达木盆地北缘侏罗系烃源岩生物有机相 [J]. 石油勘探与开发，35 (3)：281-288.

柳广弟，张仲培，陈文学，等. 2002. 焉耆盆地油气成藏期次研究 [J]. 石油勘探与开发，29 (1)：70-71.

卢双舫，赵孟军. 1997. “九五”国家重点科技攻关项目阶段成果汇报，塔里木盆地气源岩有效层段及潜力评价 (96-111-01-06-03) [R].

卢双舫，黄文彪，陈方文，等. 2012. 页岩油气资源分级评价标准探讨 [J]. 石油勘探与开发，39 (2)：249-256.

吕锡敏，任战利，陈启林，等. 2006. 银根盆地基底构造特征及其控盆意义 [J]. 煤田地质与勘探，34 (1)：16-19.

马锋，钟建华，黄立功，等. 2007. 阿尔金山山前侏罗系烃源岩生烃能力评价 [J]. 天然气工业，27 (2)：15-19.

门相勇，赵文智，王智诒. 2001. 潮水盆地金昌坳陷油气成藏条件分析与含油气远景评价 [J]. 石油勘探与开发：23-26.

聂海宽，唐玄，边瑞康，等. 2009. 页岩气成藏控制因素及中国南方页岩气发育有利区预测 [J]. 石油学报，30 (4)：484-491.

聂海宽，张金川. 2010. 页岩气藏分布地质规律与特征 [J]. 中南大学学报（自然科学版），42 (2)：1-9.

牛嘉玉，洪峰. 2002. 我国非常规油气资源的勘探远景 [J]. 石油勘探与开发，29 (5)：5-7.

牛永斌，钟建华，段宏亮，等. 2010. 柴达木盆地石炭系沉积相及其与烃源岩的关系 [J]. 沉积学报，28 (1)：140-149.

潘仁芳，伍媛，宋争. 2009. 页岩气勘探的地球化学指标及测井分析方法初探 [J]. 中国石油勘探，14 (3)：6-9.

彭德华，陈启林，陈迎宾. 2006. 柴达木盆地德令哈坳陷基本地质特征与油气资源潜力评价 [J]. 中国石油勘探，11 (6)：45-50.

彭立才，杨慧珠，刘兰桂，等. 2001. 柴达木盆地北缘侏罗系烃源岩沉积有机相划分及评价 [J]. 石油与天然气地质，22 (2)：178-181.

蒲泊伶，包书景，王毅，等. 2008. 页岩气成藏条件分析——以美国页岩气盆地为例 [J]. 石油地质与工程，22 (3)：33-36.

钱吉盛，彭亚兰，来常玉. 1980. 甘肃花海盆地下新民堡群的有机地球化学——干酪根的演化问题 [J]. 地球化学，2：160-171.

任纪舜，姜春发，张正坤，等. 1980. 中国大地构造及其演化 [M]. 北京：科学出版社：1-124.

邵文斌，彭立才，汪立群，等. 2006. 柴达木盆地北缘井下石炭系烃源岩的发现及其地质意义 [J]. 石油学报，27 (4)：36-39.

邵志兵. 1998. 塔里木盆地含油气系统的划分与评价 [R]. “九五”国家重点科技攻关项目 (96-111-02-02-03)，地矿部石油地质中心实验.

舒志国. 2007. 六盘山盆地西缘逆掩推覆构造的发现与油气地质意义 [J]. 石油天然气学报（江汉石油学院学报），29 (3)：176-179.

宋志瑞，肖晓林，罗春林，等. 2005. 新疆伊宁盆地尼勒克地区二叠纪地层划分与对比 [J]. 资源调查与环境，26（1）：5-11.

孙超，朱筱敏，陈菁，等. 2007. 页岩气与深盆气成藏的相似与相关性 [J]. 油气地质与采收率，14（1）：26-31.

孙娇鹏，夏朋，杨创，等. 2009. 柴北缘冷湖地区下侏罗统烃原岩分布规律研究 [J]. 科技创新导报，（9）：226.

汤济广，梅廉夫，李祺，等. 2009. 六盘山盆地构造演化及对成藏的控制 [J]. 石油天然气学报（江汉石油学院学报），31（5）：1-7.

汤良杰，刘池阳. 2000. 柴达木盆地构造古地理分析 [J]. 地学前缘，7（4）：421-429.

王步清，黄智斌，马培领，等. 2009. 塔里木盆地构造单元划分标准、依据和原则的建立 [J]. 大地构造与成矿学，33（1）：86-93.

王昌桂，马国福. 2008. 潮水盆地侏罗系油气勘探前景 [J]. 新疆石油地质，29（4）：466-468.

王飞宇，贺志勇，孟晓辉，等. 2011. 页岩气赋存形式和初始原地气量（OGIP）预测技术 [J]. 天然气地球科学，22（3）：501-510.

王华，赵忠新，陆永潮，等. 2007. 博湖坳陷八道湾组层序格架下的沉积构成研究 [J]. 石油天然气学报，29（4）：15-22.

王明儒，胡文义. 1997. 柴达木盆地北缘侏罗系油气前景 [J]. 石油勘探与开发，24（5）：20-24.

王社教，王兰生，黄金亮，等. 2009. 上扬子地区志留系页岩气成藏条件 [J]. 天然气工业，29（5）：45- 50.

王雁飞，陈志斌. 2004. 伊宁盆地侏罗系含煤地层及聚煤规律 [J]. 中国煤田地质，16（2）：10-12.

王贞，邓亚婷，任玉梅，等. 2007. 潮水盆地侏罗系沉积特征及找煤潜力 [J]. 陕西地质，25（1）：28-35.

王振华. 2001. 塔里木盆地库车坳陷油气藏形成及油气聚集规律 [J]. 新疆石油地质，22（3）：189-191.

王中良，顾忆. 1994. “八五”国家重点科技攻关项目成果报告，新疆塔里木盆地北部油气资源分布预测（85-101-04-03-03）[R].

卫平生，姚清洲，吴时国. 2005. 银根—额济纳旗盆地白垩纪地层、古生物群和古环境研究 [J]. 西安石油大学学报（自然科学版），20（2）：17-21.

蔚远江，张义杰，董大忠，等. 2006. 准噶尔盆地天然气勘探现状及勘探对策 [J]. 石油勘探与开发，33（3）：267-273.

文志刚，王正允，何幼斌，等. 2004. 柴达木盆地北缘上石炭统烃源岩评价 [J]. 天然气地球科学，15（2）：125-127.

吴孔友，查明，柳广弟，等. 2002. 准噶尔盆地二叠系不整合面及其油气运聚特征 [J]. 石油勘探与开发，29（2）：53-57.

吴茂炳，刘春燕，郑孟林，等. 2007. 内蒙古西部雅布赖盆地侏罗纪沉积—构造演化及油气勘探方向 [J]. 地质通报，26（7）：857-863.

吴茂炳，王新民. 2003. 银根-额济纳旗盆地油气地质特征及油气勘探方向 [J]. 中国石油勘探，8（4）：45-49.

吴少波，白玉宝. 2003. 银根盆地下白垩统石油地质特征及含油气远景评价［J］. 石油勘探与开发：17-19.

肖自歉，金贝贝，王冶，等. 2008. 焉耆盆地侏罗系煤系地层油气成藏机理分析［J］. 录井工程，19（3）：75-78.

谢恭俭. 1983. 花海-金塔盆地的含油远景［J］. 石油与天然气地质，4（3）：318-323.

新疆油气区石油地质志编写组. 1989. 中国石油地质志（16）：新疆油气区［M］. 北京：石油工业出版社：1-256.

熊伟，郭为，刘洪林，等. 2012. 页岩的储层特征以及等温吸附特征［J］. 天然气工业，32（1）：1-4.

徐凤银，彭德华，侯恩科. 2003. 柴达木盆地油气聚集规律及勘探前景［J］. 石油学报，24（4）：1-6.

徐会永，蒋有录，张立强，等. 2008. 查干凹陷构造样式及其构造演化［J］. 油气地质与采收率，15（4）：13-15.

徐文，包建平，刘婷，等. 2008. 柴达木盆地北缘冷湖地区下侏罗统烃源岩评价［J］. 天然气地球科学，19（5）：707-712.

徐旭辉，江兴歌，朱建辉，等. 1998. 新疆塔里木古生代盆地演化序列及控油气作用（96-111-02-02-01）［R］.

阎存凤，袁剑英，陈启林，等. 2011. 柴达木盆地北缘东段大煤沟组一段优质烃源岩［J］. 石油学报，32（1）：49-53.

闫存章，黄玉珍，葛泰梅. 2009. 页岩气是潜力巨大的非常规天然气资源［J］. 天然气工业，29（5）：1-6.

颜仰基，王根长，丘东洲，等. 1999. 新疆塔里木盆地地层沉积特征（96-111-02-01）［R］.

杨超，陈清华，王冠民，等. 2010. 柴达木地区上古生界石炭系烃源岩评价［J］. 石油学报，31（6）：913-919.

杨福忠，刘三军. 1997. 六盘山盆地构造特征及勘探方向［J］. 勘探家，2（4）：27-30.

杨福忠，胡社荣. 2001. 六盘山盆地中、新生代构造演化和油气勘探［J］. 新疆石油地质，22（3）：192-195.

杨明慧，金之钧，吕修祥，等. 2004. 塔里木盆地库车褶皱冲断带的构造特征与油气聚集. 西安石油大学学报（自然科学版），19（4）：1-4.

杨平，杨玉芹，马立协，等. 2007. 柴达木盆地北缘侏罗系沉积环境演变及其石油地质意义［J］. 石油勘探与开发，34（2）：160-164.

杨永泰，张宝民，席萍，等. 2001. 柴达木盆地北缘侏罗系展布规律新认识［J］. 地层学杂志，25（2）：154-159.

殷占华，何伯斌，覃折平. 2004. 含油气系统在六盘山盆地勘探初期的应用［J］. 新疆地质，22（2）：221-223.

于炳松，周立峰. 2005. 塔里木盆地寒武—奥陶系烃源岩在层序地层格架中的分布［J］. 中国西部油气地质，1（1）：58-61.

于炳松，陈建强，李兴武，等. 2002. 塔里木盆地下寒武统底部黑色页岩地球化学及其岩石圈演化意义［J］. 中国科学D辑，32（5）：374-382.

于会娟，妥进才. 2000. 柴达木盆地东部地区侏罗系烃源岩地球化学特征及生烃潜力评价［J］. 沉积学报，18（1）：132-138.

于会娟，刘洛夫，赵磊. 2001. 柴达木盆地东部地区古生界烃源岩研究［J］. 石油大学学报（自然科学版），25（4）：24-29.

袁明生，梁世君，燕烈灿，等. 2002. 吐哈盆地油气地质与勘探实践［M］. 北京：石油工业出版社.

曾庆全. 1987. 银根盆地油气资源评价［J］. 石油勘探与开发：36-47.

翟晓先，顾忆，钱一雄，等. 2007. 塔里木盆地塔深1井寒武系油气地球化学特征［J］. 石油实验地质，29（4）：329-333.

张宝民，赵孟军，肖中尧，等. 2000. 塔里木盆地优质气源岩特征［J］. 新疆石油地质，21（1）：33-37.

张传禄，韩宇春，罗平，等. 2001. 塔中地区中及上奥陶统沉积相［J］. 古地理学报，3（1）：35-44.

张大伟. 2010. 加速我国页岩气资源调查和勘探开发战略构想［J］. 石油与天然气地质，31（2）：135-150.

张大伟. 2012-03-22. 页岩气打开能源勘探开发新局面［J］. 中国冶金报，C02：1-3.

张光亚，王红军，宋建国，等. 2002. 塔里木盆地满西寒武系一下奥陶统油气系统的确定及其在勘探上的应用［J］. 中国石油勘探，7（4）：18-24.

张国伟，李三忠，刘俊霞，等. 1999. 新疆伊犁盆地的构造特征与形成演化［J］. 地学前缘，6（4）：203-214.

张洪年. 1990. "七五"国家重点科技攻关项目成果报告，天然气资源量计算方法及主要气（油）盆地资源量汇总（75-54-01-16-14）［R］.

张建良，钟建华，李亚辉，等. 2008. 柴达木盆地东部石炭系石油地质条件及油气勘探前景［J］. 石油实验地质，30（2）：144-149.

张建忠，吴金才，高山林. 2006. 柴达木盆地北缘大柴旦区块油气成藏条件分析［J］. 中国西部油气地质，2（1）：61-64

张金川，金之钧，袁明生. 2004. 页岩气成藏机理和分布［J］. 天然气工业，24（7）：15-18.

张金川，汪宗余，聂海宽，等. 2008. 页岩气及其勘探研究意义［J］. 现代地质，22（4）：640-646.

张金川，姜生玲，唐玄，等. 2009. 我国页岩气富集类型及资源特点［J］. 天然气工业，29（12）：1-6.

张抗，谭云冬. 2009. 世界页岩气资源潜力和开发现状及中国页岩气发展前景［J］. 当代石油石化，17（3）：9-12.

张磊，钟建华，钟富平，等. 2009. 潮水盆地侏罗系沉积体系及盆地演化［J］. 断块油气田，16（1）：12-15.

张林晔，李政，朱日房. 2009. 页岩气的形成与开发［J］. 天然气工业，29（1）：124-128.

张水昌. 1994. 塔里木盆地源岩地球化学、油气源及油藏形成期研究［R］. "八五"国家重点科技攻关项目.

张水昌. 2000. 塔里木盆地油气源及成藏研究. "九五"国家重点科技攻关项目（99-111-01-03）［R］. 中石油勘探开发研究院，塔里木油田分公司.

张水昌，Wang R L，金之钧，等. 2006. 塔里木盆地寒武纪—奥陶纪优质烃源岩沉积与古环境变化的关系：碳氧同位素新证据［J］. 地质学报，80（3）：459-466.

张晓军. 2010. 潮水盆地侏罗系成煤规律及找煤远景探讨［J］. 西部探矿工程，12：111-114.

张雪芬，陆现彩，张林晔，等. 2010. 页岩气的赋存形式研究及其石油地质意义［J］. 地球科学进展，25（6）：597-604.

张义杰，柳广弟. 2002. 准噶尔盆地复合油气系统特征、演化与油气勘探方向［J］. 石油勘探与开发，29（1）：36-39.

赵靖舟. 2001. 塔里木盆地北部寒武一奥陶系海相烃源岩重新认识［J］. 沉积学报，19（1）：117-123.

赵靖舟，方朝强，张洁，等. 2011. 由北美页岩气勘探开发看我国页岩气选区评价［J］. 西安石油大学学报（自然科学版），26（2）：1-7.

赵孟军，王招明，宋岩，等. 2005. 塔里木盆地喀什凹陷油气来源及其成藏过程［J］. 石油勘探与开发，32（2）：50-54.

赵孟军，张宝民. 2002. 库车前陆坳陷形成大气区的烃源岩条件［J］. 地质科学，45（S1）：35-44.

赵省民，陈登超，邓坚. 2010. 银根—额济纳旗及邻区石炭系—二叠系的沉积特征及石油地质意义［J］. 地质学报，84（8）：1183-1194.

赵文智，张光亚，王红军，等. 2003. 中国叠合含油气盆地石油地质基本特征与研究方法［J］. 石油勘探与开发，30（2）：1-8.

赵追，孙冲，张本书，等. 2001. 焉耆盆地油气成藏条件［J］. 天然气工业，21（5）：15-19.

中国石油青海油田分公司. 2009. 全国油气资源战略选区调查与评价——《柴达木盆地油气资源战略调查及评价》成果报告［R］.

中国石油吐哈油田分公司. 2009. 全国油气资源战略选区调查与评价——柴达木盆地油气资源战略调查与评价》成果报告［R］.

周庆凡. 2011. 世界页岩气资源量最新评价［J］. 石油与天然气地质，32（4）：614.

朱华，姜文利，边瑞康，等. 2009. 页岩气资源评价方法体系及其应用［J］. 天然气工业，29（12）：130-134.

邹才能，董大忠，王社教，等. 2010. 中国页岩气形成机理、地质特征及资源潜力［J］. 石油勘探与开发，37（6）：641-653.

邹才能，杨智，崔景伟，等. 2013. 页岩油形成机制、地质特征及发展对策［J］. 石油勘探与开发，40（1）：14-26.

Aylmore L A G. 1974. Gas sorption in clay mineral systems［J］. Clays Clay Miner，22：175-183.

Bowker K A. 2007. Barnett Shale gas production，Fort Worth Basin：Issues and discussion［J］. AAPG Bulletin，91（1）：523-533.

Brunauer S. 1945. The adsorption of gases and vapors［D］. Physical adsorption，Oxford University Press.

Brunauer S，Emmet P H，Teller E. 1938. Adsorption of gases in multimolecular layers［J］. Journal of the American Chemical Society，60：309.

Bustin R M. 2005. Gas shale tapped for big play［J］. AAPG Explore，26（2）：5-7.

Chalmers G R L，Bustin R M. 2008. Lower Cretaceous gas shales in northeastern British Columbia，Part II：Evaluation of regional potential gas resource［J］. Bulletin of Canadian Petroleum Geology，56（1）：22-61.

Cheng A L，Huang W L. 2004. Selective adsorption of hydrocarbon gases on clays and organic matter [J]. Organic Geochemistry，35：413-423.

Claypool G E. 1998. Kerogen Conversion in Fractured Shale Petroleum Systems [C]//Annual Meeting Expanded Abstracts American Association of Petroleum Geologists.

Crosdale P J，Beamish B B，Valix M. 1998. Coalbed methane sorption related to coal composition [J]. International Journal of Coal Geology，35 (2)：147-158.

Curtis J B. 2002. Fractured shale-gas systems [J]. AAPG Bulletin，91 (4)：579-601.

Dariusz S，Maria M，Arndt S，et al. 2010. Hasenmueller. Geochemical constraints on the origin and volume of gas in the New Albany Shale (Devonian-Mississippian)，eastern Illinois Basin [J]. AAPG Bulletin，94：1713-1740.

David G H，Tracy E L. 2004. Fractured shale gas potential in New York [J]. Northeastern Geology and Environmental Sciences，26 (1/2)：57-78.

Dawson M. 2009. Shale gas resource plays in north America opportunities and challenges [C]//NBF Energy Services Conference：14.

Gregg S J，Sing K S W. 1982. Adsorption Surface Area and Porosity [M]. New York：Academic Press.

Hickey J J，Henk B. 2007. Lithofacies summary of the Mississippian Barnett Shale，Mitchell 2 TP Sims well，Wise Country，Texas [J]. AAPG Bulletin，91 (4)：437-443.

Jarvie D M，Hill R J，Ruble T E，et al. 2007. Unconventional shale-gas systems：The Mississippian Barnett Shale of north-central Texas as one model for thermogenic shale-gas assessment [J]. AAPG Bulletin，91 (4)：475-499.

Kent P，John L. 2007. Unconventional Gas Reservoirs-Tight Gas，Coal Seams，and Shales. Working Document of the NPC Global Oil and Gas Study [R]. Texas，USA.

Kinley T J，Cook L W，Breyer J A，et al. 2009. Hydrocarbon potential of the Barnett shale (Mississippian)，Delaware Basin，west Texas and southeastern New Mexico [J]. AAPG Bulletin，93 (7)：857-889.

Lloyd M K，Conley R F. 1970. Adsorption studies on kaolinites [J]. Clays Clay Miner，18：37-46.

Loucks R G，Ruppel S C. 2007. Mississippian Barnett Shale：Lithofacies and depositional setting of a deep-water shale-gas succession in the Fort Worth Basin，Texas [J]. AAPG Bulletin，91 (4)：579-601.

Lu X C，Li F C，Watson A T. 1995. Adsorption measurements in Devonian shales [J]. Fuel，77 (4)：599-603.

Martini A M，Walter L M，Ku T C W，et al. 2003. Microbial production and modification of gases in sedimentary basins：A geochemical case study from a Devonian shale gas play，Michigan basin [J]. AAPG Bulletin，87 (8)：1355-1375.

Martini A M，Walter L M，Mclntosh J C. 2008. Identification of microbial and thermogenic gas components from Upper Devonian black shale cores，Illinois and Michigan basins [J]. AAPG Bulletin，92 (3)：327-339.

Matt M. 2003. Barnett Shale gas-in-place volume including sorbed and free gas volume [C]. AAPG Southwest Section Meeting, Texas. Fort Worth: Texas.

Montgomery S L, Jarvie D M, Bowker K A, et al. 2005. Mississippian Barnett Shale, Fort Worth basin, north-central Texas: Gas-shale play with multi-trillion cubic foot potential [J]. AAPG Bulletin, 89 (2): 155-175.

Nicholas B H. 2011. Shale gas exploration in the United States [R]. Department of Earth and Atmospheric Sciences University of Alberta.

Norelis D R, Paul R P. 2010. Geochemical characterization of gases from the Mississippian Barnett Shale, Fort Worth Basin, Texas [J]. AAPG Bulletin, 94: 1641-1656.

Pollastro R M. 2007. Geologic framework of the Mississippian Barnett Shale, Barnett- Paleozoic total petroleum system, Bend arch-Fort Worth Basin, Texas [J]. AAPG Bulletin, 91 (4): 405-436.

Raut U, Famá M, Teolis B D, et al. 2007. Characterization of porosity in vapor deposited amorphous solid water from methane adsorption [J]. The Journal of Chemical Physics, 127: 1-6.

Roger M S, Younane Y A. 2011. Merging sequence stratigraphy and geomechanics for unconventional gas shales [J]. The Leading Edge, 30: 274-282.

Ross D J K, Bustin R M. 2007. Shale gas potential of the Lower Jurassic Gordondale Member northeastern British Columbia, Canada [J]. Bulletin of Canadian Petroleum Geology, 55 (1): 51-75.

Ross D J K, Bustin R M. 2008. Characterizing the shale gas resource potential of Devonian Mississippian strata in the Western Canada sedimentary basin: Application of an integrated formation evaluation [J]. AAPG Bulletin, 92 (1): 87-125.

Shirley K. 2002. Barnett shale living up to potential [J]. AAPG Explorer, 23 (7): 18.

Vello A K, Scott H S. 2009. Worldwide Gas Shales and Unconvintional Gas: A Status Report [M]. http://www.rpsea.org/attachments/articles/239/Kuuskraa Handout Paper Expanded Present Worldwide Gas Shales Presentation. Arlington.

Zhu Y P, Liu E R, Martinez A, et al. 2011. Understanding geophysical responses of shale-gas plays [J]. The Leading Edge, 30: 332-338.